高等职业教育“十二五”规划教材

Gongcheng Shitu yu Huitu

工程识图与绘图

邵丽芳 主编

武可爽［浙江省交通工程建设集团］ 主审

人民交通出版社
China Communications Press

内 容 提 要

本教材分基础篇、专业篇和计算机绘图篇三大模块。基础篇内容为投影理论，共有5个教学项目；专业篇内容为识读专业工程图，共有4个教学项目；计算机绘图篇共有8个教学项目，教学建议采用“教学做一体”教学方法。

本书可作为高等职业院校道路与桥梁工程技术专业教材，也可供其他工程类相关专业参考使用。

图书在版编目(CIP)数据

工程识图与绘图/邵丽芳主编. —北京 ：人民交通出版社，2014.8

高等职业教育“十二五”规划教材

ISBN 978-7-114-11367-3

Ⅰ. ①工… Ⅱ. ①邵… Ⅲ. ①工程制图 - 识别 - 高等职业教育 - 教材 Ⅳ. ①TB23

中国版本图书馆 CIP 数据核字(2014)第 074620 号

高等职业教育“十二五”规划教材

书　　名：工程识图与绘图
著 作 者：邵丽芳
责任编辑：任雪莲　周　凯
出版发行：人民交通出版社
地　　址：(100011)北京市朝阳区安定门外外馆斜街3号
网　　址：http://www.ccpress.com.cn
销售电话：(010)59757973
总 经 销：人民交通出版社发行部
经　　销：各地新华书店
印　　刷：北京市密东印刷有限公司
开　　本：787×1092　1/16
印　　张：16
字　　数：400千字
版　　次：2014年8月　第1版
印　　次：2014年8月　第1次印刷
书　　号：ISBN 978-7-114-11367-3
定　　价：48.00元

道路桥梁工程技术专业建设委员会

前 言 Preface

根据职业教育改革与发展方向，我们在浙江省省级高职示范建设院校和国家示范骨干学院建设中，在专业人才培养模式研究与培养方案编制工作方面，进行了人才需求调研和专业建设与教学改革现状分析。通过与交通建设行业、企业生产第一线专家和技术人员等共同分析论证，对道路桥梁工程技术专业所涵盖的职业岗位(群)进行了职业能力和工作任务分析，设计构建了道路桥梁工程技术专业课程体系，在课程体系优化的基础上形成人才培养方案与课程标准。

工程识图与绘图是“道路桥梁工程技术专业”的一门既有系统的理论又有较强实践性的专业基础课，它研究绘制、阅读工程图样和图解空间几何问题，是用二维的图形、符号表述三维空间物体的科学。该课程教学目标是在掌握工程制图的基本知识、基本理论和基本方法的基础上，力求科学地反映当前计算机绘图的方法，培养学生阅读工程图样的能力和运用计算机绘图的能力，提高学生解决实际工程图样问题的能力。

本教材分基础篇、专业篇和计算机绘图篇三大模块。其采用项目教学模式，以实现教学中“学生由听众向主角转化，教师由主角向导演和顾问的转化”，提高学生的学习主动性和读图绘图教学的实用性。

本书由浙江交通职业技术学院邵丽芳副教授担任主编，浙江省交通工程建设集团第三交通工程有限公司武可爽高级工程师担任主审。参加本书编写的人员分工如下：第一篇由浙江交通职业技术学院邵丽芳和梁吉联合编写；第二篇项目一、项目三由邵丽芳编写，项目二由浙江交通职业技术学院赵剑丽编写，项目四由浙江交通职业技术学院杨洁、贾佳和浙江省交通规划设计院陈国兴联合编写；第三篇由杨洁和中交通力建设股份有限公司高级工程师周永明联合编写。

本教材在编写过程中，还参考了大量相关教材及企业技术资料，在此谨向各位参考文献的编写专家及提供信息资料的相关个人、企业单位表示衷心的感谢。

由于编者水平有限，编写时间紧迫，书中疏漏和不妥乃至错误之处在所难免，诚挚希望读者在使用过程中及时将发现的问题告知，以便进一步修改和补充。

编 者

2014 年 2 月

前 言 Preface

目　录 Contents

第一篇　基　础　篇

第二篇　专　业　篇

第三篇　计算机绘图篇

第一篇

CHAPTER 1

基　础　篇

项目一　制图基础

子项目一　制图基础认识

导入图样

根据图 1-1-1,熟悉制图标准。

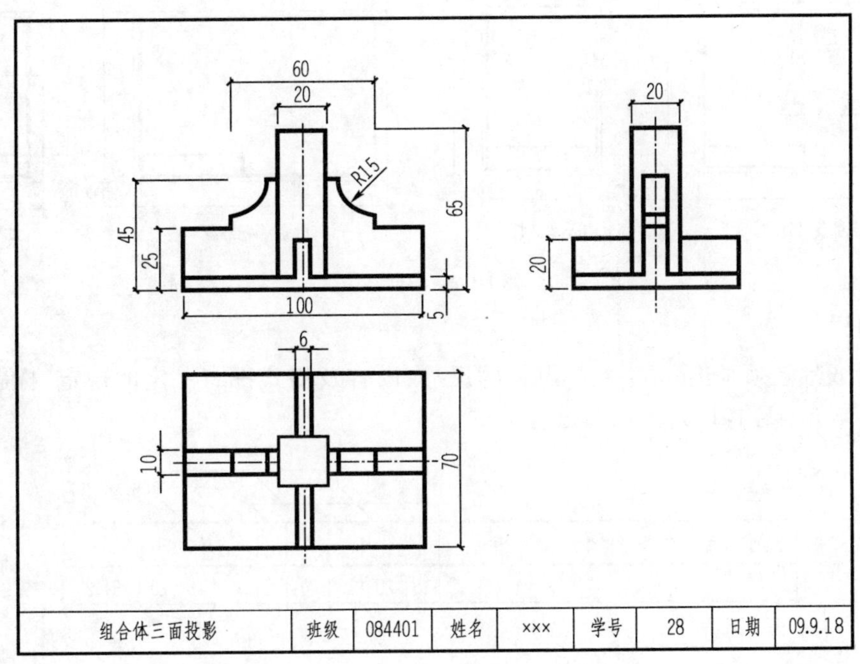

图 1-1-1　组合体 3 面投影图

项目目标

(1)了解制图标准;

(2)掌握图线应用及尺寸标注方法。

相关知识

一、图纸的图幅及格式

1. 图幅

绘制技术图样时,应优先选用表 1-1-1 所规定的基本图幅尺寸。必要时,允许选用规定的加长幅面,这些幅面的尺寸是由基本图幅的短边成整倍数的增加得出。

图纸基本图幅尺寸(单位:mm)　　表 1-1-1

幅面代号	A0	A1	A2	A3	A4
$B \times L$	841×1189	594×841	420×594	297×420	210×297
a	25				
c	10			5	
e	20		10		

注:在 CAD 绘图中图纸有加长、加宽要求时,应按基本幅面的短边(B)成整数倍增加。

2. 图框格式

在图纸上,图框必须用粗实线画出。图框尺寸可从表 1-1-1 中查得。其格式分为不留装订边和留有装订边两种,如图 1-1-2 所示。同一产品的图样,只能采用一种格式。

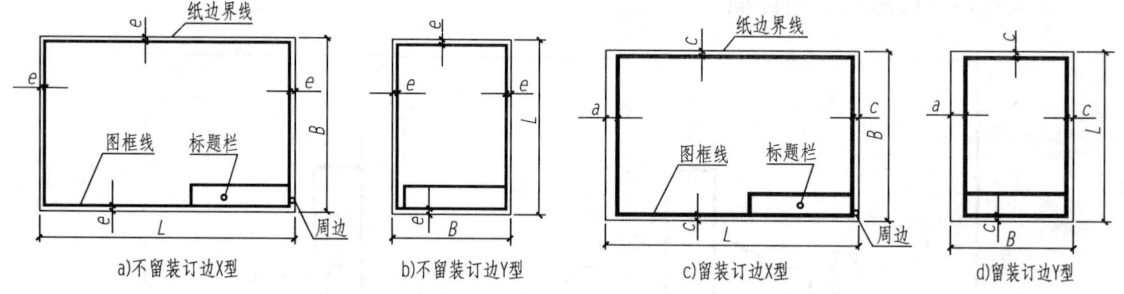

图 1-1-2　图框格式

3. 标题栏

每张图纸都必须画出标题栏,标题栏的尺寸、内容及格式都有一定的规定,标题栏一般应位于图纸右下角(图 1-1-3)。

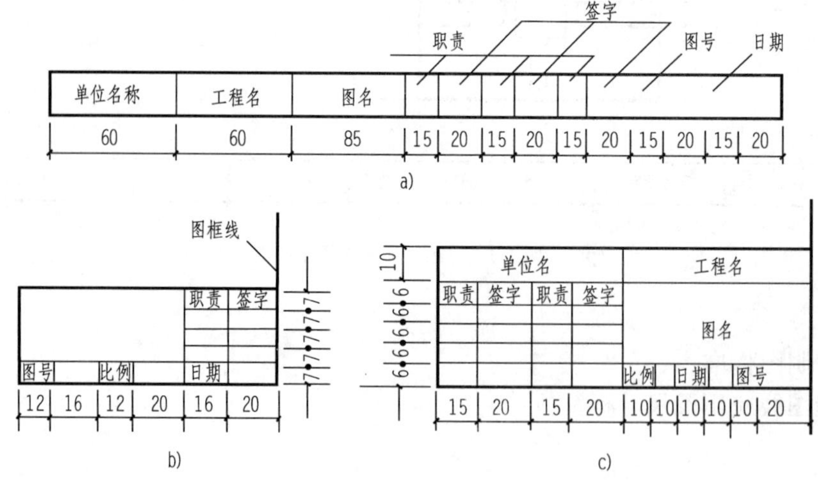

图 1-1-3　标题栏(尺寸单位:mm)

二、比例

图形一般尽可能按实际大小画出,以便读者有直观印象,但是建筑物的实体比图纸大得多,而精密仪器的零部件往往又很小,为了方便,要用缩小或放大比例的方式在图纸上绘制。

比例是图样中图形与实物相应要素的线性尺寸之比。绘制图样时,应尽量采用原值比例。

若机件太大或太小需按比例绘制图样时，应优先选取表 1-1-2 比例系列中的比例。

比例系列 表 1-1-2

种　类	比　例		
原值比例	1:1		
放大比例	5:1 $5 \times 10^n:1$	2:1 $2 \times 10^n:1$	$1 \times 10^n:1$
缩小比例	1:2 $1:2 \times 10^n$	1:5 $1:5 \times 10^n$	1:10 $1:1 \times 10^n$

注：n 为正整数。

比例一般应标注在标题栏中的比例栏内，必要时可在视图名称的下方或右侧标注比例，如图 1-1-4 所示。

$\frac{\text{I}}{2:1}$　$\frac{A\text{向}}{1:100}$　$\frac{B-B}{2.5:1}$　$\frac{\text{墙板位置图}}{1:200}$　平面图 1:100

图 1-1-4　比例

三、字体

(1)图样中书写的字体必须做到：字体工整、笔划清楚、间隔均匀、排列整齐。

(2)字体高度(用 h 表示)的公称尺寸系列为：1.8mm，2.5mm，3.5mm，5mm，7mm，14mm，20mm。若书写更大的字，其字体高度应按$\sqrt{2}$的比率递增。字体高度代表字体号数。

(3)图中的汉字应写成长仿宋体，并采用国家正式公布推行的简化字。汉字高度 h 不应小于 3.5mm，其字宽一般为 $h/\sqrt{2}$。

(4)字母和数字分 A 型和 B 型。A 型笔划宽度(d)为字高(h)的 1/14，B 型笔划宽度(d)为字高(h)的 1/10。在同一图样上，只允许选用一种形式的字体。

(5)字母和数字可写成斜体或直体。斜体字字头向右倾斜，与水平基准线成 75°。在 CAD 制图中，数字与字母一般以斜体输出，汉字以直体输出。

(6)国家标准《CAD 工程制图规则》(GB/T 18229—2000)中所规定的字体高度与图纸幅面的关系见表 1-1-3。

字体高度与图幅的关系(单位：mm) 表 1-1-3

图幅	A0	A1	A2	A3	A4
汉字	5				
字母与数字	3.5				

注：在机械工程的 CAD 制图中，汉字的高度降至与数字高度相同；在建筑工程的 CAD 制图中，汉字高度允许降至 2.5mm，字母数字对应地降至 1.8mm。

长仿宋体汉字示例：

10 号字

字体工整　笔划清楚　间隔均匀　排列整齐

7 号字

横平竖直注意起落结构均匀填满方格

5 号字

技术制图机械电子汽车航空船舶土木建筑矿山井坑港口纺织服装

3.5 号字

螺纹齿轮端子接线飞行员指导驾驶舱位挖填施工引水通风闸阀坝棉麻化纤

A 型斜体拉丁字母示例：

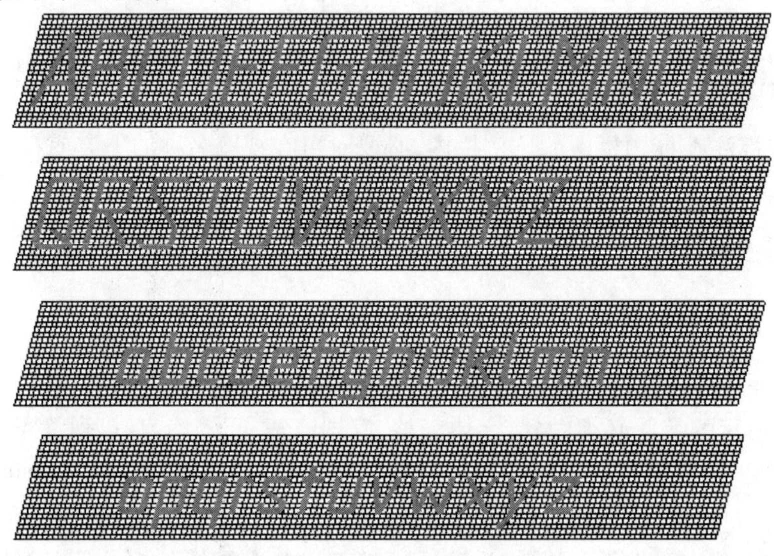

A 型斜体数字字母示例：

四、线型和线宽

工程图是由不同线型、不同粗细的线条所构成，这些图线可表达图样的不同内容，以及分清图中的主次，国家标准《技术制图　图线》（GB/T 17450—1998）对线型及线宽作了规定。

工程图的图线线型有实线、虚线、点画线、折断线、波浪线等，其画法和用途见表 1-1-4。

图线的宽度应根据图的复杂程度及比例大小，从下列规定的线宽系列中选取：0.13mm、0.18mm、0.25mm、0.35mm、0.5mm、0.7mm、1mm、1.4mm、2mm。图线的宽度分粗线、中粗线、细线三种，其宽度比率为 4:2:1。在同一图样中，同类图线的宽度应一致。

线型、线宽、用途及其画法 表 1-1-4

名　称	基本线型	线　宽	一般用途
标准实线	————————	b	可见轮廓线、钢筋线
中实线	————————	$0.5b$	较细的可见轮廓线、钢筋线
细实线	————————	$0.25b$	尺寸线、剖面线、引出线、图例线等
加粗实线	————————	$1.4b \sim 2.0b$	图框线、路线设计线、地平线等
粗虚线	— — — — — —	b	地下管线或建筑物
中虚线	— — — — — —	$0.5b$	不可见轮廓线
细点画线	—— · —— · ——	$0.25b$	中心、对称线、轴线等
双点画线	—— ·· —— ·· ——	$0.25b$	假想轮廓线
波浪线	∿∿∿∿	$0.25b$	断开界线
折断线	——\/——	$0.25b$	断开界线

建筑图样上可采用三种线宽，其比率为 4:2:1；机械图样上采用两种线宽，其比率为 2:1。在机械工程的 CAD 制图中，A0、A1 幅面优先采用的线宽为 1mm 和 0.5mm，A3、A4，幅面采用的线宽为 0.7mm 和 0.35mm 两种。常用的细线线宽为 0.25mm 和 0.35mm。

五、尺寸标注

图形只能表示物体的形状，其大小及各组成部分的相对位置是通过尺寸标注来确定的。

1. 尺寸标注要素

图样上标注尺寸，由尺寸界线、尺寸线、尺寸起止符和尺寸数字四部分组成。

2. 尺寸标注的一般规则

(1)图上所有尺寸数字是物体的实际大小数值，与图的比例无关。

(2)在道路工程图中，线路的里程桩号以千米(km)为单位；高程、坡长和曲线要素均以米(m)为单位；一般砖、石、混凝土等工程结构物以厘米(cm)为单位；钢筋和钢材长度以米(m)为单位；钢筋和钢材断面以毫米(mm)为单位。图上尺寸数字之后不必注写单位，但在注解及技术要求中要注明尺寸单位。

3. 尺寸界线

尺寸界线表示所注尺寸的范围，用细实线绘制，应由图形的轮廓线、轴线、对称中心线处引出，也可以直接利用这些图线作为尺寸界线，尺寸界限一般应与尺寸线垂直，且超过尺寸线箭头 2 ~ 3mm，如图 1-1-5 所示。当尺寸界线过于贴近轮廓线时也可以倾斜画出，在光滑过渡处标注尺寸时，应用细实线将轮廓线延长，从他们的交点处引出尺寸界线。

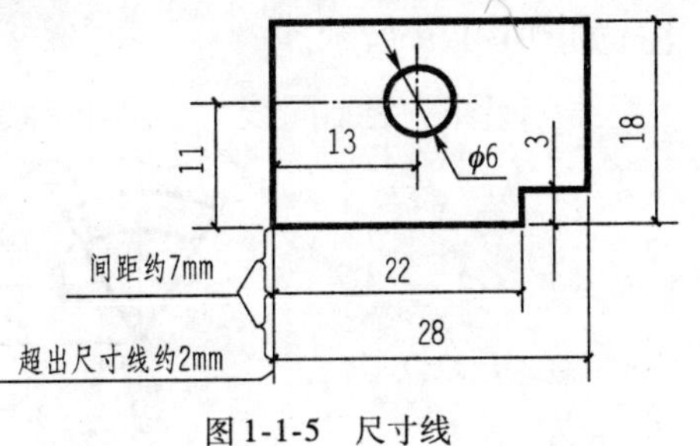

图 1-1-5　尺寸线

4. 尺寸线

尺寸线表明所度量尺寸的方向，必须用细实线绘制，不能用图形中的任何图线来代替。线性尺寸的尺寸线应与其标注的线段平行，平行的尺寸线之间的间隔尽量保持一致，一般应为 5 ~ 10mm，尺寸线之间或尺寸线与尺寸界线之间应尽量避免相交。在标注尺寸线相互平行的尺寸时，尽量将小的尺寸放在里面，大的尺寸放在外面，如图 1-1-5 所示。

标注角度和弧长尺寸时尺寸线应当画成圆弧，圆心应为该角的顶点或弧的圆心。

5. 尺寸起止符

尺寸线与尺寸界线的相接点为尺寸的起止点，在起止点应画尺寸起止符。尺寸起止符表示有两种方式：箭头和斜线。在一套图样上，尺寸线与尺寸界线垂直时，只能采用其中一种尺寸起止符形式。箭头表明尺寸的起、止位置，其尖端应与尺寸界线相交，箭头的尺寸如图 1-1-6 所示，其中 d 为图样粗实线的宽度，箭头长度在标准《机械制图　尺寸标注法》(GB 4458.4—2003)中规定大于或等于 $6d$。采用斜线形式的尺寸起止符时，尺寸线和尺寸界线必须垂直，如图 1-1-5 所示，斜线高度为标注文字的字高 h，斜线与水平线成 45°，其方向为尺寸界线的方向顺时针旋转 45°，如图 1-1-7 所示。

图 1-1-6　尺寸起止符(1)

注：d 为粗实线宽度。

图 1-1-7　尺寸起止符(2)

注：h 表示字体高度。

6. 尺寸数字

尺寸数字用来表示所示物体的尺寸，应用标准字体书写(一般为 3.5 号字)，同一图样上的尺寸数字字高应当一致。线性尺寸的数字通常应与尺寸线的方向一致，并标注在尺寸线的上方或中断处。对于水平方向的尺寸，尺寸数字字头向上；垂直方向的尺寸，数字字头向左；倾斜方向的尺寸，尺寸数字偏向斜上方，并应避免在与竖直线成 30°的范围内标注尺寸。尺寸数字不允许被任何图线通过，否则应当将图线断开。如果图中没有足够的地方标注尺寸，也可引出标注，如图 1-1-8 所示。

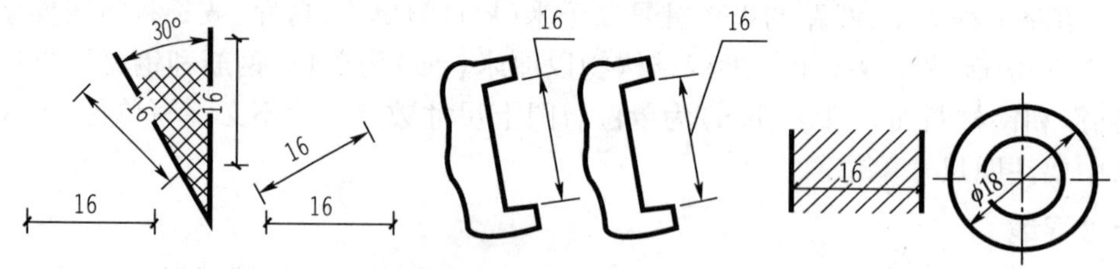

图 1-1-8　尺寸数字

角度尺寸的尺寸数字一律写成水平方向，一般注写在尺寸线的中断处，必要时可以引出标注，如图 1-1-9 所示。

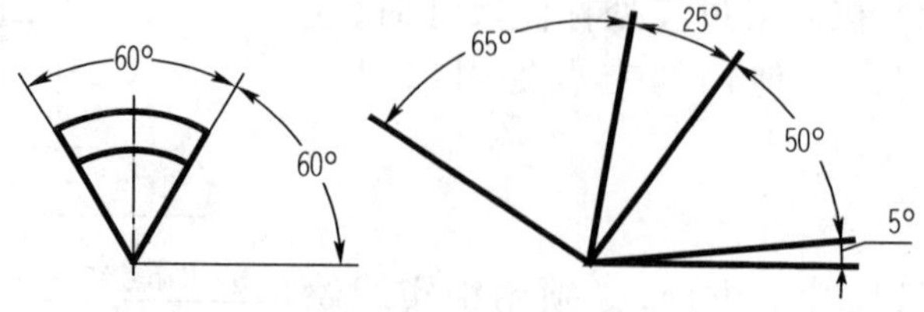

图 1-1-9　角度尺寸

任务实施

设计图纸的基本构成，如图 1-1-10 所示。

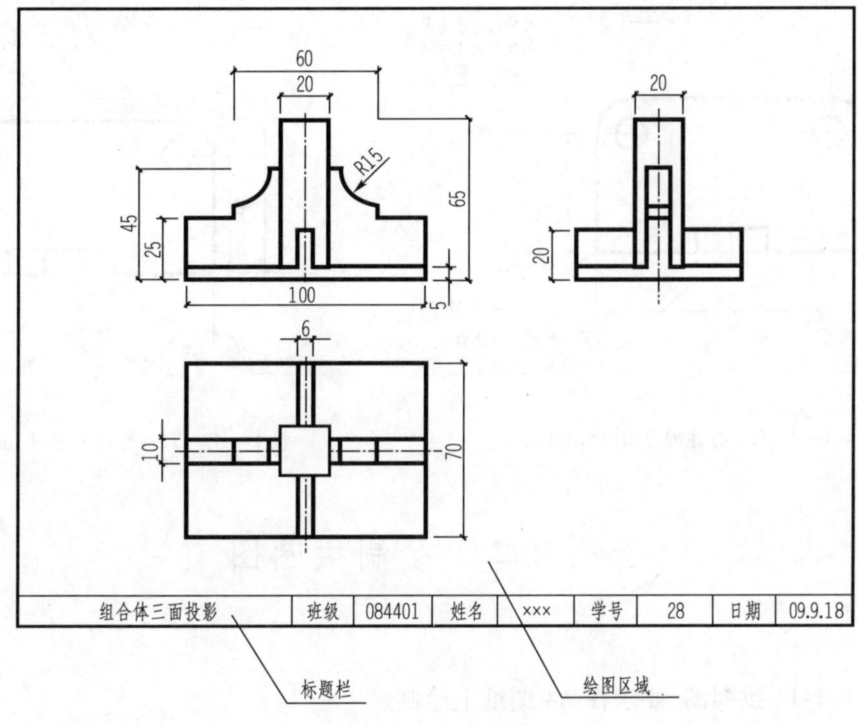

图 1-1-10　任务实施图

项目任务

任务 1

各种图线应用练习。如图 1-1-11，对照表 1-1-4 加深各种图线的正确运用。

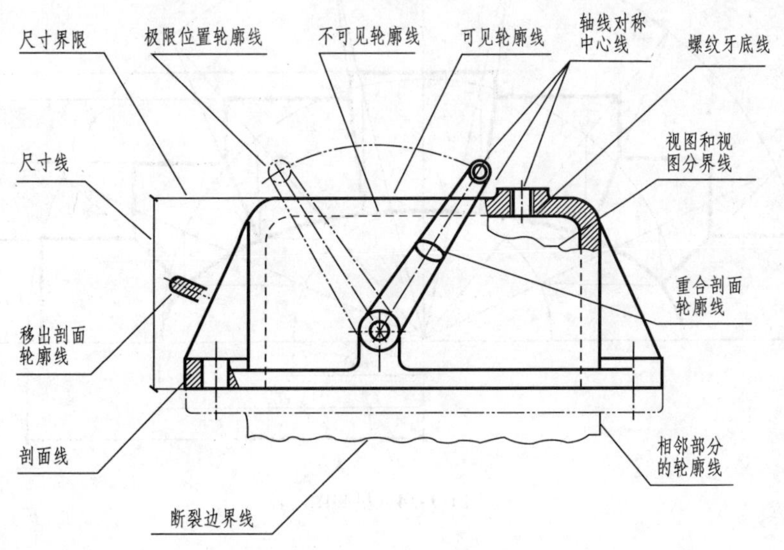

图 1-1-11　各种图线应用

任务 2

尺寸标注练习，对照图 1-1-12 和图 1-1-13，加深尺寸标注各个组成部分的规则应用。

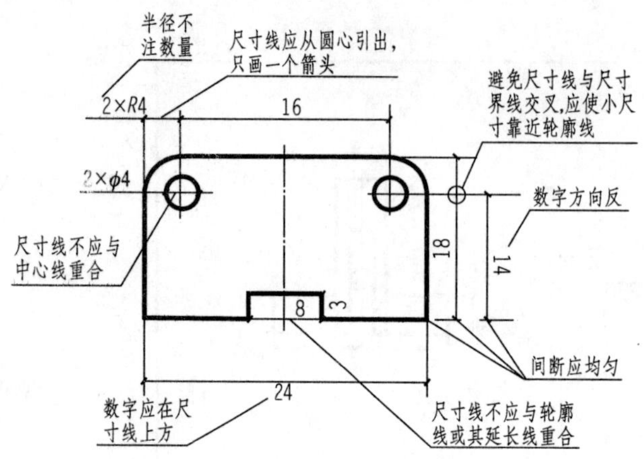

图 1-1-12　尺寸标注练习图(错误标注)

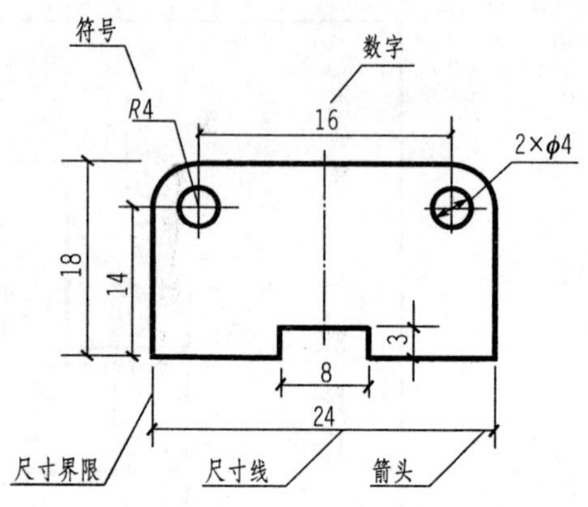

图 1-1-13　尺寸标注练习图(正确标注)

子项目二　绘制拱圈图

导入图样

根据图 1-1-14 拱圈图,要求在 A4 图纸上绘制。

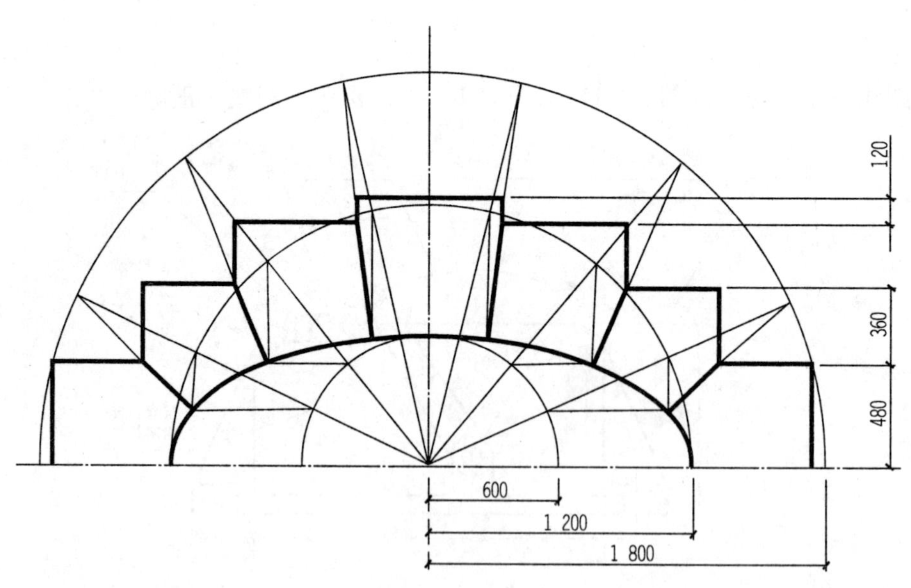

图 1-1-14　拱圈图

项目目标

(1)了解制图工具及使用方法;

(2)掌握椭圆的画法。

相关知识

一、认识绘图工具及使用方法

1. 图板

绘图时用图板作为垫板，要求图板表面光滑，平坦，用作导边的左侧边必须平直，如图1-1-15所示。

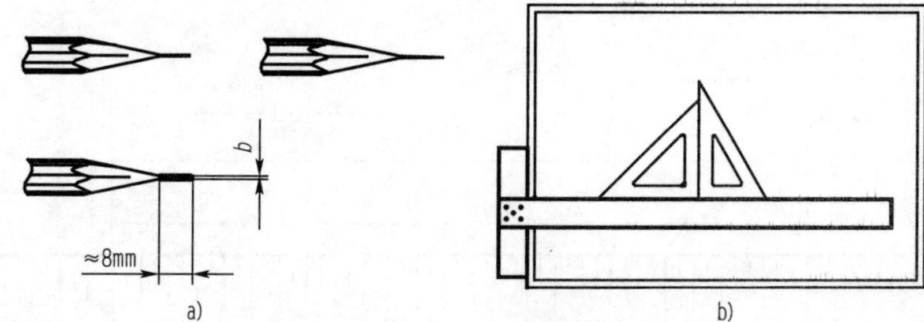

图1-1-15　铅笔、图板

2. 铅笔

绘图用铅笔的铅芯按其软硬程度，分别用B、H和HB表示。一般用标号为B的铅笔画粗实线；用标号HB的铅笔写字；用标号为H的铅笔画细线。铅笔的磨削及使用，如图1-1-14a）所示。

3. 丁字尺

丁字尺应与图板配合使用，它主要用于画水平线和作三角板移动的导边，如图1-1-16所示。

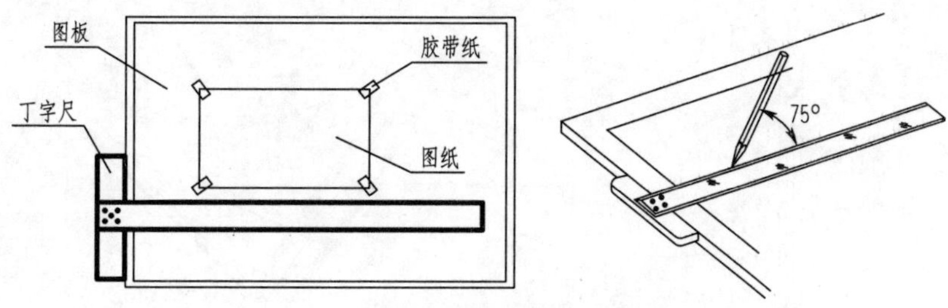

图1-1-16　图板、丁字尺的使用

4. 三角板

一副三角板是两块分别具有45°及30°、60°的直角三角形板与丁字尺配合使用，可绘制垂直线、30°、45°、60°及与水平线成15°倍角的直线，如图1-1-17所示。

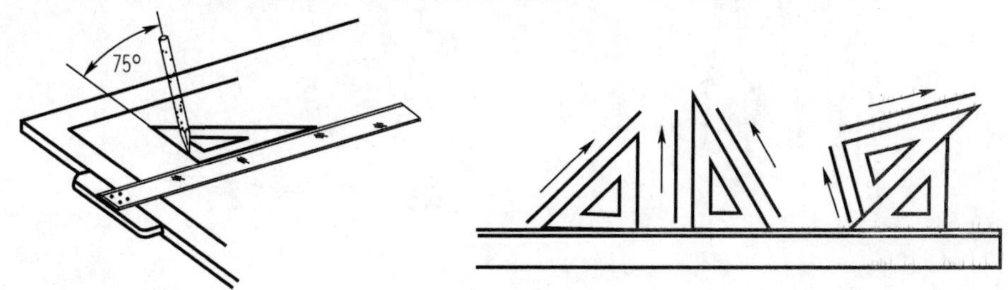

图1-1-17　三角板的使用方法

5. 比例尺

图形与实物相应的线性尺寸之比，称为比例。在比例尺上直接量取实物尺寸，而不用换算，如图 1-1-18 所示。

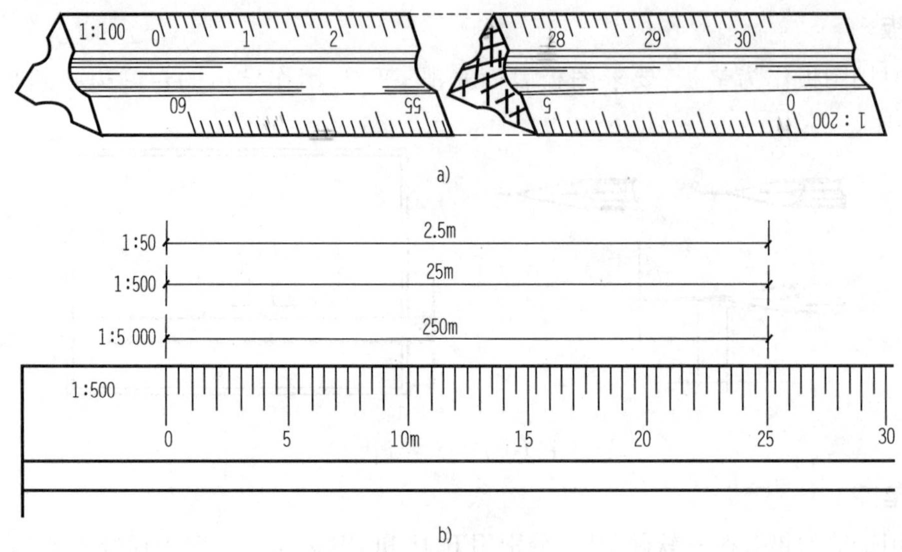

图 1-1-18　比例尺

6. 分规

分规是用来量取或等分线段的工具。用分规量取尺寸，再画到图纸上（见图 1-1-19）。当等分线段时，先估计一等份的长度，再进行试分。若盈余（或不足）为 b，再用 $l+b/n$（或 $l-b/n$）进行试分。一般试分 2 ~ 3 次即可完成。

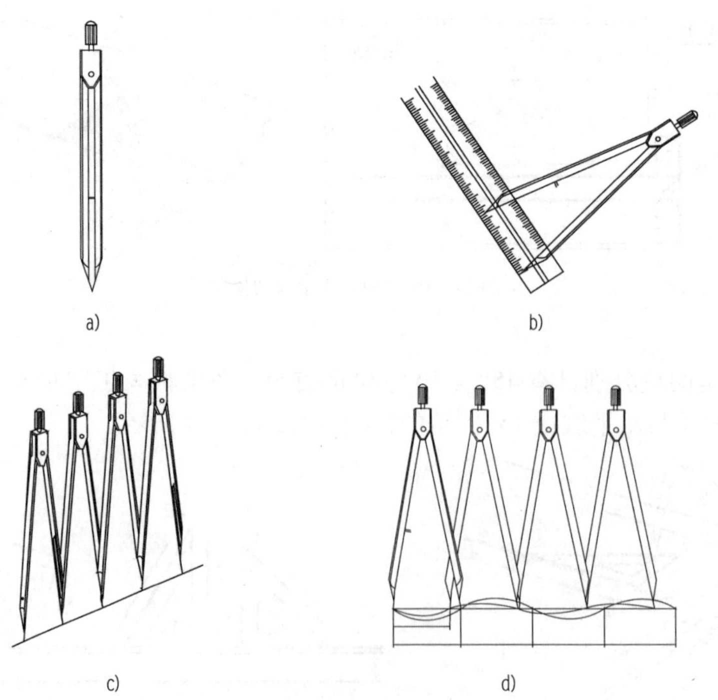

图 1-1-19　分规

7. 圆规

圆规是画圆或圆弧的工具。大圆规配有铅笔(画铅笔图用)、鸭嘴笔(画墨线图用)、刚针(作分规用)三种插脚和一个延长杆(画大圆用),可根据不同需要选用,见图 1-1-20a)。

画小圆时宜采用弹簧圆规或点圆规见图 1-1-20b)、c)。

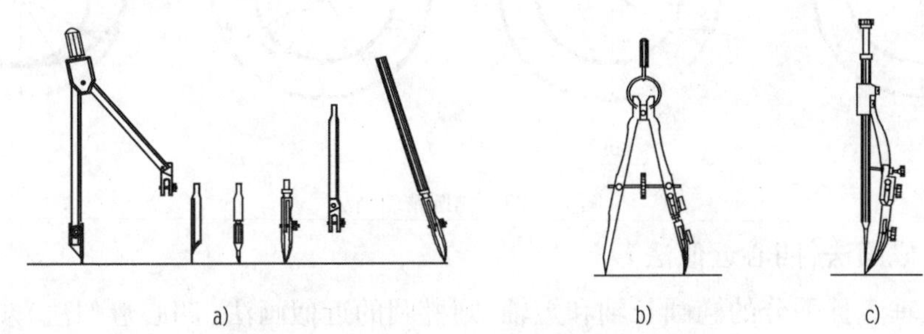

图 1-1-20 圆规

8. 擦图片

擦图片是擦去画错图线的工具。其材质分为透明胶片、金属片两种。如图 1-1-21 所示。

9. 曲线板

曲线板用于绘制非圆曲线。曲线绘制的方法和步骤如图 1-1-22 所示。

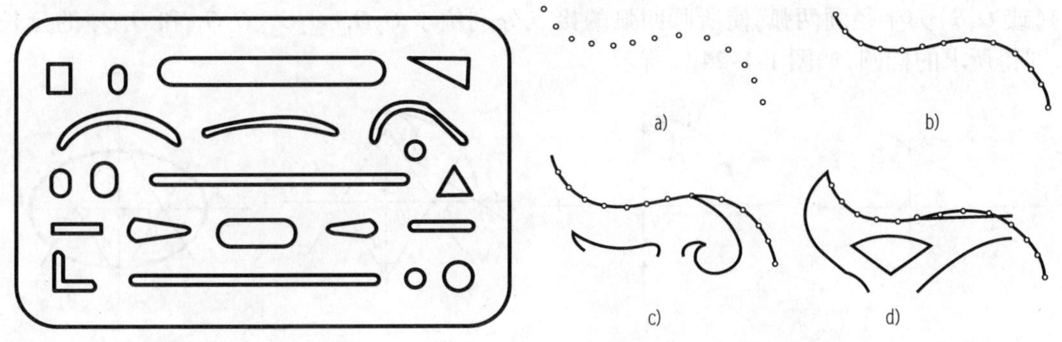

图 1-1-21 擦图片　　图 1-1-22 曲线板的使用方法

作图时,先徒手将曲线上的一系列点轻轻连成一条光滑曲线。然后从一端开始,找出曲板上与该曲线吻合的一段,沿曲线板画出这段线。用同样方法逐段绘制,直至最后一段。需注意的是,前后衔接的线段应有一小段重合,这样才能保证所绘曲线光滑。

二、椭圆画法

这里介绍根据椭圆长、短轴画椭圆的两种方法(设椭圆长轴为 $2a$,短轴为 $2b$)。

1. 椭圆精确画法(同心圆法)

已知相互垂直且平分的椭圆长轴和短轴,则椭圆同心圆画法的步骤如下:

第一步:以椭圆中心为圆心,分别以长、短轴长度为直径,作两个同心圆,如图 1-1-23a)所示。

第二步:过圆心作任意直线交大圆于 1、2 点,交小圆于 3、4 点,分别过 1、2 引垂直线,过 3、4 引水平线,它们的交点 a、b 即为椭圆上的点,如图 1-1-23b)所示。

第三步：按第二步的方法重复作图，求出椭圆上一系列的点，如图 1-1-23c）所示。

第四步：用曲线板光滑地连接诸点，即得所求的椭圆，如图 1-1-23d）所示。

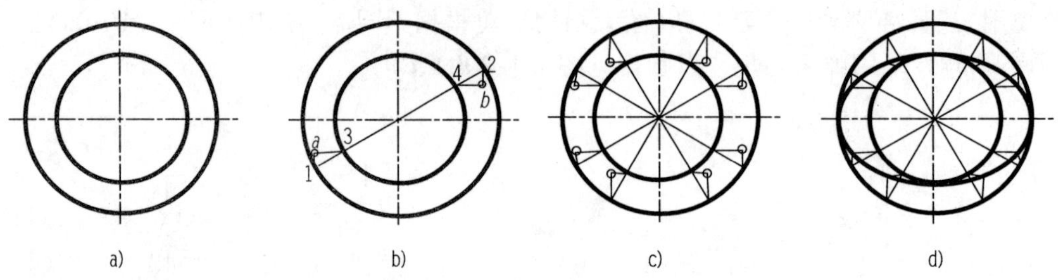

图 1-1-23 椭圆精确画法

2. 椭圆近似画法（四心近似法）

已知相互垂直且平分的椭圆长轴和短轴，则椭圆的近似画法（四心近似法）步骤如下：

第一步：画出长轴 AB 和短轴 CD，连接 AC，如图 1-1-24a）所示。

第二步：在 AC 上截取 CF，使其等于 AO 与 CO 之差 CE，如图 1-1-24b）所示。

第三步：作 AF 的垂直平分线，使其分别交 AO 和 OD（或其延长线）于 O_1 和 O_2 点。以 O 为对称中心，找出 O_1 的对称点 O_3 及 O_2 的对称点 O_4，此 O_1、O_2、O_3、O_4 各点即为所求的四圆心。通过 O_2 和 O_1、O_2 和 O_3、O_4 和 O_1、O_4 和 O_3 各点，分别作连线，如图 1-1-24c）所示。

第四步：分别以 O_2 和 O_4 为圆心，O_2C（或 O_4D）为半径画两弧，再分别以 O_1 和 O_3 为圆心，O_1A（或 O_3B）为半径画两弧，使所画四弧的接点分别位于 O_2O_1、O_2O_3、O_4O_1 和 O_4O_3 的延长线上，即得所求的椭圆，如图 1-1-24d）所示。

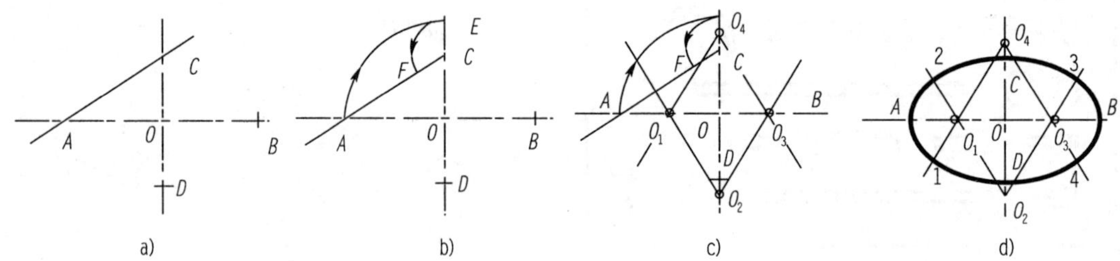

图 1-1-24 椭圆近似画法

三、尺规绘图的一般步骤

1. 准备工作

准备好图板、丁字尺、三角板、绘图工具和仪器，修磨好绘制不同图线的铅笔，调整好圆规的针尖和铅芯。将各种用具放在适当的位置。

2. 图形分析

分析所绘制的图形，明确平面图形各部分的关系，确定已知线段、中间线段和连接线段。对于机器零部件要考虑如何选择视图表达。

3. 选择图形比例和图纸幅面

根据图形分析，确定图纸幅面和绘图比例。在图板合适的位置上用胶带纸（或其他工具）固定好图纸。并找出图纸的中心，按标准图幅的尺寸，绘制图框线和标题栏。

4. 图形布置

在图框内适当布置图形，考虑留出尺寸注写和文字说明的位置。考虑好图形布置之后，画出图形的基准线，如中心线、对称线等。

5. 绘制底稿

用较硬的铅笔绘制底稿。先画出图形的主要轮廓，再画细节（如孔、倒角、圆角等）。图形的底稿线应细、轻、准。

6. 加深

底稿完成后要仔细检查，确认准确无误后，按平面图形标注尺寸的方法引出尺寸界线和尺寸线，然后按不同线型加深图形。图线应浓淡均匀，切点准确光滑，直线棱角整齐。

7. 注写尺寸数字和文字说明，填写标题栏

8. 检查

加深完毕再仔细检查，若没有错误，最后在标题栏内签上名字和日期。

四、画线注意事项

画线时应注意以下事项：

（1）点画线和双点画线的首末两端应为“画”而不应为“点”。

（2）绘制圆的对称中心线时，圆心应为“画”的交点。首末两端超出图形外 2 ~5mm。

（3）在较小的图形上绘制细点画线和细双点画线有困难时，可用细实线代替。

（4）虚线、点画线或双点画线和实线相交或它们自身相交时，应以“画”相交，而不应为“点”或“间隔”。

（5）虚线、点画线或双点画线为实线的延长线时，不得与实线相连。

（6）图线不得与文字、数字或符号重叠、混淆。不可避免时，应首先保证文字、数字或符号清晰。

（7）除非另有规定，两条平行线之间的最小间隙不得小于 7mm。

画线时注意示例，如图 1-1-25 所示。

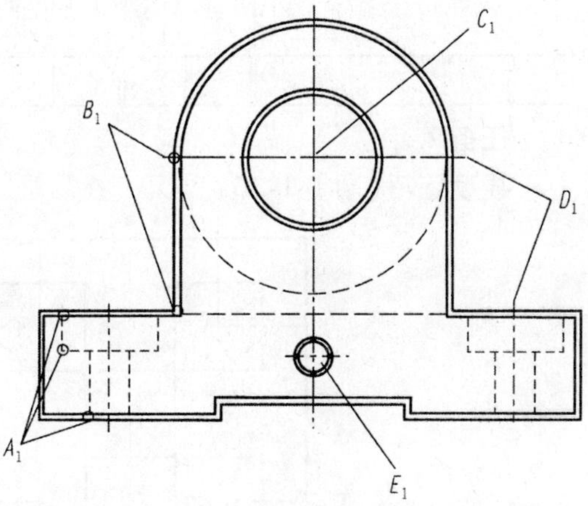

C_1 B_1 D_1 A_1 E_1

图 1-1-25　画线注意示例

A_1-虚线“画”相交；B_1-虚线段应断开；C_1-圆心应为“画”的交点；D_1-点画线的两端是画，应超出图形外 2 ~5mm；E_1-可用细实线代替点画线

任务实施

（1）画边框线和标题栏。

按表 1-1-1 中 A4 图幅要求绘出图框线。标题栏按如下要求绘制：标题栏高 10mm，“校名”栏 100mm，“图名”栏 75mm，“班级”栏（15 +25）mm，“姓名”栏（15 +25）mm，“学号”栏（15 +25）mm，“日期”栏（15 +25）mm，“评阅”栏（15 +25）mm。

（2）在有效幅面内布图、定位，画出基准线。

（3）画图形底稿。画底稿务必轻、细、淡，以修改不留痕迹为度。

（4）检查底稿，用铅笔、圆规、曲线板加深图线。

为保证图面整洁，必须按一定顺序加深，画水平线应先上后下，画竖直线应先左后右。尽量做到同一方向图线一次加深，同一类线型一次加深。一般先加深曲线再加深直线，以保证图线的光滑。为保证作图质量，一定要勤修铅笔。

(5)标注尺寸。

(6)书写汉字，填写标题栏。

(7)整理裁边。将加深后的图纸再进行一次检查校核、整理图面。按图幅装订边尺寸要求将图边裁整齐。

(8)制图评分标准。图形正确:40 分;布图合理:10 分;图线规范:10 分;字体规范:20 分;尺寸标注正确:10 分;图面整洁:10 分。

项目任务

任务 1

字体练习。

比例公工程拱桥台墩隧道涵洞护坡建筑物梁板

支柱设计技术细部结构高程尺寸中心轴线平面

填挖方材料钢筋混凝土砖木干砌砂浆沥青水泥

任务 2

线型练习(图 1-1-26)。

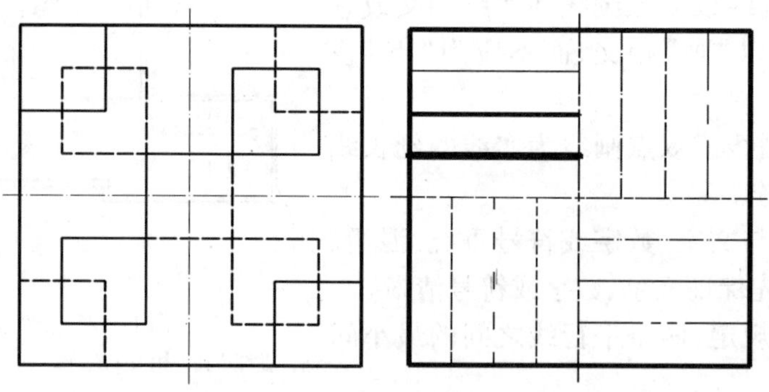

图 1-1-26 线型练习

项目二　基本体投影

子项目一　绘制棱柱体投影图

导入图样

图 1-2-1 为六棱柱体，绘制其三面投影图。

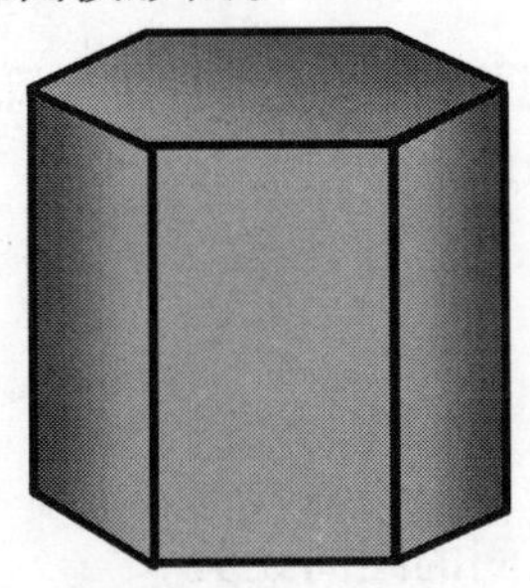

图 1-2-1　六棱柱体

项目目标

(1)掌握投影的基本概念；

(2)掌握三面投影投影体系的投影规律；

(3)掌握基本体表面上的点和直线的三面投影作图方法。

相关知识

一、投影

当灯光或太阳光照射物体时，在地面或墙上就会产生与原物体相同或相似的影子，人们根据这个自然现象，总结出将空间物体表达为平面图形的方法，即投影法。

在投影法中：

投影线——在投影法中，向物体投射的光线，称为投影线；

投影面——在投影法中，出现影像的平面，称为投影面；

投影——在投影法中，所得影像的集合轮廓则称为投影或投影图。

投影法依投影线性质的不同而分为中心投影法和平行投影法。

1. 中心投影法

所有投射线从同一投射中心出发的投影方法，称为中心投影法。按中心投影法做出的投影称为中心投影。如图 1-2-2 所示，设 S 为投影中心，$\triangle ABC$ 在投影面 H 上的中心投影为 $\triangle abc$。用中心投影法得到的物体的投影大小与物体的位置有关。在投影中心与投影面不变的情况下，当 $\triangle ABC$ 靠近或远离投影面时，它的投影 $\triangle abc$ 就会变大或变小，且一般不能反映 $\triangle ABC$ 的实际大小。这种投影法主要用于绘制建筑物的透视图。因此，在一般的工程图样中，不采用中心投影法。

2. 平行投影法

如果把中心投影法的投射中心移至无穷远处，则各投射线成为相互平行的直线，这种投影法称为平行投影法，如图 1-2-3 所示。

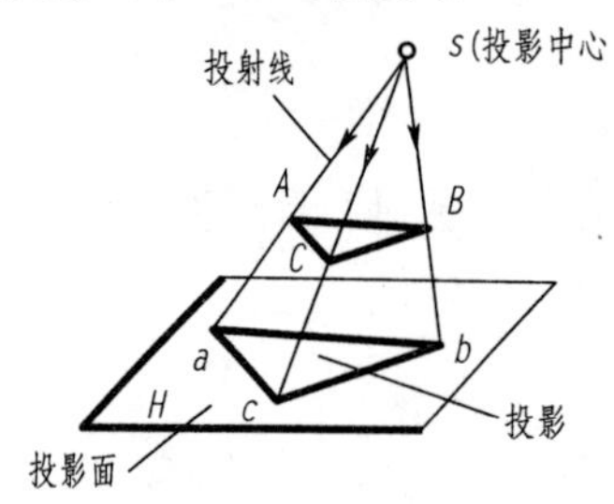

图 1-2-2　中心投影法

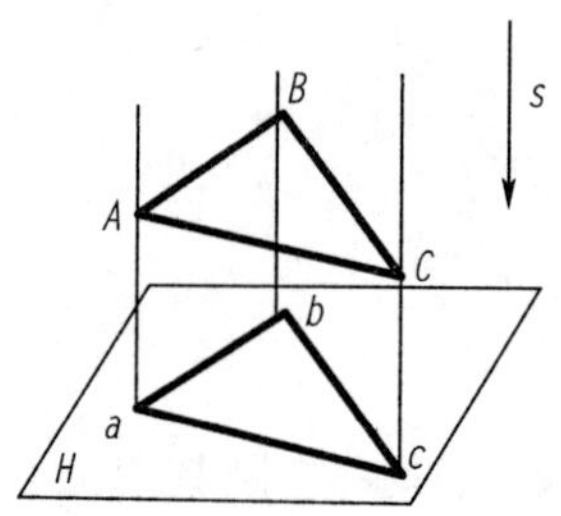

图 1-2-3　平行投影法

平行投影法又分为斜投影法和正投影法。

斜投影法：投射线倾斜于投影面。

正投影法：投射线垂直于投影面。

二、平行投影法的特点

（1）投影大小与物体和投影面之间的距离无关。

（2）度量性较好。

注：工程图样大多数采用正投影法（简单，角度唯一）。

三、平行投影法的性质

（1）实形性。平行于投影面的任何直线或平面，其投影反映线段的实长或平面的实形。

（2）定比性。一条直线上任意三个点的简单比不变，即 $AC/BC = ac/bc$；两平行直线投影的简单比也不变，即 $AB//CD = ab//cd$。

（3）平行性。两平行直线的投影一般仍平行（投影重合为其特例）。

（4）从属性。若点在直线上，则该点的投影一定在该直线的投影上。

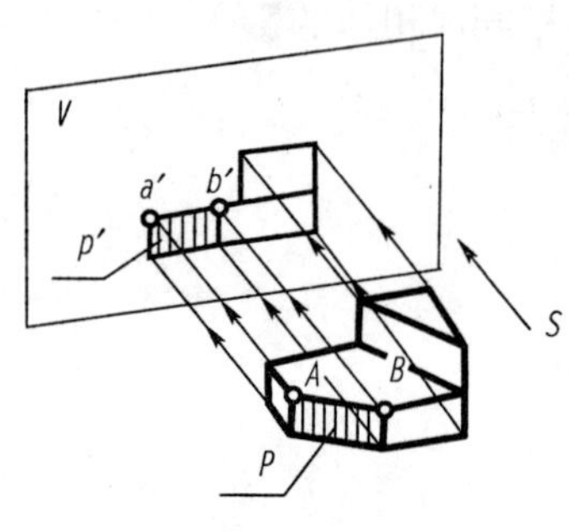

图 1-2-4　类似性

（5）类似性（相仿性）。物体上倾斜于投影面的平面图形的投影为缩小的类似形，倾斜于投影面的直线段为缩短了的直线段。如图 1-2-4 所示，直线 AB 倾斜于投影面 V，其投影 $a'b' < AB$。平面 P 倾斜于投影面 V，其投影 p' 为缩小的类似形。这种投影性质称为投影的类似性（类似形不是相似形，其图形最基本的特征不变。如多边形（六边形）的投影仍为多边形，且物体有平行的对应边，其投影的对应边仍互相平行）。

（6）积聚性。当直线平行于投射方向时，直线的投影为点；当平面平行于投射方向时，其投影为直线。

四、三视图的形成及其特性

1. 视图

视图——视，就是看的意思。用正投影法绘制出的物体的图形，称为视图。即将人的视线人为规定投射线，且是平行投影线，然后正（投射线要做到与投影面垂直）对着物体看过去，将所见物体的轮廓画出来的图形。一个视图只能反映物体的一个方位的形状。不能完整地反映物体的形状，如图 1-2-5 所示。

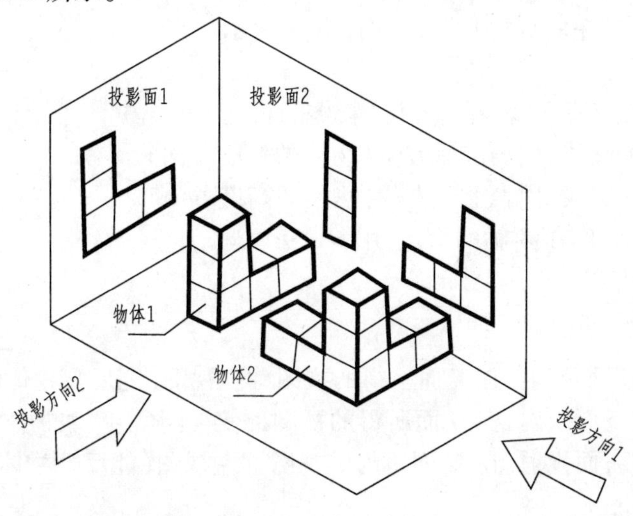

图 1-2-5　视图

三视图是多面视图，是将物体向三个相互垂直的投影面作正投影所得到的一组图形。下面将说明三视图的形成及其投影规律。

三投影面体系（简称三面三轴一交点体系）由三个相互垂直的投影面和三条投影轴（立体坐标）构成，如图 1-2-6a）所示。

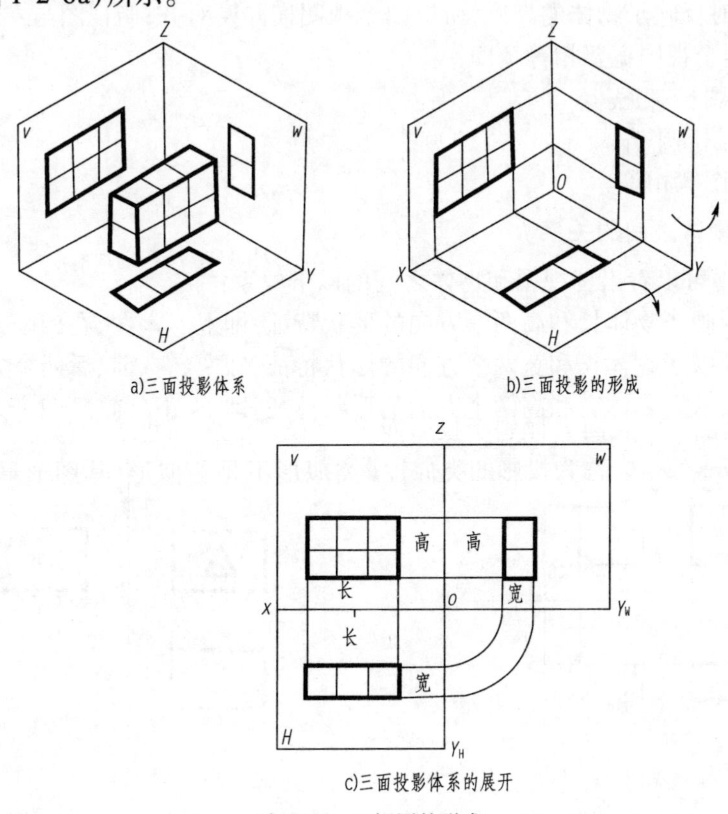

图 1-2-6　三视图的形成

三面：

①正投影面：正立（前面）位置的投影面，用 V 表示。

②水平投影面：水平（平放）的投影面，用 H 表示。

③侧投影面：侧立（左面直立）的投影面，用 W 表示。

三轴：

①X 轴：V 与 H 的交线，代表左右方位（物体的长度方向）。

②Y 轴：H 与 W 的交线，代表前后方位（物体的宽度方向）。

③Z 轴：V 与 W 的交线，代表上下方位（物体的高度方向）。

交点（原点）：X 轴、Y 轴、Z 轴的交点，用 O 表示。

2. 三视图的形成

如图 1-2-6c）所示。

从物体的前面向后面投射，在 V 面所得的视图称主视图（能反映物体的前面形状）。

从物体的上面向下面投射，在 H 面所得的视图称俯视图（能反映物体的上面形状）。

从物体的左面向右面投射，在 W 面所得的视图称左视图（能反映物体的左面形状）。

五、三视图的特性

1. 三视图之间的相等关系

一般将物体 X 方向定义为物体的“长”，Y 方向定义为物体的“宽”，Z 方向定义为物体的“高”，从图 1-2-7 中可看出，主视图和俯视图同时反映了物体的长度，故两个视图长要对正；主视图与左视图同时反映了物体的高度，所以两个视图横向要对齐；俯视图与左视图同时反映了物体的宽度，故两个视图宽要相等。即：

（1）主、俯视图长对正。

（2）主、左视图高平齐。

（3）俯、左视图宽相等。

2. 三视图和物体之间的关系

从图 1-2-8 中可以看出三视图和物体之间的以下关系：

（1）主视图反映了物体长和高两个方向的形状特征，即上、下、左、右四个方位。

（2）俯视图反映了物体长和宽两个方向的形状特征，即左、右、前、后四个方位。

（3）左视图反映了物体宽和高两个方向的形状特征，即上、下、前、后四个方位。

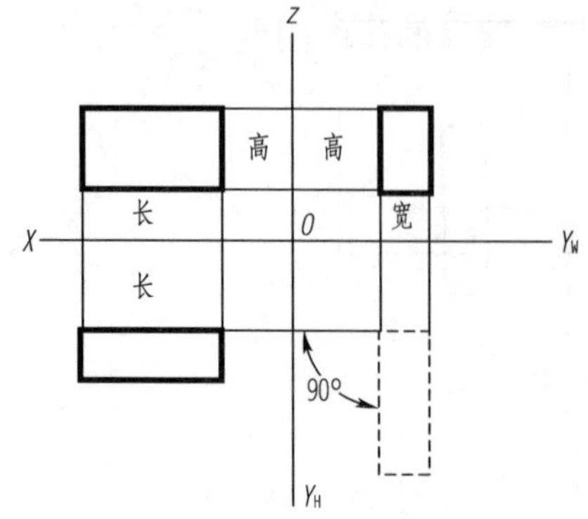

图 1-2-7 物体的三视图相等关系

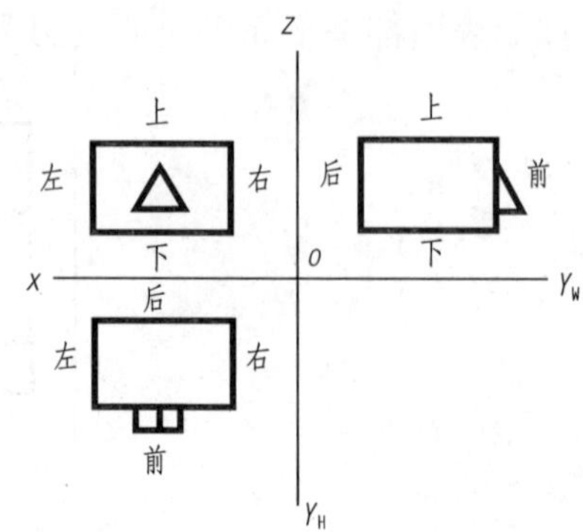

图 1-2-8 三视图反映物体六个方位的位置关系

六、平面立体

1. 平面立体的分类

平面立体主要有棱柱和棱锥两种，棱台是由棱锥截切得到的。平面立体上相邻两面的交线称为棱线。因为围成平面立体的表面都是平面多边形，而平面图形是由直线段围成的，直线段又由其两端点所确定，因此，绘制平面立体的投影，实际上就是画出各平面间的交线和各顶点的投影。在平面立体中，可见棱线用实线表示，不可见棱线用虚线表示，以区分可见表面和不可见表面。图1-2-9是常见的平面立体的投影。

2. 棱柱体的形状特征

棱柱体的形状特征如图1-2-10所示。

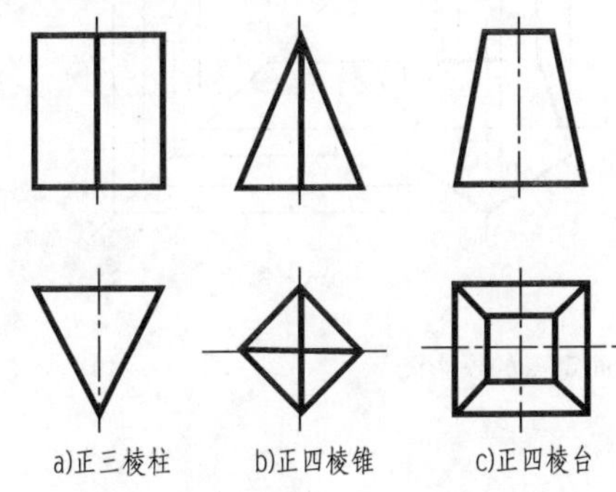

图1-2-9　常见平面立体的投影

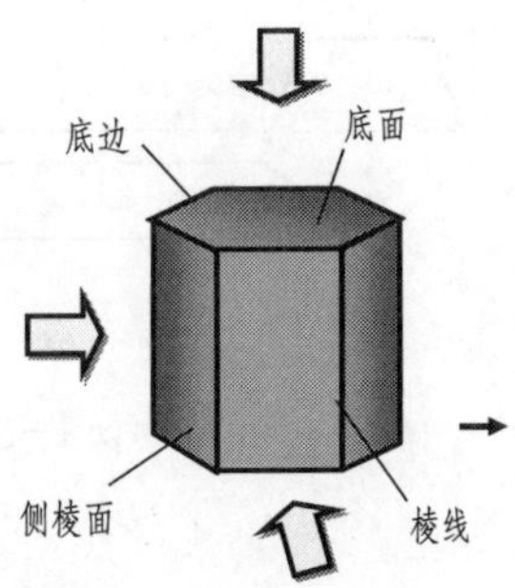

图1-2-10　棱柱体的形状特征

(1)两个底面互相平行，并且是全等图形；底面的形状决定了该棱柱体的具体特征，因此底面也叫棱柱体的特征面。

(2)所有棱线互相平行，并且都垂直于底面（棱线垂直于底面的棱柱体叫直棱柱体，棱线倾斜于底面的棱柱体叫斜棱柱体）。

(3)直棱柱体的几个侧棱面都是矩形，并且垂直于底面。斜棱柱体几个侧棱面是矩形或平行四边形，不一定垂直于底面。

直棱柱投影规律：矩矩为柱。

(1)一个视图为反映底面实形的多边形。

(2)另两个视图为多棱矩形。

3. 平面立体上点和直线的投影

平面立体的表面都是平面多边形，在其表面上取点、取线的作图问题，实质上就是平面上取点、取线作图的应用。其作图的基本原理就是：平面立体上的点和直线一定在立体表面上。由于平面立体的各表面存在着相对位置的差异，必然会出现表面投影的相互重叠，从而产生各表面投影的可见与不可见问题，因此对于表面上的点和线，还应考虑它们的可见性。判断立体表面上点和线可见与否的原则是：如果点、线所在的表面投影可见，那么点、线的同面投影一定可见，否则不可见。

立体表面取点、取线的求解问题一般是指已知立体的三面投影和它表面上某一点(线)的一面投影，要求该点(线)的另两面投影。这类问题的求解方法有：

(1)从属性法。当点位于立体表面的某条棱线上时，那么点的投影必定在棱线的投影上，即可利用线上点的“从属性”求解。

(2)积聚性法。当点所在的立体表面对某投影面的投影具有积聚性时,那么点投影必定在该表面对这个投影面的积聚投影上。

如图1-2-11a)所示,在五棱柱后棱面上给出了 A 点的正面投影 a',在上底面上给出了 B 点的水平投影 b'。可以利用棱面和底面投影的积聚性直接作出 A 点的水平投影 B 点的正面投影,再进一步作出另外一面的投影,如图1-2-11b)所示。

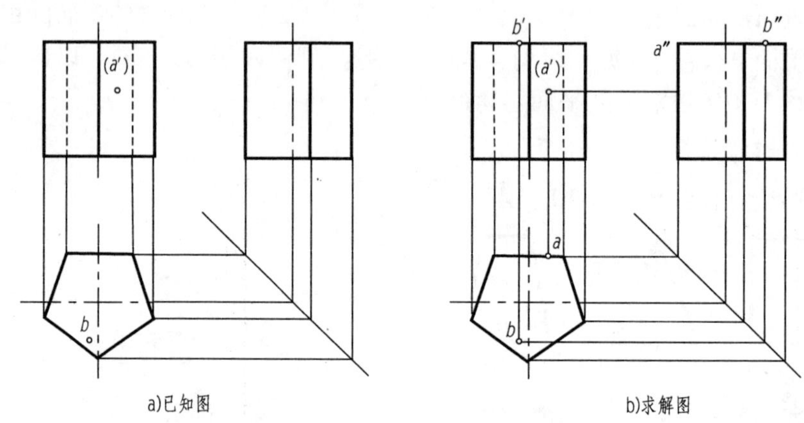

图1-2-11　五棱柱的表面定点的投影图

任务实施

1. 安放位置

安放形体时要考虑两个因素:一要使形体处于稳定状态,二要考虑形体的工作状况。为了作图方便,应尽量使形体的表面平行或垂直于投影面。为此,将如图1-2-12a)所示的正六棱柱的上、下底面平行于 H 面放置,并使其前后两个侧面平行于 V 面,则可得正六棱柱的三面投影图。

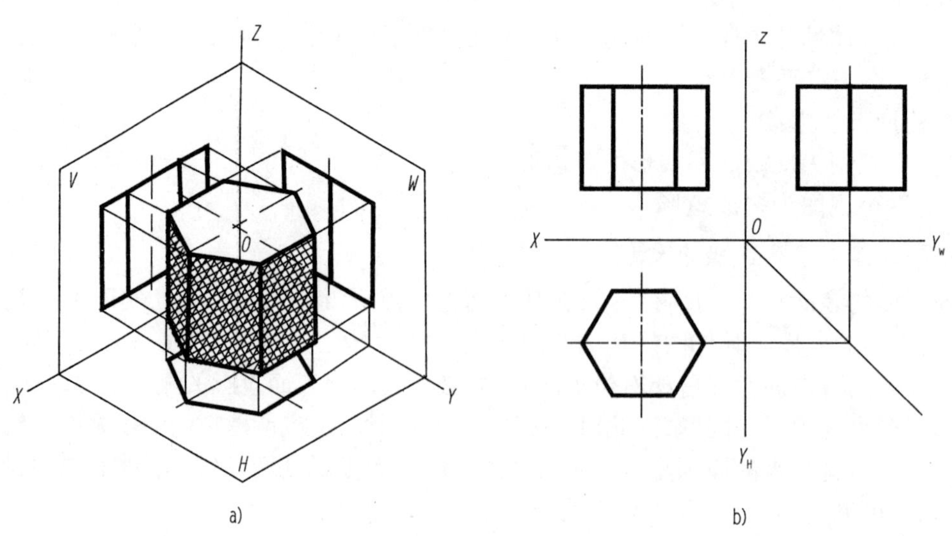

图1-2-12　六棱柱的投影

2. 投影分析

图1-2-12b)是它的三面投影图。因为上、下两底面是水平面,前后两个棱面为正平面,其

余四个棱面是铅垂面，所以它的水平投影是个正六边形，它是上、下底面的投影，反映了实形，正六边形的六个边即为六个棱面的积聚投影，正六边形的六个顶点分别是六条棱线的水平积聚投影。六棱柱的前后棱面是正平面，它的正面投影反映实形，其余四个棱面是铅垂面，因而正面投影是其类似形。合在一起，其正面投影是三个并排的矩形线框。中间的矩形线框为前后棱面反映实形的重合投影，左、右两侧的矩形线框为其余四个侧面的重合投影。此线框的上、下两边即为上、下两底面的积聚投影。它的侧面投影是两个并排的矩形线框，是四个铅垂棱面的重合投影。

3. 投影图的作图步骤

(1) 布置图面，画中心线、对称线等作图基准线。

(2) 画水平投影，即反映上、下底面实形的正六边形。

(3) 根据正六棱柱的高，按投影关系画正面投影。

(4) 根据正面投影和水平投影，按投影关系画侧面投影。

(5) 检查并描深图线，完成作图。

项目任务

作四棱台的正投影图，如图 1-2-13a) 所示。

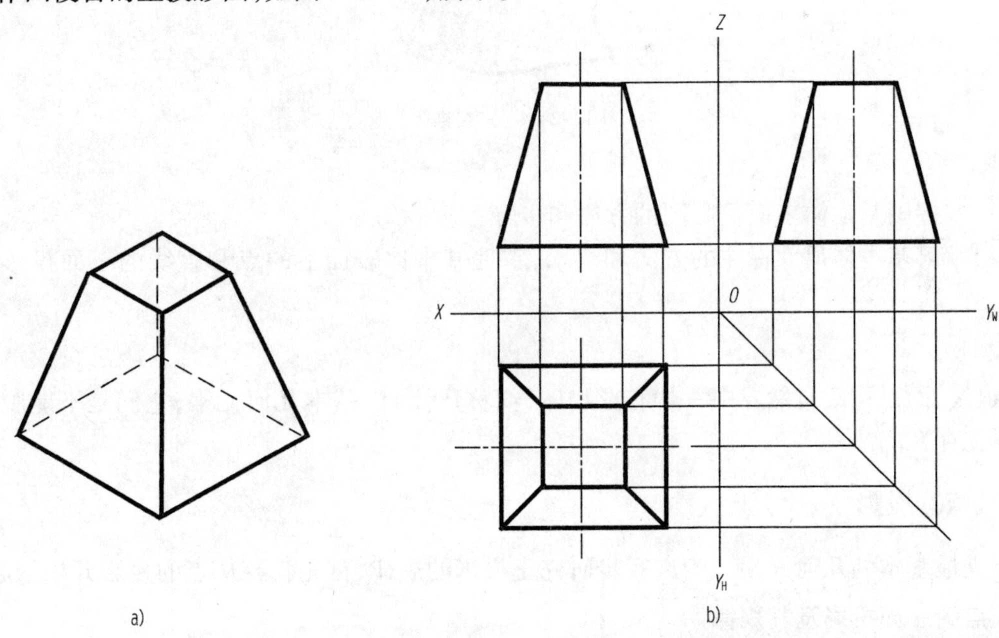

图 1-2-13　四棱台的投影

1. 分析

(1) 四棱台的上、下底面都与 H 面平行，前、后两棱面为侧垂面，左、右两棱面为正垂面。

(2) 上、下两底面与 H 面平行，其水平投影反映实形；其正面、侧面投影积聚为直线。

(3) 前、后两棱面与 W 面垂直，其侧面投影积聚为直线；与 H、V 面倾斜，投影为缩小的类似形。

(4) 左、右两个面与 V 面垂直，其正面投影积聚为直线；与 H、W 面倾斜，投影为缩小的类似形。

(5) 四根斜棱线都是一般位置直线，其投影都不反映实长。

2. 作图

(1)先作出正立面投影,向下"长对正"引铅垂线,向右"高平齐"引水平线。

(2)按物体宽度作出水平投影,并向右"宽相等"引水平线至45°线,转向上作出侧面投影。

(3)加深图形线。如图1-2-13b)所示。

注意:作图时一定要遵守"长对正、高平齐、宽相等"的投影规律。

子项目二 绘制棱锥体投影图

导入图样

图1-2-14为三棱锥体,绘制其三面投影图。

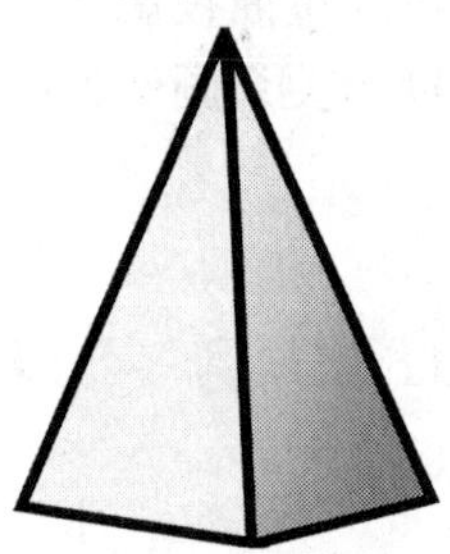

图1-2-14 三棱锥体

项目目标

(1)掌握画基本体三面投影图的方法和步骤;

(2)掌解基本体尺寸标注的方法和要求,掌握基本体表面上的点和直线的三面投影作图方法。

相关知识

点、线、面是构成自然界中一切有形物体(简称形体)的基本几何元素,它们是不能脱离形体而孤立存在的。

一、点的投影

点是最基本的几何元素。为进一步研究正投影的规律,首先就要从点的投影开始谈起。

1. 点的三面投影及其规律

将空间点A放置在三投影面体系中,过点A分别作垂直于H面、V面、W面的投影线,投影线与H面的交点(即垂足点)a称为A点的水平投影(H投影);投影线与V面的交点a'称为A点的正面投影(V投影);投影线与W面的交点a''称为A点的侧面投影(W投影)。

在投影图中,统一规定:空间点用大写字母表示,其在H面的投影用相应的小写字母表示;在V面的投影用相应的小写字母右上角加一撇表示;在W面投影用相应的小写字母右上角加两撇表示。如图1-2-15a)中,空间点A的三面投影分别用a、a'、a''表示。

按前述规定将三投影面展开,就得到点A的三面投影图,如图1-2-15b)所示。在点的投影图中一般只画出投影轴,不画投影面的边框,如图1-2-15c)所示。

在图1-2-15a)中,过空间点A的两条投影线Aa和Aa'所构成的矩形平面Aaa_xa'与V面和

H 面互相垂直并相交，因而它们的交线 aa_x、$a'a_x$ 与 OX 轴必然互相垂直且相交于一点 a_x。当 V 面不动，将 H 面绕 OX 轴向下旋转 90°而与 V 面在同一平面时，a'、a_x、a 三点共线，即 $a'a_xa$ 成为一条垂直于 OX 轴的直线，如图 1-2-15b)所示。同理，连线 $a'a_za''$ 垂直于 OZ 轴。

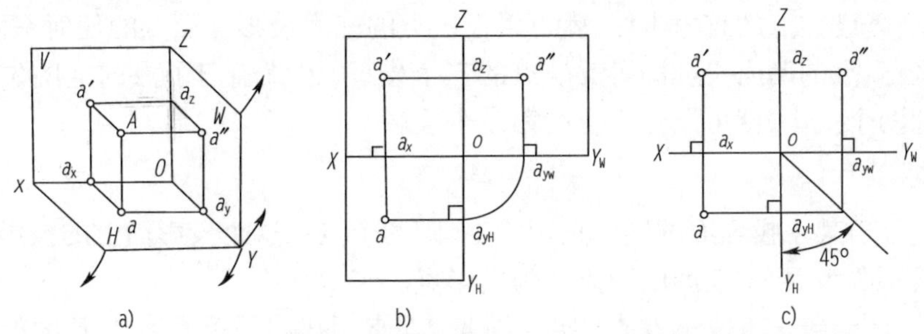

图 1-2-15　点的三面投影

在图 1-2-15a)中，Aa_xa' 是一个矩形平面，线段 Aa 表示 A 点到 H 面的距离，$Aa = a'a_x$。线段 Aa' 表示 A 点到 V 面的距离，$Aa' = aa_x$；同理，线段 Aa'' 表示 A 点到 W 面的距离，$Aa'' = aa_y$。a_y 在投影面展开后，被分为 a_{yH} 和 a_{yW} 两个部分，所以 $aa_{YH} \perp OY_H$，$a''a_{yW} \perp OY_W$。

通过以上的分析，可得出点的投影特性如下：

(1)点的两面投影的连线垂直于相应的投影轴。

$a'a \perp OX$，即 A 点的 V 和 H 投影连线垂直于 X 轴；

$a'a'' \perp OZ$，即 A 点的 V 和 W 投影连线垂直于 Z 轴；

$aa_{YH} \perp OY_H$，$a''a_{yW} \perp OY_W$，$Oa_{YH} = Oa_{yW}$

(2)点的投影到投影轴的距离，反映该点到相应的投影面的距离。

$aa_x = a''a_z = Aa'$，反映 A 点到 V 面的距离；

$a'a_x = a''a_{yW} = Aa$，反映 A 点到 H 面的距离；

$a'a_z = aa_{YH} = Aa''$，反映 A 点到 W 面的距离。

根据上述投影特性可知：由点的两面投影就可确定点的空间位置，故只要已知点的任意两个投影，就可以运用投影规律求出该点的第三个投影。

2. 点的投影与其直角坐标的关系

若将三面投影体系中的三个投影面看作是直角坐标系中的三个坐标面，则三条投影轴相当于坐标轴，原点相当于坐标原点。如图 1-2-16 所示：空间点 $A(x,y,z)$ 到三个投影面的距离可以用直角坐标来表示，即：

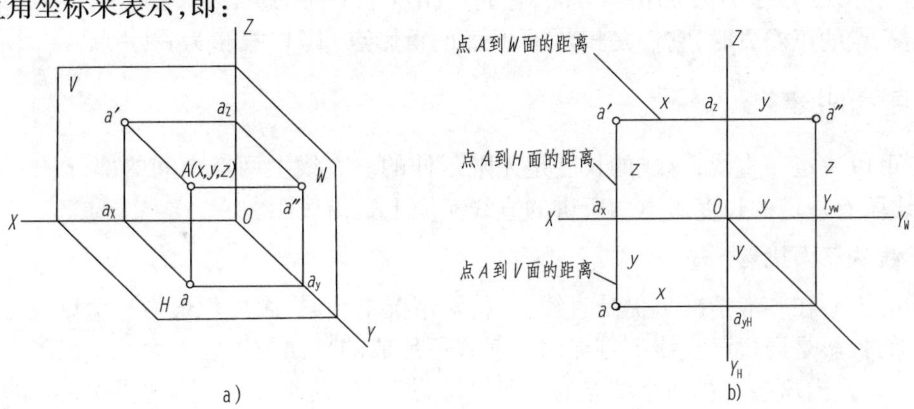

图 1-2-16　点的投影与其直角坐标的关系

空间点 A 到 W 面的距离，等于点 A 的 X 轴坐标，即 x 值；

空间点 A 到 V 面的距离，等于点 A 的 Y 轴坐标，即 y 值；

空间点 A 到 H 面的距离，等于点 A 的 Z 轴坐标，即 z 值。

由此可见，若已知点的直角坐标，就可以作出点的三面投影。而点的任何一面投影都反映了点的两个坐标，点的两面投影即可反映点的三个坐标，也就确定了点的空间位置。因而，若已知点的任意两个投影，就可以作出点的第三个投影。

3. 重影点

当两个点处于某一投影面的同一投影线上，则两个点在这个投影面上的投影便互相重合，这个重合的投影称为重影，空间的两点称为重影点。

在表 1-2-1 中，当 A 点位于 B 点的正上方时，即它们在同一条垂直于 H 面的投影线上，其 H 投影 a 和 b 重合，A、B 两点是相对于 H 面的重影点。由于 A 点在上，B 点在下，向 H 面投影时，投影线先遇点 A，后遇点 B，所以点 A 的投影 a 可见，点 B 的投影 b 不可见。为了区别重影点的可见性，将不可见点的投影用字母加括号表示，如重影点 $a(b)$。点 A 和点 B 为 H 面的重影点时，它们的 x、y 坐标相同，z 坐标不同。

在投影面的重影点 表 1-2-1

名称	H 面的重影点	V 面的重影点	W 面的重影点
直观图	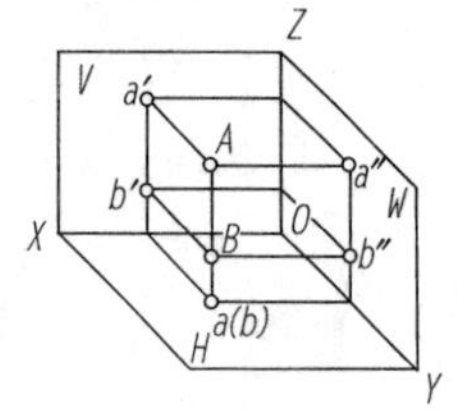	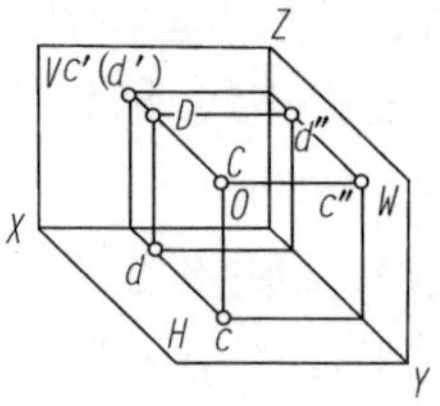	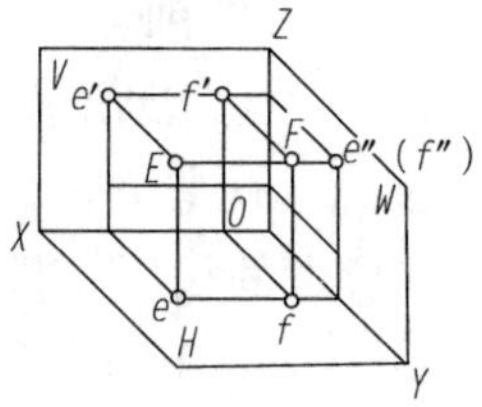
投影图	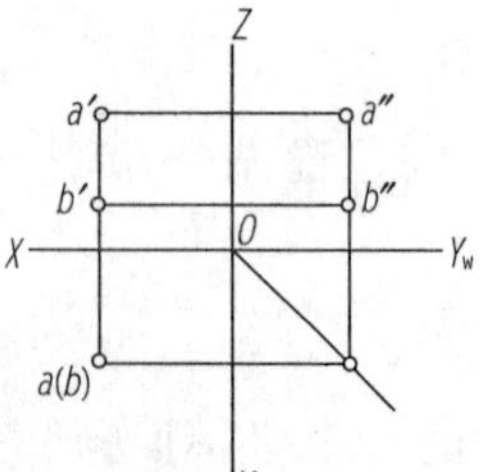	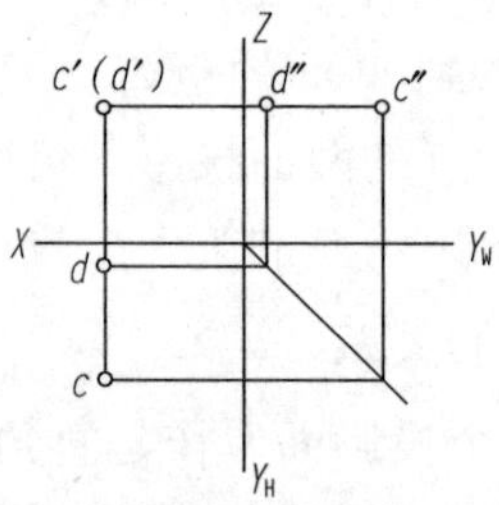	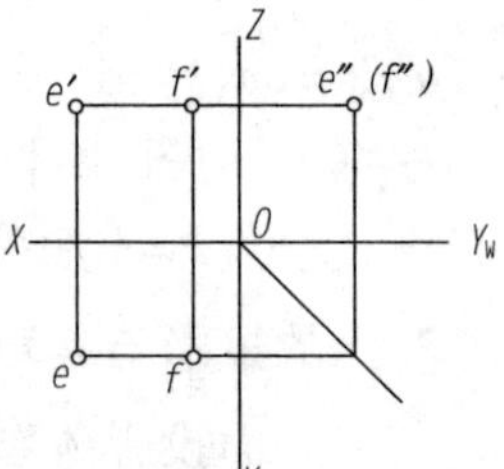

同理，当 C 点位于 D 点的正前方时，它们是相对于 V 面的重影点，其 V 投影为 $c'(d')$。当 E 点位于 F 点的正左方时，它们是相对于 W 面的重影点，其 W 投影为 $e''(f'')$。

二、直线的投影

两点可以决定一直线，直线的长度是无限延伸的。直线上两点之间的部分（一段直线）称为线段，线段有一定的长度。本书所讲的直线实质上是指线段。

1. 直线的三面投影

直线的投影在一般情况下仍是直线，在特殊情况下，其投影可积聚为一个点。直线在某一投影面上的投影是通过该直线上各点的投射线所形成的平面与该投影面的交线。作某一直线的投影，只要作出这条直线两个端点的三面投影，然后将两端点的同面投影相连，即得直线的三面投影。如图 1-2-17 所示。

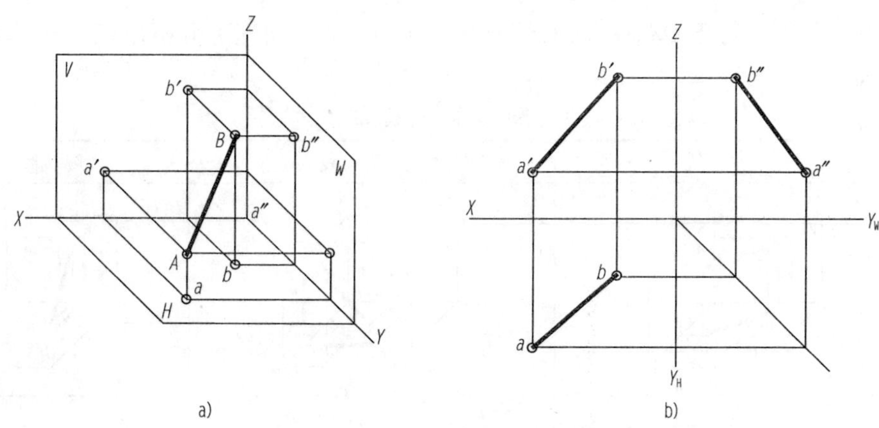

图 1-2-17　直线的三面投影

2. 直线上点的投影

如果点在直线上,则点的三面投影就必定在直线的三面投影之上。这一性质称为点的从属性。

一直线上的两线段之比,等于其同面投影之比。这一性质称为点的定比性。

如图 1-2-18 所示,已知 *AB* 的两投影,*C* 点在 *AB* 上且分 *AB* 为 *AC*:*CB* =2:5,求 *C* 点的两投影。

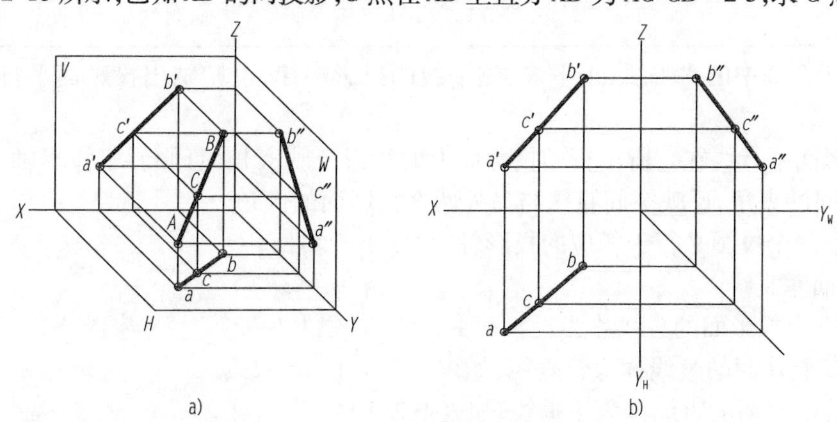

图 1-2-18　求直线上点的投影

3. 各种位置直线的投影特性

按直线与三个投影面之间的相对位置,将空间直线分为两大类,即特殊位置直线和一般位置直线。特殊位置直线又分为投影面平行线和投影面垂直线。直线与投影面之间的夹角,称为直线的倾角。直线对 *H* 面、*V* 面、*W* 面的倾角分别用希腊字母 α、β、γ 表示。

1)投影面平行线

平行于一个投影面而与另外两个投影面都倾斜的直线,称为投影面平行线。投影面平行线可分为以下三种:

(1)平行于 *H* 面,同时倾斜于 *V*、*W* 面的直线称为水平线,如表 1-2-2 中 *AB* 线。

(2)平行于 *V* 面,同时倾斜于 *H*、*W* 面的直线称为正平线,如表 1-2-2 中 *CD* 线。

(3)平行于 *W* 面,同时倾斜于 *H*、*V* 面的直线称为侧平线,如表 1-2-2 中 *EF* 线。

下面以水平线为例说明投影面平行线的投影特性。

在表 2-2-2 中,由于水平线 *AB* 平行于 *H* 面,同时又倾斜于 *V*、*W* 面,因而其 *H* 投影 *ab* 与直线 *AB* 平行且相等,即 *ab* 反映直线的实长。投影 *ab* 倾斜于 *OX*、OY_H轴,其与 *OX* 轴的夹角反映直线对 *V* 面的倾角 β 的实形,与 OY_H轴的夹角反映直线对 *W* 面的倾角 γ 的实形,*AB* 的 *V* 面投

影和 W 面投影分别平行于 OX、OY_W 轴，同时垂直于 OZ 轴。同理可分析出正平线 CD 和侧平线 EF 的投影特性。

投影面平行线 表 1-2-2

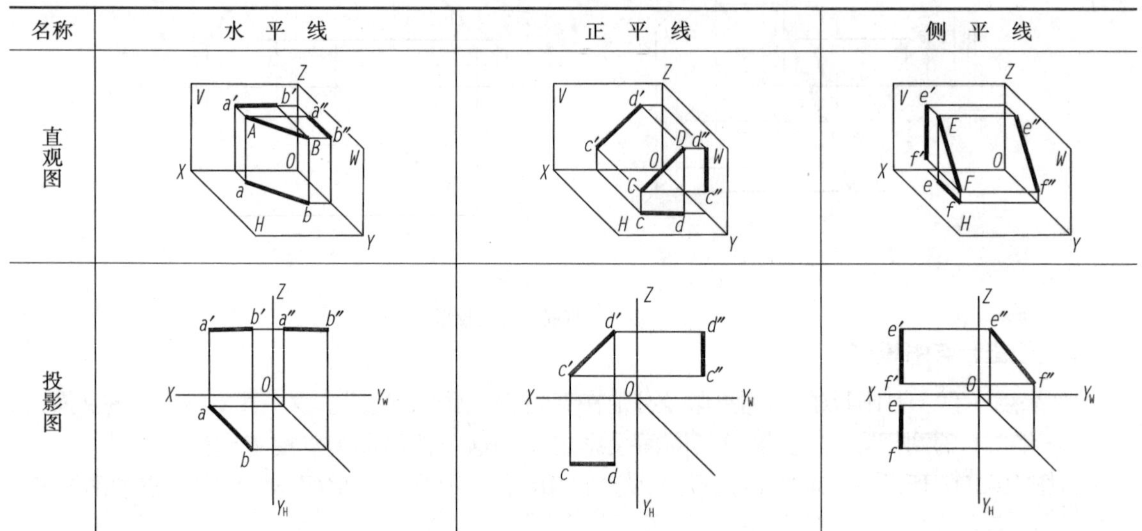

综合表 1-2-2 中的水平线、正平线、侧平线的投影规律，可归纳出投影面平行线的投影特性如下：

(1)投影面平行线在它所平行的投影面上的投影反映实长，且倾斜于投影轴，该投影与相应投影轴之间的夹角，反映空间直线与另外两个投影面的倾角。

(2)其余两个投影平行于相应的投影轴，长度小于实长。

2)投影面垂直线

垂直于一个投影面的直线称为投影面垂直线，它分为三种：

(1)垂直于 H 面的直线称为铅垂线，如表 1-2-3 中 AB 直线。

(2)垂直于 V 面的直线称为正垂线，如表 1-2-3 中 CD 直线。

(3)垂直于 W 面的直线称为侧垂线，如表 1-2-3 中 EF 直线。

下面以铅垂线为例说明投影面垂直线的投影特性。

投影面垂直线 表 1-2-3

名称	铅垂线	正垂线	侧垂线
直观图	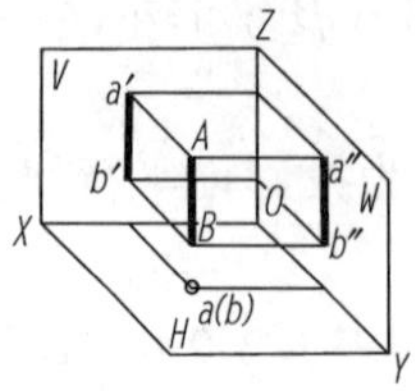	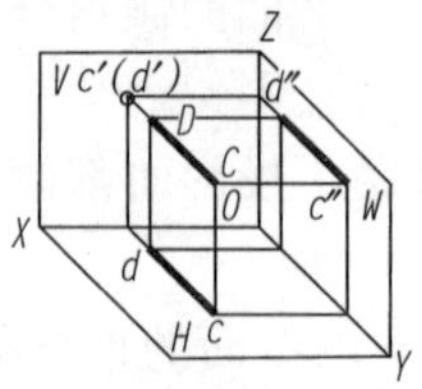	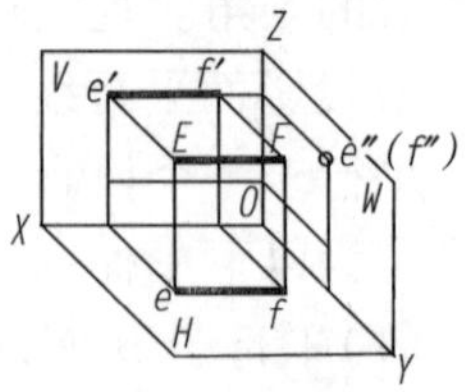
投影图	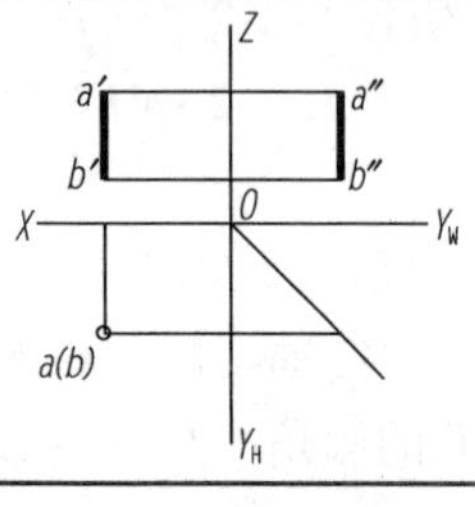	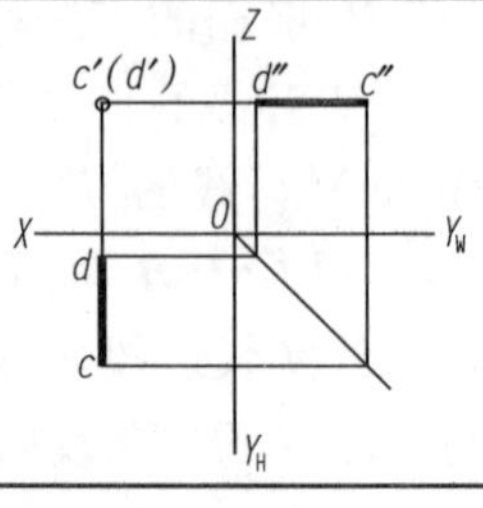	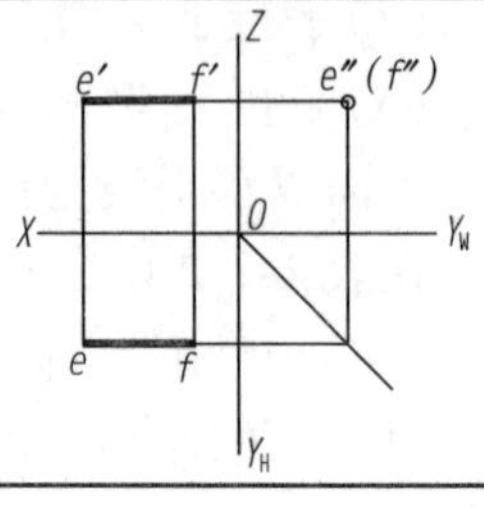

在表 1-2-3 中，因直线 AB 垂直于 H 面，所以 AB 的 H 投影积聚为一点 $a(b)$；AB 垂直于 H 面的同时必定平行于 V 面和 W 面，所以由平行投影的显实性可知 $a'b' = a''b'' = AB$，并且 $a'b'$ 垂直于 OX 轴，$a''b''$ 垂直于 OY_W 轴，它们同时平行于 OZ 轴。

综合表 1-2-3 中的铅垂线、正垂线、侧垂线的投影规律，可归纳出投影面垂直线的投影特性如下：

(1) 直线在它所垂直的投影面上的投影积聚为一点；

(2) 直线的另外两个投影平行于相应的投影轴，且反映实长。

3) 一般位置直线

与三个投影面都倾斜（即不平行又不垂直）的直线称为一般位置直线，简称一般线。

从图 1-2-19 可以看出，一般位置直线具有以下的投影特性：

(1) 直线在三个投影面上的投影都倾斜于投影轴，其投影与相应投影轴的夹角不能反映其与相应投影面的真实的倾角。

(2) 三个投影的长度都小于实长。

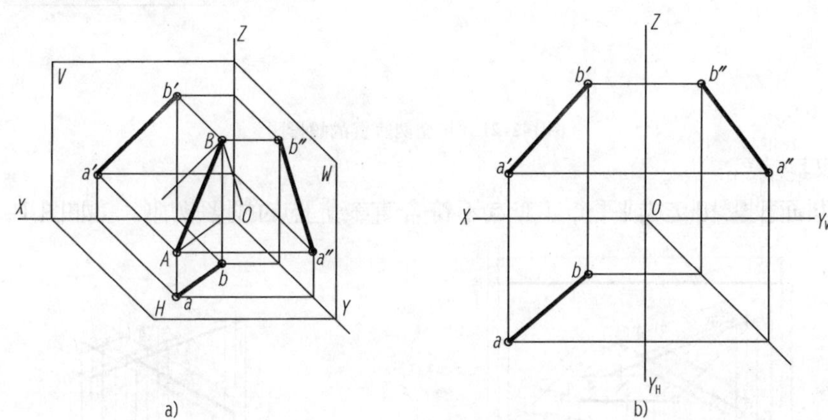

图 1-2-19　一般位置直线

4. 两直线的相对位置

空间两直线的相对位置可分为三种：两直线平行，两直线相交，两直线交叉。前两种直线又称为同面直线，后一种又称为异面直线。其投影特点如下：

(1) 平行两直线。

性质：其同面投影平行或重合。如图 1-2-20 所示。

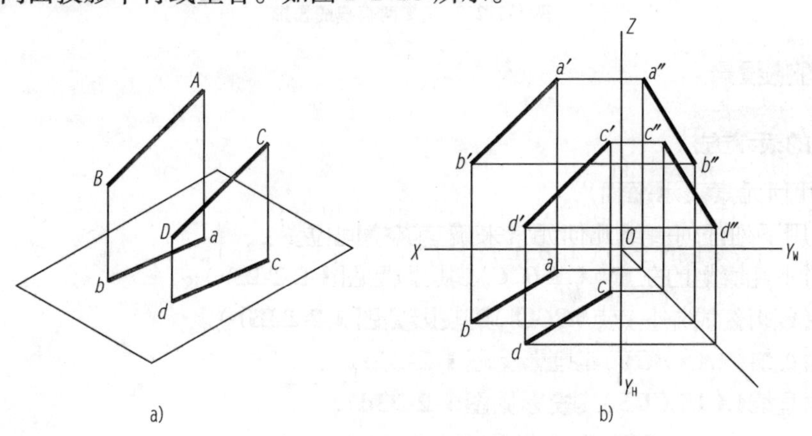

图 1-2-20　平行两直线的投影

(2)相交两直线。

性质:其同面投影相交或重合,且交点符合直线上点的投影规律。如图 1-2-21 所示,AB 与 CD 的交点 E 的投影符合点的投影规律,其投影连线垂直于相应的投影轴。

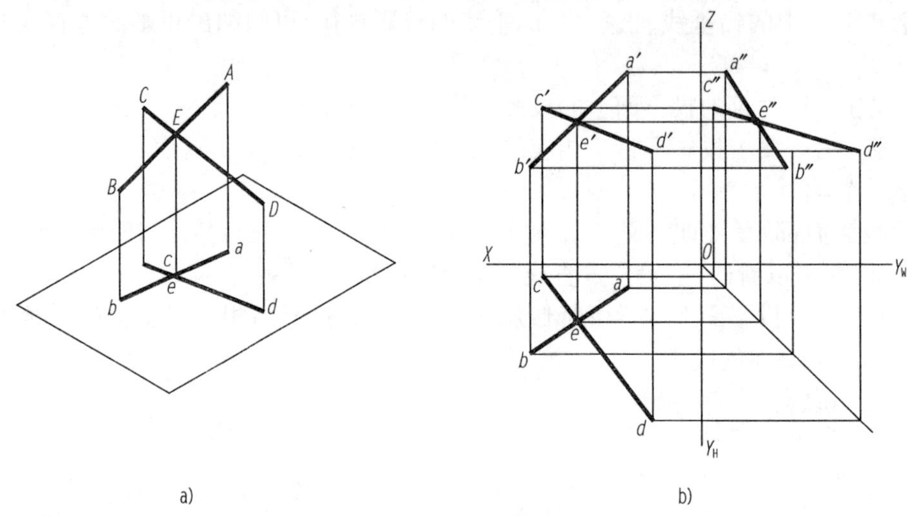

图 1-2-21　相交两直线的投影

(3)交叉两直线。

性质:其同面投影相交或平行,且交点不符合直线上点的投影规律。如图 1-2-22 所示。

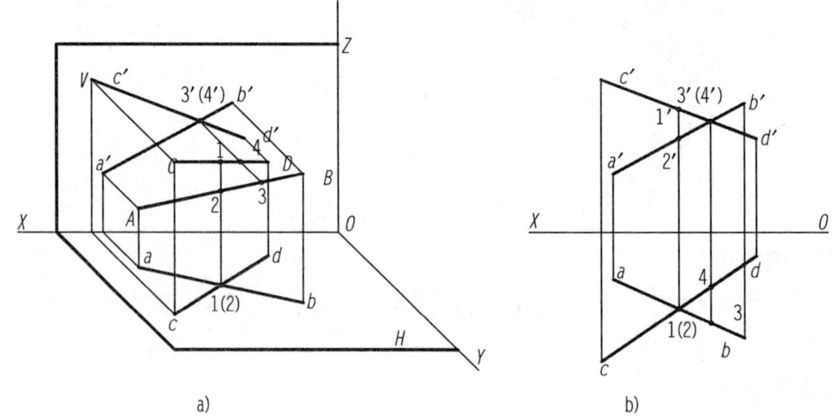

图 1-2-22　交叉两直线的投影

三、平面的投影

1. 平面的表示方法

(1)用几何元素表示平面

平面可用下列任何一组几何元素来确定其空间位置:

①不在同一直线上的三点(A、B、C),其投影见图 1-2-23a)。

②一直线和该直线外一点(BC、A),其投影见图 1-2-23b)。

③相交两直线($AB \times BC$),其投影见图 1-2-23c)。

④平行两直线($AB /\!/ CD$),其投影见图 1-2-23d)。

⑤任意平面图形($\triangle ABC$),其投影见图 1-2-23e)。

在投影图上可以用上述任何一组几何元素的投影表示平面。

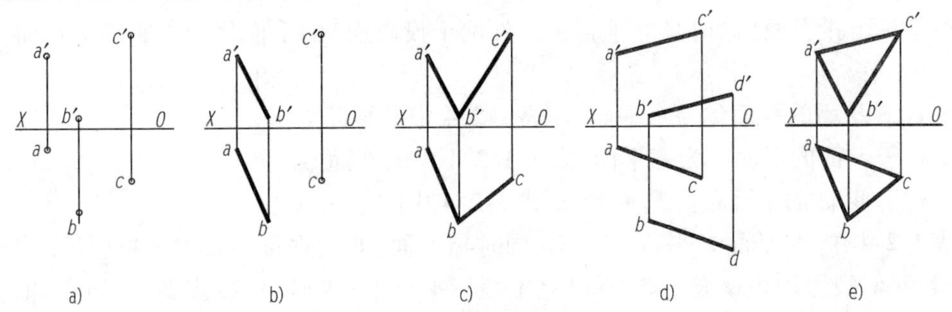

图 1-2-23　平面的表示方法

以上五种表示平面的方式可以互相转化，第一种是最基本的表示方式，后四种都是由其演变而来的。我们知道，在空间不属于同一直线上的三点能唯一地确定一个平面。对同一平面来说，无论采用哪一种方式表示，它所确定的空间平面的位置是始终不变的。需要强调的是，前四种只确定平面的位置，第五种不但能确定平面的位置，而且能表示平面的形状和大小，所以一般常用平面图形来表示平面。

(2)用迹线表示平面

平面的空间位置还可以由它与投影面的交线来确定，平面与投影面的交线称为该平面的迹线。如图 1-2-24a)所示，P 平面与 H 面的交线称为水平迹线，用 P_H表示；P 平面与 V 面的交线称为正面迹线，用 P_V表示；P 平面与 W 面的交线称为侧面迹线，用 P_W表示。

一般情况下，相邻两条迹线相交于投影轴上，它们的交点也就是平面与投影轴的交点。在投影图中，这些交点分别用 P_X、P_Y、P_Z来表示。如图 1-2-24a)所示的平面 P，实质上就是相交两直线 P_H与 P_V所表示的平面，也就是说三条迹线中任意两条可以确定平面的空间位置，其投影如图 1-2-24b)所示。

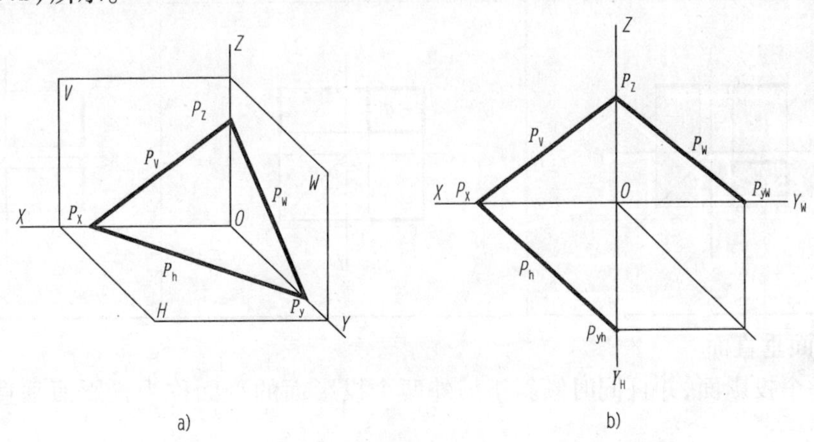

图 1-2-24　平面的迹线表示法

由于迹线位于投影面上，它的一个投影与自身重合，另外两个投影与投影轴重合，通常用只画出与自身重合的投影并加标记的办法来表示迹线，凡是与投影轴重合的投影均不标记。特殊位置平面中有积聚性的迹线两端用短粗实线表示，中间用细实线相连，并标出迹线符号。

2. 各种位置平面的投影特性

根据平面与投影面的相对位置的不同，将空间平面分为两大类，即特殊位置平面和一般位置平面。特殊位置平面又分为投影面平行面和投影面垂直面。

(1)投影面平行面

平行于一个投影面(同时必然垂直于另外两个投影面)的平面称为投影面平行面,它分为三种:

①平行于 H 面的平面称为水平面,如表 1-2-4 中的平面 P。

②平行于 V 面的平面称为正平面,如表 1-2-4 中的平面 Q。

③平行于 W 面的平面称为侧平面,如表 1-2-4 中的平面 R。

在表 1-2-4 中,水平面 P 平行于 H 面,同时与 V 面、W 面垂直。其水平投影反映图形的实形,V 投影和 W 投影均积聚成一条直线,且 V 投影平行于 OX 轴,W 投影平行于 OY_W 轴,它们同时垂直于 OZ 轴。同理可分析出正平面 Q、侧平面 R 的投影情况。

综合表 1-2-4 中水平面、正平面、侧平面的投影规律,可归纳出投影面平行面的投影特性如下:

①平面在它所平行的投影面上的投影反映实形;

②平面在另外两个投影面上的投影积聚为一直线,且分别平行于相应的投影轴。

投影面平行面　　表 1-2-4

名称	水平面	正平面	侧平面
直观图	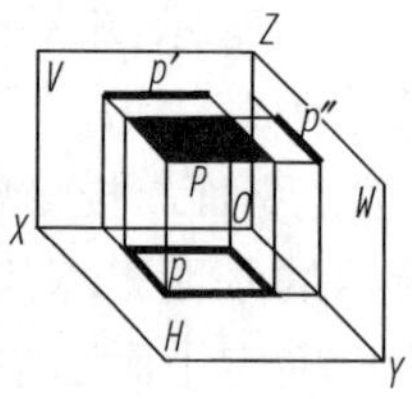 Z V p′ p″ P O W X p H Y	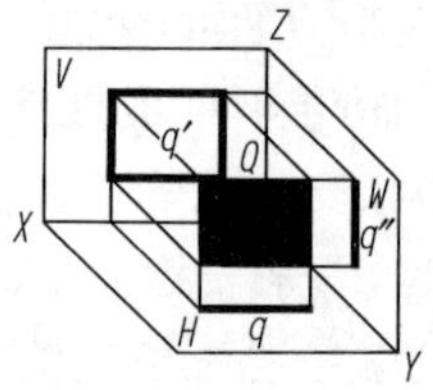 Z V q′ Q W q″ X O H q Y	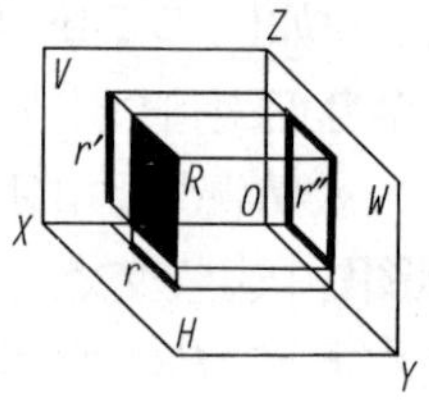 Z V r′ R O r″ W X r H Y
投影图	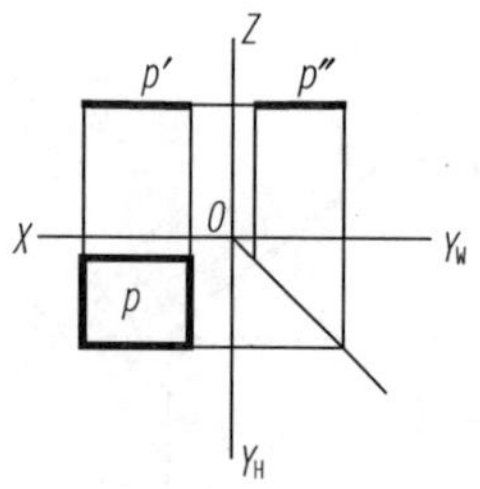 Z p′ p″ X O Y_W p Y_H	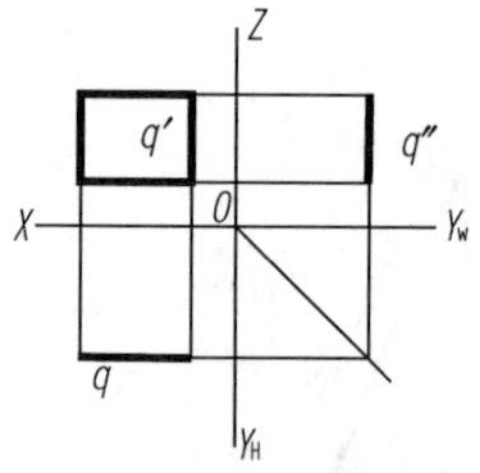 Z q′ q″ X O Y_W q Y_H	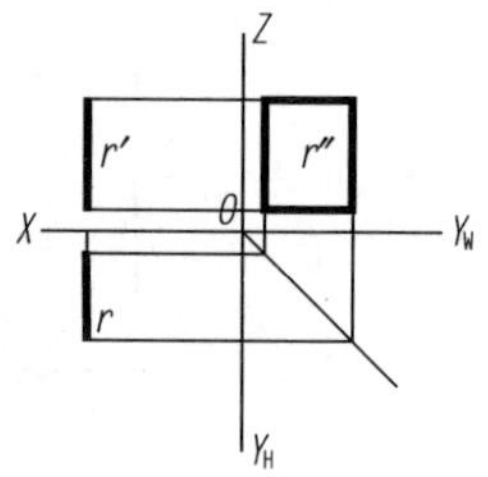 Z r′ r″ X O Y_W r Y_H

(2)投影面垂直面

垂直于一个投影面,并且同时倾斜于另外两个投影面的平面称为投影面垂直面。它也分为三种情况:

①垂直于 H 面,倾斜于 V 面和 W 面的平面称为铅垂面,如表 1-2-5 中的平面 P。

②垂直于 V 面,倾斜于 H 面和 W 面的平面称为正垂面,如表 1-2-5 中的平面 Q。

③垂直于 W 面,倾斜于 H 面和 V 面的平面称为侧垂面,如表 1-2-5 中的平面 R。

平面与投影面的夹角称为平面的倾角,平面与 H 面、V 面、W 面的倾角分别用 α、β、γ 标记。在表 1-2-5 中,平面 P 垂直于水平面,其水平面投影积聚成一倾斜直线 p,倾斜直线 p 与 OX 轴、OY_H 轴的夹角分别反映铅垂面 P 与 V 面、W 面的倾角 β 和 γ,由于平面 P 倾斜于 V 面、W 面,所以其正面投影和侧面投影均为类似形。

投影面垂直面　　表 1-2-5

名称	铅　垂　面	正　垂　面	侧　垂　面
直观图			
投影图			

综合分析表 1-2-5 中的铅垂面 P、正垂面 Q 和侧垂面 R 的投影情况，可归纳出投影面垂直面的投影特性如下：

①平面在它所垂直的投影面上的投影积聚成一直线，此直线与相应投影轴的夹角反映该平面对另外两个投影面的倾角。

②平面在另外两个投影面上的投影为原平面图形的类似形，面积比实形小。

(3) 一般位置平面

与三个投影面都倾斜（即不平行又不垂直）的平面称为一般位置平面，简称一般面。

如图 1-2-25 所示，△ABC 是一般位置的平面，由平行投影的特性可知，△ABC 的三个投影仍是三角形，但面积均小于实形。

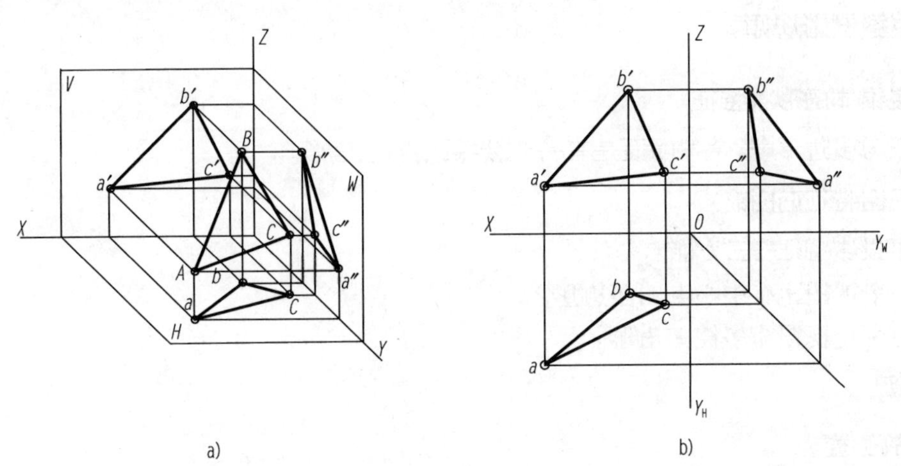

图 1-2-25　一般位置平面

一般位置平面的投影特性如下：

①三面投影都不反映空间平面图形的实形，都是原平面图形的类似形，面积比实形小。

②三面投影都不反映该平面与投影面的倾角。

3. 平面上的点和直线的投影

(1)平面上的点

点在平面上的几何条件为：若点在平面内的任一已知直线上，则点必在该平面上。

(2)平面上的直线

直线在平面上的几何条件为：若一直线经过平面上的两个已知点，或经过一个已知点且平行于该平面上的另一已知直线，则此直线必定在该平面上。

(3)平面上的投影面平行线

平面上的投影面平行线，有平面上的水平线、正平线和侧平线三种。它们既具有平面上的直线的投影特性，又具有投影面平行线的投影特征，如图 1-2-26a)所示的直线 *EF*，就是平面 *ABC* 上的一条水平线，如图 1-2-26b)所示的直线 *GH*，就是平面 *ABC* 上的一条正平线。平面的迹线是平面上特殊的投影面平行线，是平面与投影面的交线。

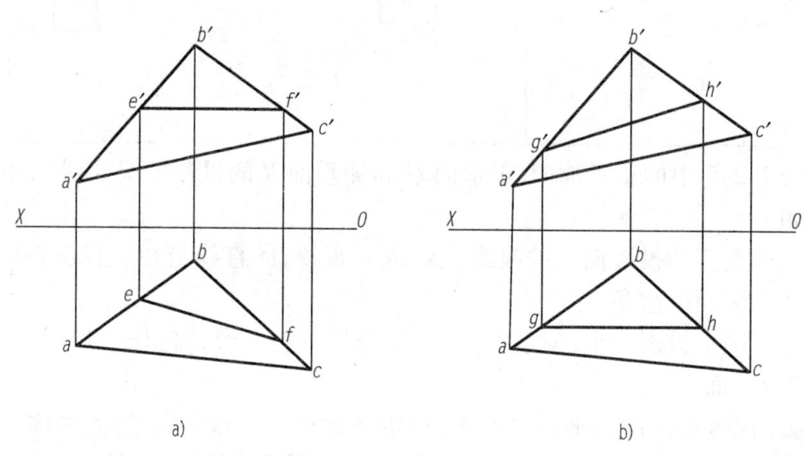

图 1-2-26　平面上的投影面平行线的投影

四、棱锥投影规律

1. 棱锥体的形状特征

底面为多边形，其余各侧面是有一个公共顶点的三角形。

2. 视图特征(正棱锥)

棱锥投影特征：三三为锥

(1)一个视图为有中心点的多边形。

(2)另两个视图为多棱三角形。

任务实施

1. 安放位置

将正三棱锥的底面平行于 *H* 面放置，并使其后面棱面垂直与 *W* 面，则可得三棱锥的三面投影图。

2. 投影分析

因为底面是水平面，所以它的水平投影是一个正三角形(反映实形)，正面投影是一条直线(有积聚性)。连接锥顶和底面三角形各顶点的同面投影，即为三棱锥的正面和侧面投影。其中，水平投影为三个三角形的线框，它们分别表示三个棱面及底面的投影。正面投影是两个并排的三角形，它是三棱锥前面棱面的与后面棱面的重合投影。侧面投影是一个三角形，它是前面左右两棱面的重合投影，右边侧棱面是不可见的，而后面棱面因与侧立投影面垂直，其投影积聚为一条直线。

3. 作图步骤

(1)布置图面，画中心线、对称线等作图基准线。

(2)画水平投影。

(3)根据三棱锥的高，按投影关系画正面投影。

(4)根据正面投影和水平投影按投影关系画侧面投影。

(5)检查、描深图线，完成作图。如图 1-2-27 所示。

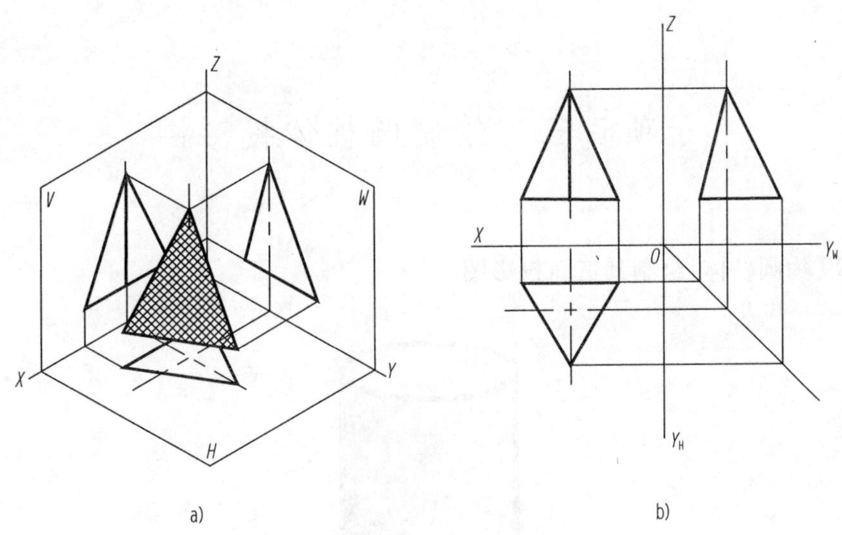

图 1-2-27　三棱锥的投影

项目任务

如图 1-2-28a)所示，已知三棱锥的三面投影及其表面上的线段 *EF* 的投影 *ef*，求出线段的其他投影。

解：

(1)分析

从已知投影可知，线段 *EF* 的投影 *ef* 为可见，所以 *EF* 必在左棱面△*SAB* 上，△*SAB* 为一般位置平面，故可以过 *EF* 作一辅助直线 12，根据从属关系求出 *E*、*F* 点的投影。

(2)作图

①过 *ef* 作一辅助直线 12。

②求出 1′2′、1″2″。从水平投影向上作铅垂线，向右作水平线至45°线，转向上得出 1″2″，再向左得出 1′2′，两投影均为可见。

③求 *e′f′*、*e″f″*。从水平投影 *ef* 向上作铅垂线，得出 *e′f′*，再向右作水平线得出 *e″f″*，两投影

均为可见，如图 1-2-28b）所示。

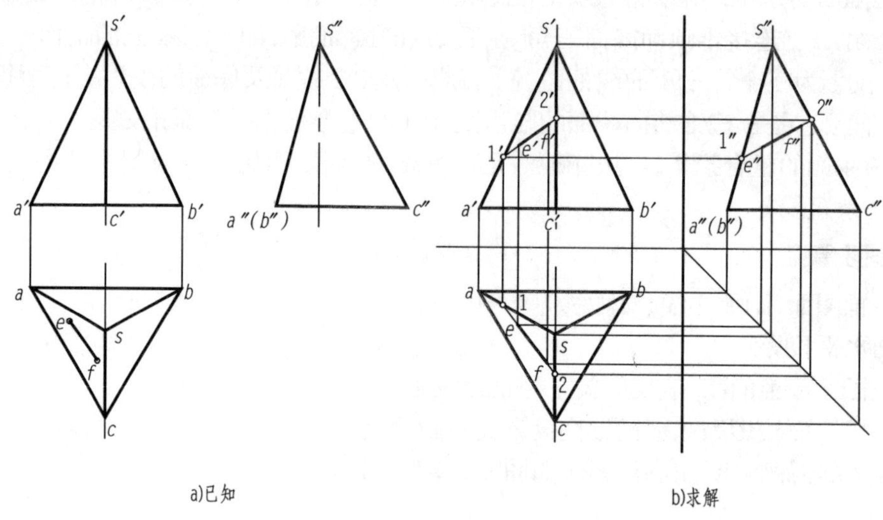

图 1-2-28　三棱锥表面上线的投影

子项目三　绘制圆柱体投影图

导入图样

图 1-2-29 为圆柱体，绘制其三面投影图。

图 1-2-29　圆柱体

项目目标

（1）掌握画圆柱体三面投影图的方法和步骤；

（2）掌握圆柱体表面上的点和直线的三面投影作图方法。

相关知识

曲面立体的曲表面是由一母线（直线或曲线）绕定轴回转一周而形成的回转面，圆柱、圆锥、圆球和圆环是工程上常见的回转体，其回转面都是光滑曲面。

图 1-2-30 是常见的曲面立体。

圆柱体是曲面体，它的表面是由圆柱面和上、下两个圆形底面组成。圆柱面可以是由一条素线（也叫母线）绕与之平行的轴线回转而成，也可以是由一个矩形绕着其一条边旋转一周而成，如图 1-2-31 所示。

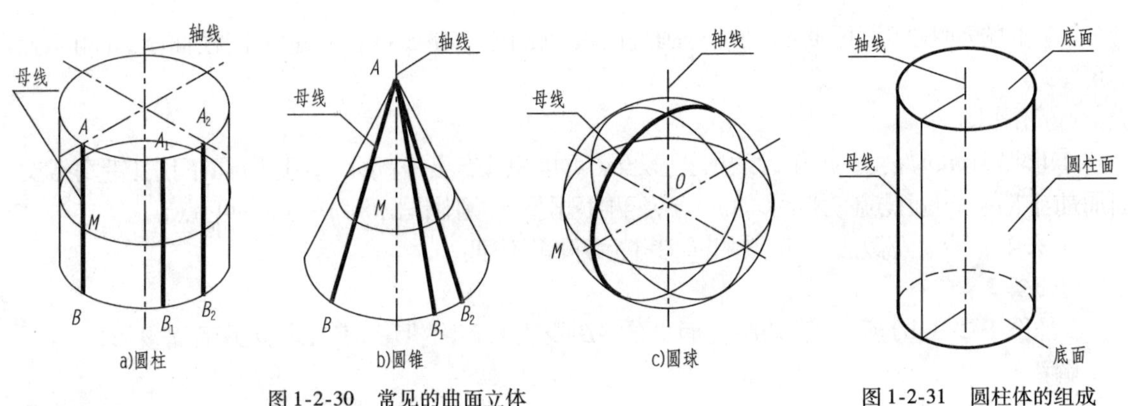

图 1-2-30　常见的曲面立体　　　图 1-2-31　圆柱体的组成

任务实施

图 1-2-32 为绘制圆柱体三面投影图的过程。由于图 1-2-29 中圆柱体的放置形式为立放，所以特征面投影在水平面上。

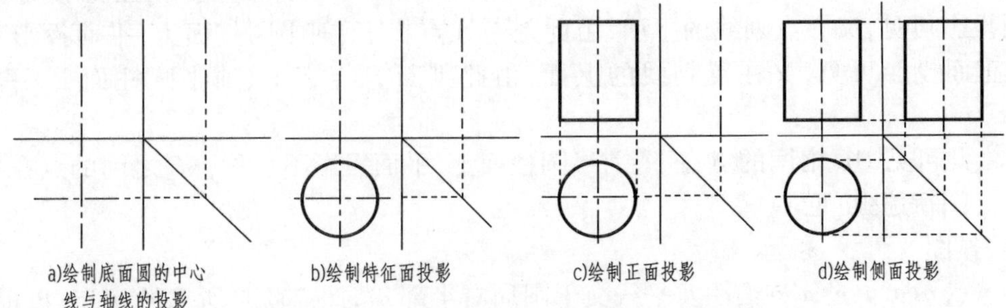

图 1-2-32　绘制圆柱体三面投影图的过程

首先用点画线绘制出底面圆的中心线、圆柱体的轴线。然后在水平面上绘制圆柱体的特征面投影，接着画出其他两面投影。

项目任务

任务 1

如图 1-2-33a）所示，已知圆柱面上的点 M、N 的正面投影，求另两面的投影。

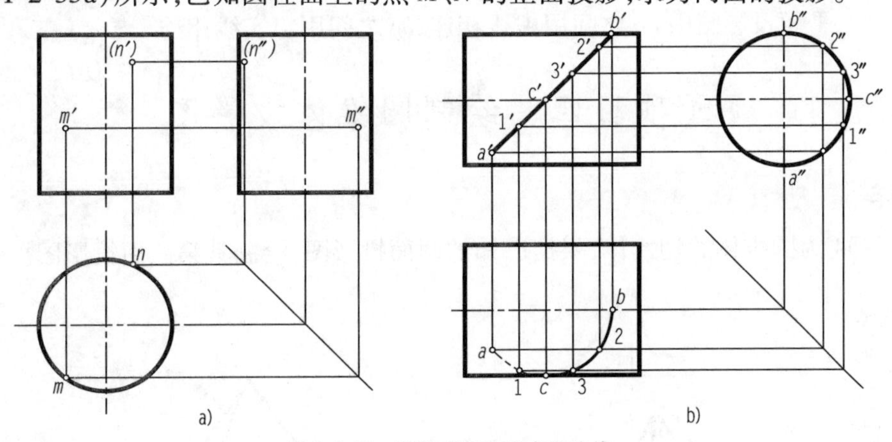

图 1-2-33　圆柱表面上取点和取线

解：

（1）分析

M 点的正面投影可见，又在点画线的左面，由此判断 M 点在左前半圆柱面上，侧面投影可见。

N 点的正面投影不可见，又在点画线的右面，由此判断 N 点在右后半圆柱面上，侧面投影不可见。

(2)作图

①求点 m、m''。过 m' 作素线的正立投影(可以只作出一部分)，即过 m' 向下引铅垂线交于圆周前半部于 m，此点就是所求的 m 点；再根据投影规则作出 m''，m'' 点为可见点。

②求点 n、n''。做法与 M 点相同，其侧面投影不可见。

任务 2

如图 1-2-33b)所示，已知圆柱面上的 AB 线段的正面投影 $a'b'$，求其另两面投影。

解：

(1)分析

①圆柱的轴线垂直于侧面，其侧面投影积聚为圆，正面投影、水平投影为矩形。

②在正面投影中，AB 线段之间增加 4 个点，其中 C 点与点划线相交。C 点的正面投影可见，又正好在点划线上，由此判断 C 点在最前侧半圆柱面上，平面投影在轮廓线上。A 点的正面投影可见，又在点划线的下面，由此判断 A 点在下、前半圆柱面上，平面投影不可见；B 点在正面投影可见，又在点划线的上面，由此判断 B 点在上、前半圆柱面上，平面投影可见。

③由此可见，AC 之间的点在下、前半圆柱面上，平面投影不可见；BC 之间的点在上、前半圆柱面上，平面投影可见。

(2)作图

①求点 a、a''。过 a' 向右引水平线交于圆周右半部 a''，此点就是所求的 a'' 点；再根据投影规则作出 a，a 点为不可见点。

②求点 b、b''。过 b' 向右引水平线交于圆周右半部 b''，此点就是所求的 b'' 点；再根据投影规则作出 b，b 点为可见点。

③求点 c、c''。过 c' 向右引水平线交于圆周右半部 c''，此点就是所求的 b'' 点；再根据投影规则作出 c，c 点在前侧轮廓线上。

④AC 之间的点做法与 A 点相同，其平面投影不可见；BC 之间的点做法与 B 点相同，其平面投影可见。平面投影图中 ac 之间用虚线相连，bc 之间用粗实线相连。

子项目四　绘制圆锥体投影图

导入图样

图 1-2-34 为圆锥体的切割体，根据已知的两面投影图，绘制其第三面投影图。

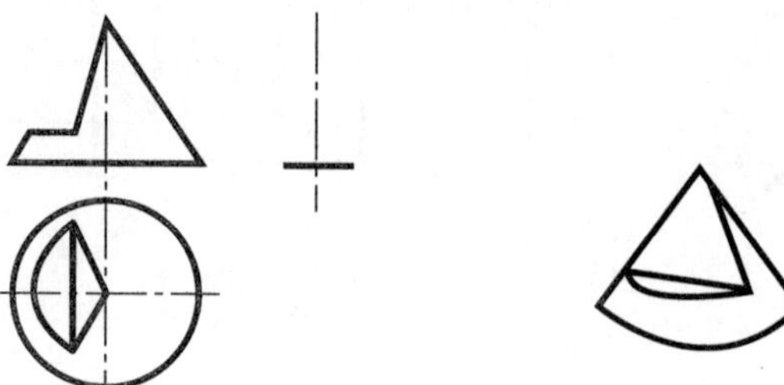

图 1-2-34　圆锥切割体

项目目标

（1）掌握画圆锥体三面投影图的方法和步骤；

（2）掌握圆锥体表面上的点和直线的三面投影作图方法。

相关知识

一、圆锥及其投影

如图 1-2-35 所示，圆锥可以看作是一个直角三角形平面 *SOA* 绕其一直角边旋转而成。*SO* 叫轴线，*SA* 叫母线，母线旋转形成的曲面叫圆锥面，母线在圆锥面上任一位置时，叫圆锥面的素线。由此可知：

（1）锥轴过底面中心并和底面垂直。

（2）所在素线过顶点并和轴线的夹角相等。

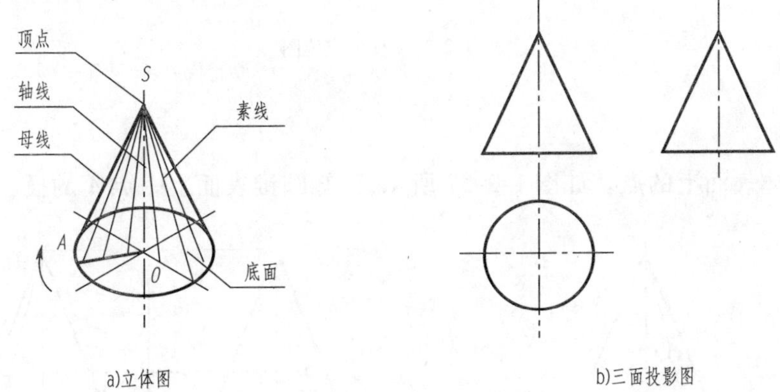

图 1-2-35　圆锥及其三面投影图

二、锥体的投影特点

（1）特征面投影反映锥体的底面形状，外轮廓是多边形或圆；若是棱锥，则多边形内部分为几个共顶点的并列三角形。

（2）其他两面投影外轮廓都是三角形；若是棱锥，则三角形内部分为几个共顶点的并列三角形。

任务实施

（1）分析

①首先这是一个圆锥体的切割体，进行了两次切割，一个切割面平行于水平投影面，与圆锥面相交为圆；另一个切割面过锥顶 *S* 点，与圆锥面相交为直线；两切割面相交为直线，其水平投影和侧面投影均为可见的。

②*A* 点在正面投影左侧轮廓线上，*B* 点在圆锥面上，一定在圆锥的一条素线上，故过 *B* 点与锥顶 *S* 相连，并延长交底面圆周于Ⅰ点，*S*Ⅰ及为圆锥面上的一条素线，求出此素线的各投影。根据点线的从属关系，求出点的各投影。

（2）作图

①首先作出完整圆锥体的侧面投影，然后过 *b′* 作素线 *S*Ⅰ 的正立投影 *s′*1′；

②求 *s*1。连接 *s′b′* 延长交底于 1′，在水平投影上求出 1 点，连接 *s*1 即为素线 *S*Ⅰ的水平投

影 $s1$。

③由 b'求出 b,由 b'及 b 求出 b''。其最终投影结果如图 1-2-36 所示。

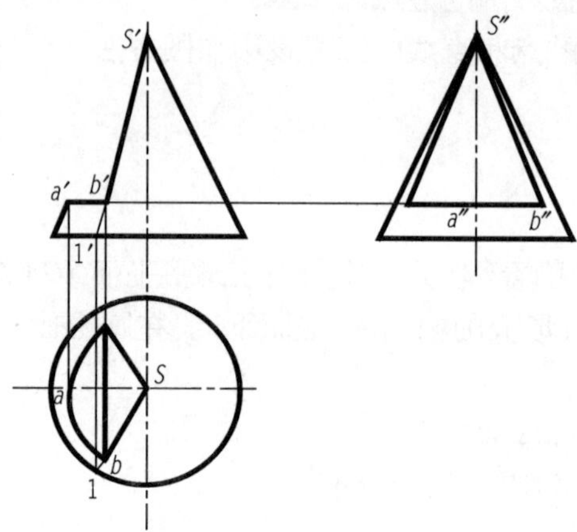

图 1-2-36　任务实施图

项目任务

任务 1

绘制圆锥体表面上的点。如图 1-2-37 所示,已知圆锥表面上一点 A 的投影 a',求 a、a''。

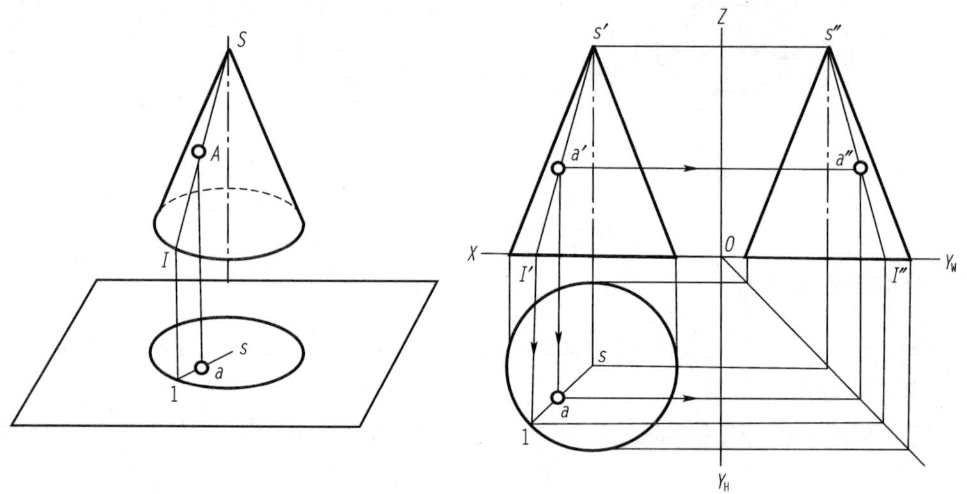

图 1-2-37　素线法求圆锥表面上的点

解:

方法一:素线法

(1)分析

①A 点在圆锥面上,一定在圆锥的一条素线上,故过 A 点与锥顶 S 相连,并延长交底面圆周于Ⅰ点,SⅠ即为圆锥面上的一条素线,求出此素线的各投影。

②根据点线的从属关系,求出点的各投影。

(2)作图

①过 a'作素线 SⅠ的正立投影 $s'1'$。

②求 $s1$。连接 $s'a'$延长交底于 $1'$,在水平投影上求出 1 点,连接 $s1$ 即为素线 SⅠ的水平投影 $s1$。

③由 a'求出 a,由 a'及 a 求出 a''。

或先求出 S Ⅰ 的侧面投影,根据从属关系求出 A 点的侧面投影 a''。

方法二:纬圆法

由回转面的形成可知,母线上任意一点的运动轨迹为圆,该圆垂直于旋转轴线,我们把这样的圆称之为纬圆。圆锥面上任一点必然在与其高度相同的纬圆上,因此只要求出过该点的纬圆的投影,即可求出该点的投影。

(1)分析

过 A 点作一纬圆,该圆的水平投影为圆,正面投影、侧面投影均为直线,A 点的投影一定在该圆的投影上,如图 1-2-38 所示。

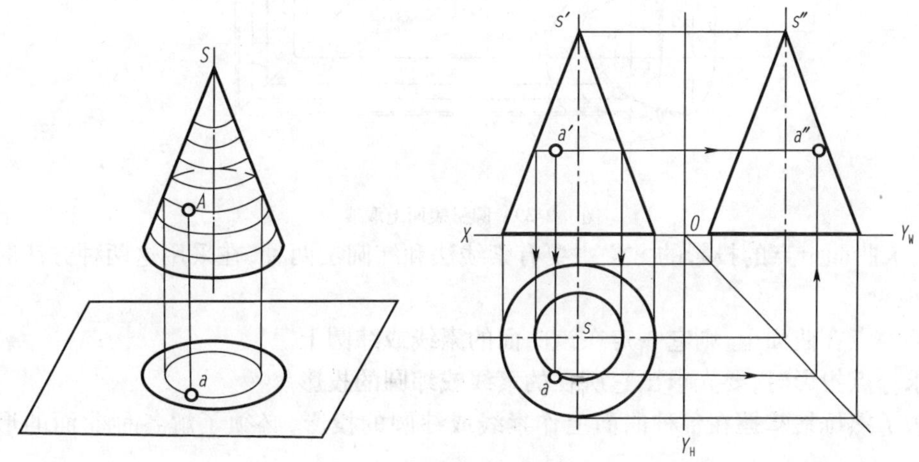

图 1-2-38　纬圆法求圆锥表面上的点

(2)作图

①过 a'作纬圆的正面投影,此投影为一直线。

②画出纬圆的水平投影。

③由 a'求出 a,由 a 及 a'求出 a''。

④判别可见性,两投影均可见。

由上述两种作图法可以看出,当 A 点的任意投影为已知时,均可用素线法或纬圆法求出它的其余两面投影。

任务 2

圆锥表面上线的投影

如图 1-2-39 所示,已知圆锥表面上的线段 AB 的正面投影,求其另两面投影。

解:

(1)分析

作圆锥面上线段的投影的方法:求出线段上的端点、轮廓线上的点、分界点等特殊位置的点及适当数量的一般点,并依次连接各点的同面投影。

(2)作图

①求线段端点 A、B 的投影。利用平行于 H 面的辅助纬圆,求得 $a(a'')$、$b(b'')$。

②求侧面转向轮廓线上点 C 的投影 c、c'',也可利用从属关系直接求出 c。

③在线段的正面投影上选取适当的点求其投影。如图 1-2-39 中 D 点的各投影。

④判别可见性。由正面投影可知,曲线 BC 位于圆锥右半部分的锥面上,其侧面投影不可

见，画成虚线，AC 位于左半锥面上，侧面投影可见，画成实线，水平投影均可见。

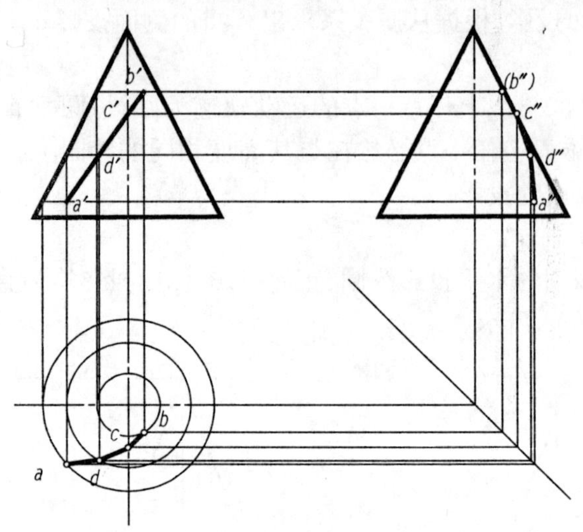

图 1-2-39　圆锥表面上取线

可见，求曲面上点的投影的方法主要有素线法和纬圆法两种，在采用这两种方法时应着重弄清以下概念：

(1)某一点在曲面上，则它一定在该曲面的素线或纬圆上。

(2)求一点投影时，要先求出它所在的素线或纬圆的投影。

(3)为了熟练地掌握在各种曲面上作素线或纬圆的投影，必须了解各种曲面的形成规律和特性。

项目三　组合体投影

子项目一　识读与绘制挡土墙的投影图

导入图样

画出图1-3-1所示挡土墙的三面投影图。

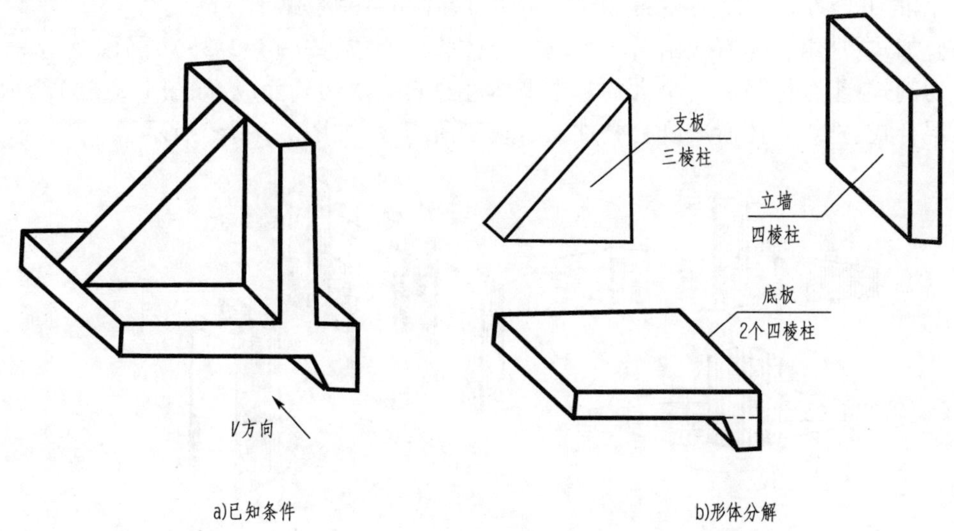

图1-3-1　挡土墙的立体图

项目目标

(1)掌握画组合体三面投影图的方法和步骤;

(2)用形体分析法阅读和绘制组合体三面投影图。

相关知识

组合体是由若干个基本几何体组合而成。常见的基本几何体是棱柱、棱锥、圆柱、圆锥、球等。

表达组合体一般情况下是画三面投影图。所谓三面投影图是指在三面投影体系中,*V*面投影通称正面投影图,*H*面投影通称水平面投影图,*W*面投影通称侧面投影图,合称"三面投影图"。

1.形体分析法

形体分析法:对组合体中基本形体的组合方式、表面连接关系及相互位置等进行分析,弄清各部分的形状特征,这种分析过程称为形体分析。

如图1-3-2所示为房屋的简化模型。

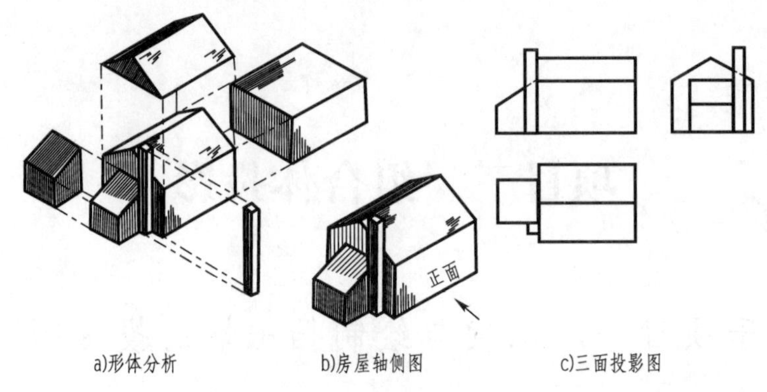

图 1-3-2 房屋的形体分析及三面投影图

2. 组合体的组合方式

组合体的组合方式可以是叠加、相贯、相切、切割等多种形式。

(1)叠加式:把组合体看成由若干个基本形体叠加而成,如图 1-3-3a)所示。

(2)切割式:组合体是由一个大的基本形体经过若干次切割而成,如图 1-3-3b)所示。

(3)混合式:把组合体看成既有叠加又有切割所组成,如图 1-3-3c)所示。

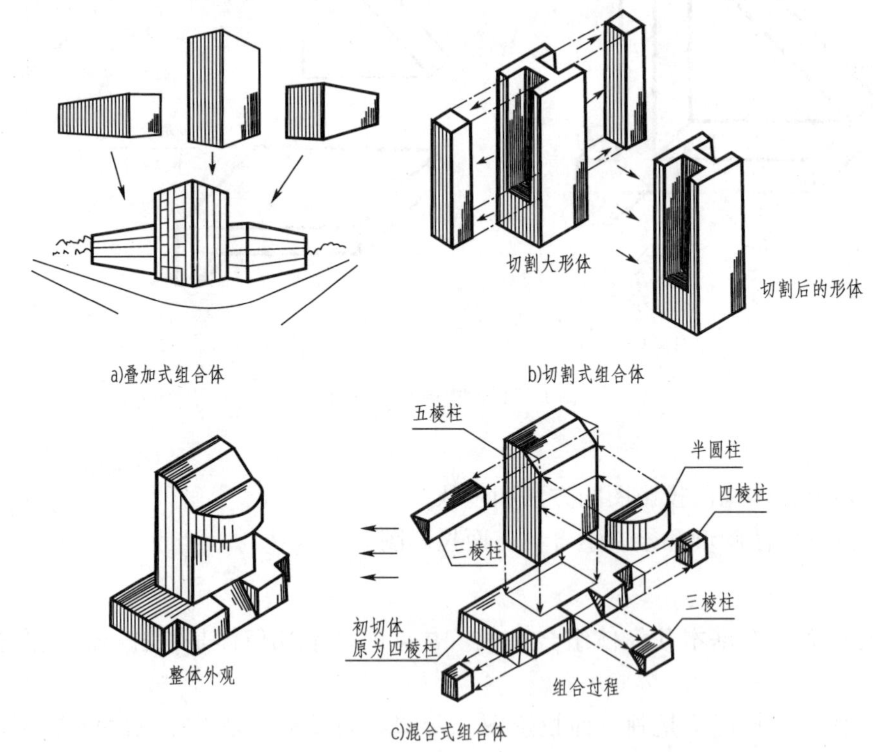

图 1-3-3 组合方式

组合体的表面连接关系:所谓连接关系,就是指基本形体组合成组合体时,各基本形体表面间真实的相互关系。

组合体的表面连接关系主要有:两表面相互平齐、相切、相交和不平齐,如图 1-3-4 所示。

组合体是由基本形体组合而成的,所以基本形体之间除表面连接关系以外,还有相互之间的位置关系。图 1-3-5 所示为叠加式组合体组合过程中的几种位置关系。

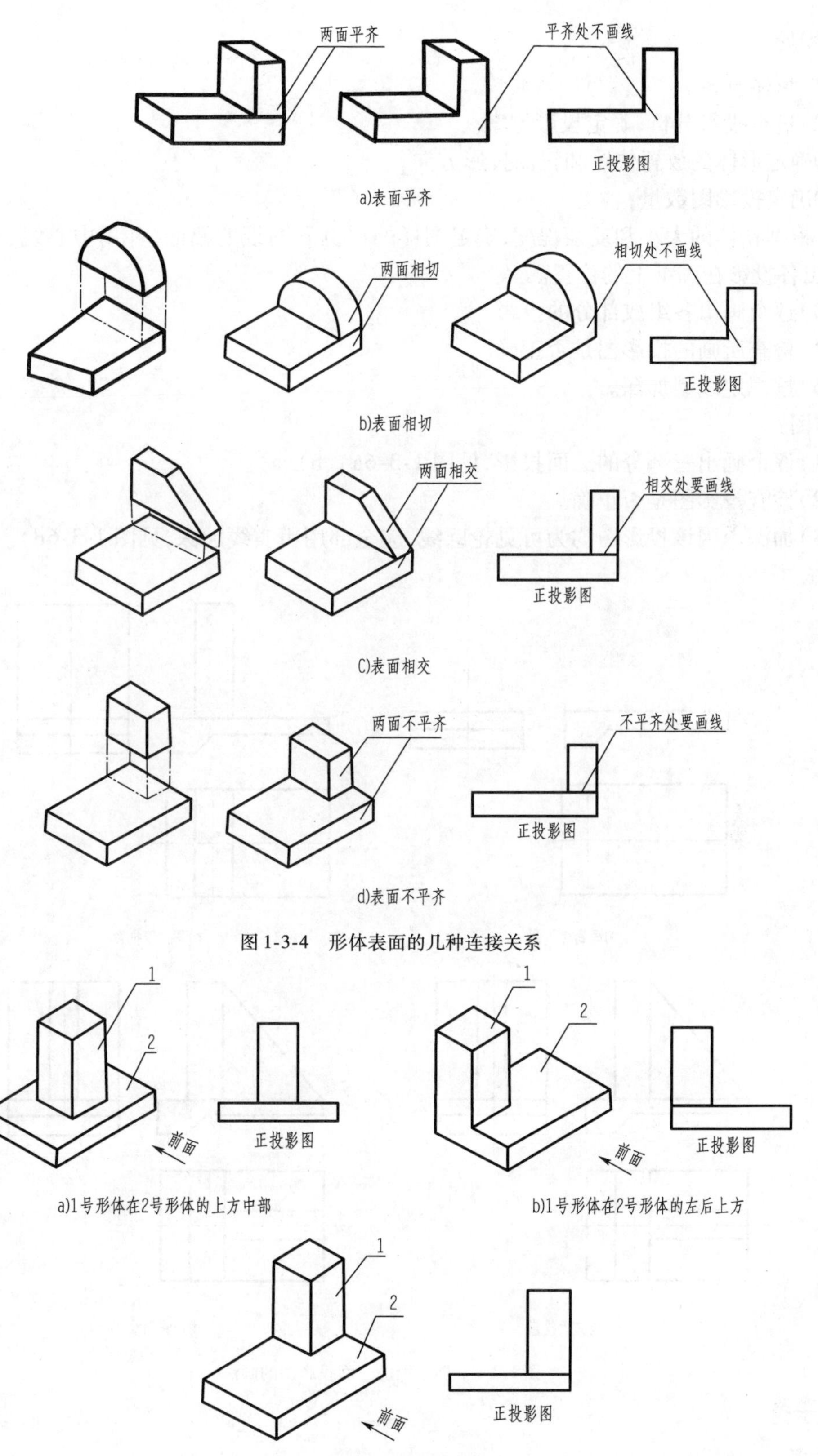

图 1-3-4　形体表面的几种连接关系

图 1-3-5　基本形体的几种位置关系

任务实施

(1)形体分析。

(2)进行投影分析,确定投影方案。

①确定形体的放置位置和正面投影方向;

②确定投影图数量;

③根据物体的大小和复杂程度,确定图样的比例和图纸的幅面,并用中心线、对称线或基线,定出各投影在图纸上的位置。

(3)逐个画出各组成部分的投影。

(4)检查所画的投影图是否正确。

(5)按规定线型加深。

作图:

(1)逐个画出三部分的三面投影,见图 1-3-6a)、b)、c)。

(2)检查投影图是否正确。

(3)加深。因该投影图均为可见轮廓线,应全部用粗实线加深,见图 1-3-6d)。

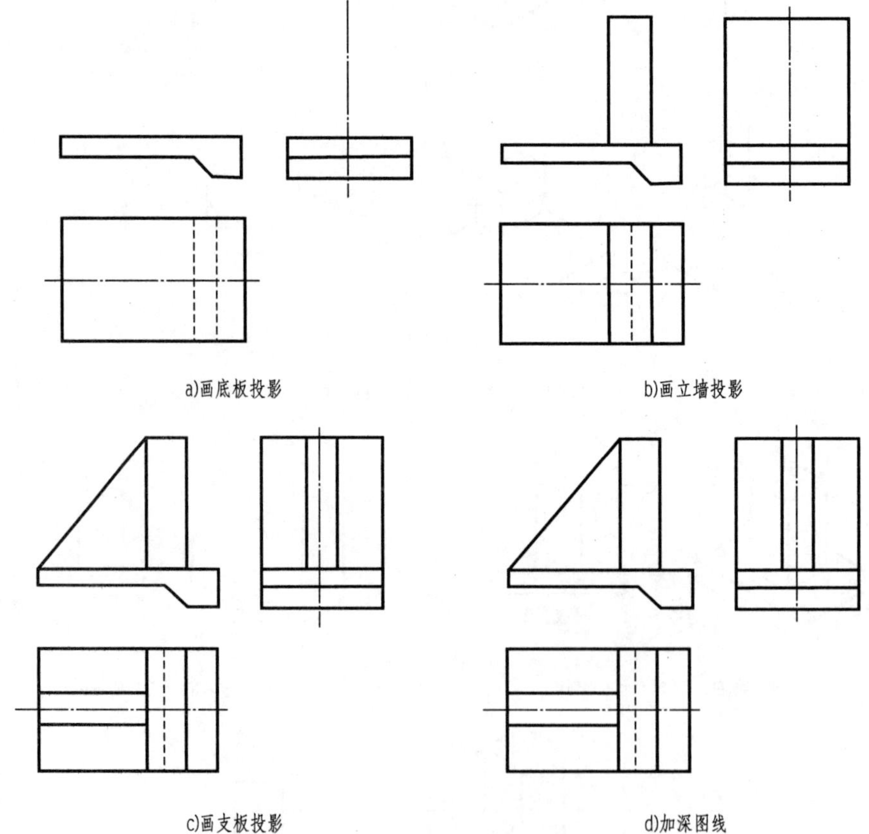

图 1-3-6　挡土墙的三面投影图的画法

项目任务

任务

画出图 1-3-7a)所示组合体的三面投影图。

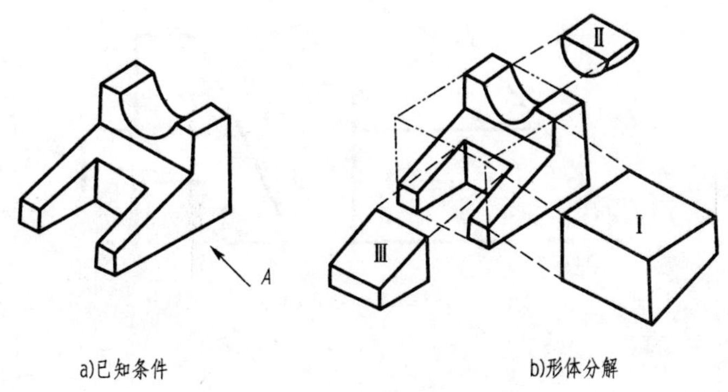

图 3-1-7　组合体的立体图

解:作图

(1)图 1-3-8a),画出长方体的三面投影。

(2)图 1-3-8b),从正面着手切去梯形四棱柱Ⅰ,并补全另两面投影。

(3)图 1-3-8c),切去半圆柱Ⅱ,应从投影特征明显的侧面投影着手,然后画正面投影和水平投影。

(4)图 1-3-8d),切去梯形四棱柱Ⅲ,因此部位水平投影特征明显,先画水平投影,再求出因切去Ⅲ而产生的交线。这里要特别注意,梯形切口的三面投影关系是否正确。

(5)图 1-3-8e),按规定线型加深。

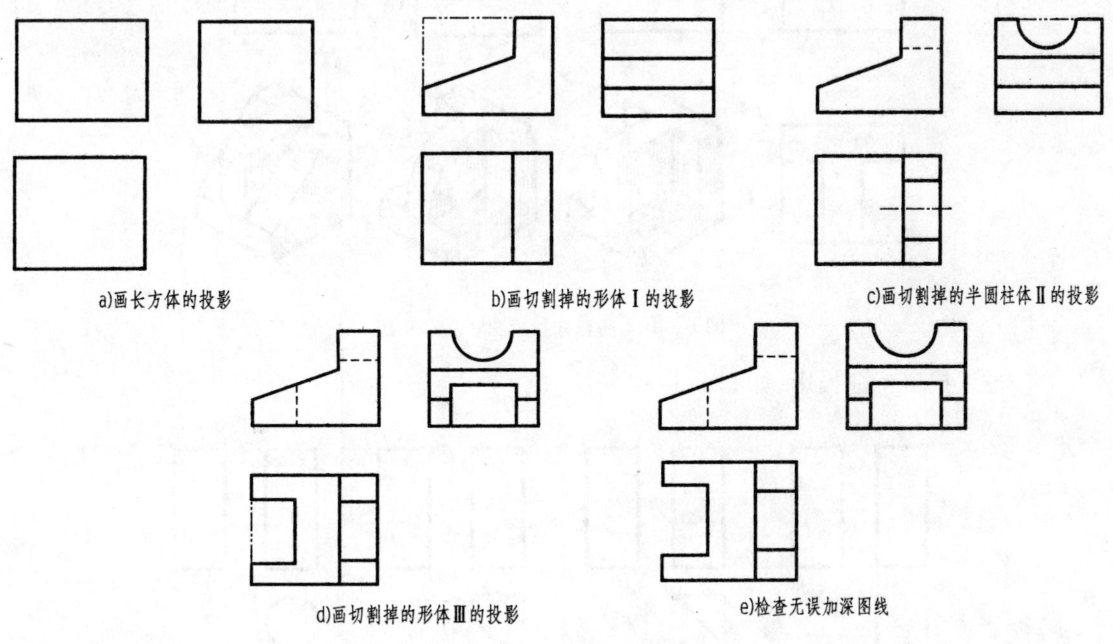

图 1-3-8　组合体的投影图

子项目二　识读与绘制投影图

导入图样

识读图 1-3-9 的两面投影,绘制其第三面投影图。

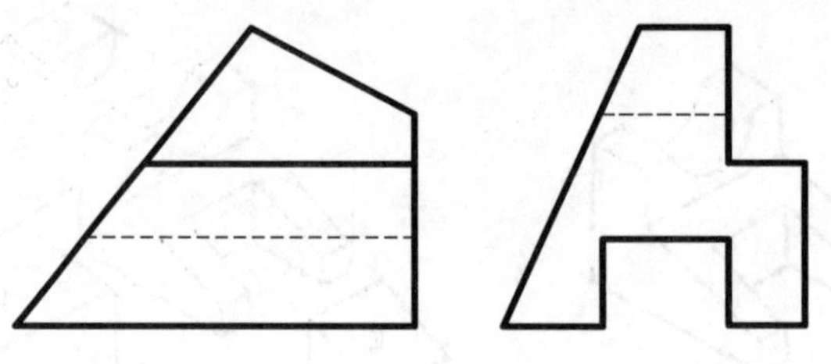

图 1-3-9　导入图样

项目目标

(1)掌握画组合体三面投影图的方法和步骤;

(2)了解组合体尺寸标注的基本方法和要求,掌握阅读组合体三面投影图的基本方法;

(3)用线面分析阅读和绘制组合体三面投影图。

相关知识

1. 读图的要点

(1)联系各个投影想象,如图 1-3-10 所示。

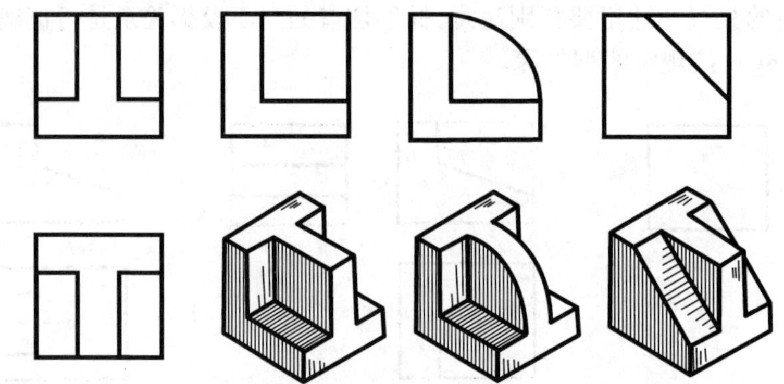

图 1-3-10　将已知投影图联系起来看

(2)注意找出特征投影,如图 1-3-11 所示。

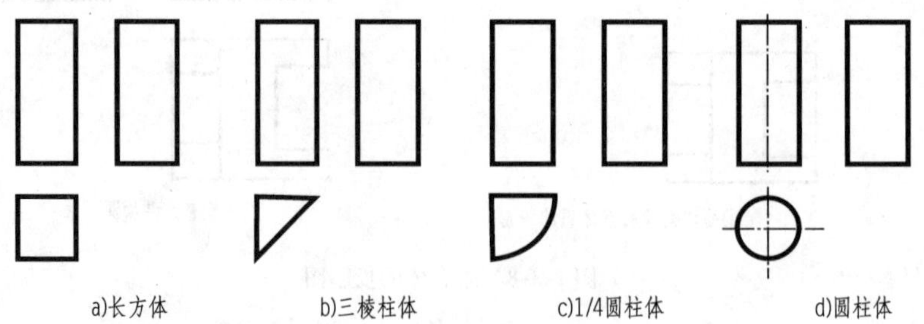

图 1-3-11　H 面投影均为特征投影

(3)明确投影图中直线和线框的意义,如图 1-3-12 所示。

①投影图中直线的意义。

投影图中的一条直线,一般有三种意义:

a. 可表示形体上一条棱线的投影；

b. 可表示形体上一个面的积聚投影；

c. 可表示曲面体上一条轮廓素线的投影。

②投影图中线框的意义。

投影图中的一个线框，一般也有三种意义：

a. 可表示形体上一个平面的投影；

b. 可表示形体上一个曲面的投影；

c. 可表示形体上孔、洞、槽或叠加体的投影；对于孔、洞、槽，其他投影上必对应有虚线的投影。

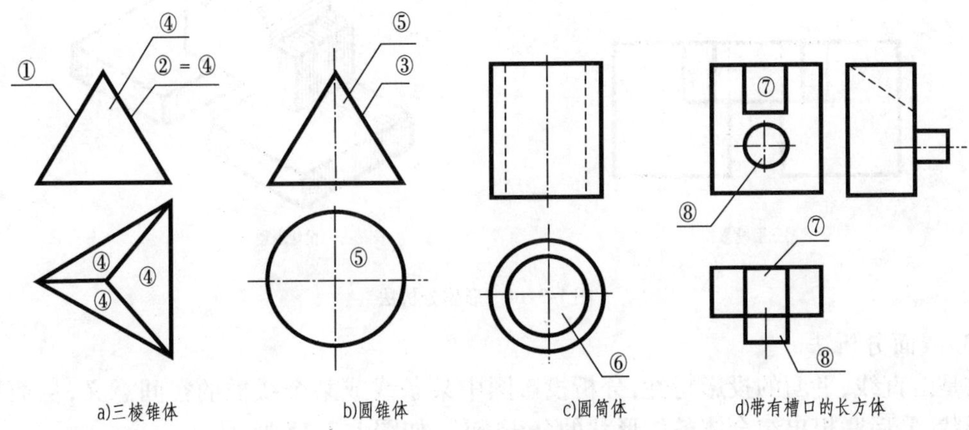

图 1-3-12　投影图中线和线框的意义

①表示形体上一条棱线的投影；②表示形体上一个面的积聚投影；③表示曲面体上一条轮廓素线的投影；④表示形体上一个平面的投影；⑤表示形体上一个曲面的投影；⑥表示形体上孔的投影；⑦表示形体上槽的投影；⑧表示形体上曲面的投影

2. 读图方法

读图的基本方法，可概括为拉伸法、形体分析法、线面分析法和画轴测图等方法。

(1)拉伸法

拉伸法是阅读柱体或由平面截割柱体而成的简单体的基本方法。拉伸法先对组合体进行形体分析，然后找出特征线框，最后拉伸。

图 1-3-13 的阅读步骤是：

①形体分析：一四棱柱被三个截平面截割后形成的柱状体。

②找出特征线框：本图特征线框为立面图。

③拉伸：将特征线框立面图沿有多组平行线的侧面图拉伸。

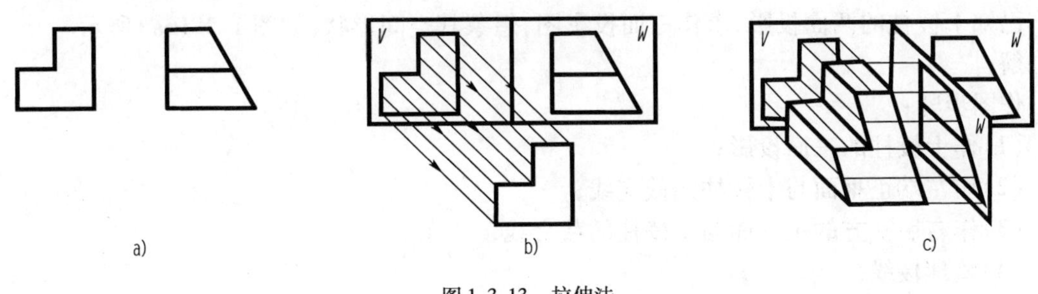

图 1-3-13　拉伸法

(2)形体分析法

形体分析法就是在组合体投影图上分析其组合方式、组合体中各基本体的投影特性、表面连接以及相互位置关系,然后综合起来想象组合体空间形状的分析方法。如图1-3-14所示。

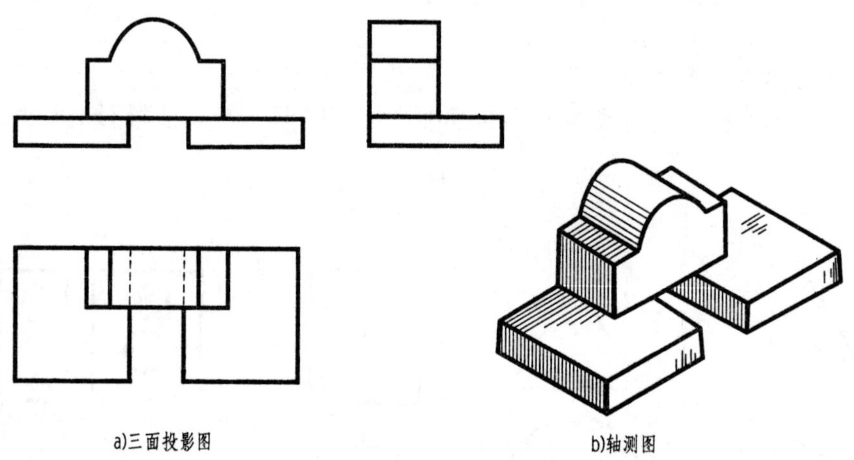

图1-3-14 形体分析法

(3)线面分析法

它是由直线、平面的投影特性,分析投影图中某条线或某个线框的空间意义,从而想象其空间形状,最后联想出组合体整体形状的分析方法,如图1-3-15所示。

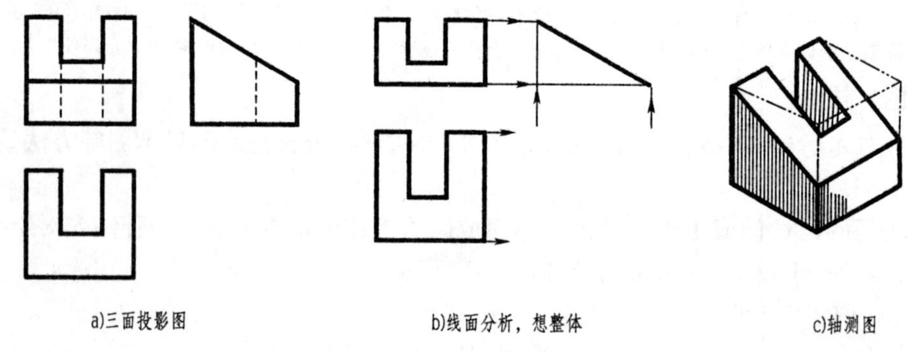

图1-3-15 线面分析法

任务实施

已知十棱柱的两面投影,求作三面投影图,想象其空间形状,如图1-3-16a)所示。

解:

作图步骤:

(1)作十棱柱的三面投影;

(2)作左端正垂面与十棱柱的截交线;

(3)作右后上方的正垂面与十棱柱的截交线;

(4)整理棱线;

(5)加深图线,如图1-3-16e)所示。

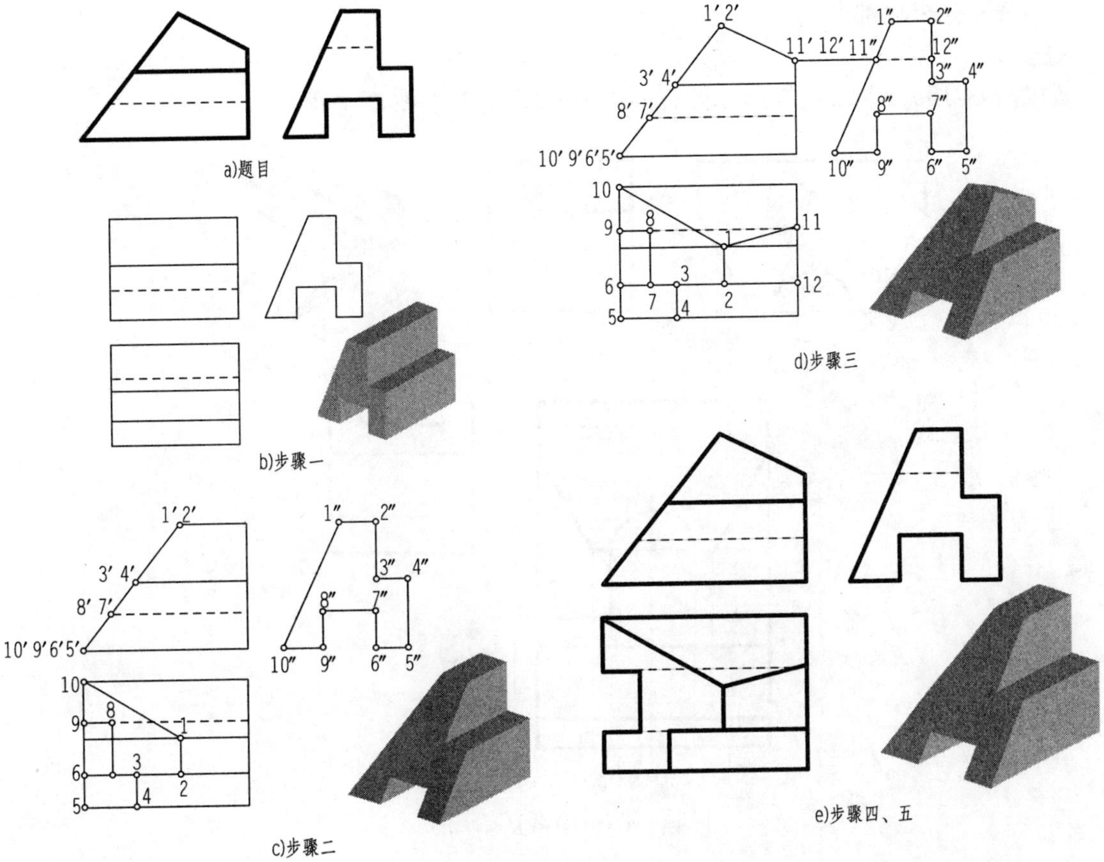

a)题目

b)步骤一

c)步骤二

d)步骤三

e)步骤四、五

图 1-3-16　作图步骤

项目任务

任务 1

补绘图 1-3-17a) 中 *H* 投影所缺少的图线。

提示：读图与画图的结合——补全第三投影。

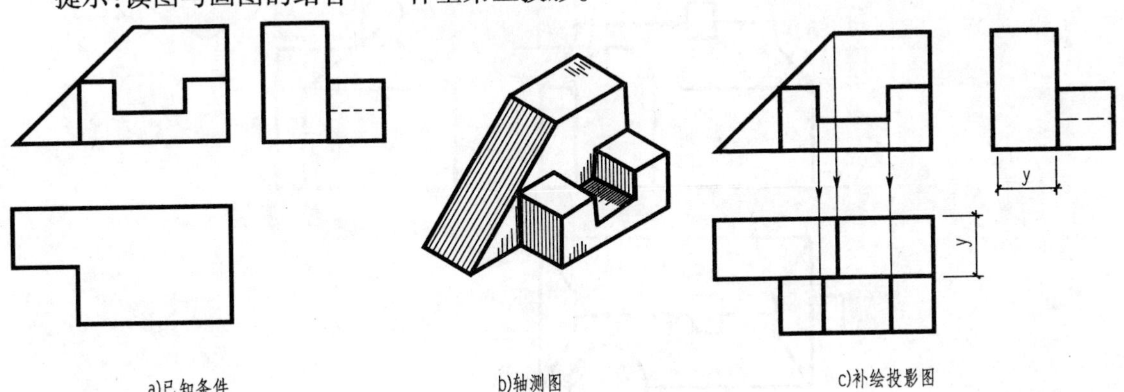

a)已知条件　　b)轴测图　　c)补绘投影图

图 1-3-17　补绘 *H* 面投影所缺的图线

读图步骤：

(1) 认识投影抓特征；

(2) 形体分析对投影；

(3) 综合起来想整体；

(4)线面分析攻难点。

任务 2

如图 1-3-18a)所示,已知形体的正面投影和侧面投影,求水平投影。

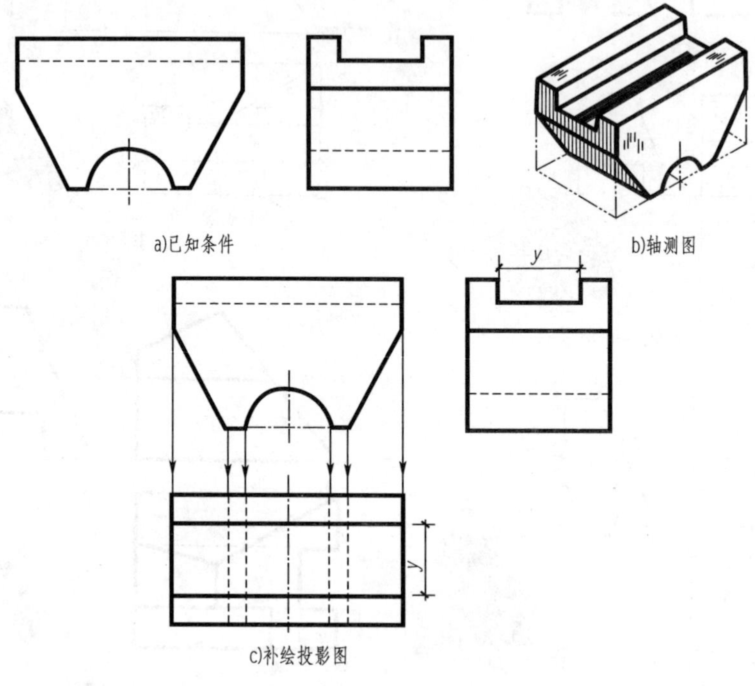

图 1-3-18 补绘 *H* 面投影

子项目三 组合体的尺寸标注

导入图样

图 1-3-19 为房子的三面投影图,在其投影图上进行尺寸标注,并识读尺寸类型。

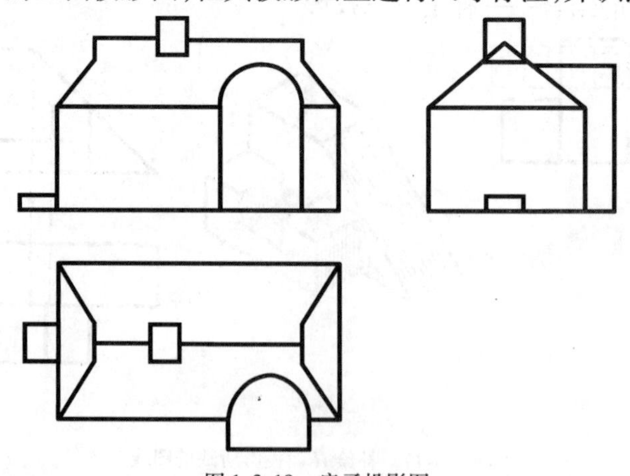

图 1-3-19 房子投影图

项目目标

(1)掌握三面投影图的方法和步骤;

(2)掌握基本体尺寸标注的基本方法和要求,能在三面投影图上进行尺寸标注。

相关知识

形体的视图，只能表达形体的形状及各部分的相互位置关系，但不能确定其真实大小。形体的真实大小，必须由尺寸来确定。

一、尺寸标注的组成

图样上的尺寸标注由尺寸界线、尺寸线、尺寸起止符和尺寸数字组成。尺寸界线应用细实线绘画，一般应与被注长度垂直，其一端应离开图样的轮廓线不小于2mm，另一端宜超出尺寸线2～3mm。必要时可利用轮廓线作为尺寸界线。尺寸线也应用细实线绘画，并应与被注长度平行，但不宜超出尺寸界线之外（特殊情况下可以超出尺寸界线之外）。图样上任何图线都不得用作尺寸线。尺寸起止符一般应用中粗短斜线绘画，其倾斜方向应与尺寸界线成顺时针45°角，长度宜为2～3mm。在轴测图中标注尺寸时，其起止符号宜用小圆点。

公路工程图样上标注的尺寸，除高程以米(m)为单位，钢筋直径以毫米(mm)为单位外，其余一律以厘米(cm)为单位，图上尺寸数字都不再注写单位。本书文字和插图中的数字，如没有特别注明单位的，也一律以厘米为单位。图样上的尺寸，应以所注尺寸数字为准，不得从图上直接量取。

二、基本体尺寸标注

基本体尺寸标注见表1-3-1。

基本体的尺寸标注 表1-3-1

平面立体	图 形		回转体	图 形	
四棱柱	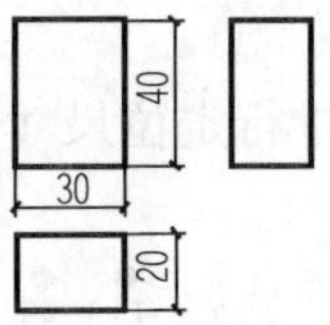 40, 30, 20		圆柱	36, $\phi32$	
六棱柱	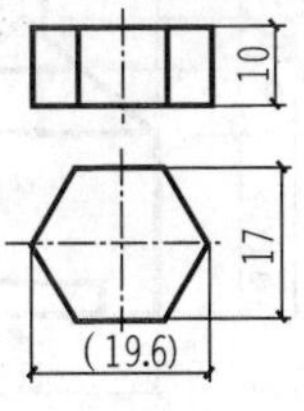 10, 17, (19.6)		圆锥	36, $\phi36$	
四棱台	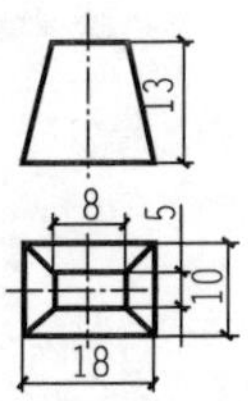 13, 8, 5, 10, 18 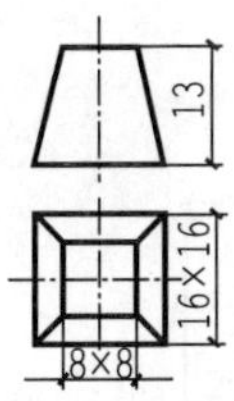	13, 16×16, 8×8	圆环	$\phi28$, $\phi10$	$\phi16$, R40, 30, $\phi32$

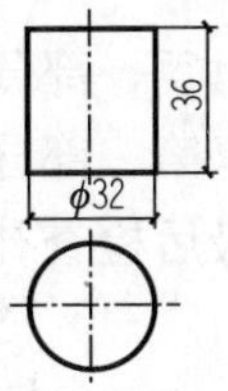

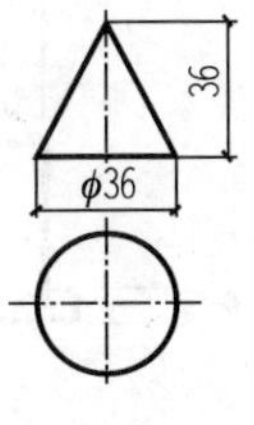

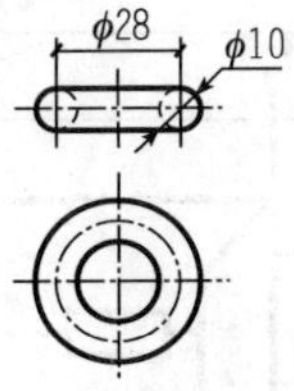

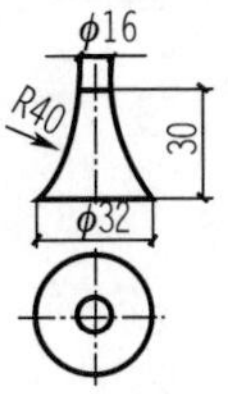

三、尺寸的种类

(1)定形尺寸：用于确定组合体中各基本体自身大小的尺寸。

(2)定位尺寸:用于确定组合体中各基本形体之间相互位置的尺寸。

(3)总体尺寸:确定组合体总长、总宽、总高的外包尺寸。

在组合体尺寸的标注中应做到:

①组合体尺寸标注前需进行形体分析,弄清反映在投影图上的有哪些基本形体,然后注意这些基本形体的尺寸标注要求,做到简洁合理。基本体的尺寸标注见表1-3-1。

②各基本形体之间的定位尺寸一定要先选好定位基准,再行标注,做到心中有数,不遗漏。

③由于组合体形状变化多,定形、定位和总体尺寸有时可以相互代替。

④组合体各项尺寸一般只标注一次。

四、尺寸配置

组合体尺寸标注中应注意的问题:

(1)尺寸一般应标注在图形外,以免影响图形清晰。

(2)尺寸排列要注意大尺寸在外、小尺寸在内,并在不出现尺寸重复的前提下,使尺寸构成封闭的尺寸链。

(3)反映某一形体的尺寸,最好集中标在反映这一基本形体特征轮廓的投影图上。

(4)两投影图相关的尺寸,应尽量注在两图之间,以便对照识读。

(5)尽量不在虚线图形上标注尺寸。

任务实施

第一步:将图1-3-19中的图样进行形体分析,可以分解为四部分(房屋主体、烟囱、门洞和台阶);

第二步:对每一部分进行定形尺寸的标注;

第三步:以第一部分为基础,将其他部分相对第一部分进行定位尺寸的标注;

第四步:最后检查补充总尺寸,尺寸标注如图1-3-20所示。

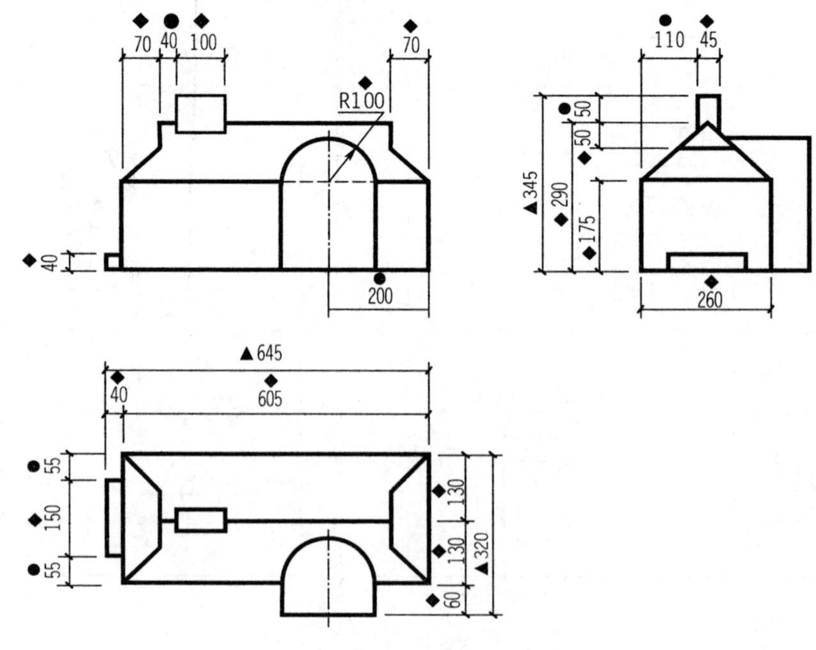

图1-3-20 任务实施图

注:◆为定形尺寸;●为定位尺寸;▲为总尺寸。

项目任务

任务 1

在图 1-3-21 所示的三面投影图上进行尺寸标注。

任务 2

在图 1-3-22 所示的三面投影图上进行尺寸标注。

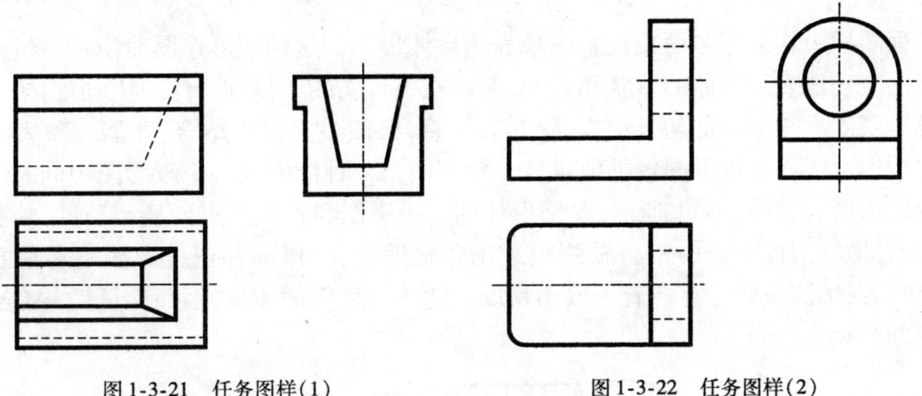

图 1-3-21　任务图样(1)　　图 1-3-22　任务图样(2)

项目四　轴测投影

在工程图样中均采用多面正投影图来表达形体形状。这种图形作图简便，度量性好，能够正确、完整、准确地表示物体的形状和大小，所以在工程实践中得到广泛应用，但由于正投影图的一个投影只能反映形体的两维结构，缺乏立体感，必须多面投影结合，才能完整表达空间形体的三维结构。因而正投影图较抽象难懂。轴测图是一种能够在一个投影图中同时反映形体三维结构的图形。如图 1-4-1 所示，是一形体的正投影图和轴测投影。显而易见，轴测图直观形象，易于看懂。因此工程中常将轴测投影用作辅助图样，以弥补正投影图不易被看懂之不足。与此同时，轴测投影也存在着一般不易反映物体各表面的实形，因而度量性差，绘图复杂、会产生变形等缺点。

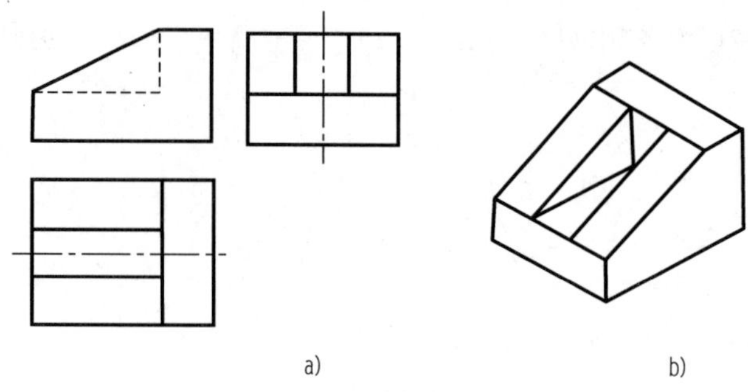

a)　　b)

图 1-4-1　正投影图与轴测图对比

子项目一　识读与绘制正等测图

导入图样

根据组合体视图（图 1-4-2），绘制其正等测图。

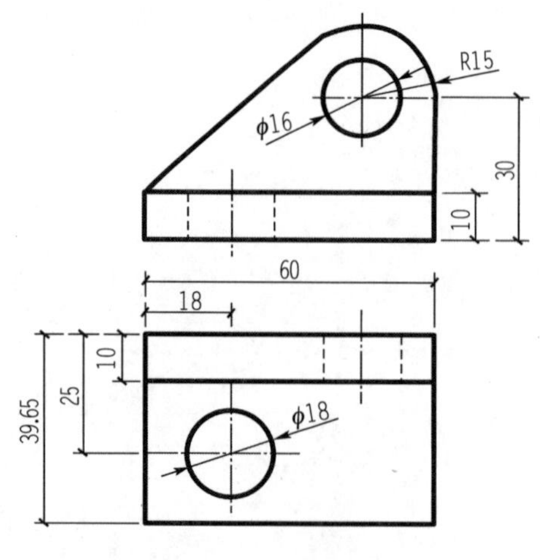

图 1-4-2　导入图样

项目目标

(1)能灵活运用三视图;

(2)掌握正等测轴测图的绘制方法。

相关知识

一、轴测投影的基本知识

1. 轴测投影的形成

用平行投影法将不同位置的物体连同确定其空间位置的直角坐标系向单一的投影面(称轴测投影面)进行投影,并使其投影反映三个坐标面的形状,这样得出的投影图称为轴测图。轴测图是一种单面投影图,它能同时反映物体的正面、水平面和侧面形状,所以立体感较强。如图1-4-3所示,P为轴测投影面,S为投影方向,长方体上的坐标轴OX、OY、OZ均倾斜于P面,S与P面垂直。按此方法得到的P面轴测图称为正轴测图。如图1-4-4所示,P为轴测投影面,S为投影方向,立体上的坐标面XOZ平行于P面,S与P面不垂直。以此种投影方法产生的轴测图称为斜轴测图。

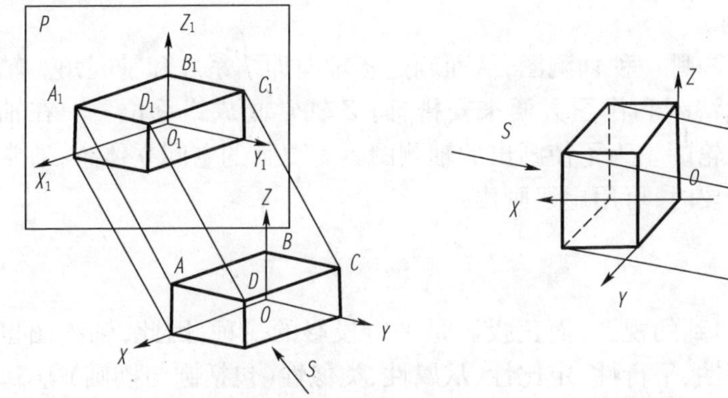

图1-4-3 正轴测图的形成 图1-4-4 斜轴测图的形成

2. 轴间角

如图1-4-3所示,空间直角坐标系中的OX、OY、OZ坐标轴在轴测投影面P上的投影O_1X_1、O_1Y_1、O_1Z_1称为轴测轴。相邻两轴测轴之间的夹角称为轴间角,如$\angle X_1O_1Y_1$,$\angle X_1O_1Z_1$,$\angle Y_1O_1Z_1$。其中任何一个不能为零,三轴间角之和为360°。

3. 轴向伸缩系数

如图1-4-3所示,轴测图中平行于轴测轴O_1X_1、O_1Y_1、O_1Z_1的线段长度与平行于坐标轴OX、OY、OZ的对应线段长度之比称为轴向变形系数。X轴、Y轴、Z轴的轴向变形系数分别以p、q、r表示。

$$p = O_1X_1/OX$$
$$q = O_1Y_1/OY$$
$$r = O_1Z_1/OZ$$

显然空间物体相对于轴测投影面的位置及方向一经确定,就必有一组确定的轴间角和轴向伸缩系数。知道了轴向伸缩系数,就可以在轴测图上量取并确定平行于相应轴测轴的各线段尺寸。所谓"轴测"这个词的含义就是沿轴向测量的意思。

轴间角和轴向变形系数是绘制轴测图的重要参数。

二、轴测投影图的分类

(1)根据投影方向 S 对轴测投影面的夹角不同,轴测投影可分为以下两大类:

①正轴测投影:投影方向与轴测投影面垂直;

②斜轴测投影:投影方向与轴测投影面倾斜。

(2)根据三个坐标轴的轴向伸缩系数的不同,每类轴测图又可分为三种:

①正(斜)等测图:三个轴测伸缩系数都相等,即 $p=q=r$;

②正(斜)二测图:其中两个轴向伸缩系数相等,即 $p=q\neq r$;$p=r\neq q$;$q=r\neq p$;

③正(斜)三测图:三个轴测伸缩系数都不相等,即 $p\neq q\neq r$。

为了作图方便、表达效果更好,《房屋建筑制图统一标准》(GB/T 50001—2010)推荐了四种标准轴测图:

(1)正等测。

(2)正二测。

(3)正面斜等测和正面斜二测。

(4)水平斜等测和水平斜二测。

作物体的轴测图时,应先选择画哪一种轴测图,从而确定各轴向伸缩系数和轴间角。轴测轴可根据已确定的轴间角,按表达清晰和作图方便来安排,而 Z 轴常画成铅垂位置。在轴测图中,应用粗实线画出物体的可见轮廓。为了使画出的轴测图具有更强的空间立体感,通常不画出物体的不可见轮廓线,但在必要时,可用虚线画出。

三、轴测投影的特性

由于轴测图是用平行投影法得到的视图,而正投影是平行投影的一种,因此,轴测图也具有正投影的某些投影特性,如全等性、平行性、定比性、从属性、类似性(包括圆与椭圆)等。

(1)空间相互平行的直线,它们的轴测投影互相平行。

(2)立体上凡是与坐标轴平行的直线,在其轴测图中也必与轴测轴互相平行。

(3)立体上两平行线段或同一直线上的两线段长度之比,在轴测图上保持不变。

应当注意的是,如所画线段与坐标轴不平行时,决不可在图上直接量取,而应先作出线段两端点的轴测图,然后连线得到线段的轴测图。另外,在轴测图中一般不画虚线。

四、常见轴测投影图的画法

在实际应用中常用的轴测投影有正等测、正面斜二测和水平斜二测等,这些轴测投影绘制比较简便,应用较多。

与正投影图比较,轴测投影的作图要复杂得多。需要更加耐心细致的工作态度。

绘制轴测图通常按以下步骤进行:

(1)首先为形体选取一个合适的参考直角坐标系。即根据画图方便与否、在正投影图中画出直角坐标轴的投影,从而将形体置于一个合适的参考直角坐标系中。

(2)根据轴间角画出轴测轴。

(3)按照与轴测轴平行且与轴测轴具有相等伸缩系数原理确定空间形体各顶点的轴测投影。

(4)整理图形。连接相应棱线,擦去多余图线,加黑描深轮廓线,完成作图。

五、正轴测投影图的画法

1. 正等轴测图的形成

使直角坐标系的三坐标轴 OX、OY 和 OZ 对轴测投影面的倾角相等,并用正投影法将物体向轴测投影面投射,所得到的图形称为正等轴测图,简称正等测。如图 1-4-5 所示,若使物体的三个坐标轴与轴测投影面 P 的倾角相等,且投影方向 S 与 P 面垂直,然后将立体向轴测投影面 P 作正投影,所得的投影图就是正等测轴测图。

其基本含义是:

正——采用正投影方法。

等——三轴测轴的轴向伸缩系数相同,即 $p=q=r$。

由于正等测图绘制方便,因此在实际工作中应用较多。如我们使用的教材中的许多例图都采用的是正等测画法。

(1)轴间角

由于空间坐标轴 OX、OY、OZ 对轴测投影面的倾角相等,可计算出其轴间角 $\angle XOY=\angle XOZ=\angle YOZ=120°$,如图 1-4-5 所示,其中 OZ 轴规定画成铅垂方向。

图 1-4-5 正等测的轴间角示意图

(2)轴向伸缩系数

由理论计算可知:三根轴的轴向伸缩系数为 0.82,如按此系数作图,就意味着在画正等测图时,物体上凡是与坐标轴平行的线段都应将其实长乘以 0.82,如图 1-4-6b)所示。为方便作图,轴向尺寸一般采用简化轴向变形系数:$p=q=r=1$。这样轴向尺寸即被放大 $k=1/0.82\approx1.22$ 倍,所画出的轴测图也就比实际物体大,这对物体的形状没有影响,两者的立体效果是一样的,如图 1-4-6c)所示,但却简化了作图。

正是由于正等测图的轴间角为特殊角,并采用了简化的轴向伸缩系数,因此与其他轴测图相比正等测的作图比较方便。

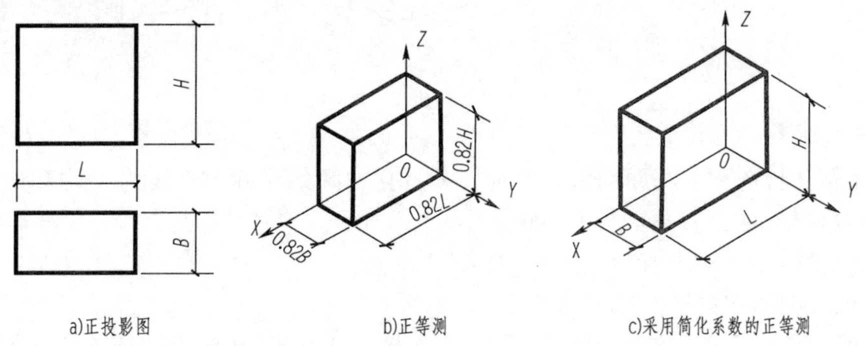

a)正投影图　b)正等测　c)采用简化系数的正等测

图 1-4-6 长方体的正等轴测图

2. 平面立体正等轴测图的画法

画平面立体正等轴测图的最基本的方法是坐标法,即沿轴测轴度量定出物体上一些点的坐标,然后逐步由点连线画出图形。在实际作图时,还可以根据物体的形体特点,灵活运用各种不同的作图方法如坐标法、切割法、叠加法等。

(1)坐标法

坐标法——画轴测图时，先在物体三视图中确定坐标原点和坐标轴，然后按物体上各点的坐标关系采用简化轴向变形系数，依次画出各点的轴测图，由点连线而得到物体的正等测图。

坐标法是绘制轴测图的基本方法，不但适用于平面立体，也适用于曲面立体；不但适用于正等测，也适用于其他轴测图的绘制。

(2)切割法

这种方法适用于以切割方式构成的平面立体，先绘制出挖切前的完整形体的轴测图，再依据形体上的相对位置逐一进行切割。

(3)叠加法

叠加法适用于绘制主要形体是由堆叠形成的物体的轴测图，此时应注意物体堆叠时的定位关系。作图时，应首先将物体看成是由几部分堆叠而成，然后依次画出这几部分的轴测投影，即得到该物体的轴测图。

以上三种方法都需要定坐标原点，然后按各线、面端点的坐标在轴测坐标系中确定其位置，故坐标法是画图的最基本方法。当绘制复杂物体的轴测图时，上述三种方法往往综合使用。

例：如图 1-4-7a)所示为正六棱柱主、俯视图，作出正六棱柱的正等测图。

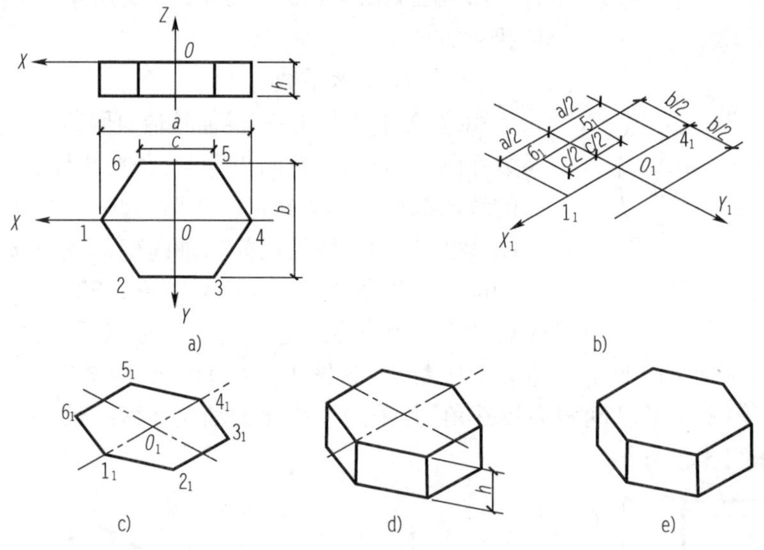

图 1-4-7　作正六棱柱的正等测图

解：作图步骤

为了作图方便，选取上底面的中心为原点 O。它的两条对称中心线为 X 轴和 Y 轴，以六棱柱的轴线作为 Z 轴，建立直角坐标系，如图 1-4-7a)所示。

①在两面投影图上建立直角坐标系 $OXYZ$。

②画出正等测图中的轴测轴 $O_1X_1Y_1Z_1$。

③用坐标法作线取点，按坐标关系，用 1∶1 在轴测轴上作出六棱柱顶面 6 个顶点的对应点，按顺序连接，即得六棱柱顶面的轴测图，见图 1-4-7b)、c)。

④沿 O_1Z_1 轴方向(沿六棱柱任一顶点)量取 h，得到六棱柱底面 6 个顶点的对应点，顺序连接，即得六棱柱底面的轴测图，见图 1-4-7d)。

⑤检查加深，擦去不必要的图线、字母，即得正棱柱的正等测图，见图 1-4-7e)。

3. 回转体正等轴测图的画法

(1)平行于坐标平面的圆的正等轴测图特点

画回转体时经常遇到圆或圆弧,由于各坐标面对正等轴测投影面都是倾斜的,因此平行于坐标平面的圆的正等轴测投影是椭圆。而圆的外切正方形在正等测投影中变形为菱形,因而圆的轴测投影就是内切于对应菱形的椭圆,如图 1-4-8 所示。从图中可以看出:

①平行于三个坐标面的等直径的圆其轴测投影得到的三个椭圆形状和大小是一样的,但方向不同。

②水平面内椭圆的长轴处于水平位置,正平面内的椭圆长轴为向右上倾斜 60°,侧平面上的椭圆长轴方向为向左上倾斜 60°,而三个椭圆的短轴分别与相应菱形的短对角线相重合,并且短轴方向就是与圆所在的平面垂直的坐标轴的方向,如图 1-4-8a)、b)所示。如果要作轴线与坐标轴平行的圆柱或圆锥,则其上下底面椭圆的短轴与轴线方向一致,如图 1-4-8c)所示。

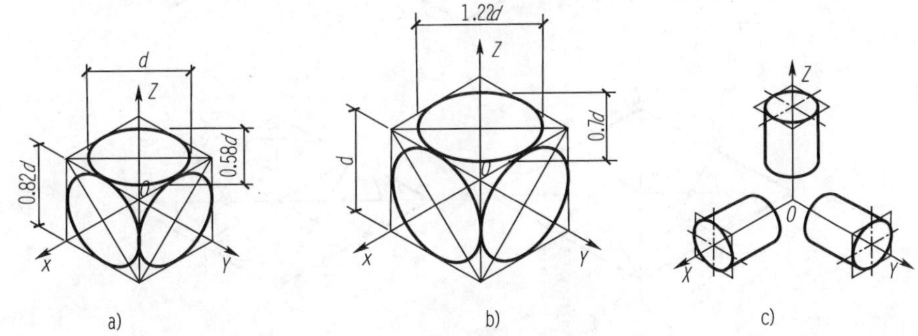

图 1-4-8 平行于坐标面的圆的正等测图

如果采用理论轴向伸缩系数 0.82,则椭圆的长轴为圆的直径 d,短轴为 0.58d,如图 1-4-8a)所示。用简化轴向伸缩系数 1 作图,如图 1-4-8b)所示,其长短轴的长度均放大 1.22 倍,长轴长为 1.22d,短轴为 0.7d。

(2)圆的正等测画法

①弦线法(坐标法):这种方法画出的椭圆较准确,但作图较麻烦。作图步骤如下(图 1-4-9):

a. 在圆上作若干弦线,见图 1-4-9a);

b. 作出轴测轴,按各弦线分点坐标见图 1-4-9b);

c. 依次光滑连接各端点画出弦线的轴测投影,见图 1-4-9c)。

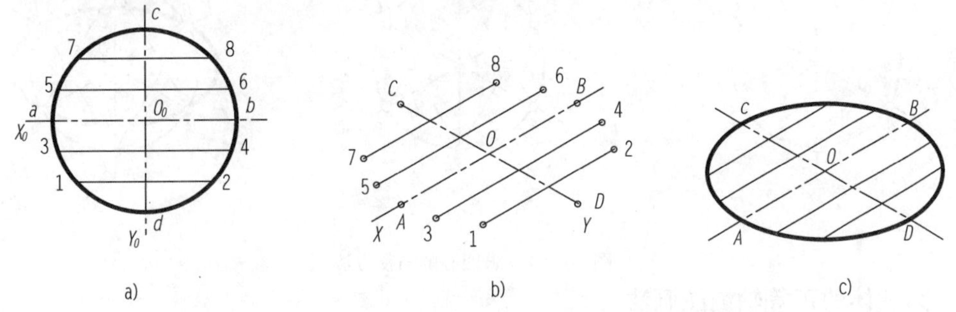

图 1-4-9 弦线法画圆弧

②为了简化作图,轴测投影中的椭圆常采用近似画法,用四段圆弧连接近似画出。这四段圆弧的圆心是用椭圆的外切菱形求得的,因此也称这个方法为“菱形四心法”。以水平面内的圆的正等测图为例说明这种画法(图 1-4-10):

a. 在正投影视图中作圆的外切正方形，1、2、3、4 为四个切点，并选定坐标轴和原点，见图 1-4-10a)；

b. 确定轴测轴，并作圆外切正方形的正等测图菱形，见图 1-4-10b)；

c. 以钝角顶点 O_2、O_3 为圆心，以 $O_2 1_1$ 或 $O_3 3_1$ 为半径画圆弧 $1_1 2_1$、$3_1 4_1$，见图 1-4-10c)；

d. $O_3 4_1$、$O_3 3_1$ 与菱形长对角线的交点为 O_4、O_5，并以 O_4、O_5 为圆心，画圆弧 $1_1 4_1$、$2_1 3_1$，见图 1-4-10d)；

e. 检查加深，得到近似椭圆，见图 4-1-10e)。

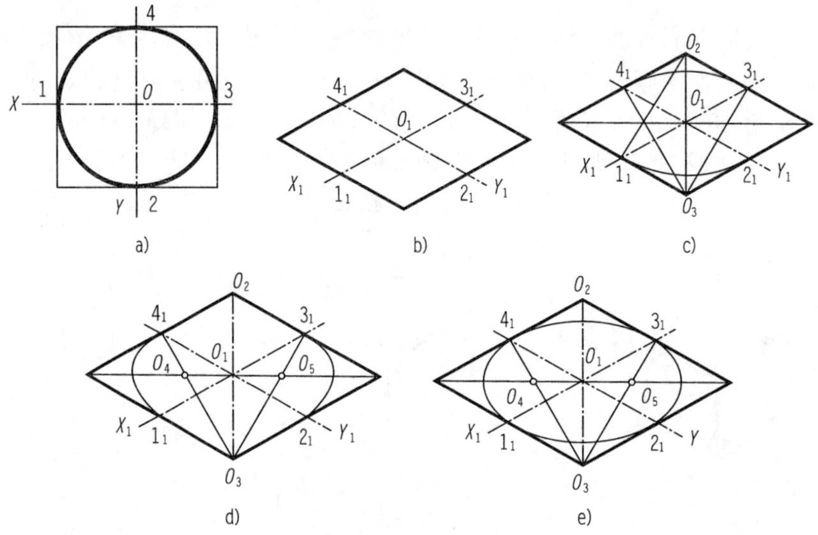

图 1-4-10　菱形法求近似椭圆

③由于菱形各边中点以及钝角顶点到中心 O 的距离都相等，并等于圆的半径 R，那么不必画出菱形也可以求得四心。同样以画水平面的圆的正等测图为例说明如下(图 1-4-11)：

a. 作轴测轴 OX、OY、OZ，在各轴上取圆的真实半径，得 A、B、C、D、E、G 六点，见图 1-4-11a)；

b. 圆平行于 H 面，则 OZ 为椭圆短轴，即 E、G 为两大圆弧的圆心，将 E、G 分别与 C、D 和 A、B 相连，所得到的 1、2 点即为两小圆弧的圆心，见图 1-4-11b)；

c. 分别以 E、G、1、2 为圆心，画对应段的圆弧，完成作图，见图 1-4-11c)。

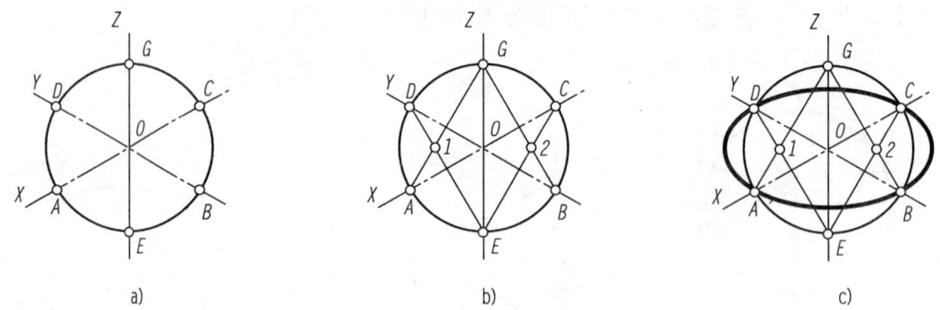

图 1-4-11　求四心的简便方法

(3)圆柱体的正等轴测图画法

掌握了圆的正等测画法，圆柱体的正等测也就容易画出了。只要分别作出其顶面和底面的椭圆，再作其公切线就可以了。绘制轴线为侧垂线的圆柱体的正等测图的步骤如下(图 1-4-12)：

①根据投影图定出坐标原点和坐标轴见图 1-4-12a)；

②绘制轴测轴，作出侧平面内的菱形，求四心，绘出左侧圆的轴测图，见图 1-4-12b)；

③沿 X 轴方向平移左面椭圆的四心，平移距离为圆柱体长度 h，见图 1-4-12c)；

④用平移得的四心绘制右侧面椭圆，并作左侧面椭圆和右侧面椭圆的公切线，见图 1-4-12d)；

⑤擦除不可见轮廓线并加深结果，见图 1-4-12e)；

⑥用简便方法直接画圆找四心，见图 1-4-12f)。

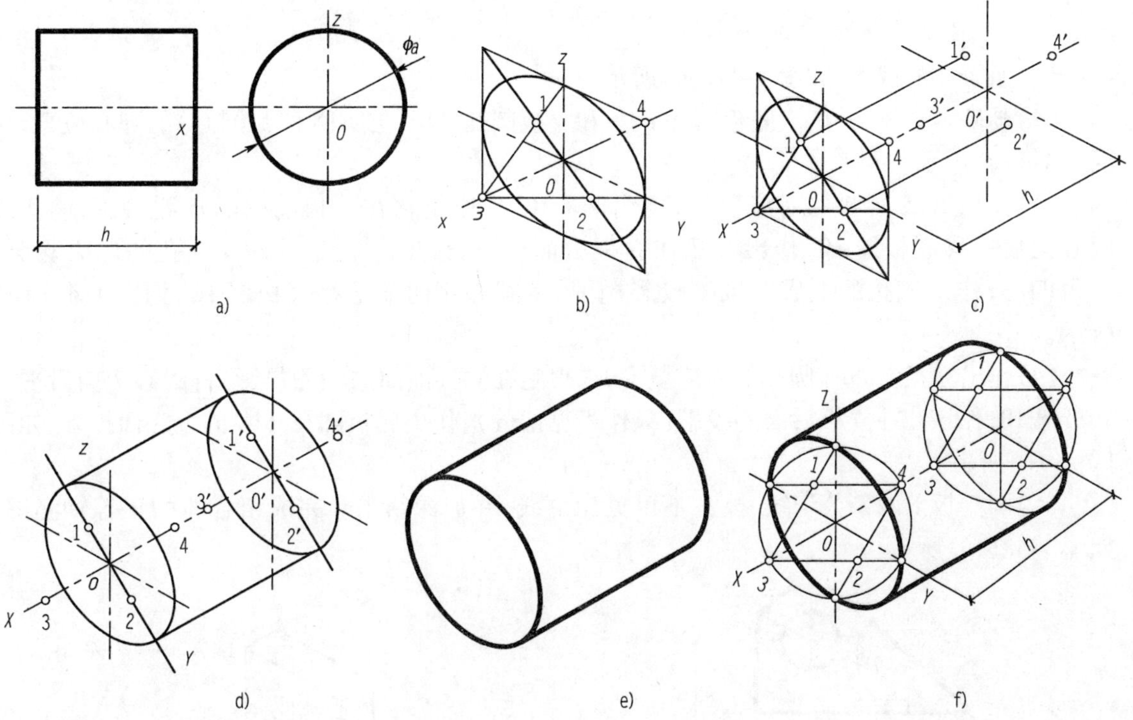

图 1-4-12 圆柱体的正等测图的作图步骤

在使用图 1-4-12f) 所示方法时，需注意先确定短轴方向。所求椭圆平行于侧面，因此短轴在 X 轴上，定下大圆弧的圆心 3,4 后，再连线求小圆弧圆心 1,2。

4. 圆角的正等测画法

构件上会遇到由四分之一圆弧构成的圆角，如图 1-4-13a) 所示。这些圆角的轴测图分别对应于椭圆的四段圆弧，画圆角时不用作出整个椭圆，只需直接画出该段圆弧即可，如图 4-1-13b)、c) 所示。作图时，根据已知圆角半径 R 找出切点 A_1、B_1、C_1、D_1，过切点作切线的垂线，两垂线的交点即为圆心，以此圆心到切点的距离为半径画圆弧，即得圆角的正等轴测图。顶面画好之后，将 O_1，O_2 向下移动 h，绘得下底面两圆弧的圆心，如图 1-4-13c) 所示。与之对称结构可用同法绘出。

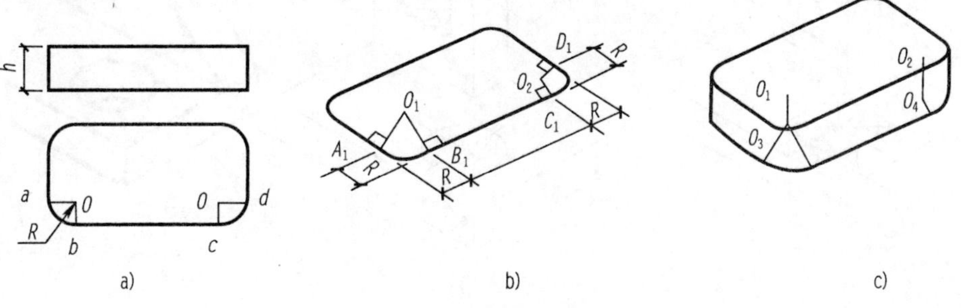

图 1-4-13 作圆角的正等测图

任务实施

画组合体的正等测图一般先用形体分析法将其分解为基本立体，画出基本立体的轴测图，再逐一细化。

解：

作图步骤：

(1)组合体的视图，如图1-4-14a)所示。

(2)画基本立体，并确定底板圆孔 ϕ18 和立板圆孔 ϕ16(与 R15 圆弧同心)的圆心位置，如图1-4-14b)所示。

(3)作出 R15 圆弧的对应菱形，定出两心1，2，作出它在立板前面的轴测投影，将1，2两心向后平移立板厚10，作出该弧在立板后面投影；作出底板上面 ϕ18 圆孔的对应菱形，求得四心，作出该孔的上底面轴测投影椭圆，将圆心4向下平移底板厚10，如图1-4-14c)所示。

(4)作出立板上 ϕ18 圆孔的对应菱形，求得它在立板前面的轴测投影，将圆心7向后平移立板厚10，作该孔在立板后面的投影(只作可见部分)；作出底板圆孔 ϕ18 的下底面投影，如图1-4-14d)所示。

(5)画立板上两条公切线，擦去不可见轮廓线，并加深结果。完成组合体的正等轴测图，如图1-4-14e)所示。

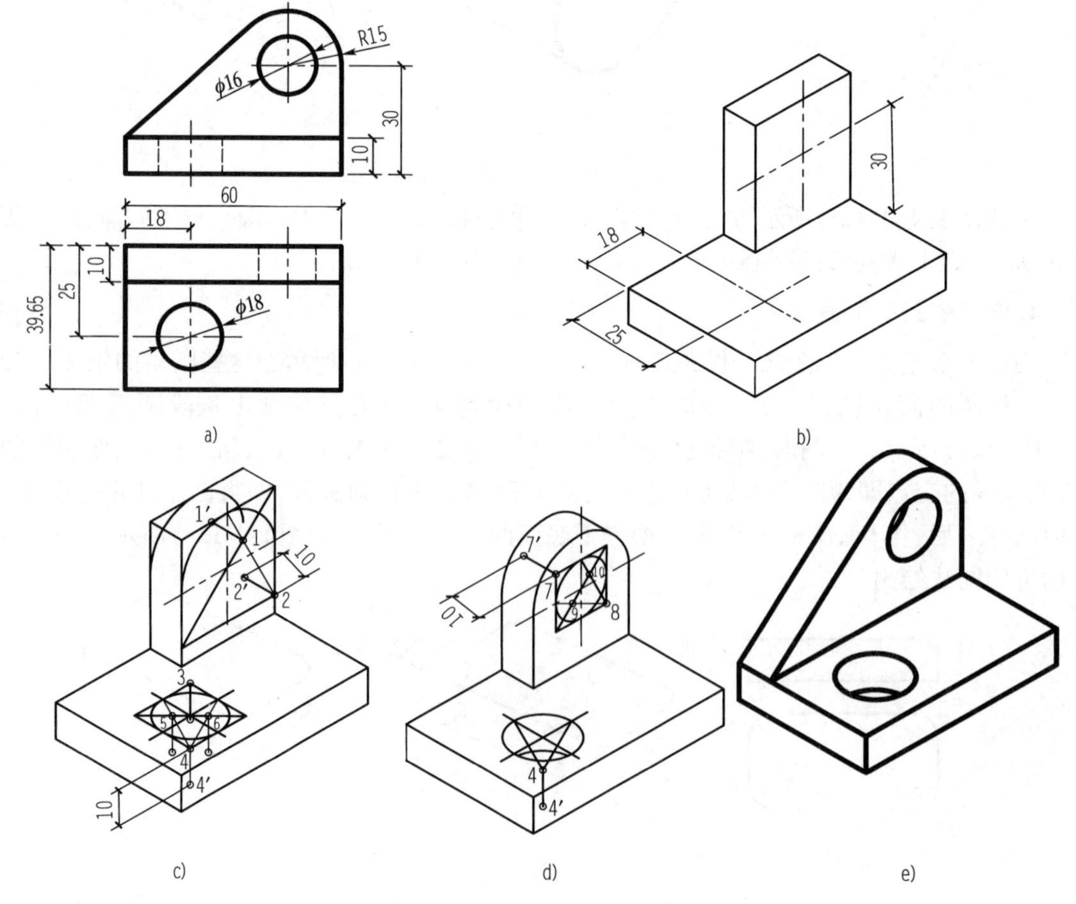

图1-4-14 组合体的正等测图

项目任务

任务 1

如图 1-4-15 所示,用切割法绘制形体的正等测。

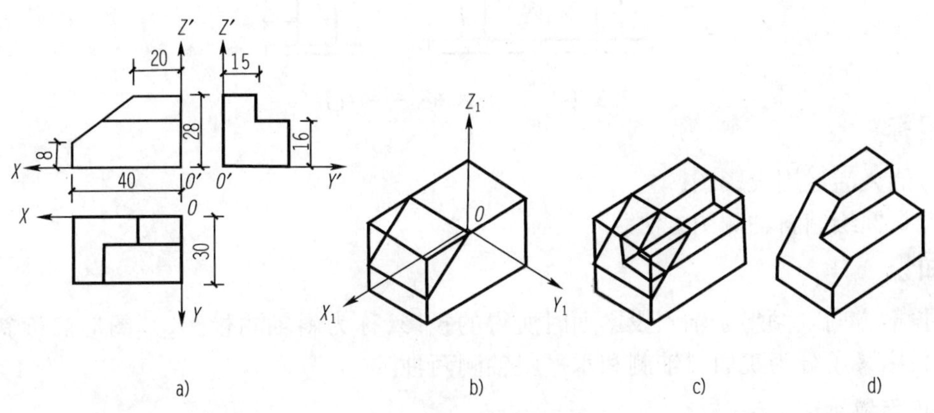

图 1-4-15 切割体

任务 2

如图 1-4-16a)所示为组合体的正投影图,作组合体的轴测图。

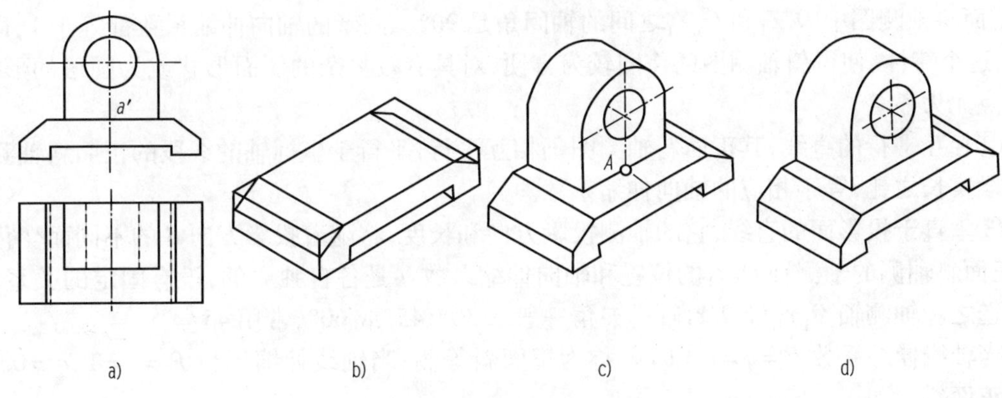

图 1-4-16 作组合体的正等测图

解:

作图步骤:

(1)画出完整长方体底板后,切除两侧角,挖出底槽,见图 1-4-16b)。

(2)确定直立耳板的定位点 *A* 点位置,画出耳板正等测图,见图 1-4-16c)。

(3)擦去作图线、加深即完成全图,见图 1-4-16d)。

子项目二 识读与绘制斜轴测图

导入图样

识读图 1-4-17 所示的拱门投影图,绘制拱门的正面斜轴测图。

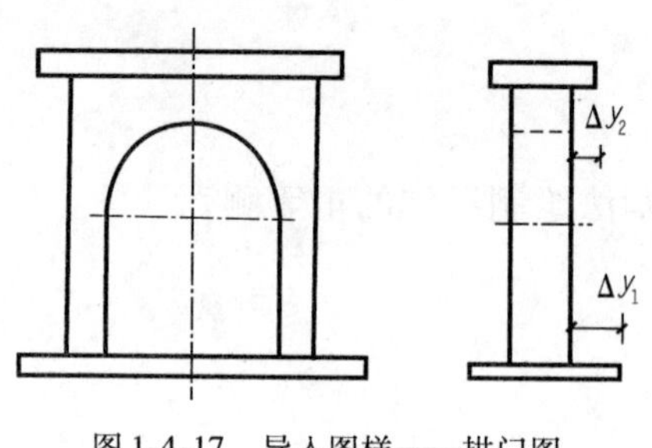

图 1-4-17　导入图样——拱门图

项目目标

（1）能灵活运用投影图；

（2）掌握绘制斜轴测图方法。

相关知识

当投射方向 S 倾斜于轴测投影面时所得的投影，称为斜轴测投影，其图形简称斜轴测图。斜轴测投影又可分为正面斜轴测和水平斜轴测两种。

1. 正面斜轴测

当形体的 OX 轴和 OZ 轴决定的坐标面平行于轴测投影面，而投影线倾斜于轴测投影面时，得到的轴测投影称为正面斜轴测投影。

它具有斜投影的如下特性：

①无论投射方向如何倾斜，平行于轴测投影面的平面图形，它的斜轴测投影反映实形。即，正面斜轴测图中 O_1Z_1 和 O_1X_1 之间的轴间角是 90°。两者的轴向伸缩系数都等于 1，即 $P=r=1$。这个特性，使得斜轴测图的作图较为方便，对具有较复杂的侧面形状或为圆形的形体，这个优点尤为显著。

②相互平行的直线，其正面斜轴测图仍相互平行，平行于坐标轴的线段的正面斜轴测投影与线段实长之比，等于相应的轴向伸缩系数。

③垂直于投影面的直线，它的轴测投影方向和长度，将随着投影方向 S 的不同而变化。然而，正面斜轴测的轴测轴 O_1Y_1 的位置和轴向伸缩系数 q 是各自独立的，没有固定的关系，可以任意选之。轴测轴 O_1Y_1 与 O_1Y_1 轴的夹角一般取 30°、45°或 60°，常用 45°。

当轴线伸缩系数 $P=q=r=1$ 时，称为正面斜等测；当轴线伸缩系数 $P=r=1, q=0.5$ 时，称为正面斜二测。

如图 1-4-18a）所示，以 45°画图，轴间角 $\angle X_1O_1Y_1=135°$；图 1-4-18b）中，$\angle X_1O_1Y_1=45°$，这样画出的轴测图较为美观，是常用的一种斜轴测投影。

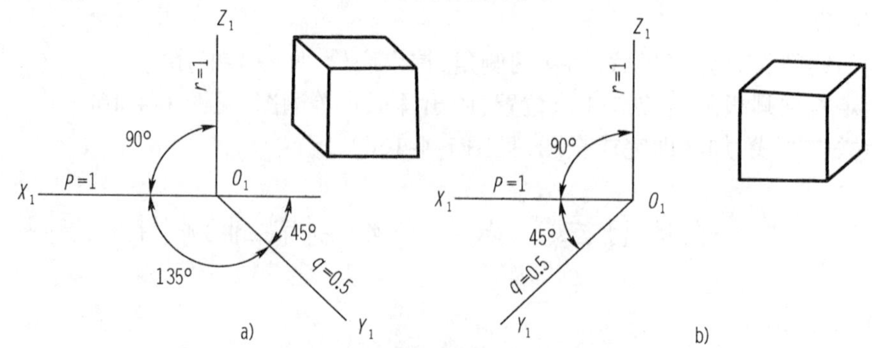

图 1-4-18　正面斜二测的轴间角和轴向伸缩系数示意图

(1)正面斜二测特性

在正面斜二测中，平行于 XOZ 坐标面的平面图形都反映实形，因此平行于该坐标面的圆的斜二测仍是圆。而平行于 XOY、YOZ 坐标面的圆，其斜二测为椭圆，如图 1-4-19b)所示。

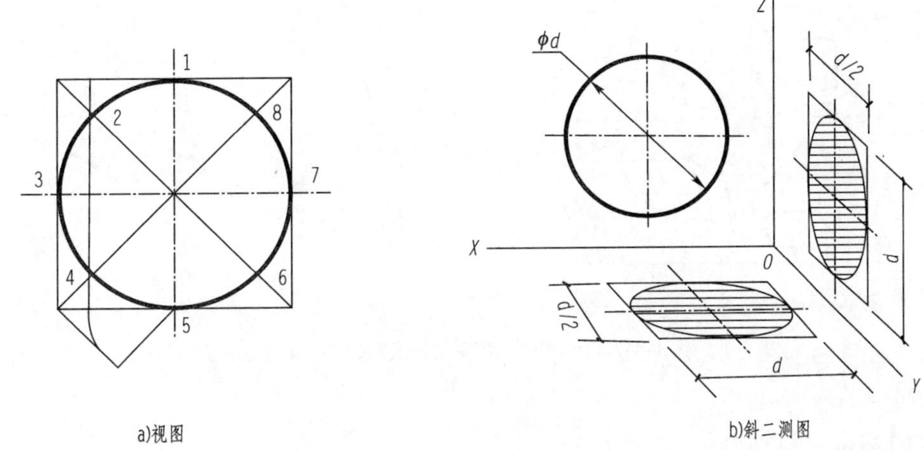

图 1-4-19 平行于坐标面的圆的斜二测

(2)“八点法”画椭圆

当圆的外接正方形在轴测图中成为平行四边形时，其圆的轴测图多采用近似作图法——“八点法”画椭圆。如图 1-4-20 所示。

①作圆的外切正方形 $EFGH$，并连接对角线 EG、FH 交圆周于 1、2、3、4 点，见图 1-4-20a)。

②作圆外切正方形的斜二测图，切点 A_1、B_1、C_1、D_1 即为椭圆上的四个点，见图 1-4-20b)。

③以 E_1C_1 为斜边作等腰直角三角形，以 C_1 为圆心，腰长 C_1M_1 为半径作弧，交 E_1H_1 于 V_1、VI_1，过 V_1、VII_1 作 C_1D_1 的平行线与对角线交 I_1、II_1、III_1、IV_1 四点，见图 1-4-20c)。

④依次用曲线板连接 A_1、I_1、C_1、IV_1、B_1、III_1、D_1、II_1、A_1 各点即得平行于水平面的圆的斜二测图，见图 1-4-20d)。

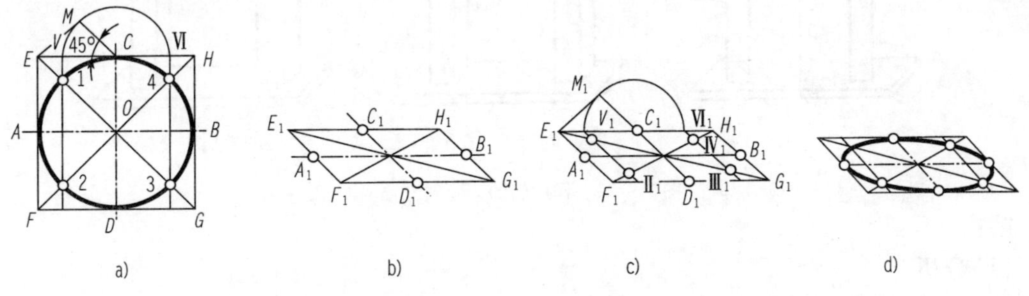

图 1-4-20 八点法作圆的斜二测图

2. 水平斜二轴测图

如果形体仍保持正投影的位置，而用倾斜于 H 面的轴测投影方向 S，向平行于 H 面的轴测投影面 P 进行投影，如图 1-4-21a)所示，则所得斜轴测图称为水平斜轴测图。

在水平斜轴测投影中，空间形体的坐标轴 OX 和 OY 平行于水平的轴测投影面，所以变形系数 $P=q=1$，轴间角 $X_1O_1Y_1=90°$。至于 O_1Z_1 轴与 O_1X_1 轴之间轴间角以及轴向伸缩系数 r，同样可以单独任意选择，但习惯上取 $\angle X_1O_1Z_1=120°$，$r=1$，坐标轴 OZ 与轴测投影面垂直，由于投影方向 S 是倾斜的，所以 O_1Z_1 则成了一条斜线，如图 1-4-21b)所示。画图时，习惯将 O_1Z_1 轴画成竖直位置，这样 O_1X_1 和 O_1Y_1 轴相应偏转一角度，通常 O_1X_1 和 O_1Y_1 轴分别对水平线成 30°和 60°，如图 1-4-21c）所示。

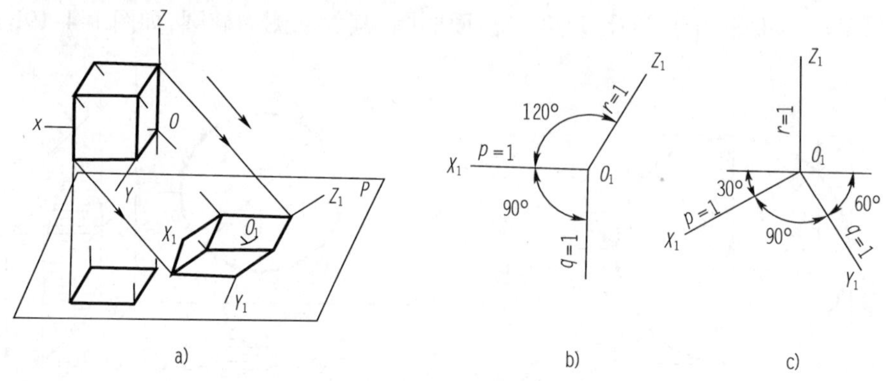

图 1-4-21　水平斜轴测图的形成和轴测轴的画法

任务实施

作拱门的正面斜轴测图，如图 1-4-22 所示。

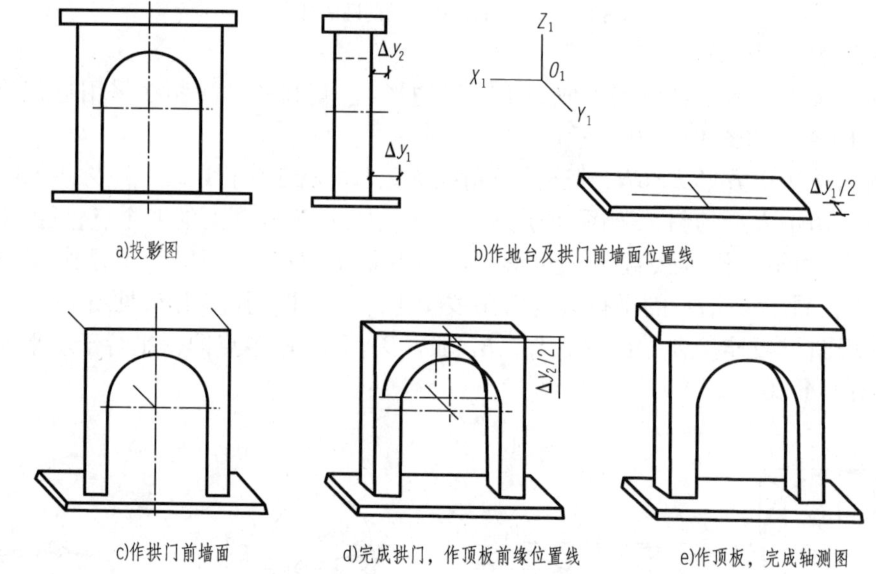

图 1-4-22　作拱门的正面斜二轴测图

解：

（1）分析

拱门由地台、门身及顶板三部分组成，作轴测图时必须注意各部分在 Y 方向的相对位置，如图 1-4-22a）所示。

（2）作图

①画地台正面斜轴测图，并在地台面的左右对称线上向后量取 $\Delta y_1/2$，定出拱门前墙面位置线，如图 1-4-22b）所示。

②按实形画出前墙面及 Y 方向线，如图 1-4-22c）所示。

③完成拱门斜二轴测图。注意后墙面半圆拱的圆心位置及半圆拱的可见部分。再在前墙面顶线中点作 Y 轴方向线，向前量取 $\Delta y_2/2$，定出顶板底面前缘的位置线，如图 1-4-22d）所示。

④画出顶板，完成轴测图，如图 1-4-22e）所示。

项目任务

任务 1

作如图 1-4-23 所示的水平斜轴测图。

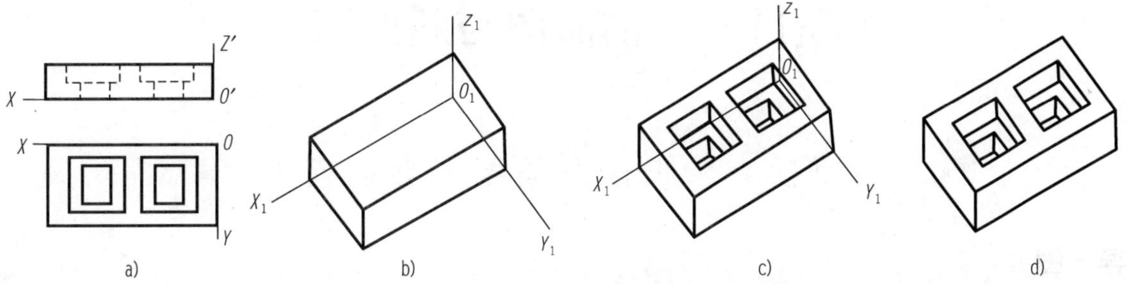

图 1-4-23　组合体水平斜轴测的作图方法

解：

(1)分析：

该形体外部形状为四棱台，内部自上而下切去两个四棱台沉孔，选择坐标原点在形体的右后下方位置，轴向变形系数定为 $p=q=r=1$。

(2)作图

①根据正投影图，见图 1-4-23a)，画轴测轴将 H 投影轮廓旋转 30°画出，完成外形四棱柱的轴测图，如图 1-4-23b) 所示。

②切割中间两四棱柱沉孔，如图 1-4-23c) 所示。

③擦去多余的图线、加深加粗，得形体的水平斜轴测图，如图 1-4-23d) 所示。

任务 2

作出图 1-4-24a) 所示台阶的斜轴测。

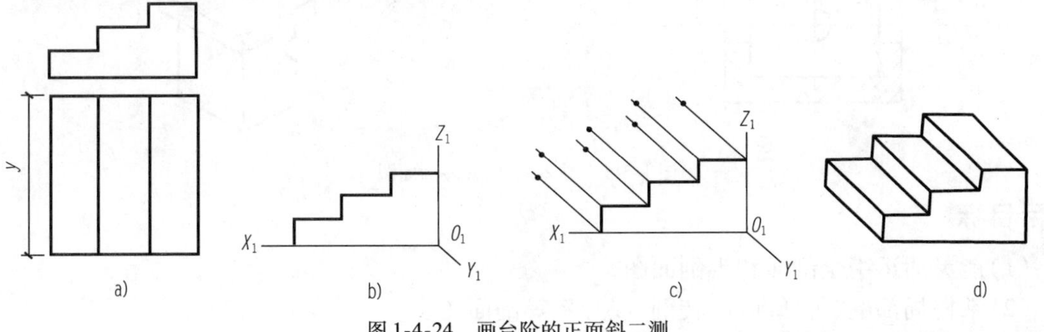

图 1-4-24　画台阶的正面斜二测

解：

(1)分析

台阶的正面投影比较复杂且反映该形体的特性，因此，可利用正面投影作出它的斜二测图。如选用轴间角 $\angle X_1O_1Y_1=45°$，这时踏面被踢面遮住而表示不清，所以选用 $\angle X_1O_1Y_1=135°$。

(2)作图

①画轴测轴，并按台阶正投影图中的正面投影，作出台阶前端面的轴测投影，如图 1-4-24b) 所示。

②过台阶前端面的各顶点，作 O_1Y_1 轴的平行线，如图 1-4-24c) 所示。

③从前端各顶点开始在 O_1Y_1 轴的平行线上量取 $0.5y$，由此确定台阶的后端面而成图，如图 1-4-24d) 所示。

项目五　剖面图与断面图

子项目一　识读与绘制窨井剖面图

导入图样

识读窨井剖面图(图 1-5-1),在 *H* 面和 *W* 面上指出 1、2、3 三个孔槽对应的位置。

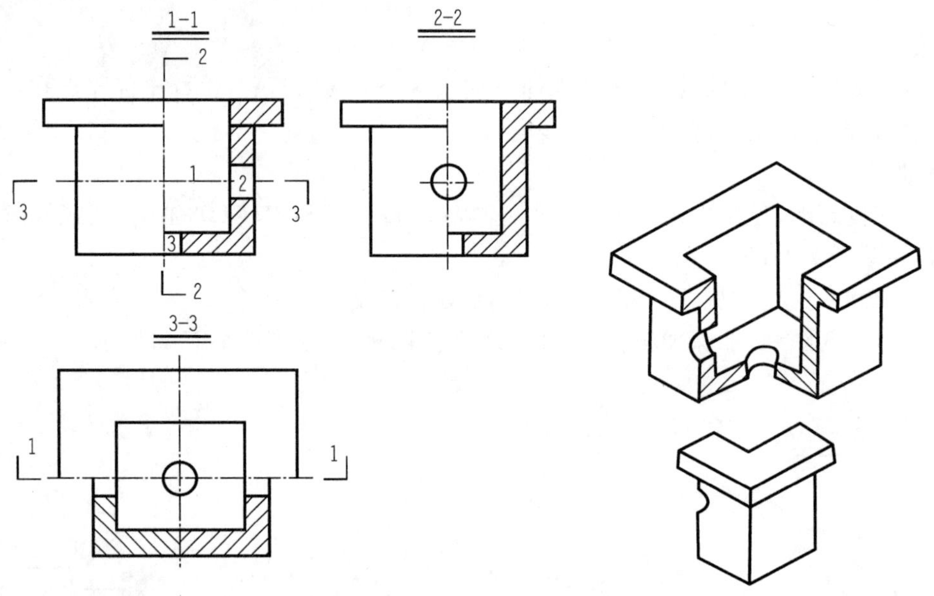

图 1-5-1　导入图样-窨井剖面图

项目目标

(1)能灵活运用全剖面和半剖面图;

(2)掌握局部剖、阶梯剖、旋转剖、展开剖等剖面图。

相关知识

一、剖面图的形成

如图 1-5-2a)所示,若将构筑物按照前面所学的组合体投影画成一般的三面投影图,其立面图和平面图如图 1-5-2b)所示。可以看到,图 1-5-2b)中有很多虚线,都是因为在形体内部挖切,形成的不可见轮廓线。众多的虚线交错,使投影显得很复杂,不便于读图。为了看清形体的内部结构,我们想到,将形体剖开,故有了剖面图。

为了便于表达形体内部构造,我们假想用一个剖切平面,在形体的适当部位将其剖开,将剖切平面连同它与观察者之间那一部分移走,将截面及余下的部分投影到与剖切平面平行的投影面上所得的投影图,称为剖面图。

如图 1-5-3 所示，将形体用正平面剖开，得到如图 1-5-4 所示的正立投影面上的剖面图。

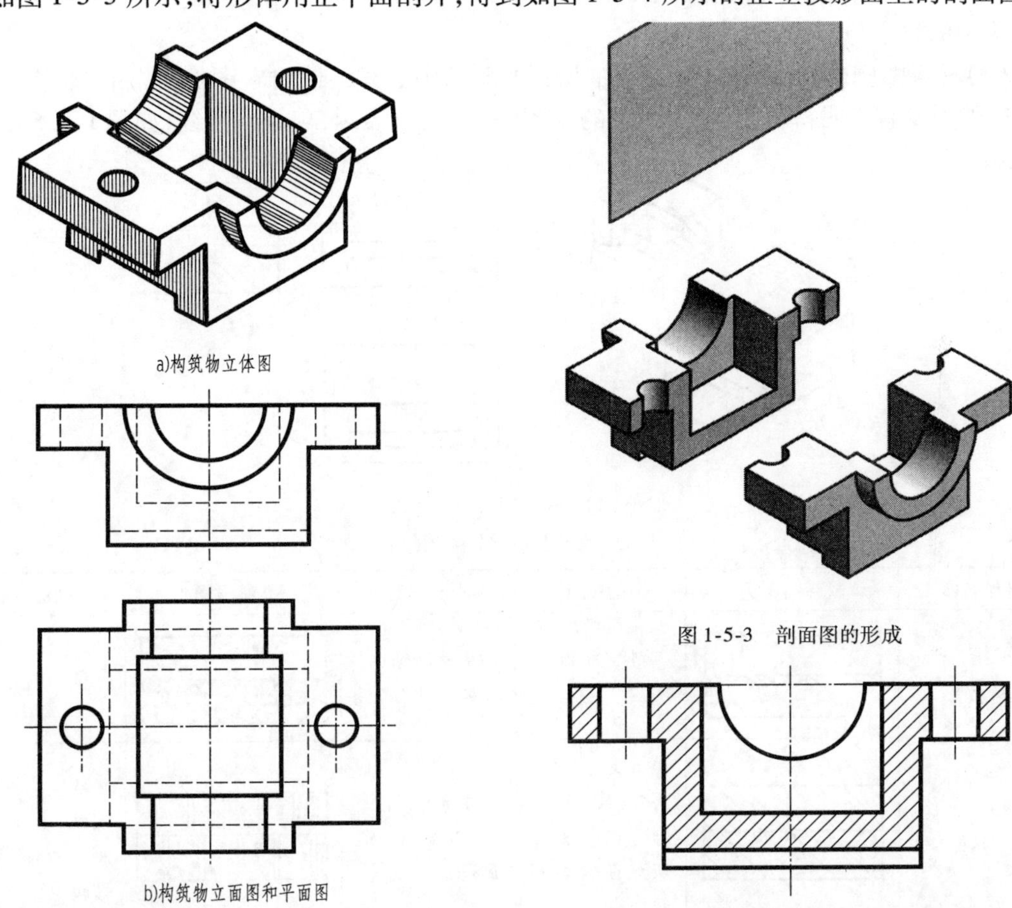

a)构筑物立体图

b)构筑物立面图和平面图

图 1-5-2　建筑物立体图及投影图

图 1-5-3　剖面图的形成

图 1-5-4　构筑物正立投影面上的剖面图

比较图 1-5-5 所示的立面图与剖面图，可以发现，立面图与剖面图的外轮廓线一致，剖面图是把立面图上所有的虚线画成了实线，并且在切到的实体部分加了剖面线。

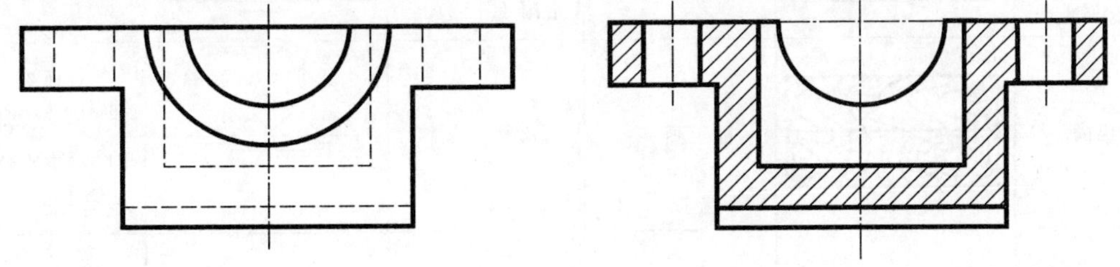

图 1-5-5　立面图与剖面图比较

二、剖面图的标注

剖面图的标注，如图 1-5-6 所示。

(1)剖切位置线：实际上是剖切面的积聚投影，用一对长度 6 ~ 10mm 的短粗实线表示。

(2)剖视方向线：表示剖面的投影方向，用一对垂直于剖切位置线的短细线单边箭头或短粗实线表示，长度为 4 ~ 6mm。

(3)剖面的编号：一对英文字母或阿拉伯数字表示，写在剖视方向线的端部。

(4)剖面图的名称:在绘制的剖面图的上面或下面注出剖面图的名称,如1-1剖面,剖面图的名称中的数字与剖面的编号一致。

(5)材料图例或剖面线:在剖面图中切到的截面中必须绘制材料图例,常用材料图例见表1-5-1;如果没有指明材料时,用等间距的45°平行细实线表示,称为剖面线,如图1-5-6所示。

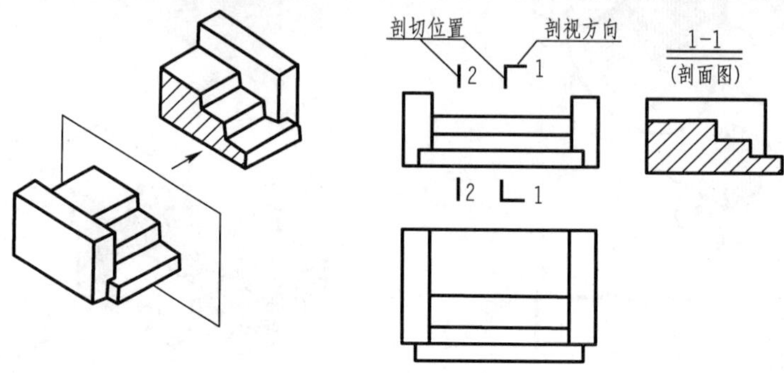

图1-5-6 剖面图的标注

常用材料图例 表1-5-1

材料名称	材料图例	画法说明	材料名称	材料图例	画法说明
天然土 夯实土壤		斜线为45°细实线	天然砂砾 浆砌片石		徒手画
石灰土 石灰粉煤灰		斜线为45°细实线,其余徒手画,石灰、粉煤灰点在斜线相间处	水泥稳定土 水泥稳定砂砾		双竖直线为细实线,其余徒手画,砂砾不带棱角
石灰粉煤灰 碎砾石 浆砌块石		双斜线为45°细实线,其余徒手画	细料式沥青混凝土 粗粒式沥青混凝土		斜线45°细实线粗粒石子涂黑
木材纵横		徒手画	水		水画线为长线,其余成倒三角形细平行线,间距1mm
水泥混凝土 钢筋混凝土		斜线为45°细线,石子有棱角	金属 橡胶		双斜线为45°细实线,橡胶弹性用倒S形徒手画

例如,将图1-5-2b)的剖面图进行标注,如图1-5-7所示。

三、画剖面图的要点与注意事项

(1)剖切平面一般选择投影面平行面,尽可能通过对称面、轴线。

(2)剖面图一般直接绘制在V、H、W投影面上。如剖切平面为正平面,则将剖面图绘制V

面,依此类推。

(3)剖切为假想的,其他视图要按完整物体绘制。

(4)虚线一般不画,若通过其他视图表达不清楚时要画。

(5)剖切位置明确时(剖切平面为投影面平行面且通过轴线时),剖切位置的标注可省略。

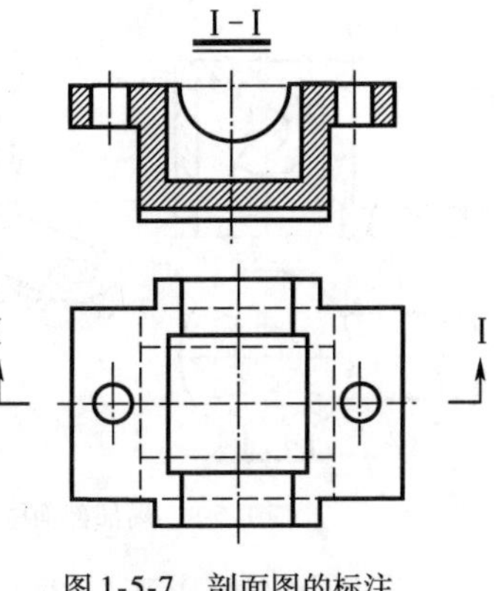

图 1-5-7　剖面图的标注

四、剖面图的分类

(1)全剖面图

用一个剖切平面将物体完全剖开所得的剖面图叫全剖面图,简称全剖,如图 1-5-7。全剖适用于外部简单、内部复杂或投影图不对称的物体。

(2)半剖面图

当物体具有对称平面时,可以将物体对称的投影图以对称中心线为界,一半画成外形视图,另一半画成剖面图,这种组合的图形称为半剖面图,简称半剖,如图 1-5-8 所示。

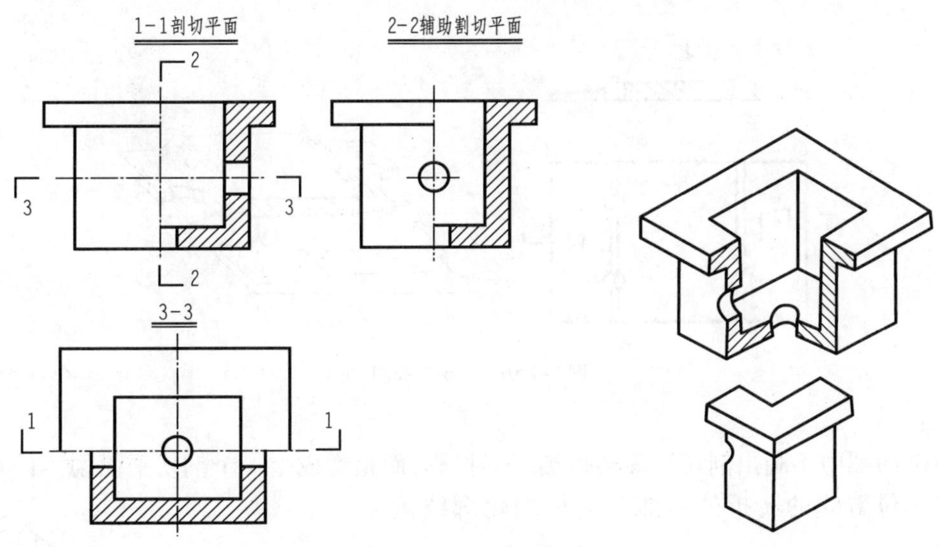

图 1-5-8　半剖面图

半剖面视图的特点是在一个投影图上同时把组合体的内、外形状都表达出来。它主要用于物体内、外形状都对称或接近对称,且不对称部分已另有图形表达清楚时。

注意:

①另一半视图中表达内部结构的虚线不再画出;

②外形视图与半剖面图以对称线为分界线,对称线画成细点画线;若对称线的位置恰好有物体的轮廓线,则应避免用半剖;

③半剖面图一般绘制成左视、右剖或上视、下剖的形式。

(3)局部剖面图

在不影响表达物体外形的情况下,用剖切面局部地剖开物体所得的图形叫局部剖面图,简称局部剖。适用于组合体在局部内部结构复杂的情况,如图 1-5-9 所示。

局部剖可以看成是将物体外部不规则的撕开、掰断,所以波浪线是局部剖的显著标志,如

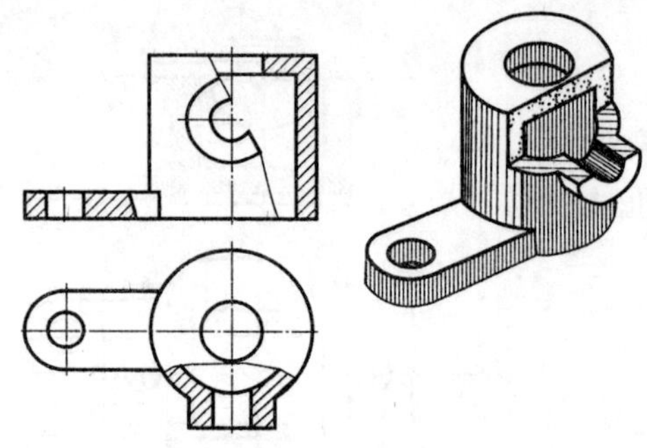

图 1-5-9　局部剖面图

图 1-5-9 中的波浪线。

注意：

①局部剖的剖切范围根据实际需要决定，但要考虑看图方便，剖切不要过于零碎。

②局部剖面图以波浪线作为剖面图和视图的分界线。波浪线可看作物体破裂痕迹的投影，只能画在物体的实体部分，而孔、槽等非实体部分是不应画有波浪线的，即波浪线不应与图样上其他图线重合，或画在其延长线上，也不应画在中空处。

③局部剖可以不标注。

(4)阶梯剖面图

当物体上的孔或槽无法用一个剖面同时剖到时，可以用两个或两个以上互相平行的剖切面将物体剖切，叫阶梯剖面图，简称阶梯剖。当采用两个平行的剖切平面才能完整表达形体时，可以将两个剖切平面进行组合，综合绘制一张阶梯剖面图，如图 1-5-10 所示。

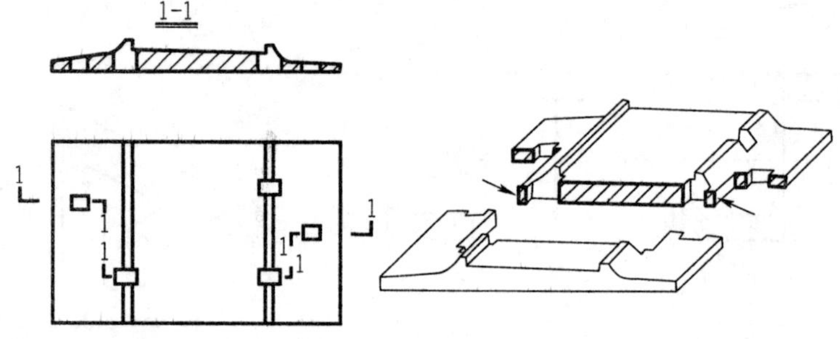

图 1-5-10　阶梯剖面图

注意：

①在剖面图中不画出剖切平面转折棱线的投影，而是看成由一个剖切平面物体；

②剖切位置线的转折处不能与物体的轮廓线重合、相交；

③画阶梯剖时，必须标注剖切编号，并在剖切面的转折处也要标注与剖面编号相同的编号。

(5)旋转剖面图

两个相交的剖切平面剖开物体，再将剖面的倾斜部分旋转到与基本投影面平行，然后进行投影，这样得到的视图称为旋转全剖面图，简称旋转剖，如图 1-5-11 所示。旋转剖适用于内形不在一个平面内且有共同回转轴的物体。

图 1-5-11　旋转剖面图

(6)展开剖面图

剖切面是由平面、柱面等组合而成的铅垂面，将物体切开后，把剖面展开或拉直展开，使其平行于正立面，再进行投影。比如图 1-5-12 中的弯道桥的纵剖面图为展开剖面图。展开剖面图适用于带有弯曲结构的工程体，比如道路线路纵断面。

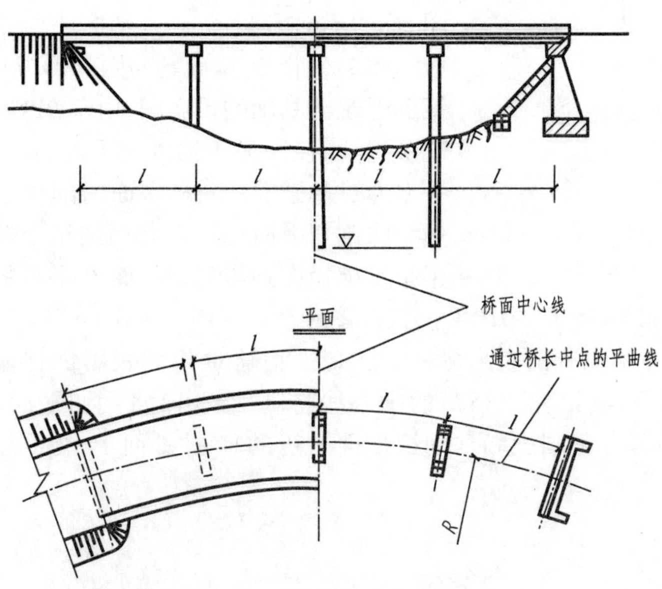

图 1-5-12　弯道桥的纵剖面图(展开剖面图)

任务实施

根据三面投影规律“长对正、高平齐、宽相等”进行读图可知:①所指部分为物体内腔,②所指部分为物体右侧孔洞,③所指部分为物体底部中间孔洞。图中各部分投影具体位置如图 1-5-13 所示。

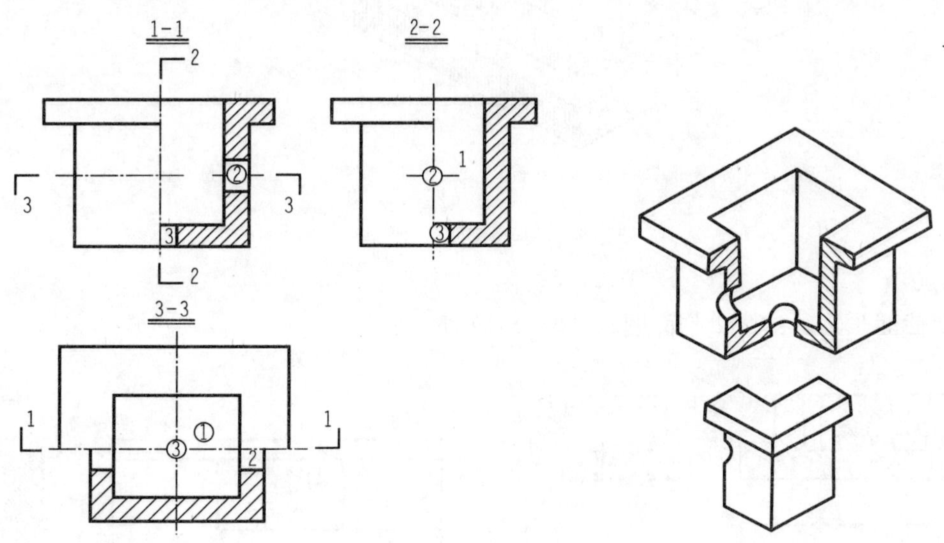

图 1-5-13　识读窨井剖面图

项目任务

任务 1

将图 1-5-14 所示基础的正面图和侧面图改画成剖面图。

为了便于表达形体内部构造,我们假想用一个剖切平面,在形体的适当的部位将其剖开,

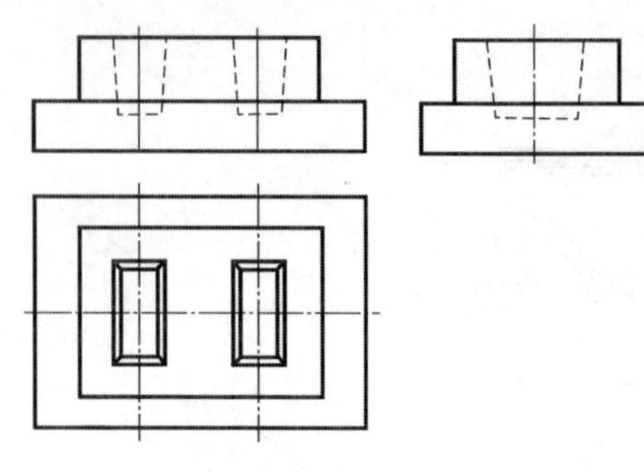

图 1-5-14　基础

将剖切平面连同它与观察者之间那一部分移走，将余下的部分投影到与剖切平面平行的投影面上所得的投影图，称为剖面图。

图 1-5-15 为基础剖面图的形成过程。图 1-5-14 是钢筋混凝土基础的投影图，由于在 *V*、*W* 面上的投影都出现了虚线，使图面不清晰。因此，在图 1-5-15 中假想用一个通过基础前后对称平面的剖切平面 *P* 将基础剖开，然后将剖切平面连同它前面的半个基础移走，将留下的半个基础投影到与剖切平面 *P* 平行的 *V* 投影面上，得到了 *V* 向剖面图。比较图 1-5-14 中的 *V* 面投影图和图1-5-15b）的 *V* 向剖面图，可以看到剖面图中，基础的形状、大小和构造都表示得一清二楚。基础的 *W* 面投影仍有虚线，同样可以用一与 *W* 面平行的剖切平面，沿左侧杯口的中心线将基础剖开，将剖切平面连同它左侧的部分基础移走，将留下的部分基础投影到剖切平面平行的 *W* 投影面上，得到了 *W* 向剖面图。如图 1-5-16 所示。

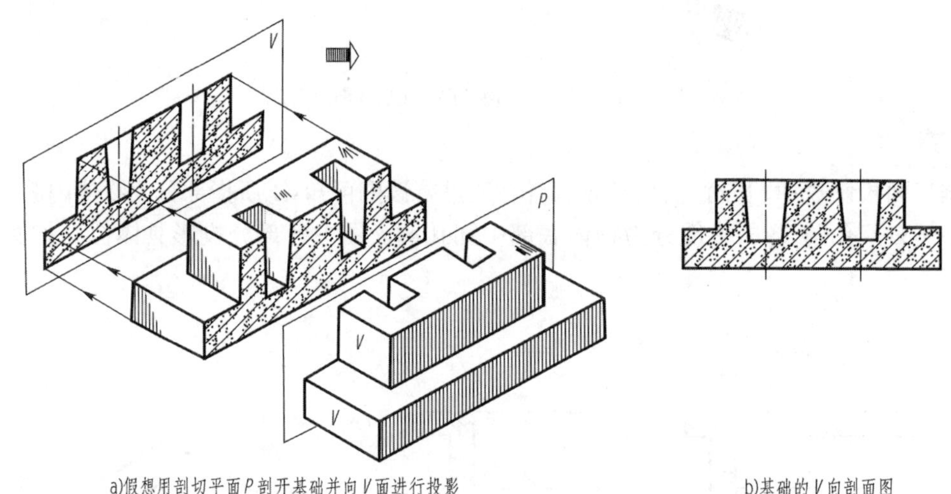

a)假想用剖切平面 *P* 剖开基础并向 *V* 面进行投影　　b)基础的 *V* 向剖面图

图 1-5-15　剖面图的形成

任务 2

作变截面 T 形梁的 2-2 剖面图，如图 1-5-17 所示。

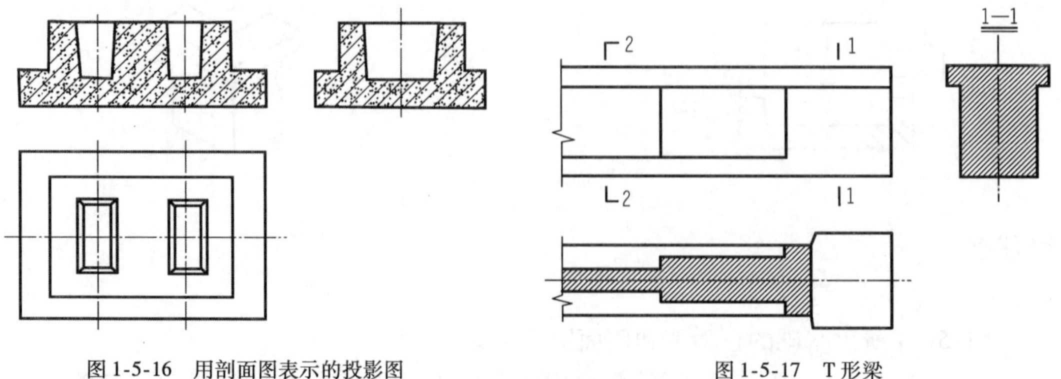

图 1-5-16　用剖面图表示的投影图　　图 1-5-17　T 形梁

子项目二　识读与绘制变截面T形梁的断面图

导入图样

识读图1-5-18的变截面T形梁的两面投影,绘制其断面图。

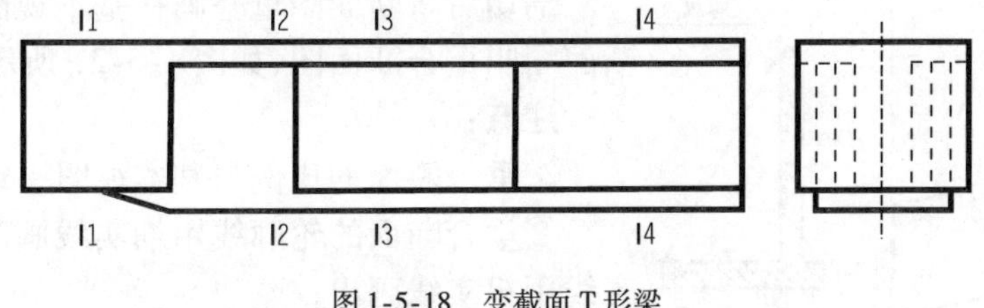

图1-5-18　变截面T形梁

项目目标

(1)掌握移出断面图;

(2)能灵活运用各类断面图。

相关知识

1. 断面图的形成

假想用剖切平面将形体某处切断,仅画出切得的截交面的图形称为断面图,如图1-5-19所示。

断面图与剖面图的区别:断面图只画出截交面的投影,图1-5-19c)所示;而剖面图是截交面连同一半切割体共同的投影,如图1-5-19b)所示。

2. 断面图的标注

标注投影方向与剖面图不同,不用单边箭头,而是用断面编号的数字或字母的位置表示投影方向,编号在剖切为直线的下方,表示向下投影,如图1-5-19c)所示。

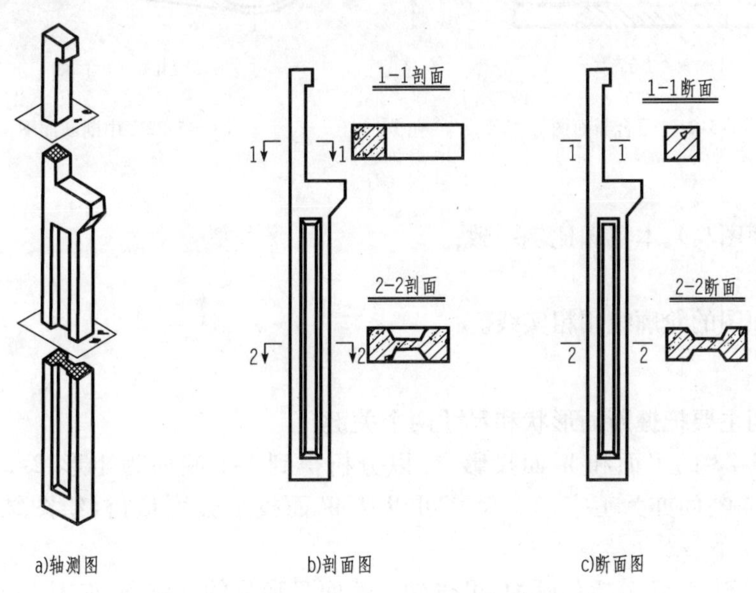

图1-5-19　剖面图与断面图的区别

3. 断面图的分类

(1)移出断面图

画移出断面图时，可根据需要，把断面图移出，方向转正后再投影成图，如图 1-5-20 所示。

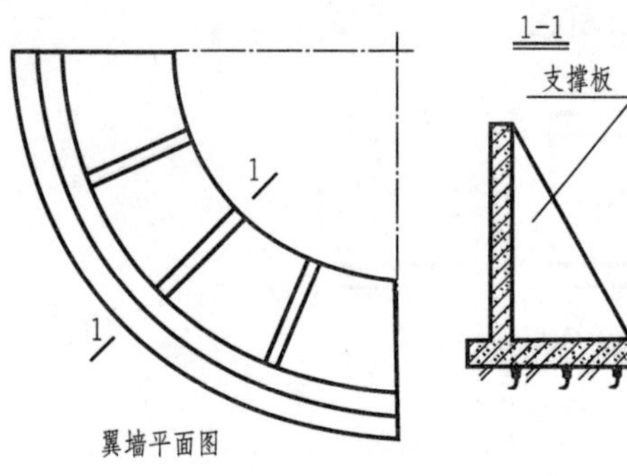

图 1-5-20　移出断面图

(2)重合断面图

剖切后将断面图重叠画在基本视图上，这样得到的断面图叫重合断面图，如图 1-5-21 所示。

注意：

①重合断面的比例与基本视图一致；

②重合断面的轮廓线用细实线画出，基本视图的轮廓线用粗实线画出；

③重合断面图不用加标注。

(3)中断断面图

将长杆状物体的投影图中间断开，并把断面图画在断开间隔处，这样的断面图叫中断断面图，如图 1-5-22 所示。

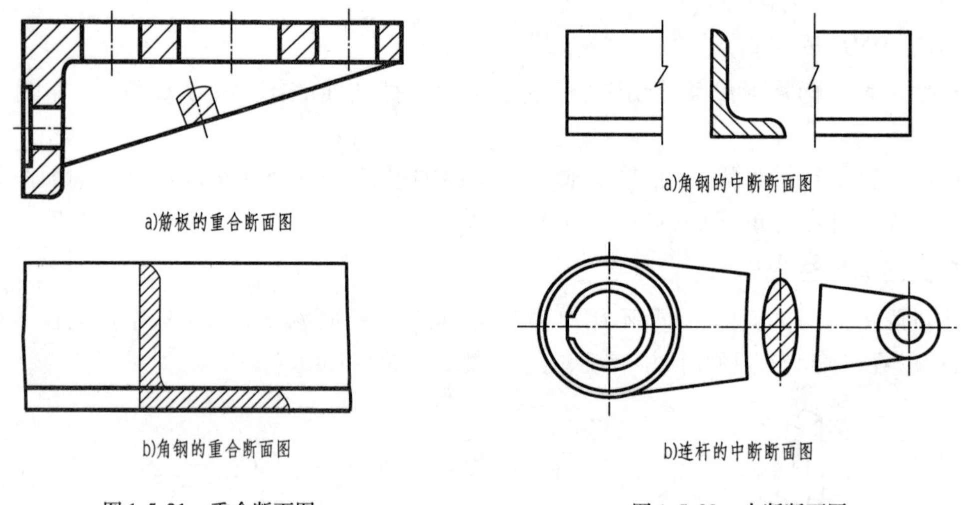

图 1-5-21　重合断面图　　图 1-5-22　中断断面图

注意：

①中断断面图与基本视图比例一致；

②不加标注；

③中断断面图的轮廓线用粗实线。

任务实施

绘制断面图主要把握断面形状和尺寸两个关键。

识读图 1-5-23 的 *V* 面和 *W* 面投影，可以分析得到 1-1 断面为矩形，2-2 断面 T 形，3-3 断面工字形，4-4 断面亦为工字形。尺寸可以从 *W* 面投影分别量得，绘图结果如图 1-5-23 所示。

结合 V 面投影，识读分析各断面，可得到变截面 T 形梁的立体图，如图 1-5-24 所示。

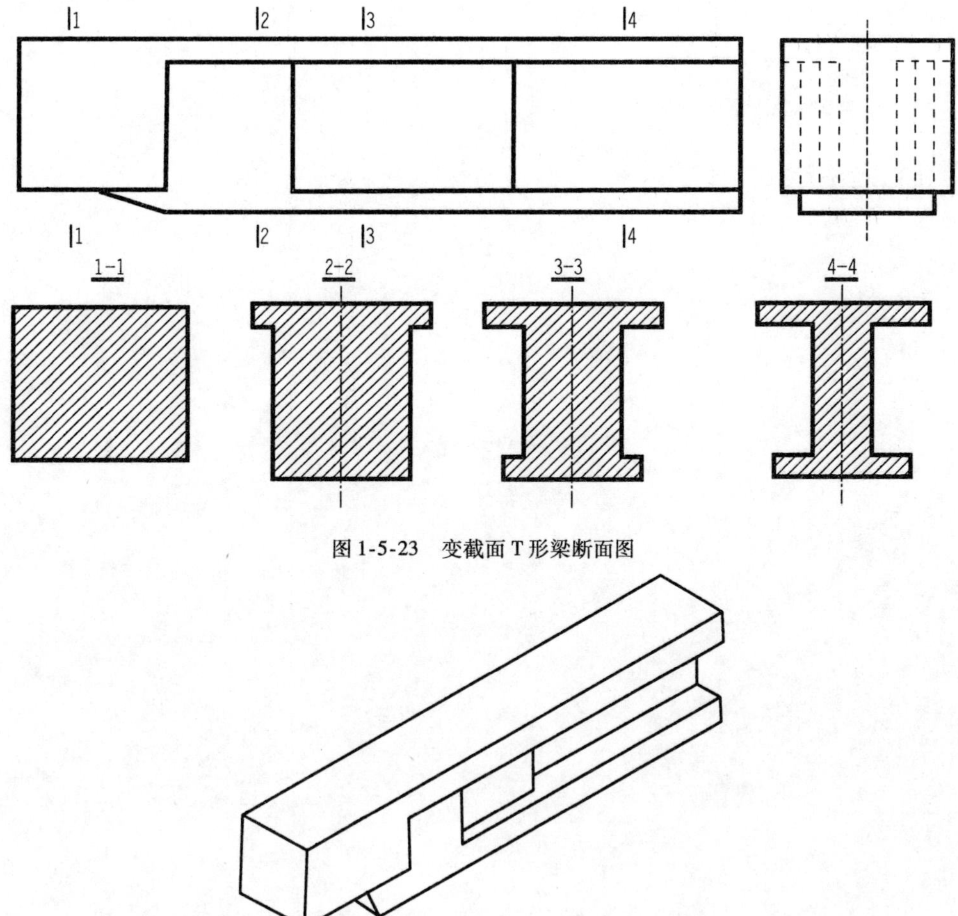

图 1-5-23　变截面 T 形梁断面图

图 1-5-24　变截面 T 形梁立体图

项目任务

画出如图 1-5-25 所示梁的 1-1、2-2 断面图(材料:混凝土)。

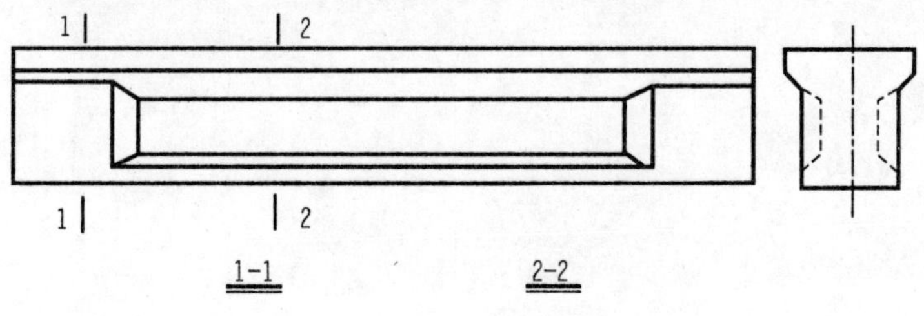

图 1-5-25　项目任务图

第二篇

CHAPTER 2

专　业　篇

项目一　路线工程图

子项目一　求坡脚线和坡面交线

导入图样

分析图 2-1-1,求其坡脚线和坡面交线。

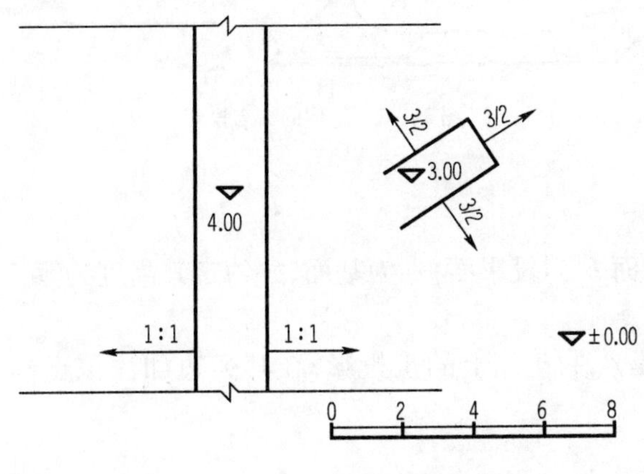

图 2-1-1　导入图样

项目目标

(1)掌握标高投影的基本概念;

(2)掌握标高投影表示法;

(3)掌握坡脚线、开挖线、坡面交线的画法;

(4)掌握典型地貌的地形图特征。

相关知识

1. 标高投影法及高程

(1)标高投影法

标高投影就是在水平投影中加注物体上的有关点、线、面的高程,以高程数字代替正面图的作用。这种用水平投影和标注高度相结合来表示形体形状的方法,成为标高投影。

在标高投影中标有高度数字的图线称为等高线,如图 2-1-2 所示。标高投影常常用于描述不规则曲面、地形等。标高投影中的等高线的数字方向指向山顶,数值单位为米。

(2)高程(标高)

高程,是测量学的一个重要概念,用于标注某一点的高度水平,其单位为米。我国规定以黄海平均海水平面作为高程的基准面(高程零点),地面上某点高出这一水准面的垂直距离称

"绝对高程"或称"海拔"。

如果在某一局部地区，距国家统一的高程系统水准点较远，也可选定某一水准面作为高程起算的基准面，称为假定水准面。地面上测点与假定水准面的垂直距离称为相对高程(或相对标高)。

由于长期使用习惯称呼，通常把绝对高程和相对高程统称为高程(或标高)。

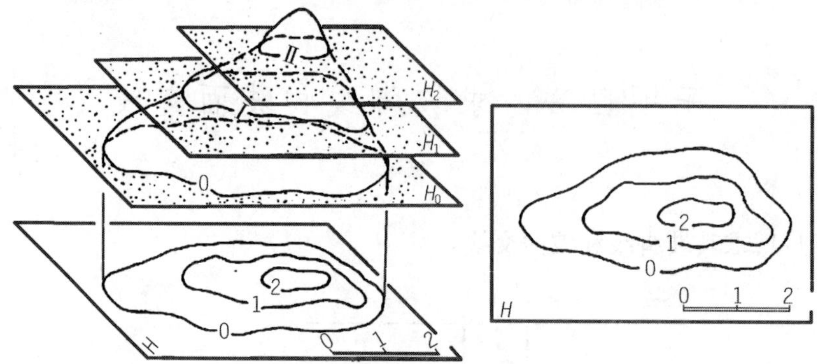

图 2-1-2　地形的标高投影

2. 点的标高投影

(1)定义

标高投影是以水平面 H 为投影面，称为基面，并约定其高度为零。

(2)表示方法

点的标高投影，就是点在 H 面上的正投影，在其旁边加注该点到 H 面的垂直距离，如图 2-1-3a)所示。

(3)标注方法

①高于 H 面者称正值，省去"＋"号；低于 H 面者称负值，不能省去"－"号，其数值称为该点的高程，单位是米(m)。

②为了获得几何元素之间的水平距离，在标高投影中都应附以比例尺，如图 2-1-3b)所示。

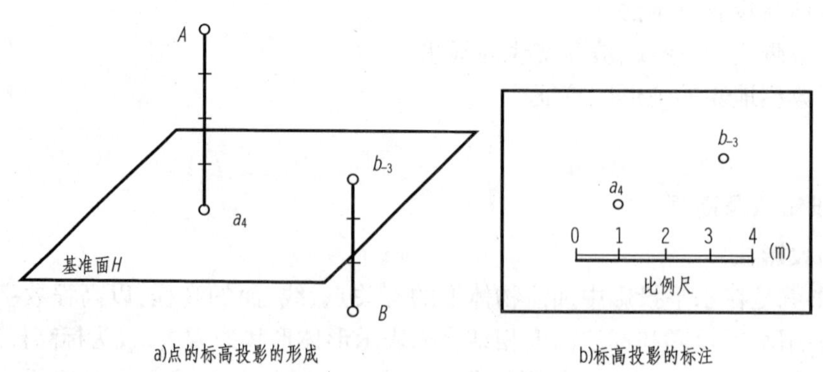

a)点的标高投影的形成　　b)标高投影的标注

图 2-1-3　点的标高投影

3. 直线的标高投影

(1)直线表示法

①直线的标高投影可用连接两端点的标高投影的线段表示，如图 2-1-4 所示。

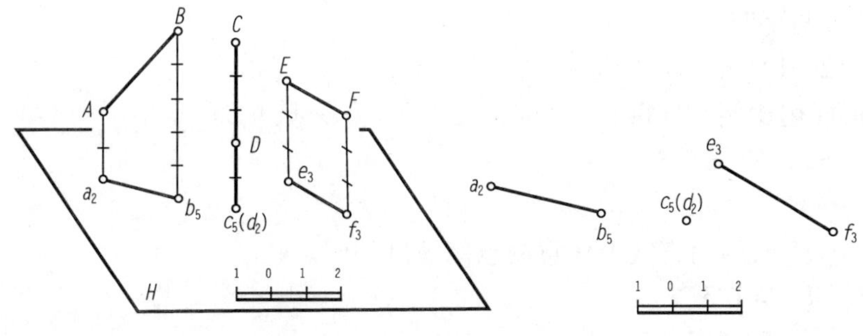

图 2-1-4 直线的表示法(一)

②直线的标高投影还可用直线上一点的标高投影,再标注直线的方向和坡度方向,如图 2-1-5 所示。

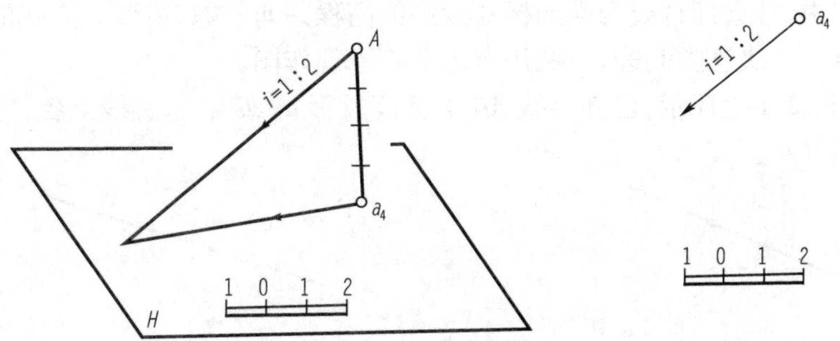

图 2-1-5 直线的表示法(二)

(2)直线的坡度和平距

①直线的坡度

直线的坡度 i 是指直线上两点的高差 H 与两点间的水平距离 L 之比。$i=\dfrac{H}{L}=\tan\alpha$,如图 2-1-6a)所示。

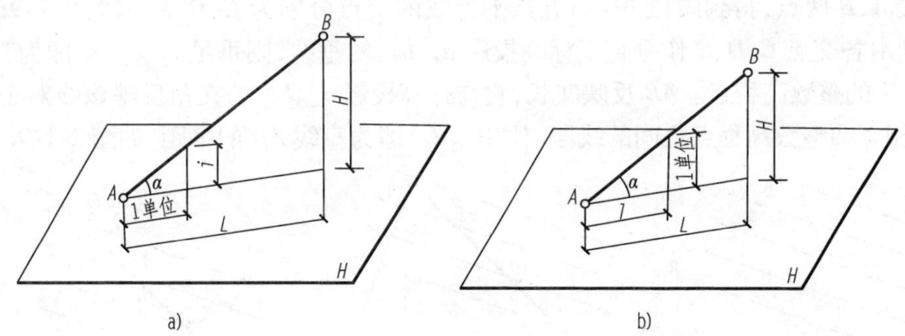

图 2-1-6 直线的坡度与平距

②直线的平距

直线的平距 l 是指直线上两点间的水平距离 L 与两点的高差 H 之比。$l=\dfrac{L}{H}=\cot\alpha$,如图 2-1-6b)所示。

由此可见,平距和坡度互为倒数,即 $i=1/l$。坡度越大,平距越小;反之,坡度越小,平距越大。

例 1-1 求图中直线 AB 的坡度和平距,以及点 C 的标高,如图 2-1-7 所示。

解:先求坡度与平距。

$H_{AB}=24-12=12(m)$

$L_{AB}=36(m)$(用比例尺量得)

$i=H_{AB}/L_{AB}=12/36=1/3$

$l=1/i=3$

又量得 $L_{AC}=15m$,因为直线上任意两点间坡度相同。

所以 $i=H_{AC}/L_{AC}=1/3$

$H_{AC}=L_{AC}\times i=15\times 1/3=5(m)$

故 C 点的高程为 24-5=19(m)。

(3)直线的整数高程点的作法

在实际工作中,常遇到直线两端的标高投影的高程并非整数,需要在直线的标高投影上作出各整数高程点。解决这类问题,可利用定比分割原理作图。

例 1-2 如图 2-1-8 所示,已知直线 AB 的标高投影 $a_{4.3}b_{7.8}$,求直线上各整数高程点。

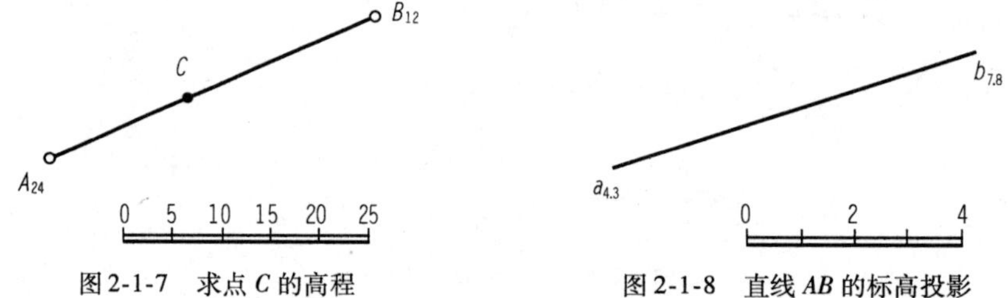

图 2-1-7 求点 C 的高程　　图 2-1-8 直线 AB 的标高投影

①作平行于直线 AB 的标高投影 $a_{4.3}b_{7.8}$ 的五条平行线,与直线 AB 标高投影 $a_{4.3}b_{7.8}$ 的间距分别等于高程值 4、5、6、7、8,如图 2-1-9a)所示。

②定 A、B 点。由直线标高投影两端点 $a_{4.3}$、$b_{7.8}$ 作平行线组的垂线 $a_{4.3}A$、$b_{7.8}B$,使 $a_{4.3}A=4.3$,$b_{7.8}A=7.8$,定出 A、B 两点,如图 2-1-9b)所示。

③连接 A、B 两点,得到线段 AB 与五条平行线的交点分别为 C、D、E,如图 2-1-9b)所示。

④分别由各交点 C、D、E 作垂直于标高投影 $a_{4.3}b_{7.8}$ 的垂线,则垂足 c_5、d_6、e_7 即为直线 AB 上高程为 5、6、7 的整数高程点。AB 反映实长,它与标高投影 $a_{4.3}b_{7.8}$ 的夹角反映该线对于水平面的倾角,所得相邻两整数高程点之间的线段(比如 c_5d_6)即为直线 AB 的平距,如图 2-1-9c)所示。

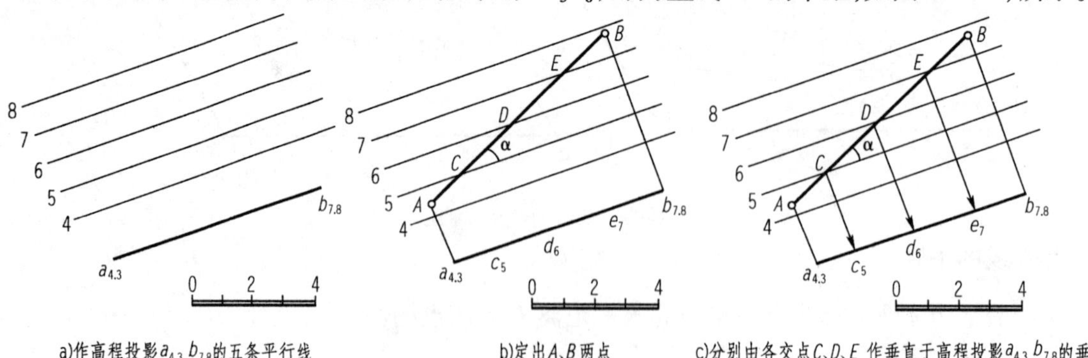

a)作高程投影 $a_{4.3}b_{7.8}$ 的五条平行线　b)定出 A、B 两点　c)分别由各交点 C、D、E 作垂直于高程投影 $a_{4.3}b_{7.8}$ 的垂线

图 2-1-9 求直线的整数标高点的作法

4. 平面的标高投影

(1)平面上的等高线和坡度线

①平面上的等高线:标高投影中,位于一定高度的水平截交面与某平面的截交线为平面的

等高线,如图 2-1-10a)所示,平面上的水平线即平面上的等高线。习惯上把等高线在 H 面上的投影也称等高线。平面上等高线的标高投影是一组互相平行的直线,在实际应用中常取整数高程的等高线,它们的高差一般取整数,如 1m、3m 等,且把平面与基准面的交线,作为高程为零的等高线,如图 2-1-10b)所示。

②平面的坡度线:平面上垂直于水平线(即等高线)的直线为平面的最大坡度线,即平面的坡度线,它确定平面 P 对 H 面的倾角 α,如图 2-1-10a)所示。

平面最大坡度线的坡度就是该平面的坡度;平面最大坡度线的平距就是该平面的平距,平面坡度线的标高投影如图 2-1-10b)所示。

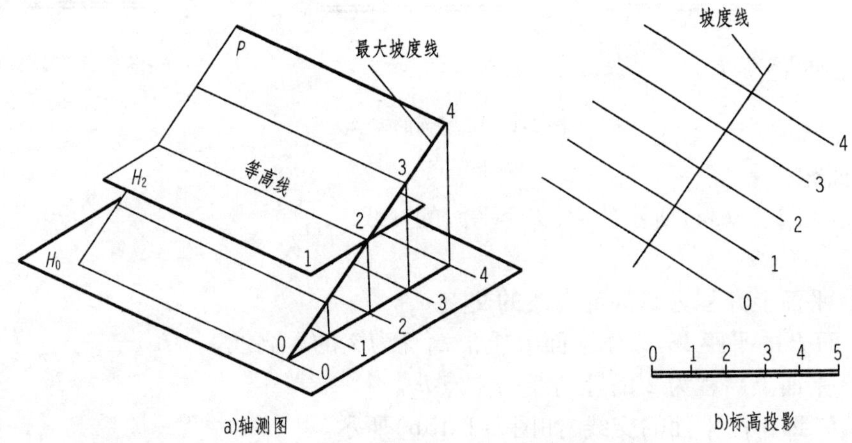

图 2-1-10　平面上的等高线与坡度线

③平面的坡度比例尺:工程上有时也将坡度线的投影附以整数高程,并画成一粗一细的双线,称为平面的坡度比例尺,如图 2-1-11 所示。P 平面的坡度比例尺用字母 P_i 表示。

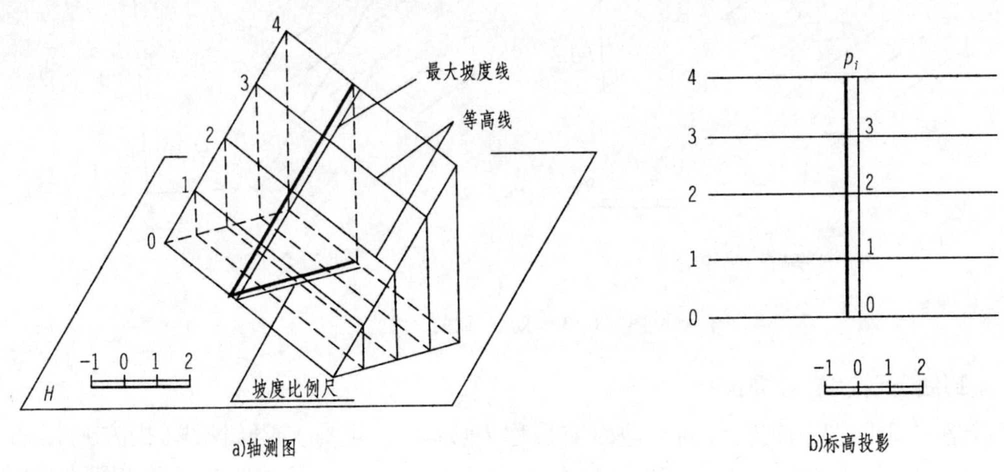

图 2-1-11　平面的坡度比例尺

(2)平面表示法

①用平面的一组等高线表示,如图 2-1-12a)所示。

②用平面的坡度比例尺表示,如图 2-1-12b)所示。

③绘出平面的任何一条等高线和平面的下坡方向,再标明该平面的坡度数值,如图 2-1-12c)所示。

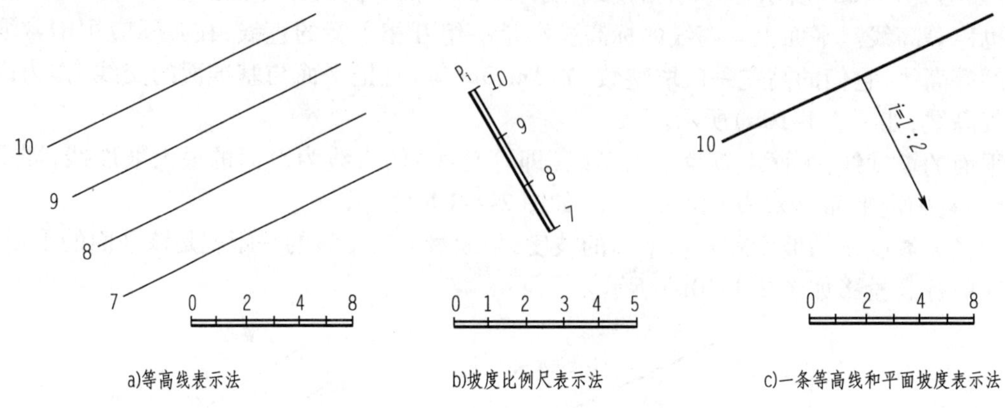

图 2-1-12　平面的表示法

(3)两平面相交

例 1-3　求图 2-1-13a)所示的 P、Q 两平面的交线。

解:

①作 P、Q 平面上高程为 5 的等高线的交点 a_5。

②根据平面 P 的平距 $l=2$,作平面 P 上的高程为 2 的等高线。

③作 P、Q 平面上高程为 2 的等高线的交点 b_2。

④连接 a_5b_2 即得两平面的交线,如图 2-1-13b)所示。

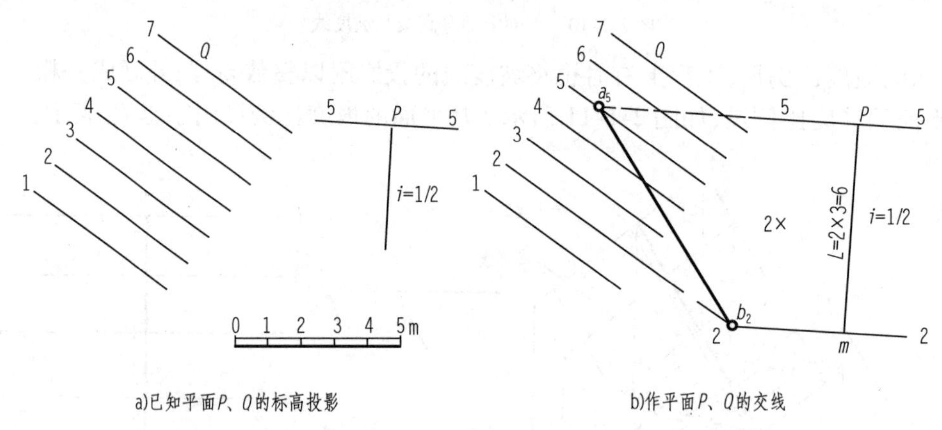

图 2-1-13　求两平面的交线

5. 坡脚线、开挖线、坡面交线

在道路工程中,把构筑物坡面与地面交线称为坡脚线(填方)或开挖线(挖方),把相邻两坡面的交线称为坡面交线。坡面倾斜的情况可用示坡线表示。示坡线为长短相间的细实线,绘制时须与等高线垂直,平齐的一侧画在高处。

6. 地形面的表示法

(1)地形面与地形图

地形面:天然的地形表面叫地形面。

地形图:如图 2-1-14 所示,把一系列高度间隔相同的等高线投影到水平面 H 上,并标出各等高线的高程,这种用等高线表示地面形状的图形,叫地形面的标高投影图,也叫地形图。

地形图的等高线有下列特性:

①等高线一般是封闭曲线;

②除悬崖、峭壁的地方外,等高线不相交;

③同一地形图内,等高线越密地势越陡,等高线越稀疏地势越平缓。

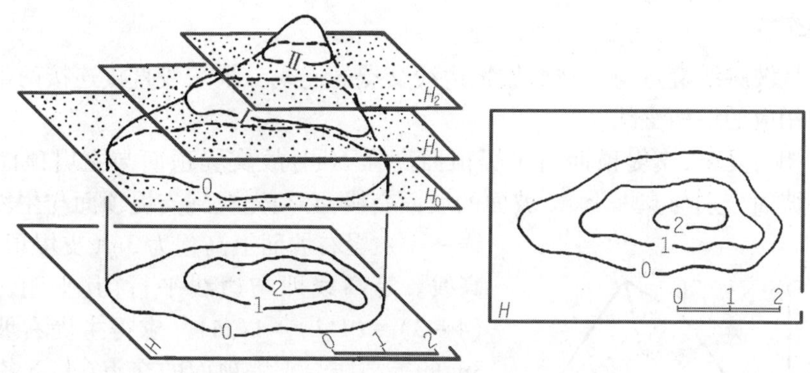

图 2-1-14　地形面的表示法

(2)典型地貌及其地形图的特征

为了便于看地形图,把典型地貌在地形图上的特征归纳,如图 2-1-15 所示。

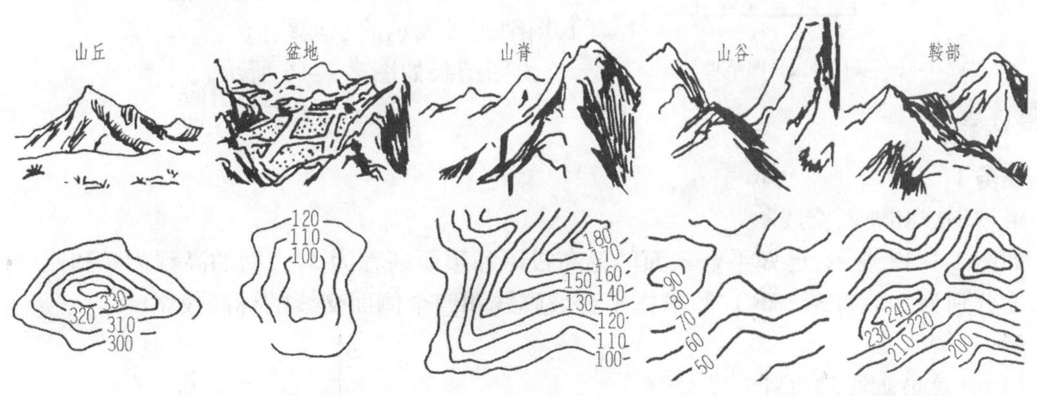

图 2-1-15　典型地貌及其地形图的特征

①山丘:等高线闭和圈由小到大高程依次递减,等高线亦随之渐稀,则对应地形是山丘。

②盆地:等高线闭和圈由小到大高程依次递增,等高线亦随之渐稀,则对应地形是盆地。

③山脊:等高线凸出方向指向低高程,则对应地形是山脊。

④山谷:等高线凸出方向指向高处,则对应地形是山谷。

⑤鞍部:相邻两峰之间,形状像马鞍的区域称为鞍部,在鞍部两侧的等高线形状接近对称。

任务实施

分析图 2-1-1 的导入图样,有一个高程 4m 的堤坝,称其为主堤。其右侧有一个高程 3m 的堤坝,称其为支堤。

1. 画坡脚线

坡脚线是平行与同坡面顶面边线，与地面高程相同的等高线。因地面高程为0m，故坡脚线就是高程为0m的等高线，它们与堤坝相应的边线平行，其水平距离分别为：

主堤左右边线平距相同，为$L_1 = H/i = (4-0) \div (1:1) = 4(\text{m})$

支堤各边线平距相同，为 $L_2 = H/i = (3-0) \div (3/2) = 2(\text{m})$

2. 连坡面交线

坡面交线是坡脚线交点与同坡面坡顶边线交点的连线。故一般直接连接两组等高线交点连线即可得到相应的坡面交线。

本图任务相对复杂，支堤顶面与主堤顶面高程不同，故支堤顶面与主堤顶面边线不会相交。求主堤右坡面分别与支堤上、下坡面的坡面交线，必须先找到支堤顶面与主堤右坡面的交线——主堤右坡面上高程为3m（支堤顶面高程）的等高线。等高线即与边线平行，其平距为 $L_3 = H/i = (4-3) \div (1:1) = 1(\text{m})$。求得主堤右坡面上高程为3m的等高线与支堤顶面的交点（上下各一个），与相应的坡脚线交点连线即为主堤右坡面分别与支堤上、下坡面的坡面交线。

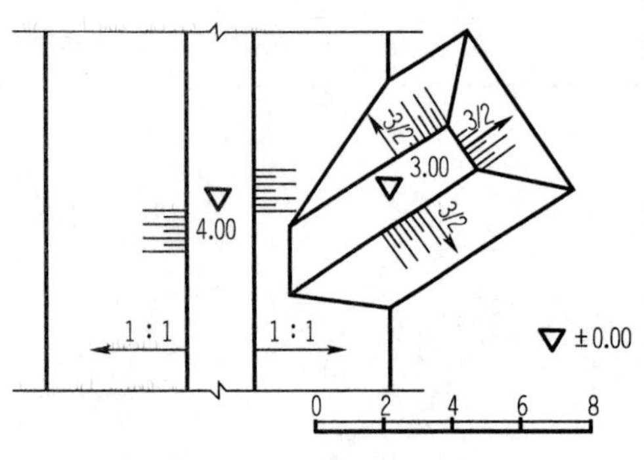

图2-1-16 项目导入作图结果

3. 画示坡线

在坡面上高的一侧，按坡度线方向画出长短相间的、用细实线表示的示坡线。

绘图结果如图2-1-16所示。

项目任务

任务1

求坡脚线和坡面交线。

如图2-1-17所示，已知平台顶面的标高投影和顶面高程为3，底面的高程为0和四个侧面的坡度分别为3/2、2/3、2/3、1/3，求作平台坡脚线和四个侧面交线的标高投影。

解：

（1）计算坡脚线的位置

底面高程为0m，故坡脚线就是高程为0m的等高线，它们与平台相应的边线平行，其水平距离分别为：

右边线 $L_1 = H/i = (3-0) \div (3/2) = 2(\text{m})$；

前、后边线 $L_2 = (3-0) \div (2/3) = 4.5(\text{m})$；

左边线 $L_3 = (3-0) \div (1/3) = 9(\text{m})$。

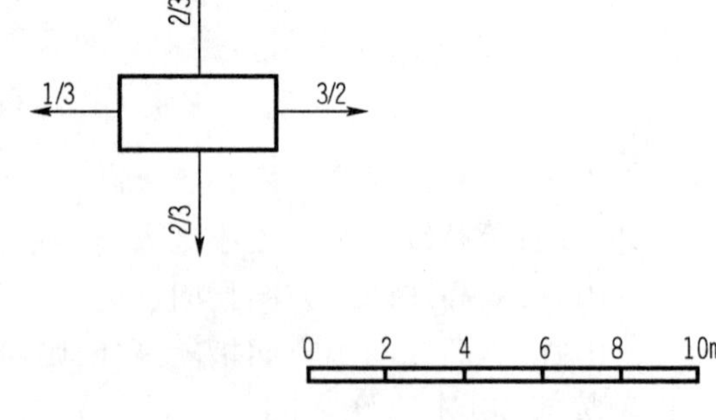

图2-1-17 项目任务1

（2）作出四条坡脚线。

（3）作出四个侧面的交线。相邻两侧面高程相同的的两条等高线的交点即为两侧面的公共点，分别连接两个相应的两个公共点，得到四个侧面的交线。

（4）画示坡线

为了增加图形的明显性，在坡面上高的一侧，按坡度线方向画出长短相间的、用细实线表示的示坡线。

其作图结果如图 2-1-18 所示。

任务 2

求作地形断面图

用铅垂面剖切地形面，画出列切平面与地形面的截交线，形成断面，在断面上画出地面的材料图例，即为地形断面图。求作图 2-1-19 的 *B-B* 断面的地形断面图。

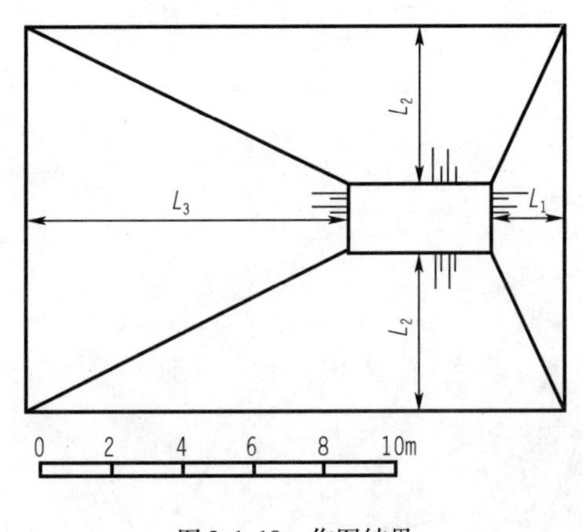

图 2-1-18 作图结果

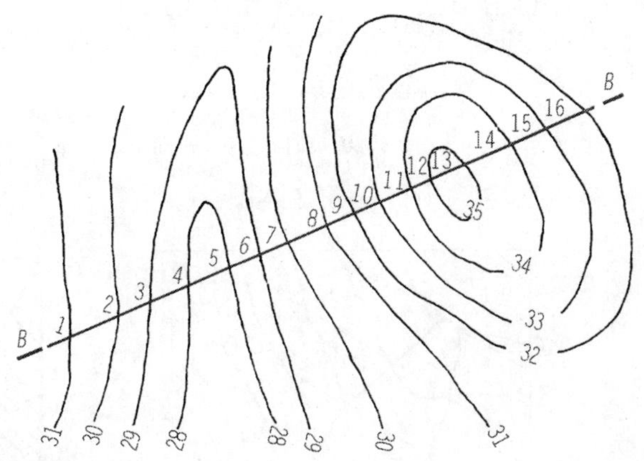

图 2-1-19 项目任务 2

解：

(1)过地形图上的剖切位置线作铅垂面。它与地面上的各等高线交于 1、2、3…点，这些点的高程分别与它们所在的等高线的高程相同。

(2)以高程为纵坐标，*B-B* 铅垂面剖到的各等高线的交点间的水平距离为横坐标，建立一个平面直角坐标系。将上面的地形图上的 1、2、3…点画在下面的 *B-B* 断面图的横坐标轴上；根据地形图上等高线的高差，按地形图的比例，将各高程顺次标注在纵坐标轴上，如图中的 28、29、30…高程点，并过各高程点作平行于横坐标轴的高程线。

(3)由横坐标轴上 1、2、3…各点作纵坐标轴的平行线，使之与相同高程的高程线相交。如 8 点的高程为 31，过 8 点作的纵坐标轴平行线与高程线 31 相交于一点，即为地形断面图 *B-B* 轮廓线上的点。用同样的方法作出其他各点。

(4)将已作出的断面轮廓线上的各点连成曲线，画上相应的材料图例，即得地形断面图。其作图结果如图 2-1-20 所示。

任务 3

求平面与地形面的交线

求如图 2-1-21 所示地面与坡度为 1/3 的坡面的交线。

求平面与地面的交线，即求平面上与地面上高程相同的等高线的交点，然后用平滑的曲线顺次连接起来即得交线。

拓展任务实施

作图方法如图 2-1-22 所示：首先根据平面的坡度计算出平面的平距，根据平距作出平面上与地形图中高程相同的等高线，再求出平面与地面上高程相同等高线的交点，然后顺次连成平滑的曲线。**注意：**等高线 20 ~ 21 之间的交线需用内插法求解。

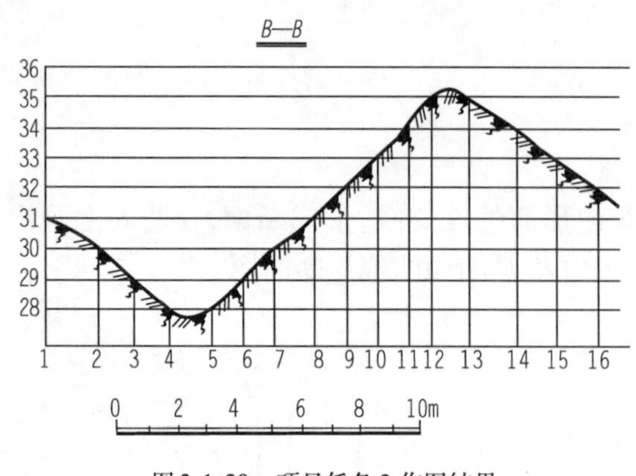

图 2-1-20　项目任务 2 作图结果

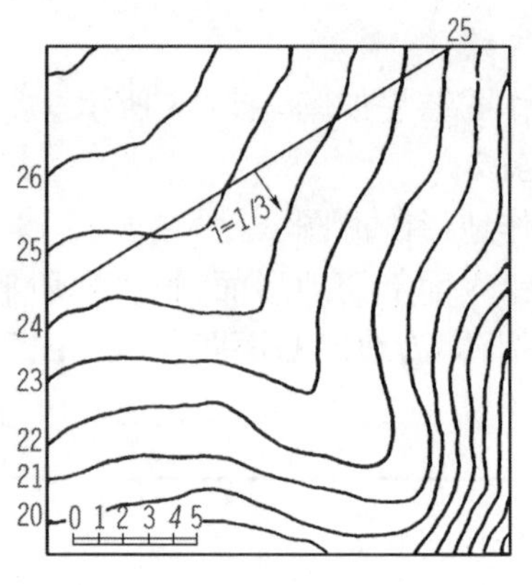

图 2-1-21　项目任务 3

图 2-1-23 为项目任务立体图。

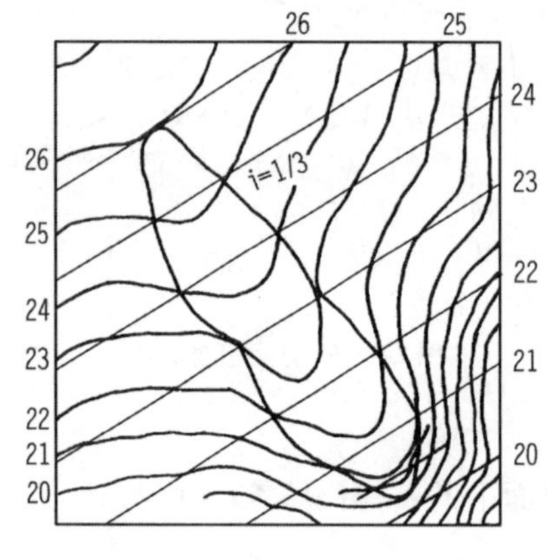

图 2-1-22　项目任务 3 作图结果

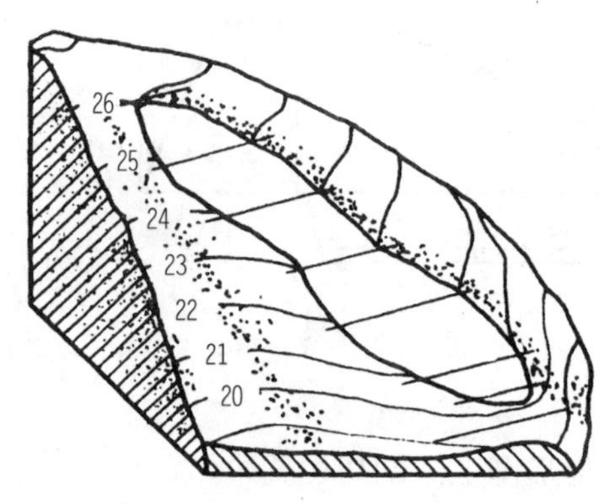

图 2-1-23　项目任务 3 立体图

任务 4

求曲面与地形面的交线。

如图 2-1-24a)所示，要在山坡上修筑一带圆弧的水平广场，其高程为 30m，填方坡度 1:2，挖方坡度为1:1.52，求填挖边界线及各坡面交线。

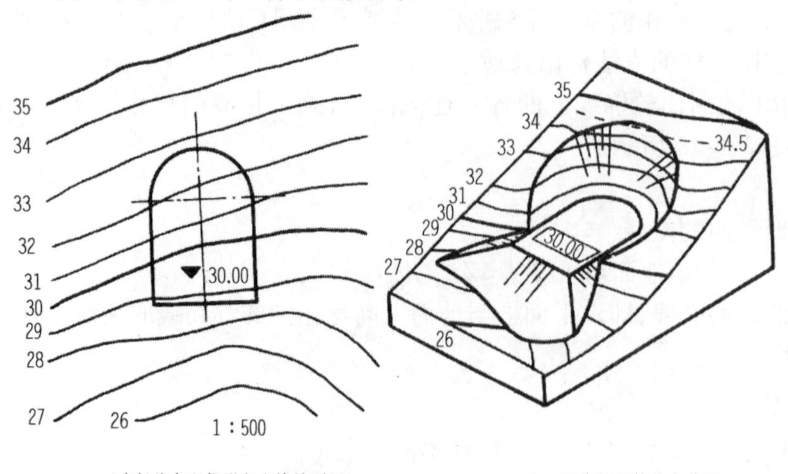

a)广场的高程投影与山坡地形图　　b)广场开挖的立体图

图 2-1-24　广场的已知条件

解：

分析：因为水平场地高程为 30m，所以地面上高程为 30m 的等高线是填方和挖方的分界线，地面上高于 30m 的一边需要挖方，低于 30m 的一边需要填方，如图 2-1-24b）所示。

作图步骤如图 2-1-25a）所示：

（1）地面上 30m 等高线与水平广场边线的交点以 a、b 为填、挖分界点。北面挖方包含一个倒圆台面和两个与它相切的平面。根据挖方坡度 1:1.5，顺次作出倒圆台面及两侧平面边坡的等高线，求得北坡面与地面相同高程等高线交点 1，2，3，…，8，倒圆台面上的 35m 等高线与地面上 35m 等高线没有交点，而 4 点与 5 点相距较远，为有效控制开挖线弯曲趋势，在倒圆台面和地形面上各内插一条 34.5m 的等高线，在 4 点与 5 点之间又可得到两个交点，依次光滑连接即得挖方边界。

（2）南面填方边坡坡面为三个平面，坡度为 1:2，顺次作出三个坡面的等高线，分别求出各坡面与地形面相同高程等高线交点，顺次连接 8→9→10，11→12→13→14→15→16 和 17→18→19，可得填方的三条坡脚线。相邻坡脚线有两个交点 c 和 d，分别为相邻坡面坡面交线上的一个端点，画出坡面交线。

（3）将挖方边界、填方边界和坡面交线加深，画出各坡面的示坡线，如图 2-1-25b）所示。

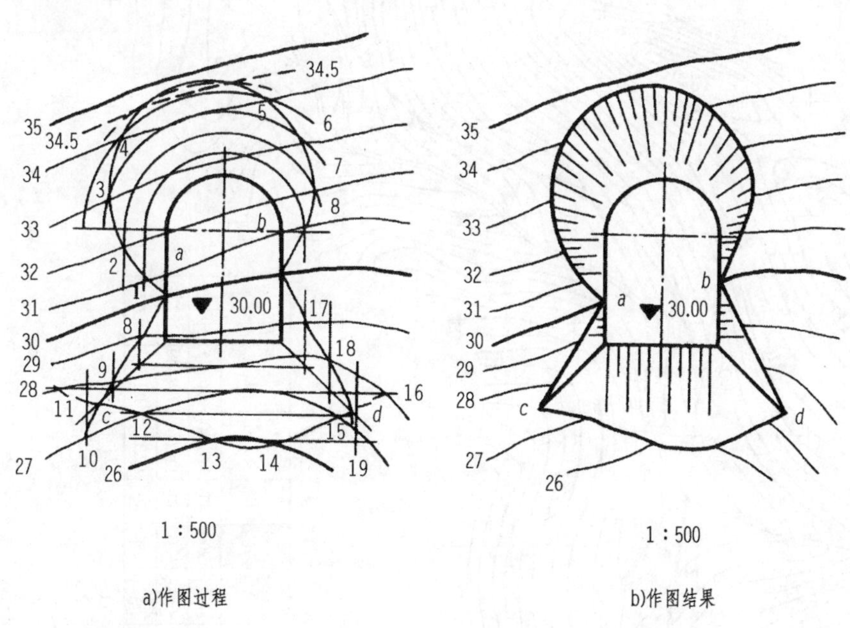

图 2-1-25　水平广场的标高投影图

子项目二　识读公路路线平面图

导入图样

公路路线平面图见图 2-2-26。

第2张	共35张
K2 + 000 ~ K3 + 430	

E91 200　E91 400　E91 600　E91 800　E92 000　E92 200　E92 400

N40 600　N40 400　N40 200　N40 0000

K2　K2 + 000　K3　K3 + 430　JD_5　JD_6　JD_7　河西村　东坝　石　垒　河

曲线表

JD	交点坐标		a	R	L_s	T	L	E
	X	Y						
5	40 520.204	91 796.474	右78°53′21″	200	45	187.380	320.375	59.533
6	40 221.113	91 898.700	左51°40′28″	22413	40	128.667	242.140	25.224
7	40 047.399	92 390.466	左34°55′51″	150	40	67.323	131.449	7.715

说明：路线平面图比例尺为1∶2 000。本图例已缩小。

(设计单位名称)	(工程名称)	路线平面设计图	设计		复核		审核		图号		日期	

图 2-1-26　路线平面图

项目目标

针对图 2-1-26 所示的公路路线平面图,能带着以下问题进行读图:

1. 看标题栏和说明

(1)工程图的名称?

(2)比例是多少?

2. 工程图样的表达方案分析

(1)公路路线平面图共有几张图?

(2)本图路线长度是多少?

3. 路线平面图中地形部分的内容分析

(1)图中方位如何表达?

(2)地形如何起伏?有无河流、山、陡坎等?河流方向是怎样的?

(3)图中地物地貌有哪些?

(4)图中水准点有几个?符号⊗$\frac{BM_2}{1071.733}$表示什么含义?

4. 路线平面图中路线部分的内容分析

(1)道路路线如何表达?

(2)本路段包括哪些工程物?都在什么位置?

(3)本路段有几个交点?都在什么位置?

(4)平曲线类型有几种?曲线表中各符号的含义是什么?

相关知识

一、工程知识简介

道路是建筑在地面上的,供车辆行驶和人们步行的窄而长的线性工程构筑物,道路路线是指道路沿长度方向的行车道中心线。道路的位置和形状与所在地区的地形、地貌、地物以及地质有很密切的关系。由于道路路线有竖向高度变化(上坡、下坡、竖曲线)和平面弯曲(左向、右向、平曲线)变化,所以实质上从整体来看道路路线是一条空间曲线。

道路路线工程图的图示方法与一般的工程图样不完全相同,公路工程图由表达线路整体状况的路线工程图和表达各工程实体构造的桥梁、隧道、涵洞等工程图组合而成。

二、路线工程图的组成与路线平面图的作用

路线工程图主要是用路线平面图、路线纵断面图和路线横断面图来表达的。

路线平面图的作用是表达路线的方向、平面线型(直线和左、右弯道)以及沿线两侧一定范围内的地形、地物情况。

1. 图示方法

路线平面图是从上向下投影所得到的水平投影图,也就是用标高投影法所绘制的道路沿线周围区域的地形图。

2. 画法特点和表达内容

路线平面图主要是表示路线的走向和平面线型状况,以及沿线两侧一定范围内的地形、地物等情况。

分地形和路线两部分来介绍平面图的画法特点和表达内容。

(1)地形部分

①比例。道路路线平面图所用比例一般较小,通常在城镇区为1:500或1:1 000,山岭区为1:2 000,丘陵区和平原区为1:5 000或1:10 000。

②方向。在路线平面图上应画出指北针或测量坐标网,用来指明道路在该地区的方位与走向。

③地形。平面图中地形起伏情况主要是用等高线表示。

④地貌、地物。在平面图中地形面上的地貌、地物,如河流、房屋、道路、桥梁、电力线、植被等,都是按规定图例绘制的。

⑤水准点。沿路线附近每隔一段距离,就在图中标有水准点的位置,用于路线的高程测量。在⧓$\frac{BM_3}{86.316}$中,⧓是水准点的标记,BM_3表示的是第3个水准点,水准点符号下的86.316表示是该水准点的高程为86.316m。

(2)路线部分

①设计路线。用加粗实线表示路线,由于道路的宽度相对于长度来说尺寸小得多,公路的宽度只有在较大比例的平面图中才能画清楚,因此通常是沿道路中心线画出一条加粗的实线(2b)来表示新设计的路线。

②里程桩。道路路线的总长度和各段之间的长度用里程桩号表示。里程桩号应从路线的起点至终点依次顺序编号,在平面图中路线的前进方向总是从左向右的。里程桩分公里桩和百米桩两种,公里桩宜注在路线前进方向的左侧,用符号"◐"表示桩位,公里数注写在符号的上方,如"K3"表示离起点3km。百米桩宜标注在路线前进方向的右侧,用垂直于路线的细短线表示桩位,用字头朝向前进方向的阿拉伯数字表示百米数,注写在短线的端部,例如在K3公里桩的前方注写的"4",表示桩号为K3+400,说明该点距路线起点为3 400m。

③平曲线。道路路线在平面上是由直线段和曲线段组成的,在路线的转折处应设平曲线。根据实际情况在交点处设置平曲线为圆曲线或缓和曲线,只设置圆曲线时,圆曲线与前后直线的切点分别为ZY(直圆)和YZ(圆直),把圆曲线中心标记为QZ(曲中),共有三个主点桩号,如图2-1-27所示;如果设置缓和曲线,则有ZH(直缓)、HY(缓圆)、QZ(曲中)、YH(圆缓)、HZ(缓直)五个主点桩号,如图2-1-28所示。除上述控制曲线位置的要素外,控制曲线形态的要素有:α_z为左偏角,α_Y为右偏角,R为圆曲线半径,T为切线长,E为外距,L为曲线长,LS为缓和曲线长。这些曲线要素须填入曲线要素表,见图2-1-26所示。

④结构物和控制点。在平面图上还应标出道路沿线的结构物和控制点,如桥梁、涵洞、三角点和水准点等。

(3)画路线平面图应注意的事项

①先画地形线,然后再画路线中心线;

②等高线按先粗后细步骤,徒手画出,要求线条顺滑;

③路线平面图应按桩号大小从左向右依次画出；

④路线中心线用绘图仪器按先曲线后直线的顺序画出。为使道路中心线与等高线有显著区别,《道路工程制图标准》(GB 19162—1992)规定,以加粗实线绘制路线设计线,以加粗虚线表示比较线；

⑤平面图的植物图例,应朝上或朝北绘制；每张图的右上角应有角标,注明图纸的序号及总张数；

⑥由于公路具有狭长曲折的特点,需要画在若干张图纸上。使用时可以将图纸拼接起来,如图 2-1-29 所示。路线分段应在直线部分取整数桩号断开,断开的两端均以点画线垂直于路线画出接图线。

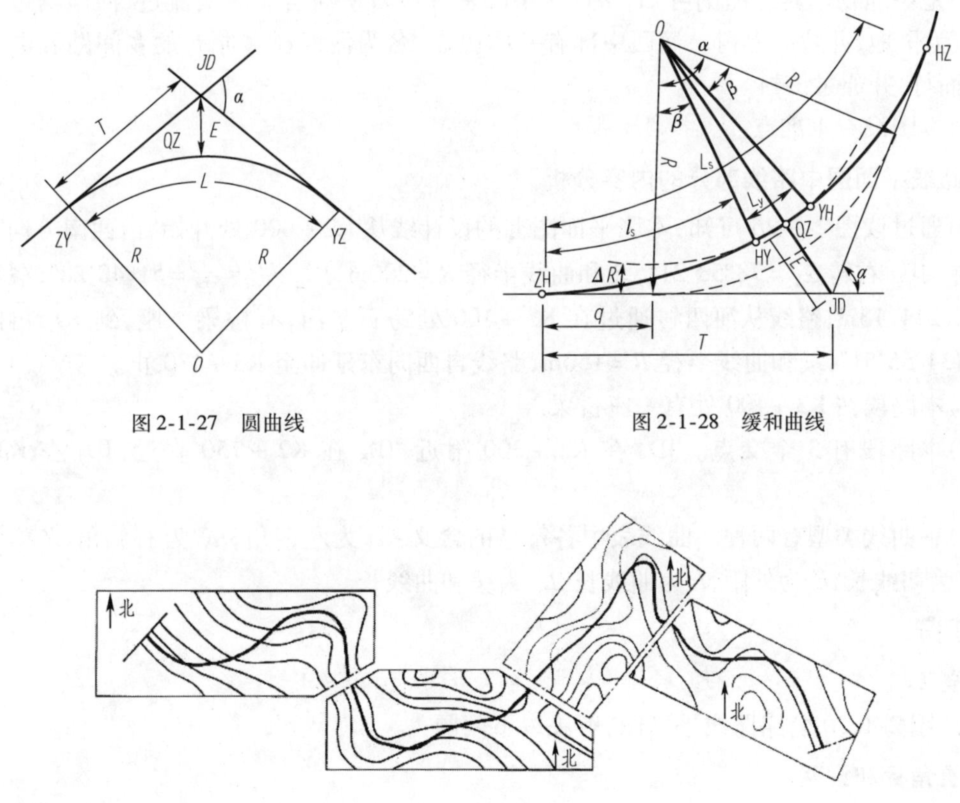

图 2-1-27　圆曲线

图 2-1-28　缓和曲线

图 2-1-29　路线图幅拼接

任务实施

识读路线平面图,如图 2-1-26 所示。

1. 看标题栏和说明

(1)工程图的名称为路线平面设计图。

(2)本图比例是 1∶2 000。

2. 工程图样的表达方案分析

(1)该公路工程的路线平面图共有 35 张,本图是其中的第 2 张,表达的是路线的 K2 +000 至 K3 +430 路段的路线平面图。

(2)本图路线长度是 1 430m。

3. 路线平面图中地形部分的内容分析

(1)方向。本图采用指北针的箭头所指为正北方向,指北针宜用细实线绘制。方位的坐标网 X 轴向为南北方向(上为北),Y 轴向为东西方向。坐标值的标注应靠近被标注点,书写方向应平行于网格或在网格延长线上,数值前应标注坐标轴线代号。

(2)地形。平面图中地形起伏情况主要是用等高线表示,本图中每两根等高线之间的高差为 2m,每隔四条等高线画出一条粗的计曲线,并标有相应的高程数字。根据图中等高线的疏密可以看出,该地区西南和西北地势较高,东北方有一山峰,高约 1100m,沿河流两侧地势低洼且平坦。

(3)地貌地物。对照图例可知,该地区中部有一条石垒河自北向南流过,河岸两边是水稻田,山坡为旱地,并栽有果树。河西中部有一居民点,名为河西村。原有的乡间路和电力线沿河西岸而行,并通过该村。

(4)本图没有水准点。

4. 路线平面图中路线部分的内容分析

(1)通过读图 2-1-26 可知,本张平面图上的设计线从 K2 +000 处开始,由西南方向自西向东延伸在 JD_5 右转 $\alpha_Y = 78°53'21''$,缓和曲线半径 $R = 200$m,JD_6 左转 $\alpha_z = 51°40'28''$,缓和曲线半径 $R = 224.13$m,路线从河西村通过在 K3 +100 处跨石垒河,有桥梁一座,到 JD_7 再向左转折,$\alpha_z = 34°55'51''$,缓和曲线半径 $R = 150$m,路线自西向东延伸至 K3 +430 止。

(2)本路段在 K3 +100 处有一座桥梁。

(3)本路段有 3 个交点。JD_5 在 K2 +300 附近,JD_6 在 K2 +750 附近,JD_7 在 K3 +260 附近。

(4)平曲线类型有两种。曲线表中各符号的含义:α_z 为左偏角,α_Y 为右偏角,R 为圆曲线半径,T 为切线长,E 为外距,L 为曲线长,L_S 为缓和曲线长。

项目任务

任务 1

识读图 2-1-30 公路路线平面图,解决以下问题:

1. 看角标和说明

(1)工程图的名称?

(2)比例是多少?

2. 工程图样的表达方案分析

(1)路线平面图怎样形成的?

(2)公路路线平面图共有几张图?本图表达的是路线哪一段的路线平面图?

3. 路线平面图中地形部分的内容分析

(1)图中方位如何表达?

(2)地形如何起伏?有无河流、山、陡坎等?河流方向?

(3)图中地物地貌有哪些村落、道路等?

(4)本图有几个水准点?各符号表示什么含义?

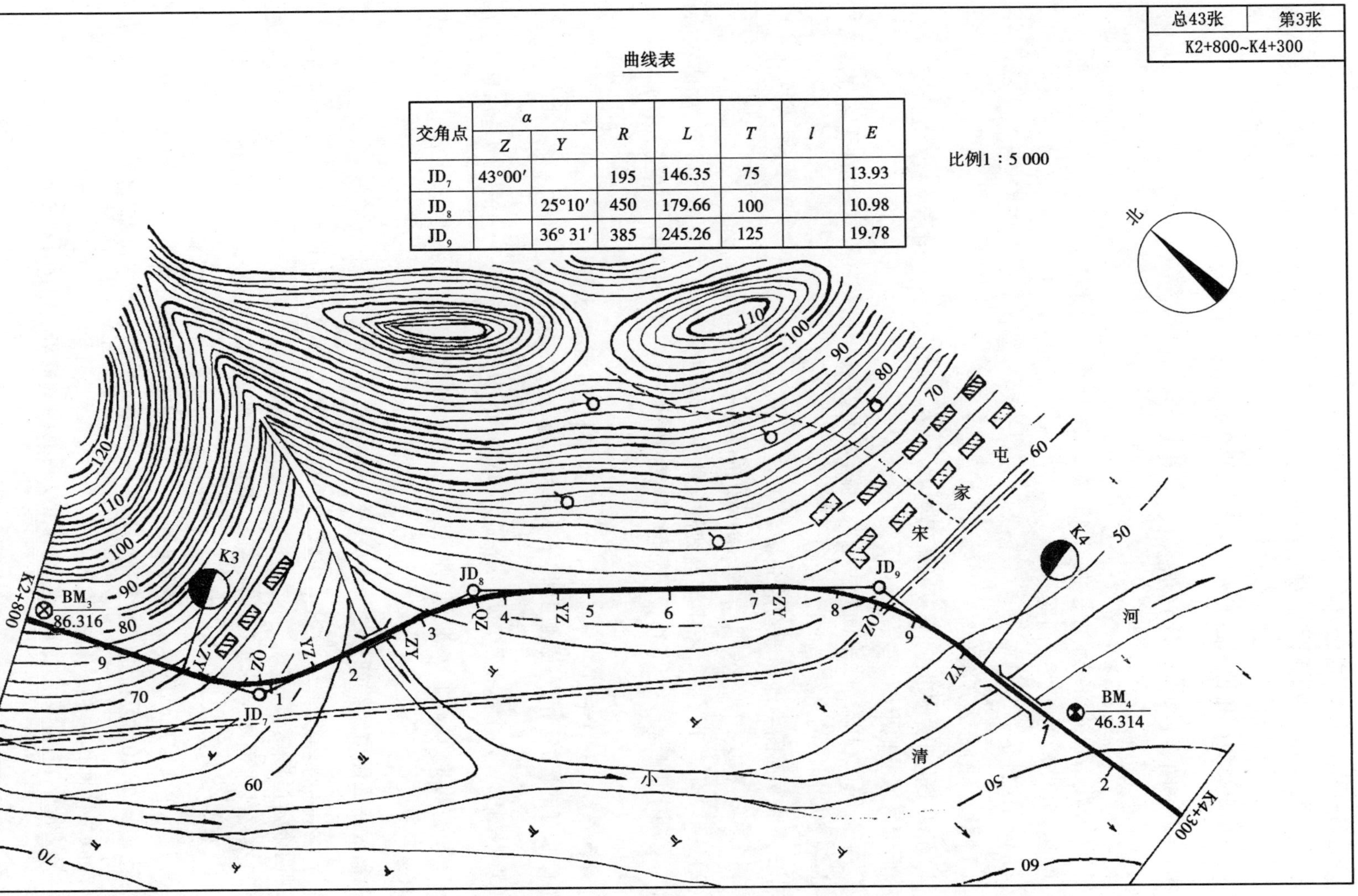

交角点	α		R	L	T	l	E
	Z	Y					
JD_7	43°00′		195	146.35	75		13.93
JD_8		25°10′	450	179.66	100		10.98
JD_9		36° 31′	385	245.26	125		19.78

图2-1-30　路线平面图

4. 路线平面图中路线部分的内容分析

（1）道路路线如何表达？

（2）本路段包括哪些工程物？都在什么位置？

（3）本路段有几个交点？都在什么位置？

（4）平曲线类型有几种？曲线表中各符号的含义是什么？

答案：识读图 2-1-30 所示的公路路线平面图。

1. 看角标和说明

（1）该公路工程的路线平面图共有 43 张，本图是其中的第 3 张，表达的是路线的 K2 + 800 ~ K4 + 300 路段的路线平面图。

（2）本图比例是 1∶5 000。

2. 工程图样的表达方案分析

（1）路线平面图是从上向下投影所得到的水平投影图，也就是用标高投影法所绘制的道路沿线周围区域的地形图。

（2）该公路工程的路线平面图共有 43 张，本图是其中的第 3 张表达的是路线的 K2 + 800 ~ K4 + 300 路段的路线平面图。

3. 三路线平面图中地形地物的分析

（1）本图方位采用指北针来指明，道路在该路段为西北—东南走向。

（2）地形起伏情况，根据图中等高线的疏密可以看出，该地区西北地势较高，路线东侧地势较陡，有两个山丘和一个山谷，西侧地势较缓，山脚下有一条河流叫小清河，沿河流两侧地势低洼且平坦。

（3）河东岸有一个村庄叫宋家屯，山上有经济林，河西岸为草地。

（4）原有的道路。河东岸顺山脚有一条大车道，自宋家屯向北上山有一条小路。

（5）本图中有 2 个水准点，编号分别为 BM_3 和 BM_4。在 ⧓$\frac{BM_3}{86.316}$中，⧓是水准点的标记，BM_3 表示的是第 3 个水准点，水准点符号下的 86.316 表示是该水准点的高程为 86.316m。

4. 路线平面图中路线部分的内容分析

（1）道路路线用加粗实线表示，路线的总长度和各段之间的长度用里程桩号表示，有 K3、K4 两个公里桩。

（2）本路线平面图上的设计线从 K2 + 800 处开始，至 K4 + 300，由西北向东南延伸，总长 1.500km，有 3 个交角点 JD_7、JD_8、JD_9。

（3）在 3 个交角点处的平曲线都是圆曲线。在 JD_7，左转 $\alpha_z = 43°00'$，半径 $R = 195$m；在 JD_8，右转 $\alpha_y = 25°10'$，缓和曲线半径 $R = 450$m；在 JD9，右转，$\alpha_y = 36°31'$，缓和曲线半径 $R = 385$m，路线自西向东延伸。

（4）本路段有桥梁 2 座，分别在 K3 + 200 和 K4 + 000 处，跨越山谷流水和小清河。

任务 2

识读图 2-1-31 城市道路平面设计图。

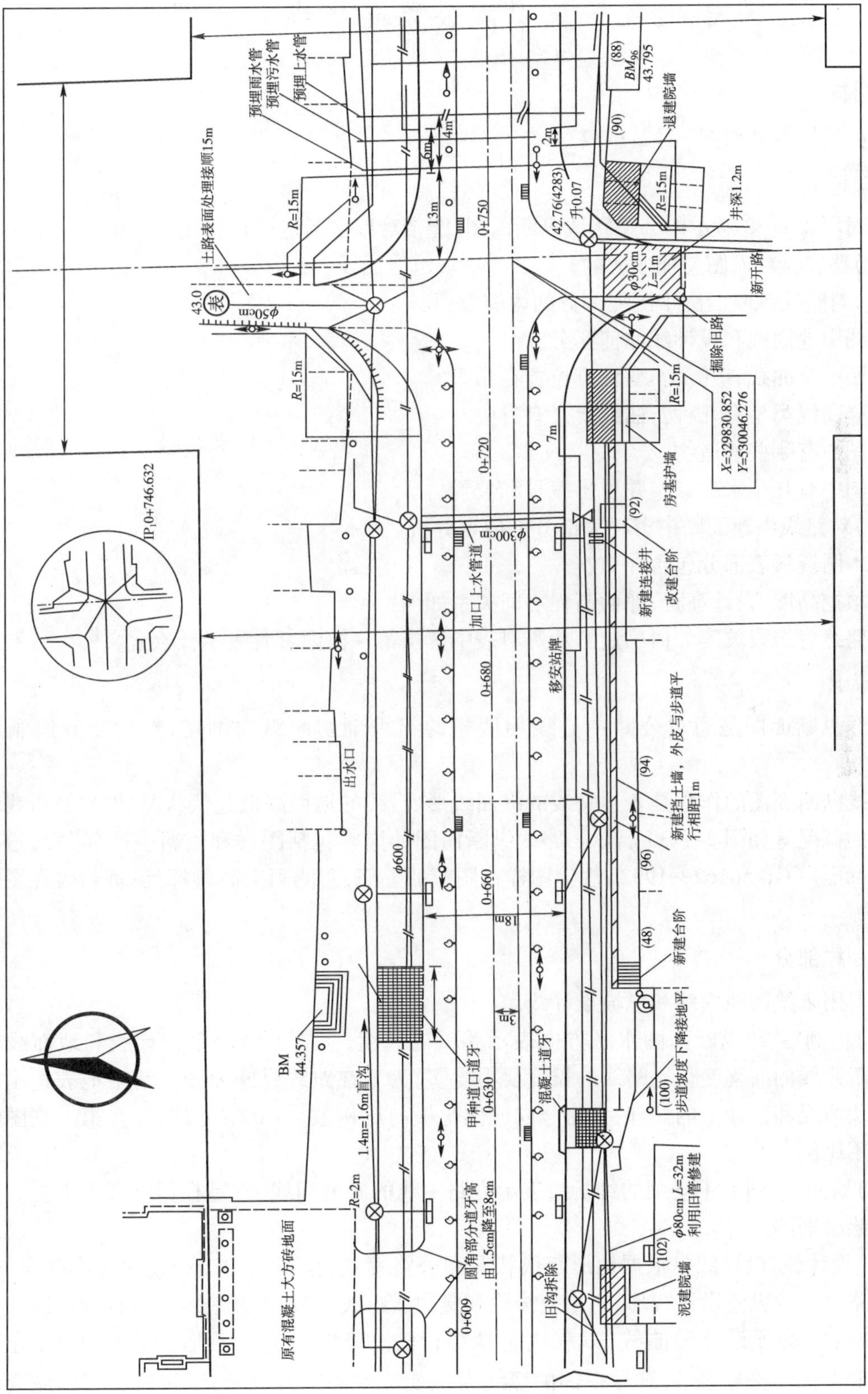

图 2-1-31　城市道路平面设计图

子项目三　识读公路路线纵断面图

导入图样

公路路线纵断面图(图 2-1-32)。

项目目标

针对图 2-1-32 所示的公路路线纵断面图,能带着以下问题进行读图:

(1)路线纵断面图怎样形成的?

(2)对路线纵断面图中图样部分的内容分析:

①图中地面线和设计线如何区分?

②图中竖曲线有几个?变坡点位置在哪里?

③竖曲线类型有几种?曲线要素有哪些?

④图中有哪些构造物?

⑤图中有几个水准点?并说出编号和位置。

(3)对路线纵断面图中资料表部分的内容分析:

①本图资料表部分包含什么?

②填挖高度、设计高程、地面高程之间关系如何?

③路线直线段坡度如何确定?从资料表中读出第一格内容各表示什么含义?

相关知识

路线纵断面图是通过公路中心线用假想的铅垂剖切面纵向剖切,然后展开绘制后获得的。

路线纵断面图的作用是表达路线的纵面线形、沿线的地面高低起伏状况、地质及沿线设置构造物的概况等如图 2-1-33 所示。路线纵断面图的内容包括图样和资料表两部分,《道路工程制图标准》(GB 50162—1992)规定图样在图幅的上部,左侧画上高程标尺;资料表在图幅的下部。

1. 图样部分

主要用来绘制地面线和纵坡设计线。

(1)比例:路线纵断面图水平方向表示路线的长度,竖直方向表示设计线和地面线的高程。由于路线的高程变化比路线的长度要小得多,为了在路线纵断面图上清晰地表达出沿线地面起伏情况和设计上的处理,宜将竖向比例比横向比例放大 10 倍处理,并在第一张图纸上注明所用比例。

(2)地面线:图上不规则的细折线表示道路中线的原地面线,它是根据沿线各中桩的实测高程点绘出来的。

(3)设计线:设计线是根据地形起伏状况和公路等级,按相应的工程技术标准确定的,它表示道路中线的纵向设计线形,它由直线段和竖曲线组成,用粗实线表示。设计线在纵坡变化处(变坡点),均须设计竖曲线,以利汽车平稳行驶。竖曲线分为凸形和凹形两种,分别用“┌┬┐”和“└┬┘”符号表示,符号中部的竖线对准变坡点的里程桩号,竖线的右侧标注变坡点的高程。符号的两端分别对准竖曲线的起点和终点,并将竖曲线的要素半径 R、切线长 T、外

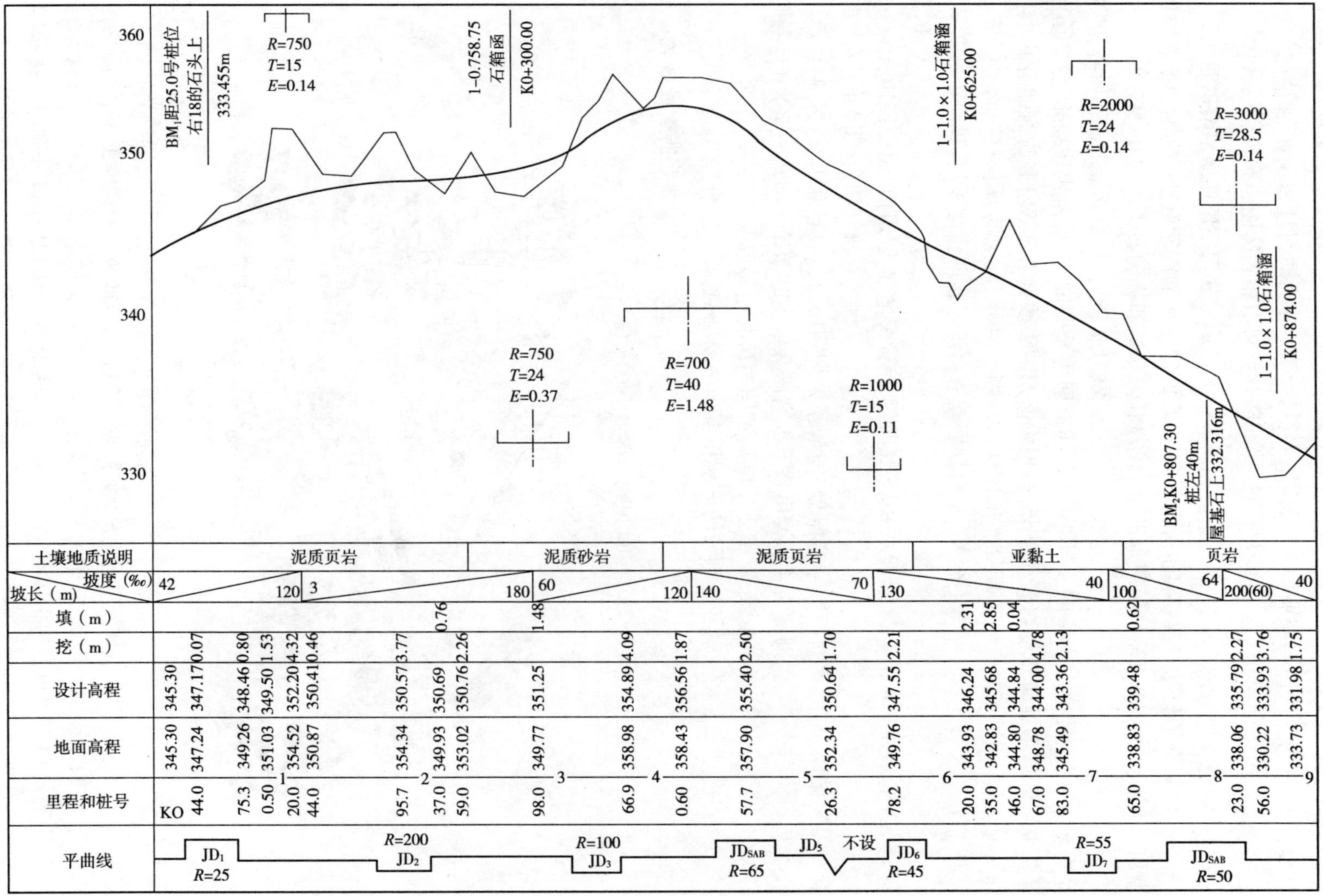

BM₁距25.0号桩位右18的石头上 333.455m

R=750 T=15 E=0.14

1−0.758.75石箱函 K0+300.00

R=750 T=24 E=0.37

R=700 T=40 E=1.48

R=1000 T=15 E=0.11

1−1.0×1.0石箱涵 K0+625.00

R=2000 T=24 E=0.14

R=3000 T=28.5 E=0.14

BM_2K0+807.30 桩左40m 屋基石上332.316m

1−1.0×1.0石箱涵 K0+874.00

330 340 350 360

土壤地质说明：泥质页岩 | 泥质砂岩 | 泥质页岩 | 亚黏土 | 页岩

坡度（‰）/坡长（m）：42/120 | 3/180 | 60/120 | 140/70 | 130/40 | 100/64 | 200(60)/40

里程和桩号	地面高程	设计高程	挖（m）	填（m）
KO	345.30	345.30		
44.0	347.24	347.17	0.07	
75.3	349.26	348.46	0.80	
0.50	351.03	349.50	1.53	
1				
20.0	354.52	352.20	4.32	
44.0	350.87	350.41	0.46	
95.7	354.34	350.57	3.77	
2				
37.0	349.93	350.69		0.76
59.0	353.02	350.76	2.26	
98.0	349.77	351.25		1.48
3				
66.9	358.98	354.89	4.09	
4				
0.60	358.43	356.56	1.87	
57.7	357.90	355.40	2.50	
5				
26.3	352.34	350.64	1.70	
78.2	349.76	347.55	2.21	
6				
20.0	343.93	346.24		2.31
35.0	342.83	345.68		2.85
46.0	344.80	344.84		0.04
67.0	348.78	344.00	4.78	
83.0	345.49	343.36	2.13	
7				
65.0	338.83	339.48		0.62
8				
23.0	338.06	335.79	2.27	
56.0	330.22	333.93	3.76	
9	333.73	331.98	1.75	

平曲线：JD_1 R=25；R=200 JD_2；R=100 JD_3；JD_{SAB} R=65；JD_5 不设；JD_6 R=45；R=55 JD_7；JD_{SAB} R=50

图 2-1-32 路线纵断面图

距 E 标注在上水平线的上方。

(4)沿线构造物：当路线上设有桥涵、通道、立交等人工构造物时，应在相应的里程和高程处，按图例绘制并注明构造物的名称、种类(结构类型)、大小(孔数和孔径)和中心桩号。

(5)水准点：沿线设置的水准点也应在纵断面图中标出，竖向引出线对准水准点的位置，左侧注写里程桩号、编号，水准点所在的位置，右侧注写水准点的高程。

(6)其他：断链桩位置、桩号及长短链关系等。

图 2-1-33　路线纵断面图作用示意图

2. 资料表部分

(1)地质概况：根据实测资料，在表中注出沿线的地质情况。

(2)坡度/坡长：标注出各设计坡段的纵坡和水平距离，表中对角线表示坡度，对角线的方向表示了坡度的方向。坡度和距离分别标注在对角线的上下两侧。

(3)高程：表中有设计高程和地面高程两栏，高程数字和图样对应，分别表示设计线和地面线上各点(桩号)的高程。

(4)填挖高度：填挖高度是各桩号设计高程与地面高程之差值，正值为填方，负值为挖方。

(5)里程桩号：按测量的里程桩号从左向右填入资料表中。

(6)平曲线：因为在路线工程图中路线平面图与纵断面图是分别表示的，为了在纵断面设计中有利于照顾到平纵配合关系，所以在纵断面资料表中必须画出平曲线简图。在平曲线简图中，以水平线表示直线，以凹凸表示曲线的左右转向，下凹表示左转曲线，上凸表示右转曲线，并标出主要曲线要素值，如图 2-1-32 所示。

(7)超高：在较小半径的平曲线上，为减少汽车在弯道上行驶时的横向力作用，道路在平曲线处需设计成外侧高内侧低的形式，道路边缘高程与设计高程之差称为超高。

3. 画路线纵断面图应注意事项

(1)比例：纵断面图的纵横比例应在图的适当位置注明。

(2)线形：从左向右按桩号大小绘制，设计线用粗实线，地面线用细实线，地下水位线应采用双点画线及水位符号表示。

(3)变坡点：当路线坡度发生变化时，变坡点应用直径 2mm 的中粗线圆圈表示；切线用细实线表示;竖曲线用粗实线表示。

任务实施

识读图 2-1-33 路线纵断面图。

(1)路线纵断面图是通过公路中心线用假想的铅垂剖切面纵向剖切,然后展开绘制后获得的。

(2)对路线纵断面图中图样部分的内容分析:

①图中地面线用不规则的细折线表示,设计线是根据地形起伏状况和公路等级,按相应的工程技术标准确定的,它表示道路中线的纵向设计线形,它由直线段和竖曲线组成,用粗实线表示。

②图中竖曲线有 6 个,在 K0 + 120 处有一凸形竖曲线,在 K0 + 300 处有一凹形竖曲线,在 K0 + 420 处有一凸形竖曲线,在 K0 + 560 处有一凹形竖曲线,在 K0 + 690 处有一凸形竖曲线,在 K0 + 790 处有一凹形竖曲线。

③竖曲线类型有两种(凹曲线和凸曲线);曲线要素有 R 表示半径,T 表示切线长,E 表示外距。

④沿线构造物在 K0 + 300 处有一道石箱涵,在 K0 + 625 处有一道石箱涵,在 K0 + 874 处有一道石箱涵。

⑤图中有 2 个水准点,水准点 BM_1 设置在 K0 + 025 右侧 18m 的石头上,高程为 333.455m;水准点 BM_2 设置在 K0 + 807.30 左侧 40m 的屋基石上,高程为 332.315m。

(3)对路线纵断面图中资料表部分的内容分析:

①本图资料表部分包含地质概况、坡度/坡长、填挖高度、设计高程、地面高程、里程桩号、平曲线。

②填挖高度:填挖高度是各桩号设计高程与地面高程之差值,正值为填方,负值为挖方。

③路线直线段坡度由高差与坡长之商确定;第一格标注的“42‰/120”,表示本段路线是上坡,坡度为 42‰,本坡段长度为 120m。

项目任务

识读高速公路路线纵断面图。

图 2-1-34 为 × × 高速公路 K69 + 000 ~ K69 + 600 段的路线纵断面图。它与一般公路路线纵断面图的不同之处有以下两点:

1. 图样部分

在变坡点两侧的设计线上标注各自坡段的坡度和距离,按前进方向上坡标正值,下坡标负值。

2. 资料表部分

去掉了坡度和距离一栏,将该栏数值标注在图样部分,这样比较清晰直观。另外,将填高和挖深两栏合成一栏(填挖高度)数值是正时为填高,反之力挖深。在直线及平曲线栏中的下部画了一条水平细实线,线上标有 JP29J = 3 500,这样标注表示的是与该路线纵断面图相对应的路线平面图路段处在左转弯的第 29 号交角点处的平曲线中的圆弧曲线上,该路段仅是圆弧曲线中的一段,圆弧曲线半径为 3 500m。

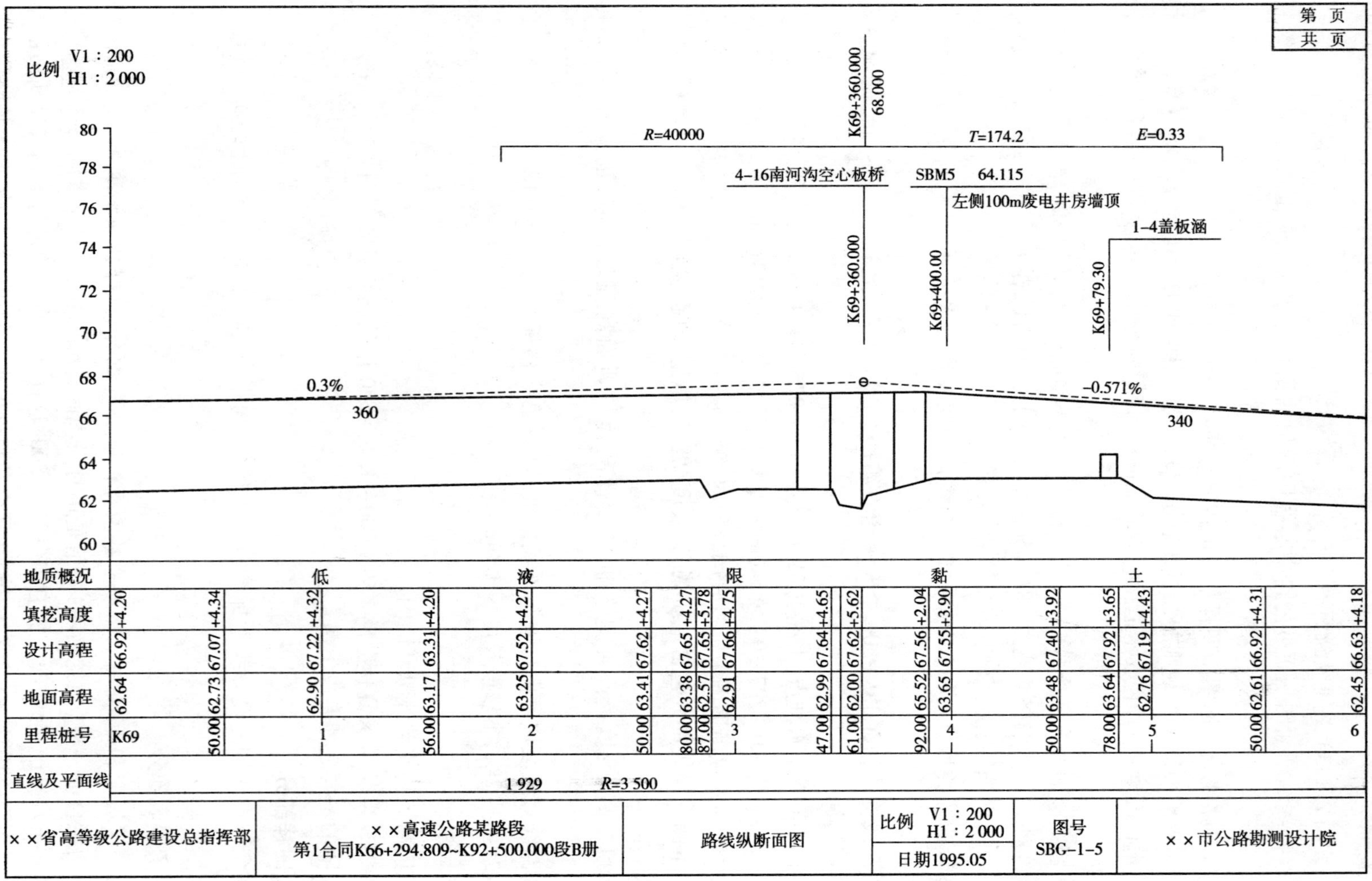

第 页
共 页

比例 V1：200 H1：2 000

R=40000　T=174.2　E=0.33

K69+360.000 68.000

4-16南河沟空心板桥 K69+360.000

SBM5 64.115 左侧100m废电井房墙顶 K69+400.00

1-4盖板涵 K69+79.30

0.3%　360　-0.571%　340

80 78 76 74 72 70 68 66 64 62 60

地质概况	低				液				限				黏			土		
填挖高度	+4.20	+4.34	+4.32	+4.20	+4.27	+4.27	+4.27	+5.78	+4.75	+4.65	+5.62	+2.04	+3.90	+3.92	+3.65	+4.43	+4.31	+4.18
设计高程	66.92	67.07	67.22	63.31	67.52	67.62	67.65	67.65	67.66	67.64	67.62	67.56	67.55	67.40	67.92	67.19	66.92	66.63
地面高程	62.64	62.73	62.90	63.17	63.25	63.41	63.38	62.57	62.91	62.99	62.00	65.52	63.65	63.48	63.64	62.76	62.61	62.45
里程桩号	K69	50.00	1	56.00	2	50.00	80.00	87.00	3	47.00	61.00	92.00	4	50.00	78.00	5	50.00	6
直线及平面线	1 929　R=3 500																	

××省高等级公路建设总指挥部	××高速公路某路段 第1合同K66+294.809~K92+500.000段B册	路线纵断面图	比例 V1：200 H1：2 000 日期1995.05	图号 SBG-1-5	××市公路勘测设计院

图 2-1-34　高速公路路线纵断面图

子项目四　识读公路路基横断面图

导入图样

公路路基横断面图如图 2-1-35 所示。

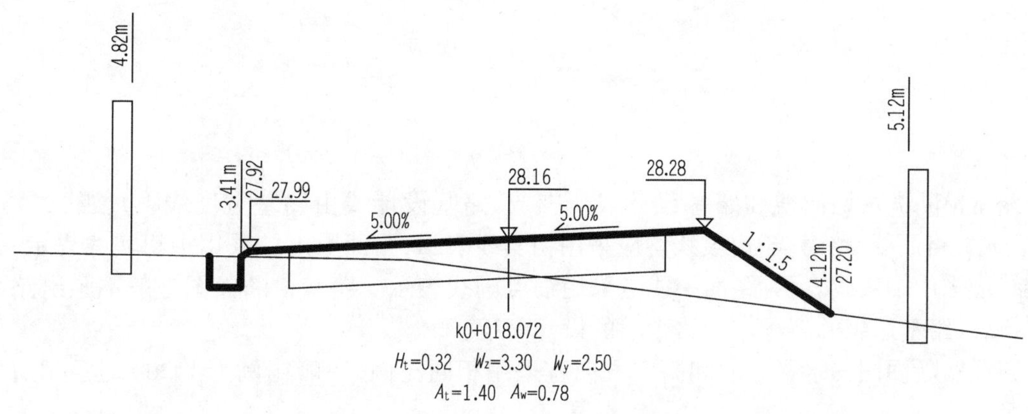

图 2-1-35　公路路基横断面图

项目目标

识读图 2-1-35 所示的公路路基横断面图，解决以下问题：

1. 工程图样的表达方案分析

(1)路基横断面图的图示位置？

(2)填挖高度(h_T、h_W)、填挖面积(A_T、A_W)是多少？

(3)路基宽度(W_Z、W_Y)和顶面设计高程各是多少？

(4)公路用地范围是多少？

2. 图样部分表达内容分析

(1)如何区分设计线和地面线？

(2)路基是什么类型？防护加固工程是什么？边坡坡度是多少？排水设施的布置情况？

(3)路基横坡是多少？

相关知识

一、路线横断面图的作用与形成方式

1. 作用

路线横断面图(也称路基横断面图)的作用是表达各中心桩处道路横断面的形状与地形横向的高低起伏的状况。

路基横断面图还用于土石方计算。其方法使用相邻断面填挖面积的平均值乘以此两断面间的距离。为便于土石方量计算，路基横断面图采用较大比例绘制。

2. 形成方式

路线横断面图是用假想的剖切平面，垂直于路线中心线剖切而得到的图形，如图 2-1-36 所示。

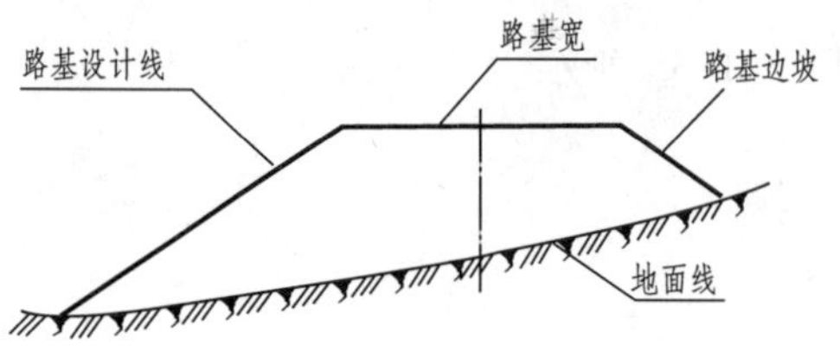

图 2-1-36　路基横断面图

路基横断面由地面线和路基设计线所围成，路基设计线由路基宽度线、边坡线（或边沟线）组成。路面线、路肩线、边坡线均应采用粗实线表示；路面厚度应采用中粗实线表示；原有地面线应采用细实线表示；路面中线应采用细点画线表示。路基横断面图一般不画出路面层和路拱，以路基边缘的高程作为路中心的设计高程。

路线横断面图的水平方向和高度方向宜采用相同比例，一般比例为 1∶200，也可用 1∶100 或 1∶50。

二、路线横断面图的设置原则和排列顺序

对应每一个中心桩都应画出一个路基横断面图，按横断面桩号的顺序自下而上、从左到右依次画出，每个断面均应在图样下方标出里程桩号，所以路基横断面图有一系列的图组成，如图 2-1-37 所示。

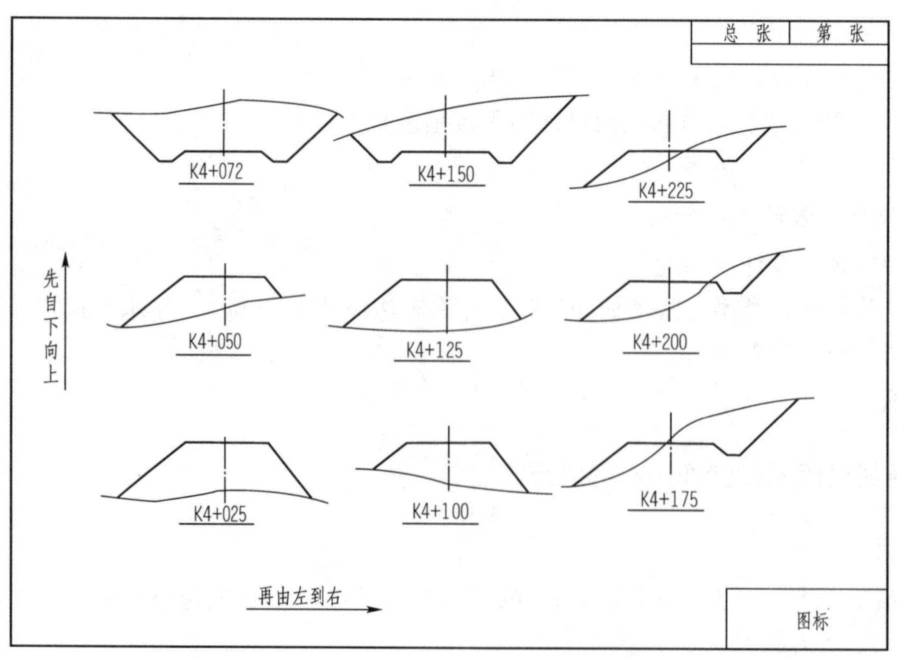

图 2-1-37　路基横断面图的设置和排列顺序

每一张路基横断面图的右上角应画出角标，注明图纸序号、总张数和本张断面图的起止号，在最后一张图纸的右下角绘制图标。

三、路基横断面图的基本形式

根据设计线与地面线的相对位置的不同，路基横断面图有以下三种基本形式：

1. 填方路基

填方路基也称路堤，设计线全部在地面线以上，如图2-1-38a）所示。在图的下方注有该断面图的桩号、中心线处的填方高度h_T(m)、该断面的填方面积A_T(m^2)、路基中心高程和路基边坡坡度。

2. 挖方路基

挖方路基也称路堑，设计线全部在地面线以下，如图2-1-38b）所示。在图的下方注有该断面的桩号、中心挖高h_W(m)挖方面积A_W(m^2)、路基中心高程及边坡坡度。

3. 半填半挖路基

这种路基是前两种的综合，设计线一部分在地面线以上，另一部分在地面线以下，如图1-4-4c）所示。图中注有该断面的桩号、中心处填高h_T(m)或挖高h_W(m)、填方面积A_T(m^2)和挖方面积A_W(m^2)，以及路基中心高程和边坡坡度。

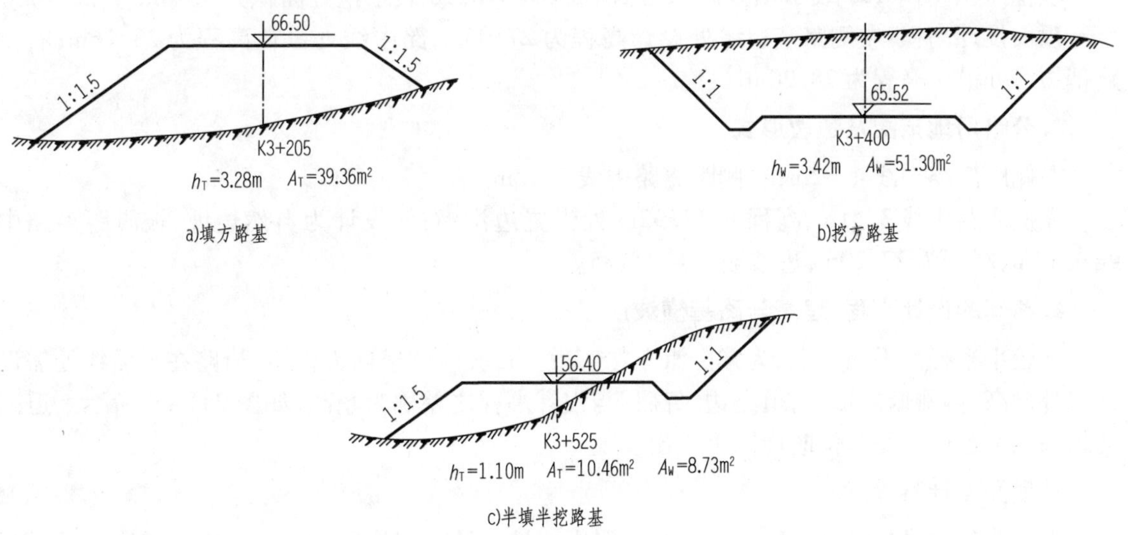

图2-1-38　路基横断面图的基本形式与标注

四、超高

在较小半径的平曲线上，为减少汽车在弯道上行驶时的横向力作用，道路在平曲线处需设计成外侧高、内侧低的形式，道路边缘高程与设计高程之差称为超高，如图2-1-39所示。道路的超高加宽也应在路基横断面图上画出。

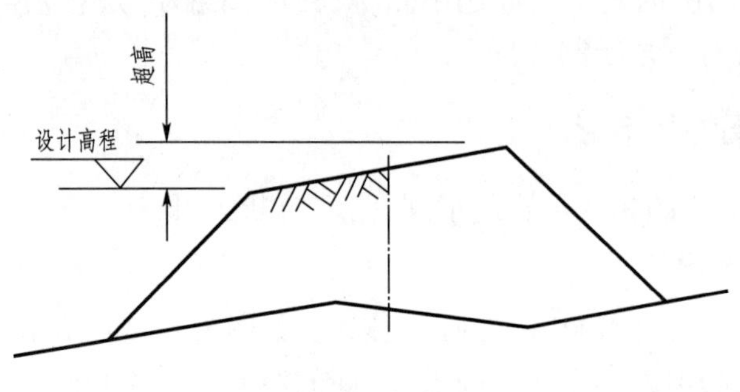

图 2-1-39　道路的超高

任务实施

识读图 2-1-35 中的路基横断面图。

1. 路基横断面的里程位置

从图中读出的桩号 K0 +018.072 表示路基横断面所在的里程。

2. 路基横断面的形式与填挖参数

路基是填方路基。

填挖高度：h_T =0.32 表示填高为 0.32m；

路基宽度：W_z =3.30 表示左路基宽度为 3.30m，W_y =2.50 表示右路基宽度为 2.50m。

填挖面积：A_T =1.4 表示填方面积为 1.4m^2，A_W =0.78 表示挖方面积为 0.78m^2。

顶面设计高程：左侧路基边缘处设计高程为 27.99m；路中线处设计高程为 28.16m；右侧路基边缘处设计高程为 28.28m。

3. 公路用地范围及边坡形式

左侧距离路中线 4.82m；右侧距离路中线 5.12m。

左侧离路中线 3.41m，高程为 27.92m 处设置边沟；右侧设计为自然边坡，坡脚距离路中线 4.12m，高程为 27.20m，边坡坡度是 1:1.5。

4. 路基的设计高程、超高与路基横坡度

在较小半径的平曲线上，为减少汽车在弯道上行驶时的横向力作用，道路在平曲线处需设计成外侧高、内侧低的形式，道路边缘高程与设计高程之差称为超高，如图 2-1-39 所示。道路的超高加宽也应在路基横断面图上画出。

5. 顶面设计高程

左侧路基边缘处设计高程为 27.99m；路中线处设计高程为 28.16m；右侧路基边缘处设计高程为 28.28m。

超高为 28.28m －27.99m =0.29m，路基横坡度为 5%。

项目任务

识读某高速公路路基标准横断面图。

高速公路是高标准的现代化公路，它的特点是：车速高，通行能力大，有四条以上车道并设中央分隔带，采用全封闭立体交叉，全部控制出入，有完备的交通管理设施等。高速公路路基横断面主要由中央分隔带、行车道。硬路肩、土路肩等组成，常见的横断面形式如图 2-1-40。

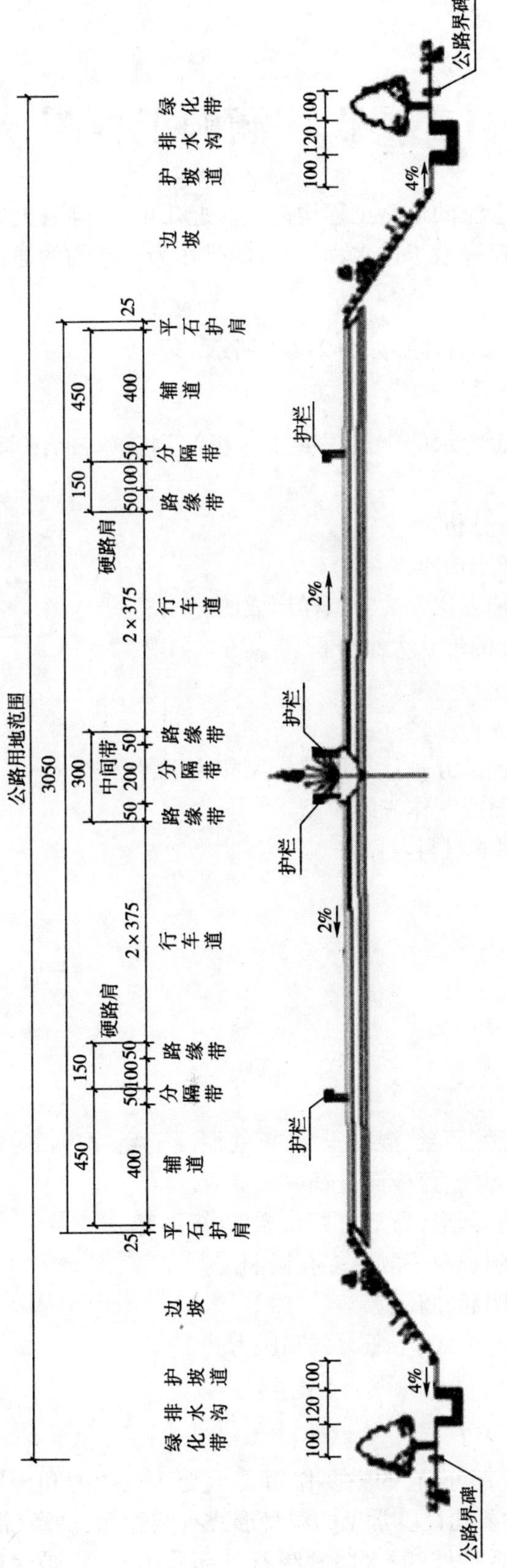

图 2-1-40 高速公路的横断面图(尺寸单位:cm)

项目二　识读涵洞工程图

涵洞是宣泄路堤下小量水流的道路工程构造物。近几年来，随着人们对环境保护的重视，越来越多的涵洞的作用不仅仅局限于排水，而更多的是作为小动物的通道。

导入图样

识读钢筋混凝土盖板涵洞工程图，如图 2-2-1 所示。

项目目标

识读图 2-2-1 为针对上面所示的钢筋混凝土盖板涵洞工程图，解答以下问题，完成以下任务：

(1)工程图样的表达方案分析。

①涵洞工程图共有几个视图组成？

②每个视图都采用了哪种表达方式？怎样形成的？

(2)涵洞图中各组成部分的形状大小分析。

①水流方向？

②尺寸单位？

③涵洞由几部分组成？各部分是什么形状？尺寸大小各是多少？

④试绘制各部分的立体图或制作三维模型。

(3)涵洞各组成部分采用的材料及做法。

(4)计算各种材料用量。

(5)工程施工要求。

相关知识

一、涵洞的分类与构成

1. 分类

(1)按建筑材料分类：砖涵、石涵、混凝土涵、钢筋混凝土涵、木涵、陶瓷管涵、金属涵等。

(2)按构造形式分类：圆管涵、盖板涵、拱涵、箱涵等。

(3)按洞身断面形状分类：圆形、卵形、拱形、梯形、矩形等。

(4)按孔数分类：单孔涵洞、双孔涵洞、多孔涵洞。

(5)按顶有无覆土分类：明涵、暗涵。

(6)按水力性质分类：无压力式、半压力式和压力式。

2. 构成

洞口、洞身、基础，见图 2-2-2。

(1)洞身。是涵洞的主要部分，它的主要作用是承受活载压力和土压力等将其传递给地基，并保证设计流量通过的必要孔径。常见的洞身形式有圆管涵、拱涵、箱涵、盖板涵。

(2)洞口。由端墙、翼墙或护坡、截水墙和缘石等部分组成，它是保证涵洞基础和两侧路

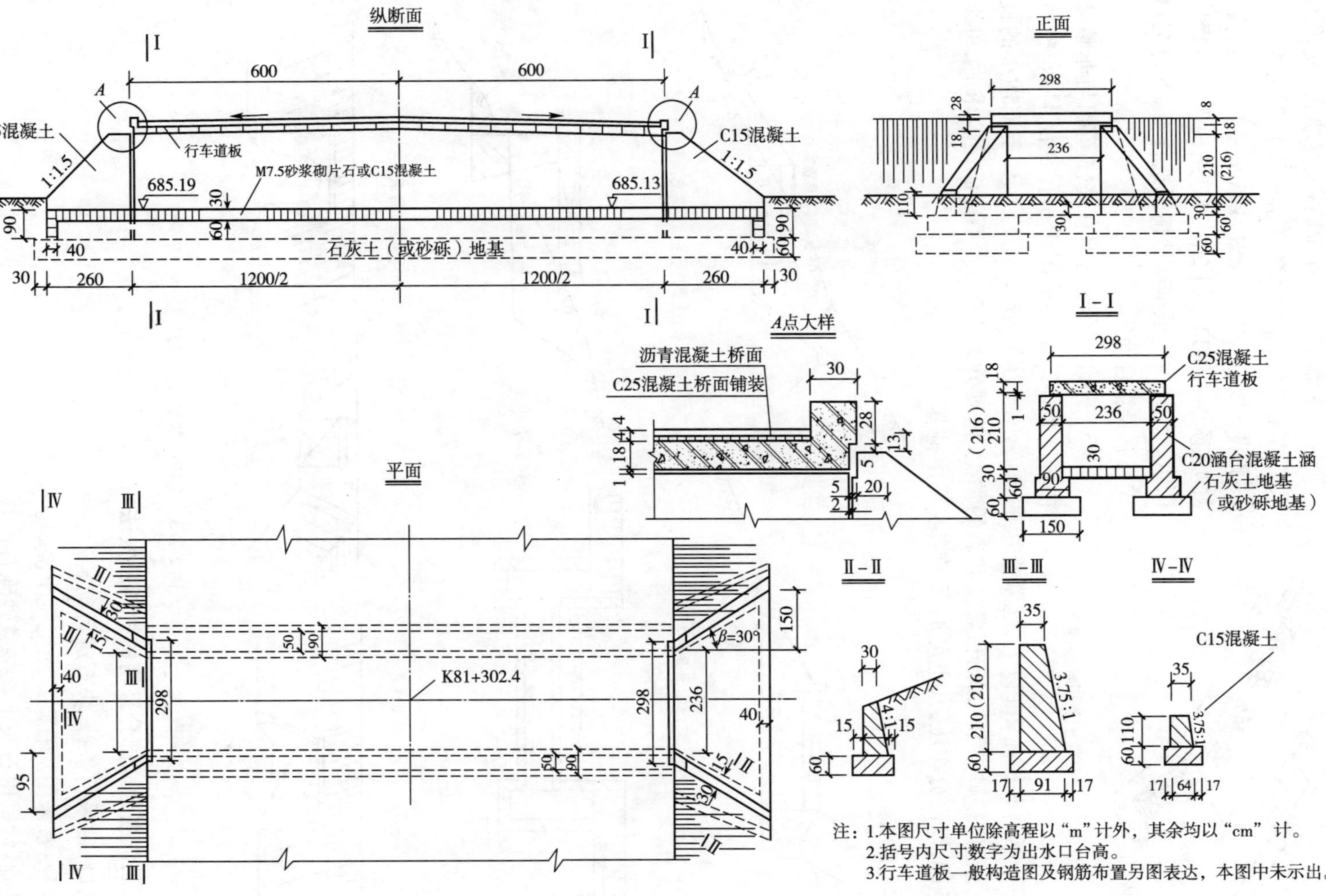

注：1.本图尺寸单位除高程以“m”计外，其余均以“cm” 计。
2.括号内尺寸数字为出水口台高。
3.行车道板一般构造图及钢筋布置另图表达，本图中未示出。

图 2-2-1　钢筋混凝土盖板盖施工图

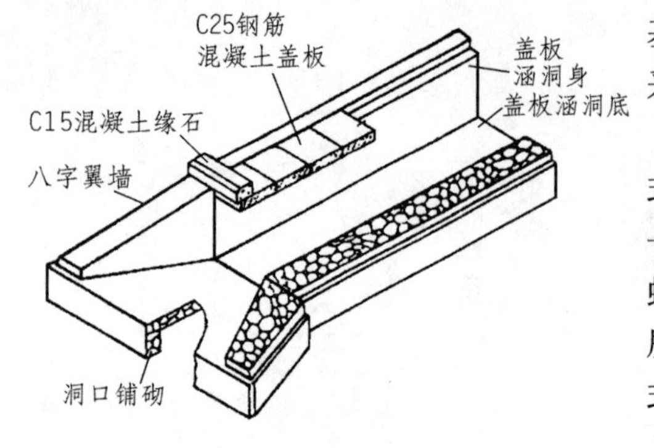

图 2-2-2　混凝土盖板涵轴测图

基免受冲刷,使水流顺畅的构造,一般进、出水口均采用同一形式。

常用的洞口形式有端墙式、翼墙式(又称八字墙式)、锥形护坡(采用 1/4 正椭圆锥)、平头式、走廊式、一字墙护坡、上游急流槽(或跌水井)下游急流坡、倒虹吸、阶梯式洞口及斜交洞口等结构形式,如图 2-2-3 所示。设计时应根据实地情况选择上、下游洞口的形式与洞身组合使用。

(3)基础。涵洞基础有整体基础与非整体基础两种。整体式基础适用于小孔径涵洞;非整体式基础适用于涵洞孔径在 2m 以上,地基土壤的允许承载力在 300kPa 及以上、压缩性小的良好土壤(包括密实中砂、粗砂、砾石、紧硬状态的黏土、坚硬砂黏土等)。不能满足要求时,可采用整体式基础,以便分布压力,也可加深基础或采用桩基。

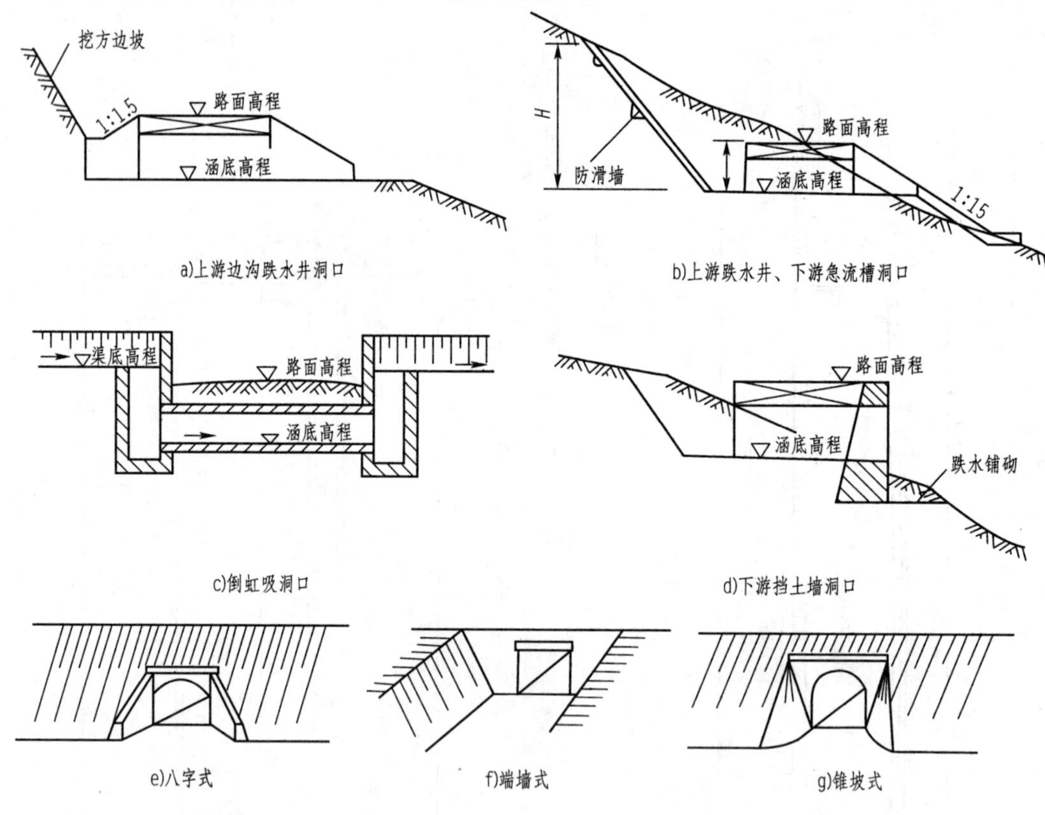

图 2-2-3　工程中常用洞口形式

3. 涵洞各组成部分采用的材料及做法

洞口:常采用条石、块石进行砌筑。

洞身:常采用片石砌筑或混凝土浇筑。

基础:常采用石灰土地基或砂砾石地基。

4. 计算各种材料用量

洞身和基础材料用量算法:根据立体几何的基础知识,在横断面图中计算得到各部分工程的截面面积，乘以涵洞长度即可得到各部分的工程量。

洞口工程量：利用立体几何的知识分别求出基础、压顶、梯形断面一字式墙身(需扣除涵洞部分的体积)、八字式翼墙墙身的体积。

5. 工程施工

涵洞工程一般的施工程序为：

(1)基坑开挖。

方式有人工开挖、机械开挖配合人工开挖两种。石质基坑开挖常采用风动工具开凿或松动爆破。过程中如果遇到下水须采取改沟导流、汇水井抽水或井点降水等排水措施。

(2)基础。

①浆砌片石基础，采用挤浆法分层、分段砌筑。

②混凝土基础，采用机械拌和，插入式振捣器捣固。

(3)上部工程。

①箱涵，箱涵边墙可采用浆砌片石或混凝土两种类型，施工方法与基础相同。

②圆管涵，常用用在预制厂集中预制，载重汽车运至现场，人工配合起重机械装卸和安装。

③混凝土盖板涵和拱涵，施工方法与箱涵类似。

(4)涵洞缺口路堤填土。

涵洞在基础施工完毕后及时进行基坑回填，人工或小型夯实机具对称夯实。

二、工程图样的常用表达方法

1. 涵洞工程图组成

平面图、纵断面图、侧立面图，外加若干个其他部位的横断面施工详图。

2. 各图的成图方式

(1)平面图。从上向下俯视形成，两侧路堤采取标高投影中的示坡线表示，增强图纸的可读性。整个道路长度很大，而本工程图样的主要目的是表达出涵洞的作法，因此采用了省略画法，将两端以折断线打断，仅表达出涵洞部分即可。

(2)纵断面图。涵洞属于外表形态简单，内部形态复杂的组合体，最适合以剖面图或断面图的形式表达。为简化作图，在实际工程中往往采取断面图。以假想正平面沿涵洞中心线将涵洞剖切开，将阻碍我们视线的部分拿去，即形成了纵断面图。

(3)侧立面图。从左向右看，采取平行正投影的方式形成了涵洞的侧立面图。与平面图相同，为了增强图纸的可读性，路堤以示坡线表示。

(4)横断面图。因八字翼墙做法稍微复杂，故在施工图中又增加了几幅横断面的施工详图用以指导实际施工。为了充分利用图纸空间，在布局上将这几个横断面图移出后摆放在了图纸的右下方，属于断面图中的移出断面图。

任务实施

根据问题引导，现在我们来逐步识读涵洞工程图，见图 2-2-1。

1. 工程图样的表达方案分析

(1)涵洞工程图共有几个视图？

从图 2-2-1 可看到，由平面图、纵断面图、横断面图和大样图组成。

(2)每个视图都采用了哪种表达方式？怎样形成的？

平面图洞身段采用折断线的简化表示方法，洞口采用标高投影的方法。

纵断面图采用假想的剖切平面沿涵洞洞身中轴线把涵洞切开，画出涵洞与假想剖切平面的截交线。

若干个横断面图，根据工程复杂程序确定数量，表示出局部详细尺寸及工程做法。

2. 涵洞图中各个组成部分的形状大小分析

(1)水流方向。

从纵断面图中可以看出，左侧的洞底高程为685.19m，右侧的洞底高程为685.13m，即可判断出水流方向应该为自左向右。

(2)尺寸单位。

在附注中已说明，除高程为“m”外，其余均以“cm”计。

(3)涵洞组成。

①洞口，见图2-2-4。

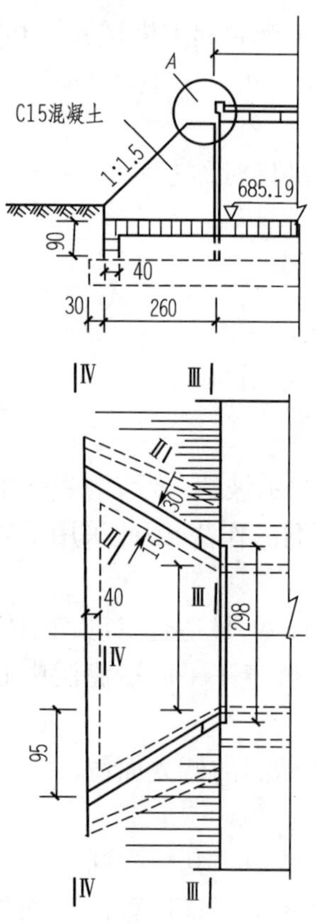

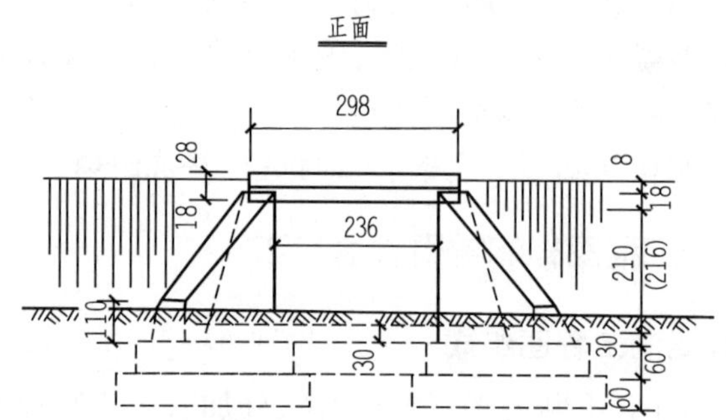

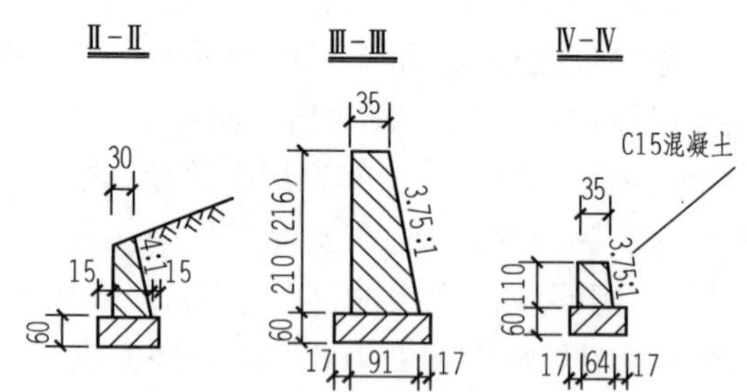

注：1.本图尺寸单位除高程以“m”计外，其余均以“cm”计。

2.括号内尺寸数字为出水口台高。

3.行车道板一般构造图及钢筋布置另图表达，本图中未示出。

图2-2-4 洞口

通过平面图、纵断面图、侧立面图的分析，该工程采用八字式洞口，材料采用C15混凝土，洞口尺寸为：236cm×210(216)cm。

八字式洞口的详细尺寸在Ⅱ-Ⅱ、Ⅲ-Ⅲ、Ⅳ-Ⅳ图中详细画出。

②洞身，如图2-2-5所示。

通过平面图、纵断面图、Ⅰ-Ⅰ断面图的分析，该工程采用混凝土盖板涵洞身，材料采用C20混凝土，洞身厚度50cm。盖板采用C25混凝土，宽度298cm。

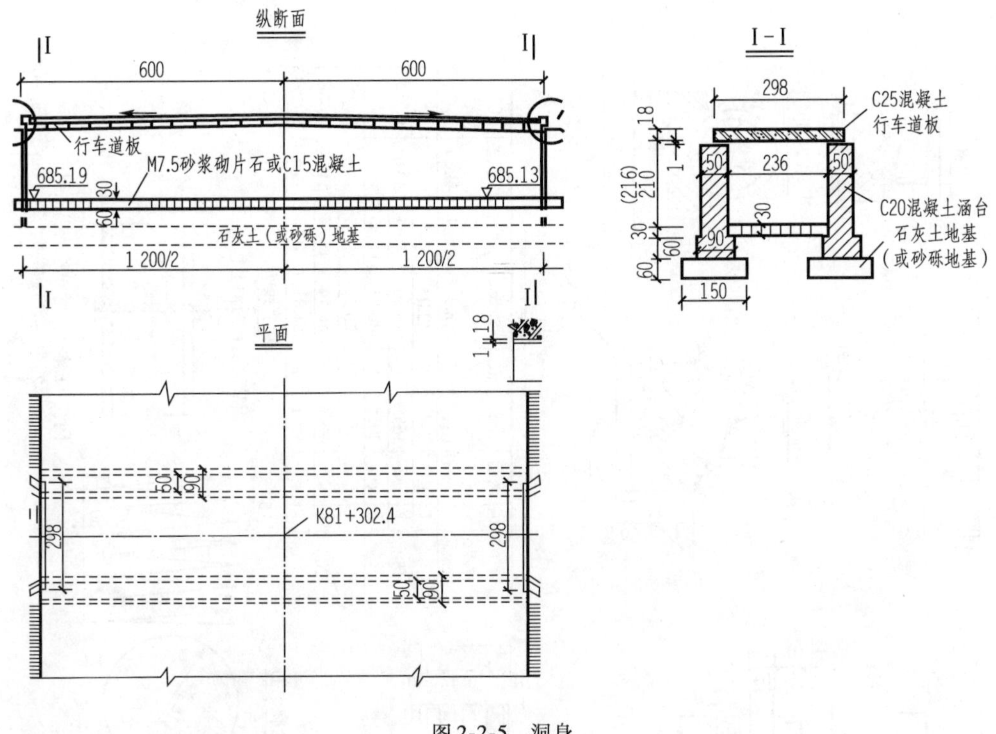

图 2-2-5 洞身

③基础，见图 2-2-6。

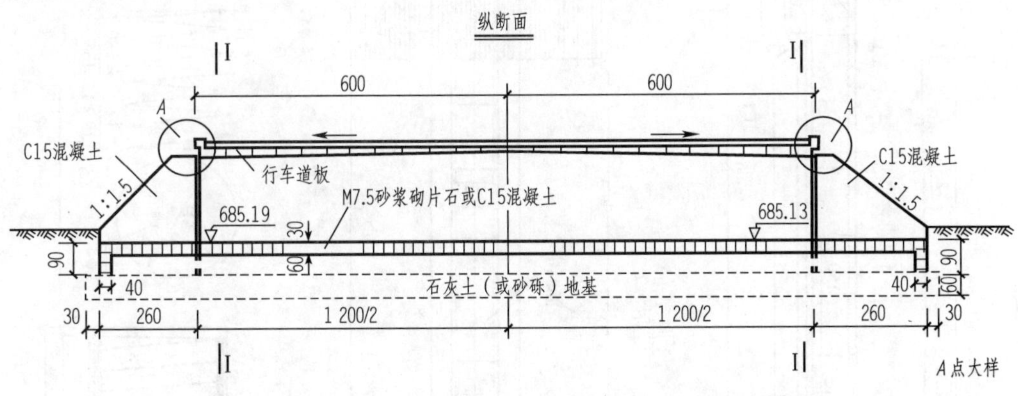

图 2-2-6 基础

在纵断面图中可看到涵洞基础采用石灰土(或砂砾)地基，厚度 60cm。之上采用 M7.5 砂浆砌片石或 C15 混凝土，厚度 30cm。这些尺寸和形状、做法在图 2-2-5 Ⅰ-Ⅰ断面图中可以得到再次的确认。

3. 试绘制各部分的立体图或制作三维模型。

由教师带领学生按小组完成，每组 5 ~6 人。

项目任务

任务 1

识读圆管涵洞工程图，见图 2-2-7。

任务 2

识读拱涵洞工程图，见图 2-2-8。

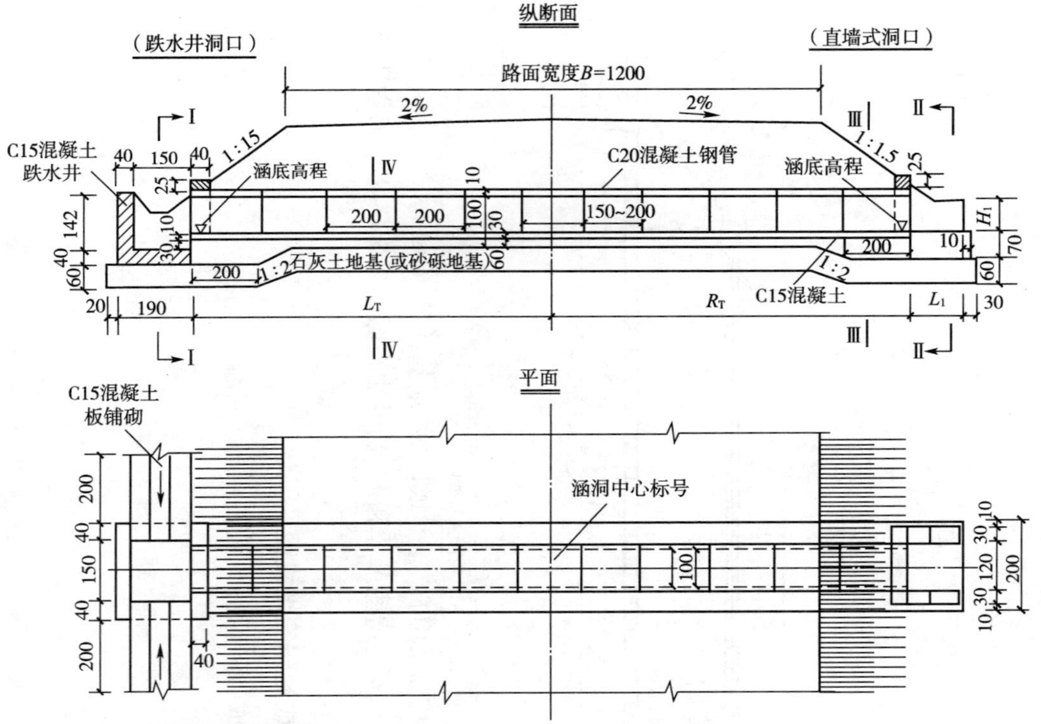

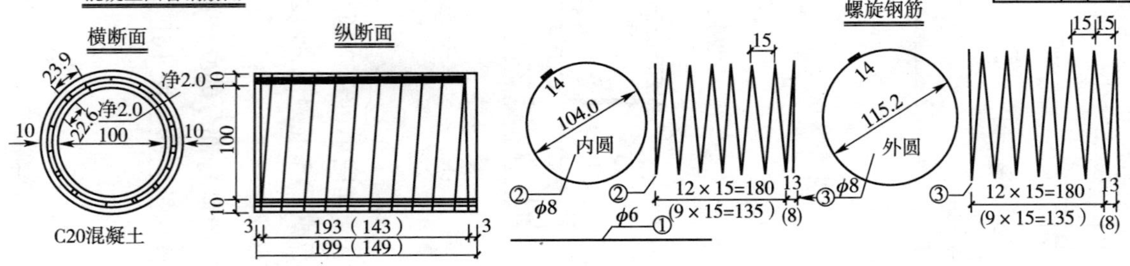

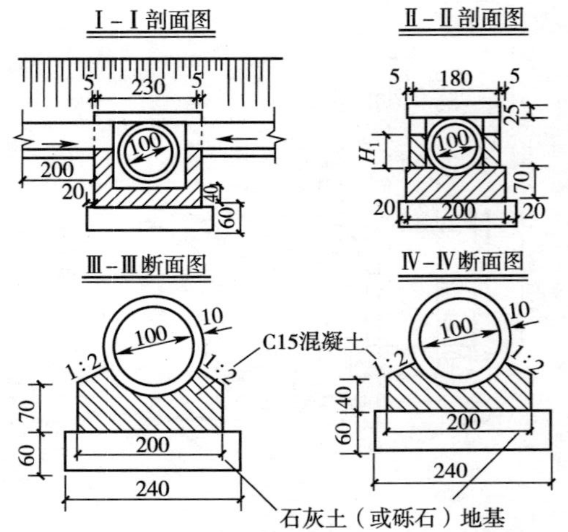

一个管节工程数量表

管节长度（cm）	编号	钢筋直径（mm）	每根长度（cm）	根数	共长（m）	质量（kg）	总质量（kg）	C20混凝土（m³）
150	1	φ6	145	29	42.05	9.34	39.64	0.515
	2	φ8	3655	1	36.55	14.44		
	3	φ8	4015	1	40.15	15.86		
200	1	φ6	195	29	56.55	12.55	51.04	0.688
	2	φ8	4644	1	46.44	18.34		
	3	φ8	5101	1	51.01	20.15		

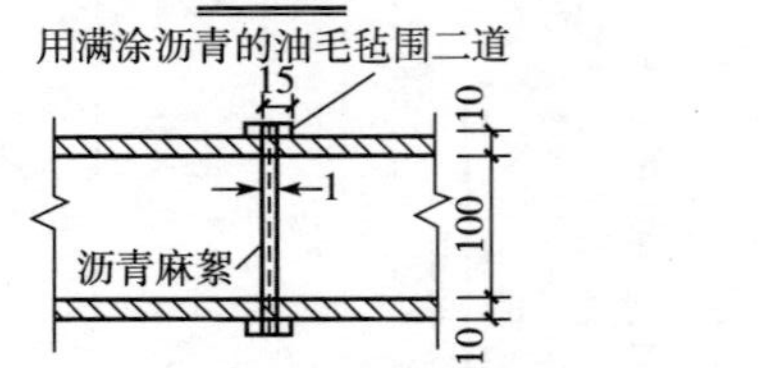

附注：1.本图尺寸单位均以cm计。
2.图中括号内的数字为1.5m管节长的尺寸。
3.石灰土地基：石灰：土=3：7。

图 2-2-7　圆管涵

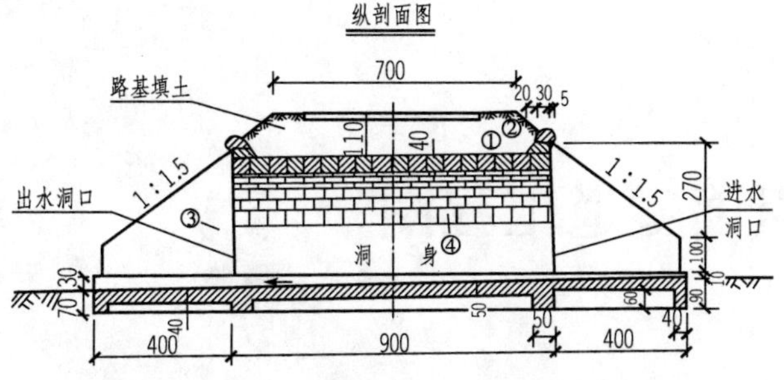

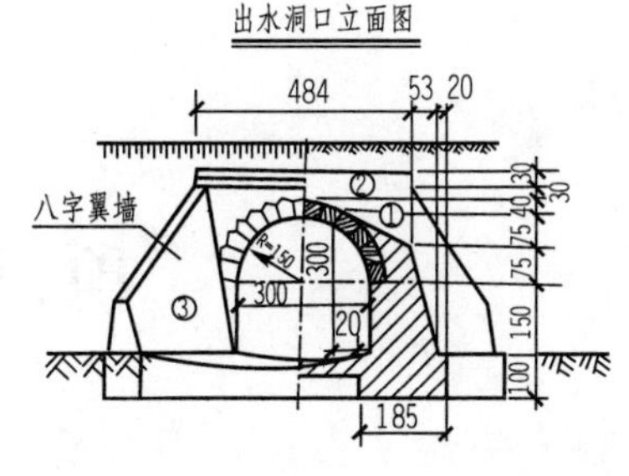

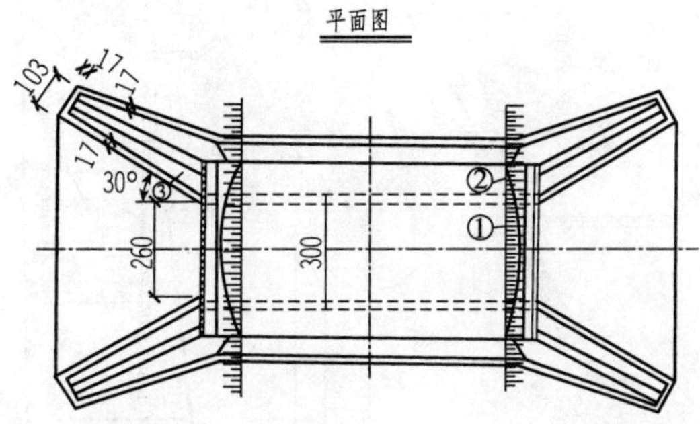

说明：
1.本图尺寸以cm为单位；
2.石料强度拱圈MU40，其他均可用MU30

图 2-2-8　拱涵

任务 3

识读箱涵工程图，见图 2-2-9。

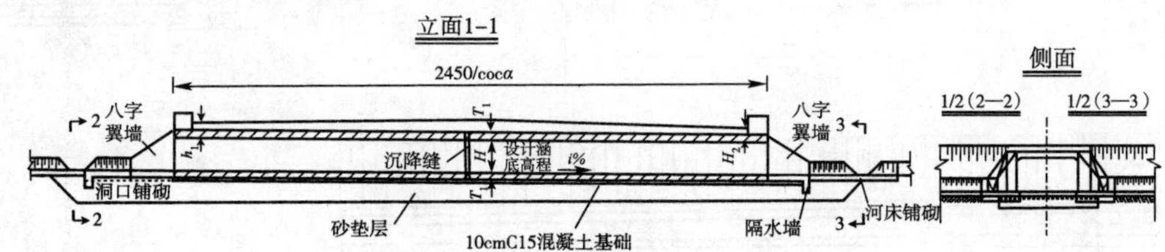

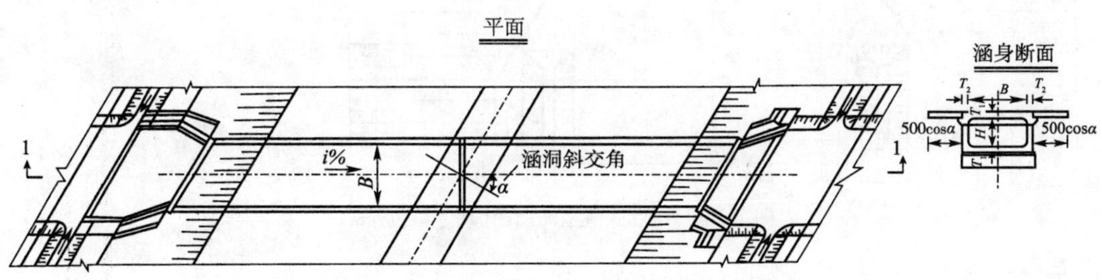

图 2-2-9　箱涵(尺寸单位:cm)

项目三　识读隧道工程图

导入图样

识读图 2-3-1 端墙式隧道洞门图。

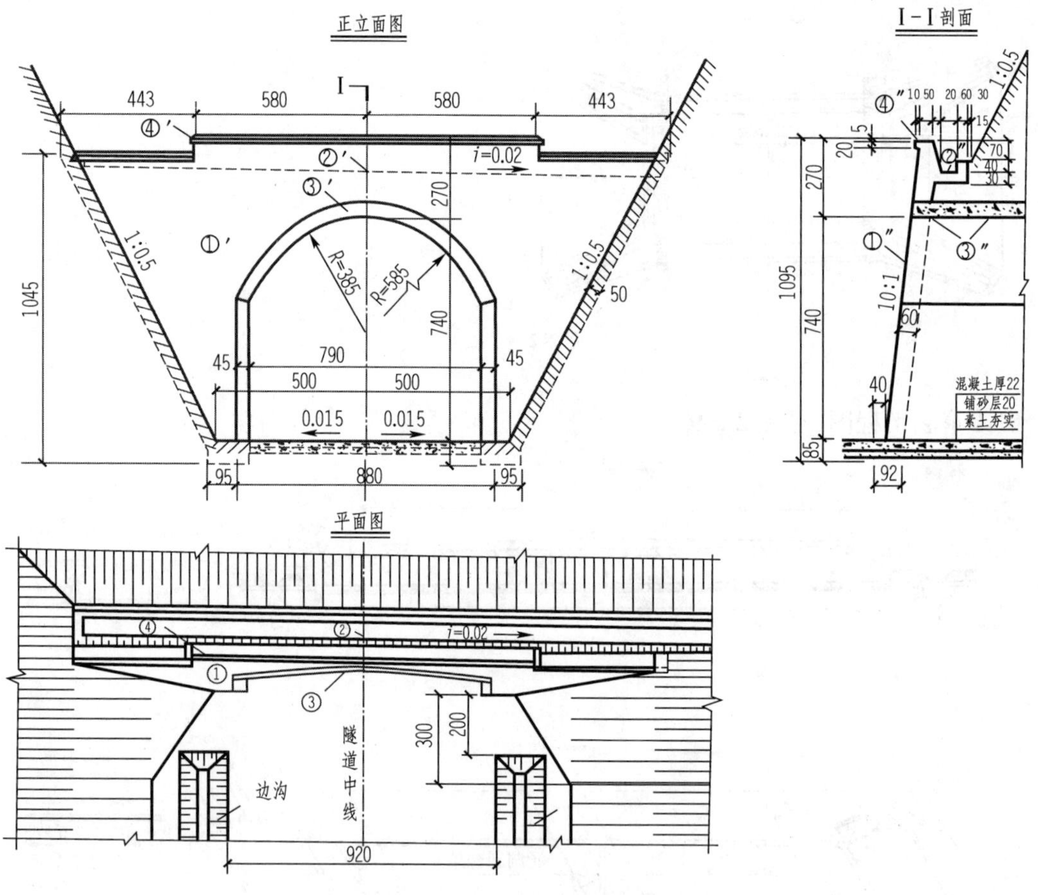

图 2-3-1　端墙式隧道洞门图(尺寸单位:cm)

项目目标

识读图 2-3-1 端墙式隧道洞门图,解决以下问题:

(1)端墙式隧道洞门图共由几个视图组成?每个视图都采用了哪种表达方式?怎样形成的?

(2)衬砌断面类型?拱圈厚度是多少?

(3)洞口净尺寸是多少?

(4)洞顶上方排水沟坡度是多少?流水方向?

(5)洞门墙倾斜坡度为多少?洞门墙厚度是多少?

(6)从图中指出洞门墙、洞顶排水沟、拱圈及顶帽的位置。

相关知识

隧道是公路、铁路穿越山岭、地下或水下而修建的建筑物。根据其所在位置可分为山岭隧道、水下隧道和城市隧道三大类。为缩短距离和避免大坡道而从山岭或丘陵下穿越的称为山岭隧道;为穿越河流或海峡而从河底或海底通过的称为水下隧道;为铁路通过大城市的需要而从城市地下穿越的称为城市隧道。这三类隧道中修建最多的是山岭隧道。

隧道工程图用平面图表示它的位置,它的构造图主要用隧道洞门图、隧道衬砌断面图及避车洞图等来表达。

一、隧道的作用与分类

隧道按其用途可分为交通隧道(包括公路隧道、铁路隧道、城市地铁、人行隧道等)和运输隧道(包括输水隧道、输气隧道、输液隧道等)。

公路、铁路隧道一般指的是山岭隧道。为了克服地形和高程上的障碍(如山梁、山脊、垭口等),以改善和提高拟建公路、铁路的平面线形和纵坡,缩短公路里程,或为避免山区公路的各种地质病害(如滑坡、崩坍、岩堆、泥石流等不良地质地段),以保护生态环境,必须修建隧道。尤其是在高等级的公路、铁路建设中,为了符合各等级公路、铁路的有关技术标准,必须修建隧道。

二、隧道的构造及隧道工程图

隧道结构主要由洞身、洞门和附属建筑物组成,图 2-3-2 为隧道平面图。

1. 洞身

洞身是隧道结构的主体部分,是车辆通行的通道,洞身内有衬砌,其净空应符合国家规定的要求。洞身的长度由两端洞门的位置来决定。

洞身衬砌是洞身内承受围岩压力、维持岩体稳定、阻止隧道周围岩土变形的永久性支撑物。洞身衬砌由拱圈、边墙、和铺底(仰拱)组成。

拱圈位于隧道顶部,呈半圆形,主要承受洞顶岩土压力。拱圈一般都是由三段圆弧构成,故称三心拱。边墙位于隧道两侧,承受来自拱圈和隧道侧面的岩土压力,边墙是直的叫直墙式衬砌,边墙是曲线型的叫曲墙式衬砌。位于隧道衬砌底部是铺底或仰拱,直墙式衬砌底部为铺底,有些曲边墙式衬砌底部为仰拱。铺底有一定的横向坡度以利排水,仰拱用来抵抗土体滑动和防止底部土体隆起。衬砌下面两侧分别设有洞内水沟和电缆槽。

表达衬砌结构的横断面图叫作隧道衬砌断面图,如图 2-3-3 所示为直墙式衬砌断面图,图 2-3-4 所示为曲墙式衬砌断面图。

2. 洞门

洞门位于隧道出入口,其作用是保持洞口仰坡和边坡岩土的稳定、引离仰坡流水、阻挡落石、装饰洞口。

根据洞口的地形和地质条件,可采用的洞门结构类型有端墙式、柱式和翼墙式等,如图 2-3-5所示。

3. 附属建筑物

为工作人员、行人及运料小车避让列车而修建的避车洞;为防止和排除隧道漏水或结冰而设置的排水沟和盲沟;为机车排出有害气体的通风设备;电气化铁道的接触网、电缆槽等。

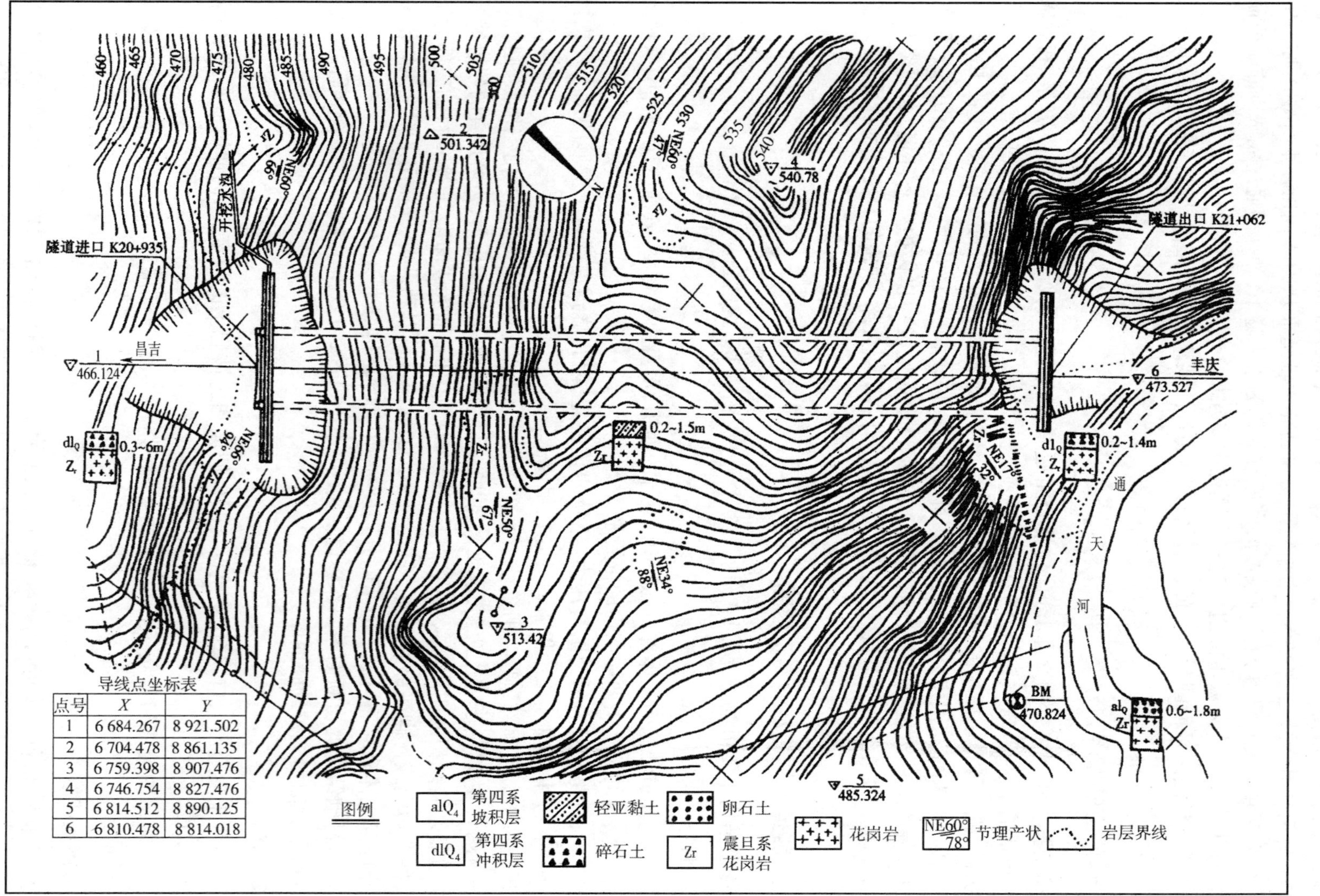

导线点坐标表

点号	X	Y
1	6 684.267	8 921.502
2	6 704.478	8 861.135
3	6 759.398	8 907.476
4	6 746.754	8 827.476
5	6 814.512	8 890.125
6	6 810.478	8 814.018

图 2-3-2　隧道平面图

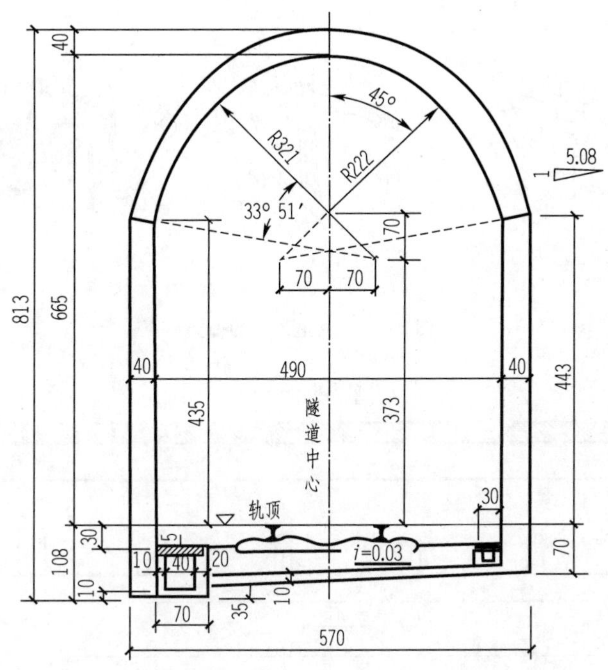

图 2-3-3　直墙式衬砌断面图(尺寸单位:cm)

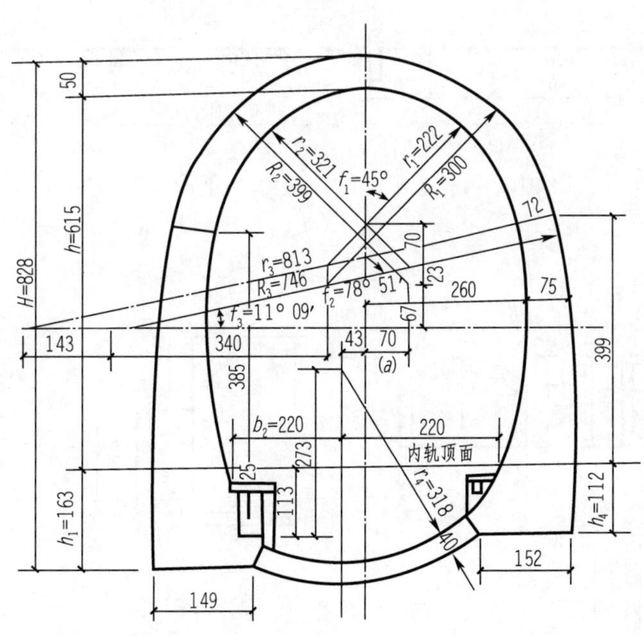

图 2-3-4　曲墙式衬砌断面图(尺寸单位:cm)

避车洞的类型有大、小两种,沿线路方向交错设置在隧道两侧,小避车洞同侧每隔 30m 设置一个,大避车洞同侧每隔 150m 设置一个,采用位置布置图来表示,如图 2-3-6 所示。

由于位置布置图比较简单,为了节省图幅,纵横方向可采用不同比例,纵向常采用 1:2 000,横向常采用 1:200 等比例。

图 2-3-7 为大、小避车洞详图;图 2-3-8 为避车洞的立体图。

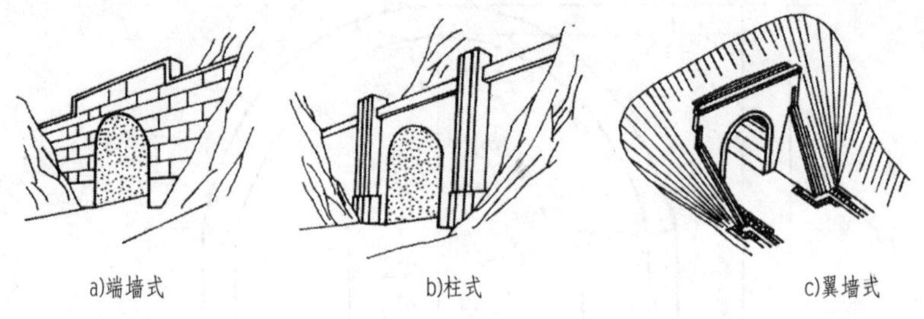

图 2-3-5 隧道洞门的种类

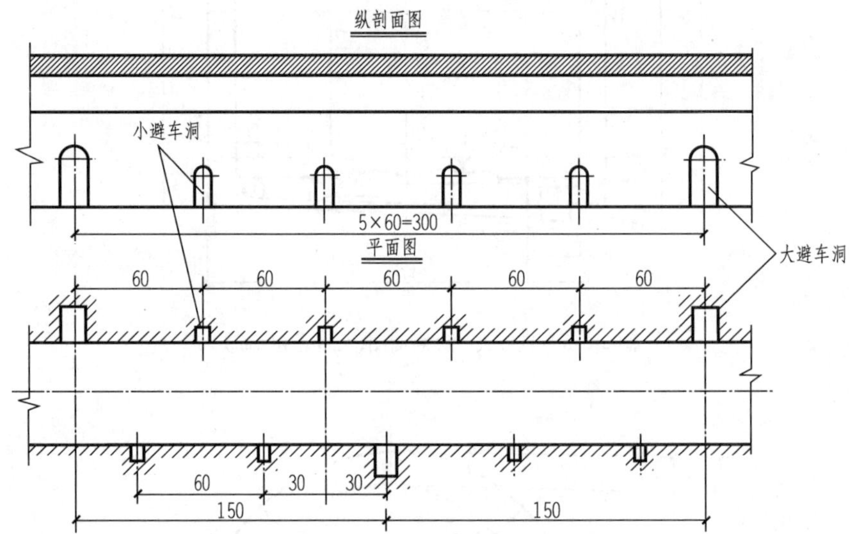

图 2-3-6 大、小避车洞布置图(尺寸单位:m)

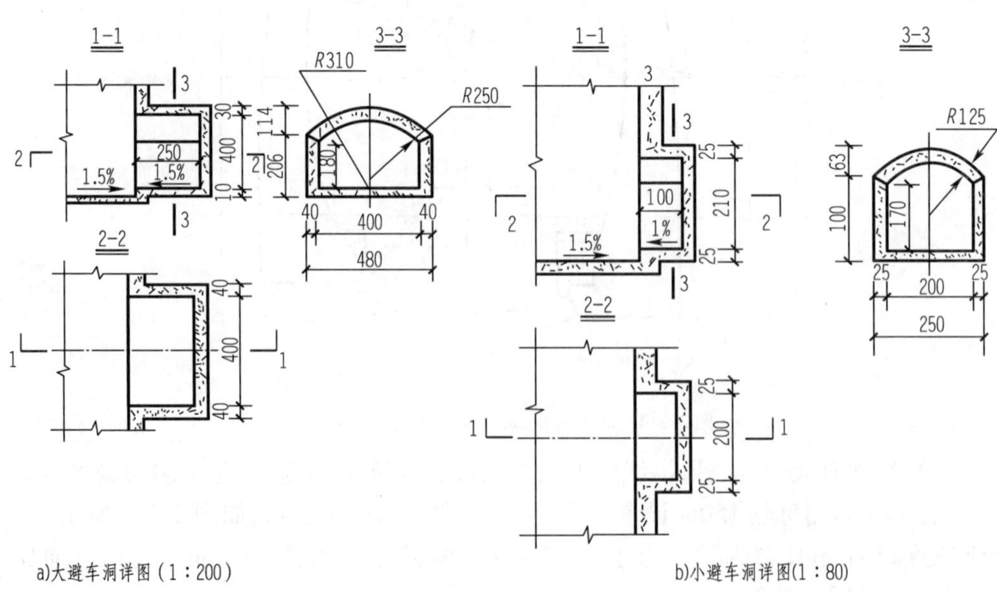

图 2-3-7 避车洞详图(尺寸单位:cm)

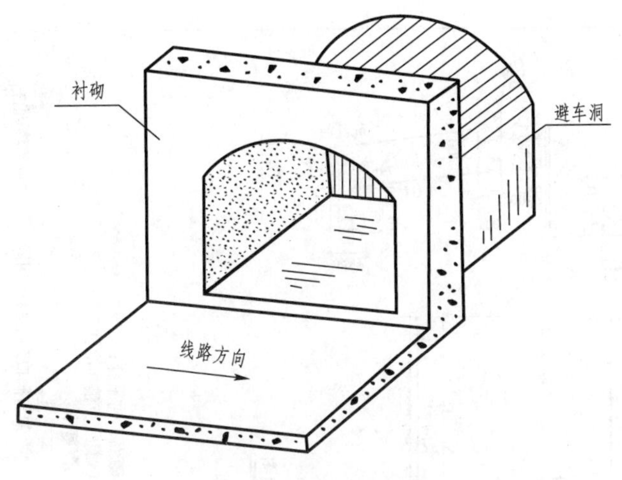

图 2-3-8　避车洞的立体图

任务实施

1. 端墙式隧道洞门图的组成(图 2-3-1)

有平面图、正立面图、Ⅰ-Ⅰ剖面图。

(1)正立面图(即立面图):从隧道外面沿线路方向进行投影得到洞门的正立面投影,正立面图反映出洞门墙的式样,洞门墙上面高出的部分为顶帽,同时也表示出洞门衬砌断面类型。洞门墙和隧道底面被洞门前面两侧路堑边坡和公路路面遮住,所以用虚线表示。

(2)平面图:从上向下俯视形成,仰坡及两侧路堑采取标高投影中的示坡线表示,增强图纸的可读性。整个隧道长度很大,而本工程图样的主要目的是表达出隧道洞口的作法,因此采用了折断画法,仅画出洞门外露部分的投影,平面图表达了洞门墙顶帽的宽度、洞顶排水沟的构造及洞门口外两边沟的位置(边沟断面未出)。

(3)Ⅰ-Ⅰ剖面图:以假想侧平面沿隧道中心线将隧道剖切开,将阻碍我们视线的部分拿去,从右向左看,即形成了Ⅰ-Ⅰ剖面图,仅画靠近洞门的一小段,图中表示出洞门墙倾斜坡度,洞门墙厚度、排水沟的断面形状及材料、拱圈厚度及材料断面符号、铺底的材料及厚度等。

(4)端墙式隧道洞门图中各组成部分的形状大小分析:

为了读图方便,在三个投影图上对不同的构件分别用数字注出。洞门墙为①′、①、①″,洞顶排水沟为②′、②、②″,衬砌为③′、③、③″,顶帽为④′、④、④″。

2. 衬砌类型及大小

从正立面图判断洞门衬砌断面类型,它是由两个不同半径的三段圆弧(R = 385cm 和 R = 585cm)和两直边墙所组成,由于边墙是直的所以衬砌类型为直墙式衬砌,拱圈厚度为 45cm。

洞门衬砌净尺寸高为 740cm,宽为 790cm。

3. 洞门墙的形状及大小

由正立面图和Ⅰ-Ⅰ剖面图可知,洞门墙的形状为一个纵卧的斜柱体,顶部呈中间高两边低的台阶状,上面盖有帽石。洞门墙顶部宽度为 2 046cm(443cm + 580cm + 580cm + 443cm),底部宽度为 1 070cm(95cm + 880cm + 95cm),中部高度为 1 095cm,两边高度为 1 045cm,墙面倾斜坡度为 10:1,墙厚度为 60cm。帽石断面为 60cm × 25cm,前面和两侧有 10cm × 5cm 的

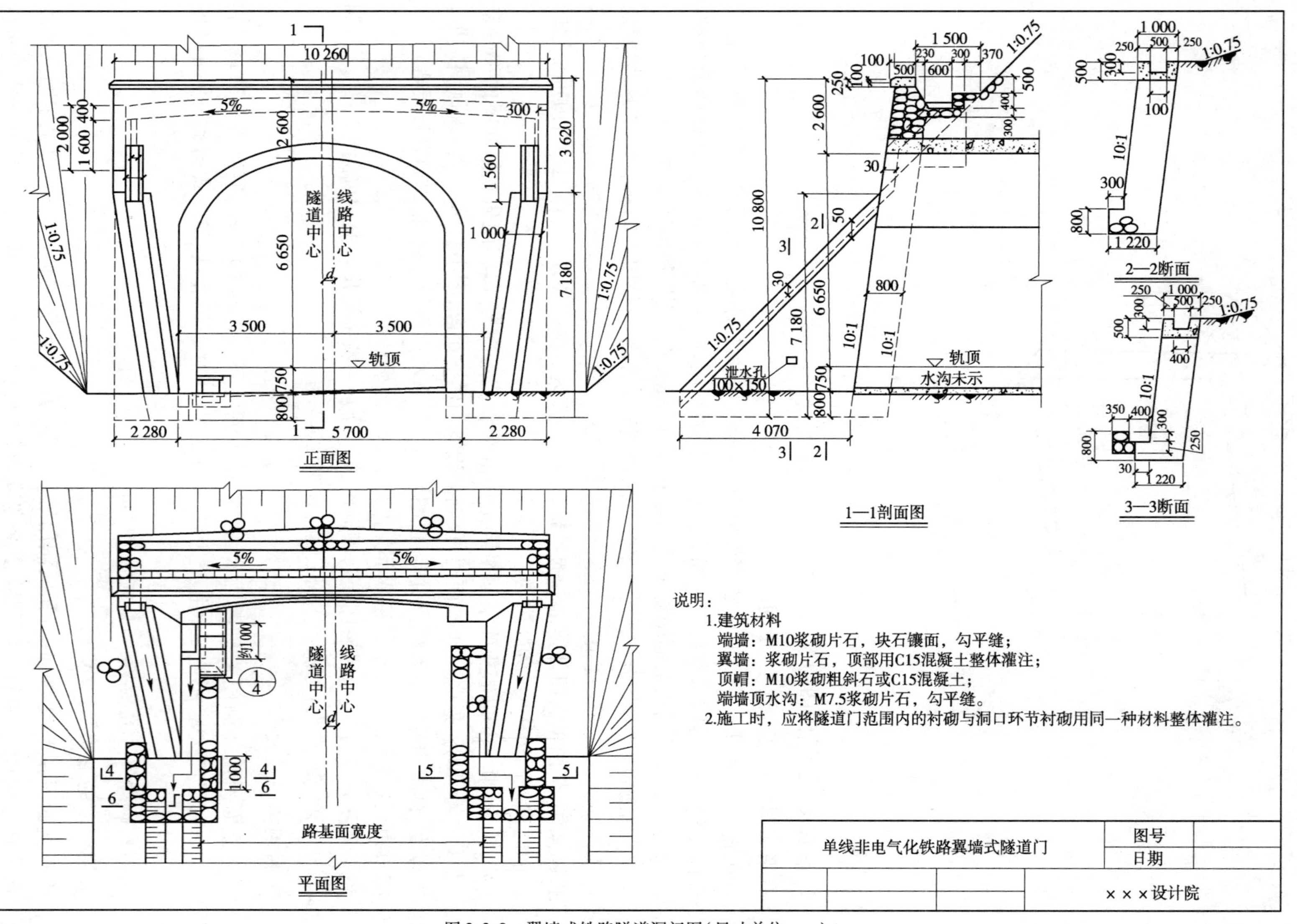

图 2-3-9　翼墙式铁路隧道洞门图(尺寸单位：mm)

抹角。

4. 顶水沟

由正立面图可知,洞门墙的顶部后面有一条从左往右方向倾斜的虚线,为顶水沟的底部,并注有 i=0.02 箭头,这表明顶水沟有坡度为 2%,箭头表示流水方向。由Ⅰ-Ⅰ剖面图可知,顶水沟的断面为直角梯形,沟深 40cm,沟底宽度 20cm,前壁为直的,后壁倾斜,后壁厚度为 60cm,底部厚度为 30cm。

5. 洞顶仰坡及两边路堑坡度

由正立面图可知,两边路堑坡度为 1:0.5;由Ⅰ-Ⅰ剖面图可知,洞顶仰坡坡度为 1:0.5。

项目任务

任务 1

识读直墙式衬砌断面图(图 2-3-3)

1. 衬砌总体形状

由图 2-3-3 直墙式衬砌断面图中可知,衬砌由两侧的边墙、顶部的拱圈和底部的铺底组成。洞内净空 665cm,洞内宽度 430cm(570cm - 2 × 70cm)。垂直方向上的尺寸都是以轨顶为基准标注的。

2. 边墙

衬砌两侧的边墙的形状为纵卧的梯形柱,顶部有 1:5.08 的坡度,这个坡度也是拱圈的起拱线,应通过拱圈相应的圆心。边墙厚度为 40cm,右高度为 543cm(435cm + 108cm)。

3. 拱圈

拱圈为三心拱,有三段圆弧组成,拱圈厚度为 40cm。中间的拱圈圆弧内径为 222cm,圆心的横向位置在隧道中心线上,纵向位置在轨顶上面的 403cm(373cm + 70cm)高度,圆心角为 90°;两边的拱圈圆弧内径为 321cm,圆心的横向位置在隧道中心线另一侧的 70cm 处,纵向位置在轨顶上面的 373cm 高度,圆心角为 33°51′。

4. 衬砌铺底

衬砌铺底厚度为 10cm,由右向左倾斜,坡度为 3%,左下角有洞内排水沟,右下角有电缆槽。

任务 2

识读图 2-3-9 翼墙式铁路隧道洞门图。

任务 3

识读隧道的排水系统图,见图 2-3-10、图 2-3-11。

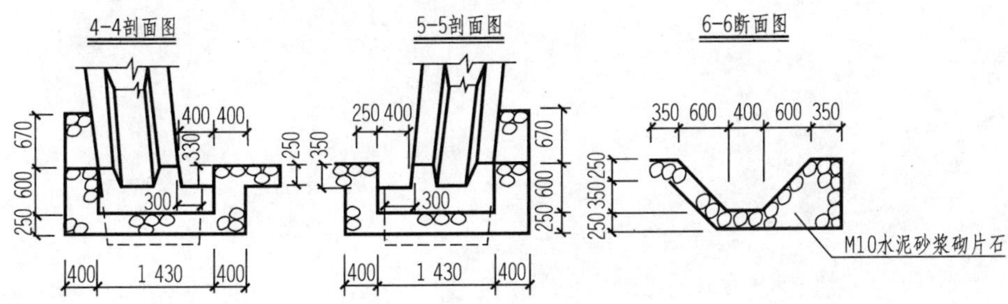

图 2-3-10 隧道外侧沟剖面图(尺寸单位:mm)

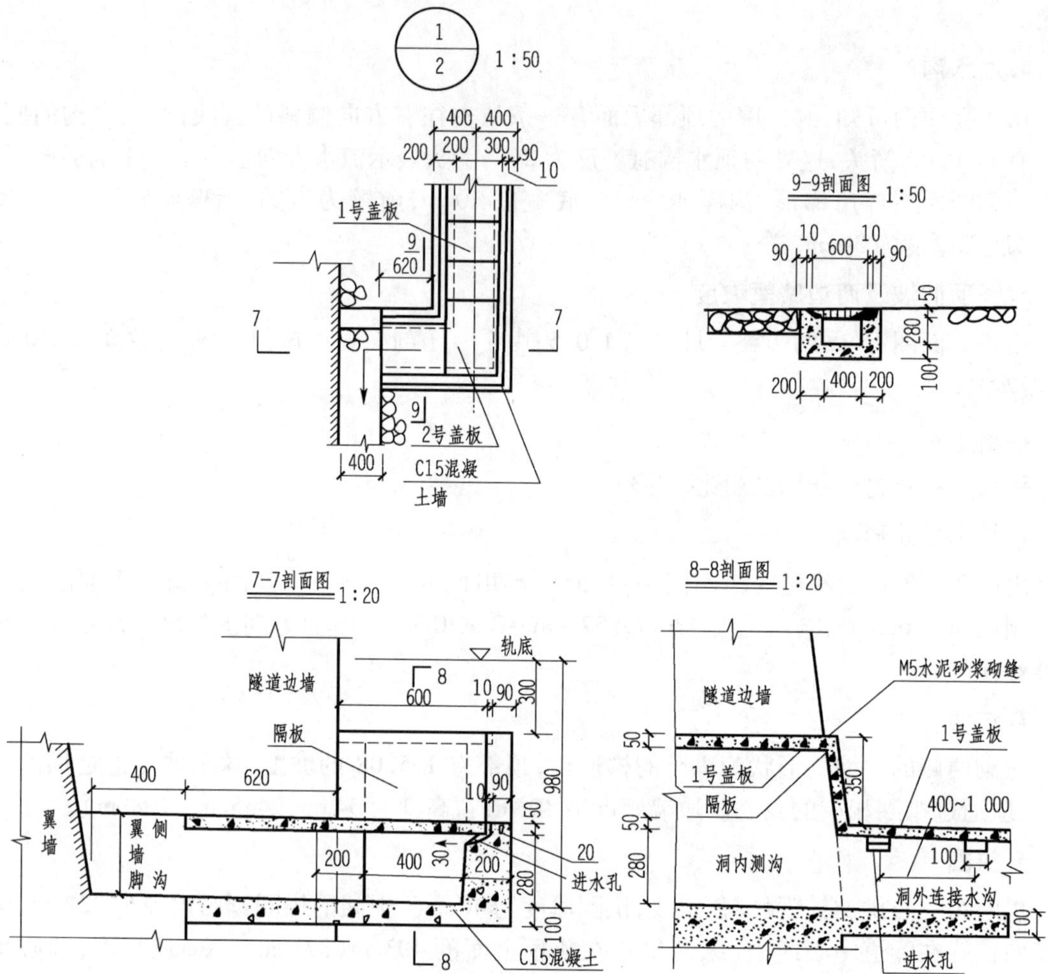

图 2-3-11 隧道内外侧沟连接详图(尺寸单位:mm)

项目四　识读与绘制桥梁工程图

道路路线在跨越河流湖泊，山川及其他路线（公路和铁路）就需要修筑桥梁。它一方面可以保证桥上的交通运行，又可以保证桥下宣泄流水、船只的通行或公路、铁路的运行，是道路工程的重要组成部分。

桥梁工程图一般由桥位平面图、桥位地质断面图、桥梁总体布置图（全桥布置图）、构件图、详图等组成。桥梁总体布置图（全桥布置图）和构件图是指导桥梁施工的最主要图样。

桥梁总体布置图主要表明桥梁的形式、跨径、孔数、总体尺寸、各主要构件的相互位置关系，及桥梁各部分的高程、材料数量以及总的技术说明等，作为施工时确定墩台位置、安装构件和控制高程的依据。

构件结构图是根据桥梁总体布置图采用较大的比例把构件的形状、大小完整地表达出来作为施工依据的图样。构件结构图包括桥墩图、桥台图、主梁结构图等。

识读桥梁工程图的基本方法是形体分析法，桥梁虽然是庞大而又复杂的建筑物，但它是由许多构件所组成，我们了解每一个构件的形状和大小，再通过总体布置图把它们联系起来，弄清彼此之间的关系，就不难了解整个桥梁的形状和大小了。

识读图纸的方法和步骤：

(1)先看图纸标题栏和附注，了解桥梁名称、种类、主要技术指标、施工措施、比例、尺寸单位等。

读桥位平面图、桥位地质断面图，了解桥的位置、水文、地质状况。

(2)看总体图：掌握桥型、孔数、跨径大小、墩台数目、总长、总高，了解河床断面及地质情况。应先看立面图（包括纵剖面图），对照平面图和侧面图、横剖面图等，了解桥的宽度、人行道的尺寸和主梁的断面形式等。如有剖、断面，则要找出剖切线位置和观察方向，以便对桥梁的全貌有一个初步的了解。

(3)分别阅读构件图和大样图，搞清构件的详细构造。各构件图读懂之后，再重来阅读总体图，了解各构件的相互位置和尺寸，直到全部看懂为止。

(4)看懂桥梁图，了解桥梁所用的建筑材料，并阅读工程数量表、钢筋明细表及说明等。再对尺寸进行校核，检查有无错误或遗漏。

子项目一　识读桥位平面图、桥位地质断面图

导入图样

识读图 2-4-1 所示的清水河桥位平面图和图 2-4-2 所示的清水河桥位地质断面图。

项目目标

(1)识读图 2-4-1 所示的清水河桥位平面图，解决以下问题：

①桥梁方向如何？

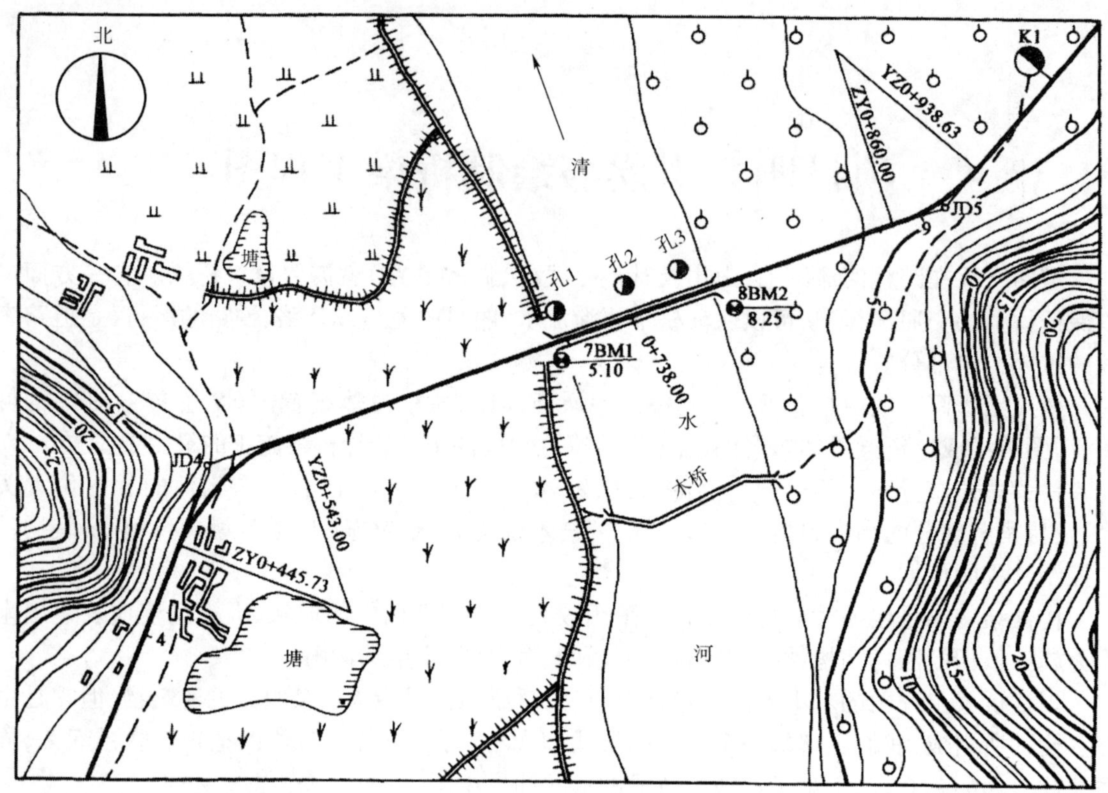

图 2-4-1　桥位平面图

②周围地形如何？

③河流在什么位置？流向如何？

④沿途有什么地物？

⑤路线走向是什么？

⑥桥梁在哪里？在路线的什么位置？钻孔数是多少？

⑦水准点有几个？分别是多少？

(2)识读图 2-4-2 所示的清水河桥位地质断面图，解决以下问题：

①桥位平面图与桥位地质断面图有哪些相似处？

②水平方向和竖直方向比例分别是多少？

③地质状况如何？

④水文情况如何？

⑤图样中 CK_i 是指的什么？

⑥资料表中钻孔的参数与图样如何对应？

相关知识

一、桥梁基本知识

1. 桥梁基本组成及相关术语

由图 2-4-3 中可见，桥梁由上部桥跨结构（主梁或主拱圈和桥面系）、下部结构（桥台、桥墩和基础）及附属结构（栏杆、灯柱、护岸、导流结构物等）三部分组成。

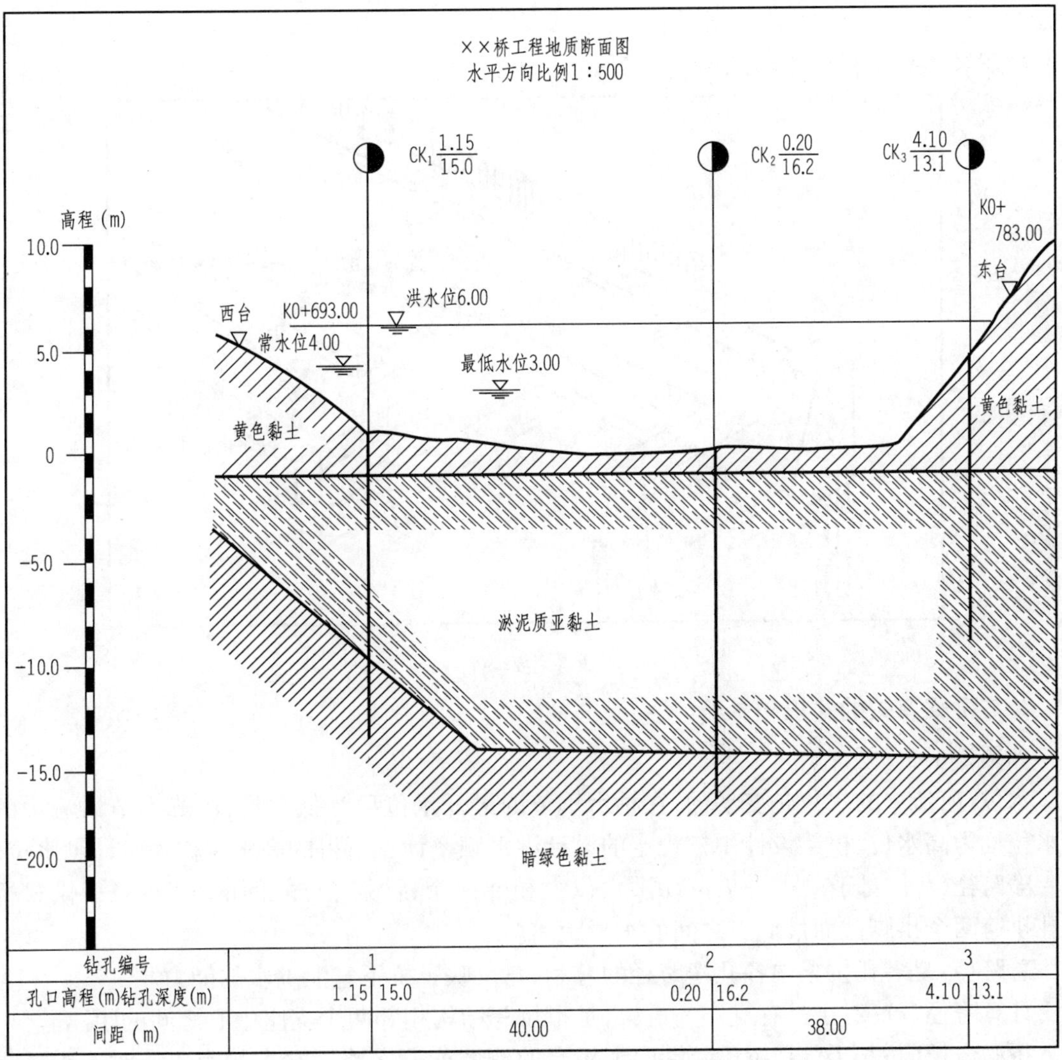
××桥工程地质断面图
水平方向比例1：500
CK1 1.15/15.0
CK2 0.20/16.2
CK3 4.10/13.1
高程（m）
10.0
5.0
0
-5.0
-10.0
-15.0
-20.0
K0+
783.00
东台
西台
K0+693.00
洪水位6.00
常水位4.00
最低水位3.00
黄色黏土
黄色黏土
淤泥质亚黏土
暗绿色黏土
钻孔编号
1
2
3
孔口高程(m)钻孔深度(m)
1.15
15.0
0.20
16.2
4.10
13.1
间距（m）
40.00
38.00

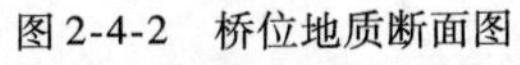

图 2-4-2　桥位地质断面图

桥跨结构
支座
桥台
路面高程
高水位
设计水位
低水位
桥墩
基础

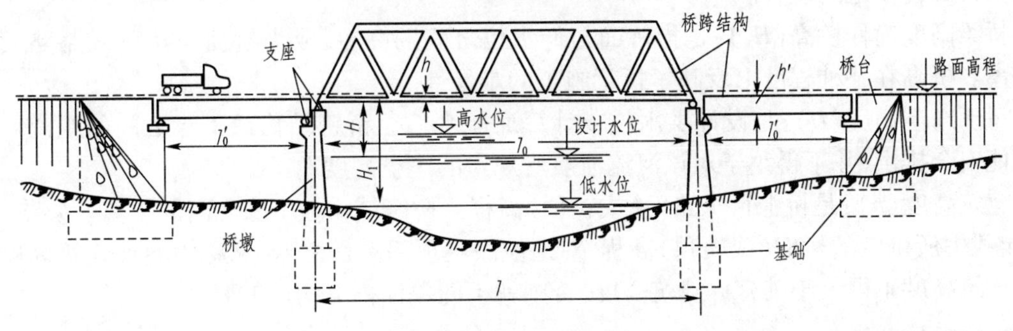

图 2-4-3　桥梁基本组成

（1）桥跨结构是在路线中断时，跨越障碍的主要承载结构，人们还习惯称之为上部结构。

（2）桥墩和桥台是支承桥跨结构并将恒载和车辆等活载传至地基的建筑物，又称之为下部结构。

（3）支座是桥跨结构与桥墩和桥台的支承处所设置的传力装置。

在路堤与桥台衔接处，一般还在桥台两侧设置石砌的锥形护坡，以保证迎水部分路堤边坡的稳定。

桥梁各主要构件的立体示意图如图2-4-4所示。

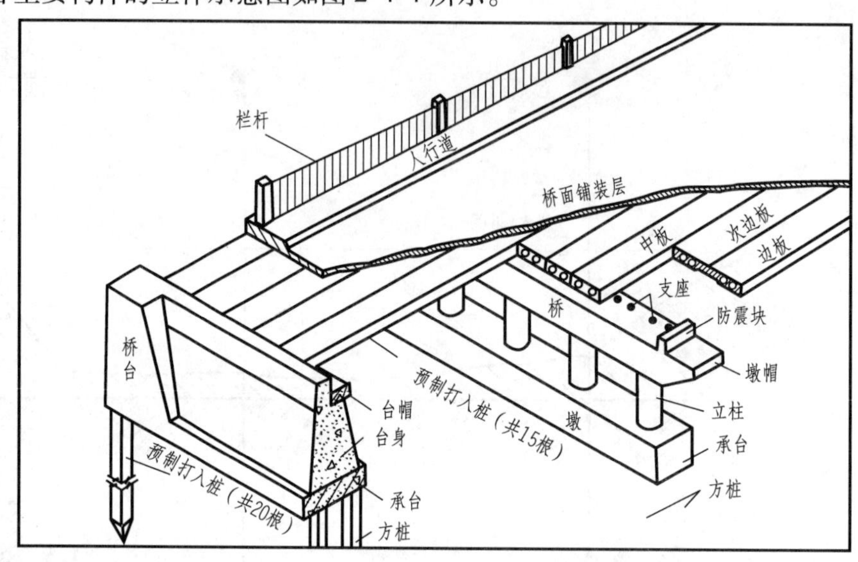

图2-4-4　桥梁各主要构件的立体示意图

2. 与桥梁有关的知识和术语

如图2-4-3所示：

水位：河流中的水位是变动的，在枯水季节的最低水位称为低水位，洪峰季节河流中的最高水位称为高水位，桥梁设计中按规定的设计洪水频率计算所得的高水位称为设计洪水位。

净跨径(l_0)：对于梁式桥是设计洪水位上相邻两个桥墩（台）之间的净距；对于拱式桥是每孔拱跨两个拱脚截面最低点之间的水平距离。

总跨径：是多孔桥梁中各孔净跨径的总和，它反映了桥下宣泄洪水的能力。

计算跨径(l)：对于具有支座的桥梁，是指桥跨结构相邻两个支座中心之间的距离。

桥梁全长（桥长L）：是桥梁两端两个桥台的侧墙或八字墙后端点的距离。对于无桥台的桥梁为桥面行车道的全长。

桥梁高度简称桥高(H_1)：是指桥面与低水位之间的高差，或为桥面与桥下线路路面之间的距离。桥高在某种程度上反映了桥梁施工的难易性。

桥下净空高度(H)：是设计洪水位或计算通航水位至桥跨结构最下缘之间的距离。它应保证能安全排洪，并不得小于对该河流通航所规定的净空高度。

建筑高度(h)：是桥上行车路面（或轨顶）高程至桥跨结构最下缘之间的距离。公路（或铁路）定线中所确定的桥面（或轨顶）高程，对通航净空顶部高程之差，又称为容许建筑高度。桥梁的建筑高度不得大于其容许建筑高度，否则就不能保证桥下的通航要求。

3. 桥梁的分类

桥梁的形式有很多，常见的分类形式有：

(1)按结构形式分为梁桥（图2-4-3）、拱桥（图2-4-5）、刚架桥（图2-4-6）、桁架桥（图2-4-7）、悬索桥（图2-4-8）、斜拉桥（图2-4-9）等。

(2)按建筑材料分为钢桥、钢筋混凝土桥、石桥、木桥等，其中以钢筋混凝土梁桥应用最为广泛。

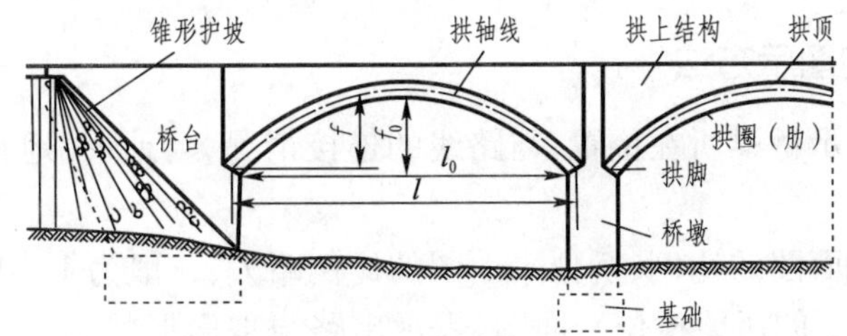

图 2-4-5　拱桥

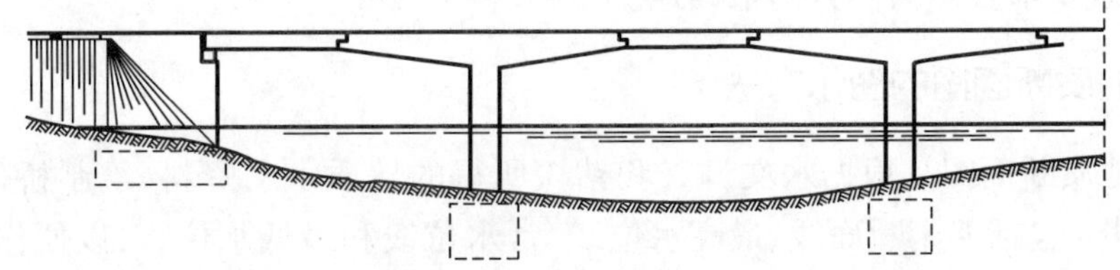

图 2-4-6　刚架桥

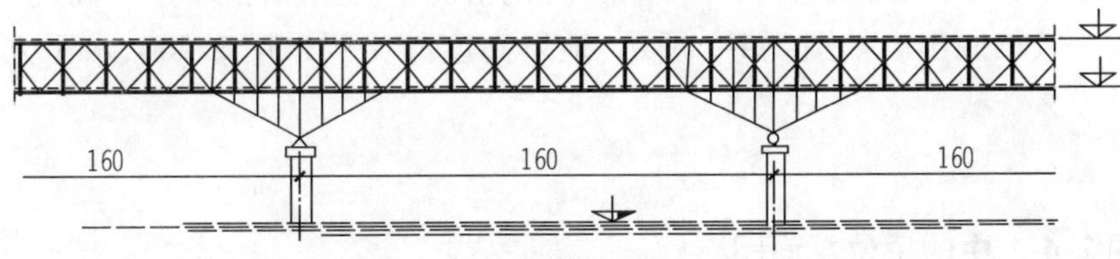

图 2-4-7　刚桁架桥(尺寸单位:m)

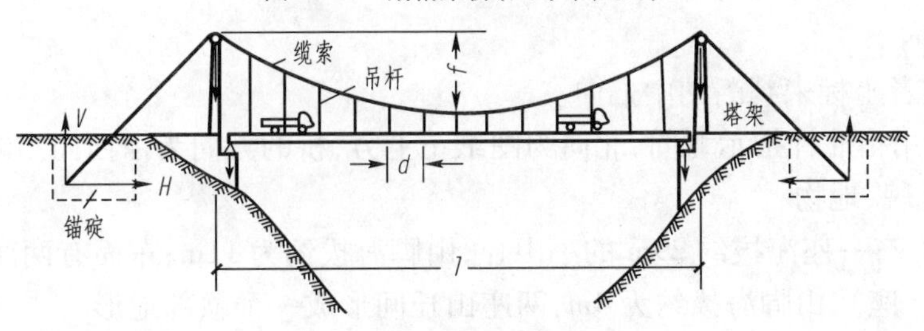

图 2-4-8　悬索桥

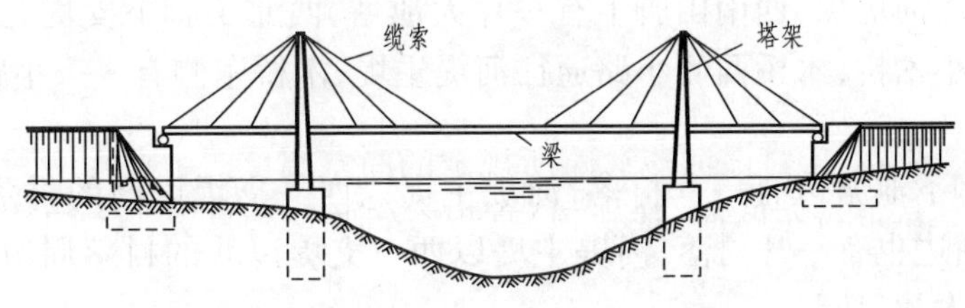

图 2-4-9　斜拉桥

(3)按桥梁全长和跨径的不同分为:特殊大桥、大桥、中桥和小桥,见表 2-4-1。

桥梁分类参考值　　表 2-4-1

桥梁分类	小桥	中桥	大桥	特殊大桥
全长 L(m)	$8\leqslant L\leqslant 30$	$30\leqslant L<100$	$100\leqslant L\leqslant 1\,000$	$L>1\,000$
单孔跨径 l(m)	$5\leqslant l<20$	$20\leqslant l<40$	$40\leqslant l\leqslant 150$	$l\geqslant 150$

二、桥位平面图的图示方法

(1)桥位平面图表示桥梁所在位置,与路线的连接情况,与地形、地物的关系,画法与路线平面图相同。

(2)相较于路线平面图的比例,桥位平面图的比例略大,一般为1:200、1:500等。

(3)如图2-4-1所示的桥梁桥位平面图,表示出路线平面形状、地形和地物,以及钻孔、里程、水准点的位置和数据。桥位平面图的植被、水准符号等均应按照正北方向为准,图中文字方向则可按路线要求及总图标方向来确定。

三、桥位地质断面图的图示方法

(1)桥位地质断面图是根据水文调查和钻探所得的地质水文资料,绘制桥位所在河床位置的地质断面图,包括河床断面线、最高水位线、常水位线和最低水位线,以便作为设计桥梁、桥台、桥墩和计算土石方工程数量的根据。

(2)地质断面图为了显示地质和河床深度变化情况,特意把地形高度(高程)的比例较水平方向比例放大数倍画出。如图2-4-2所示,地形高度的比例采用1:200,水平方向的比例采用1:500。

任务实施

1. 识读图2-4-1中的桥位平面图

根据问题引导,逐步识读桥位平面图。

(1)判断方向

看指北针或者坐标来判断图中方向。

图2-4-1是用指北针指示北向,北向为图纸正上方,桥的方向为由西向东略偏北。

(2)地形、地貌、地物

地形:西南方有一座海拔约29m的小山丘,山脚海拔约为11m;东面有两座海拔约25m的小山丘(可视为一座),山脚海拔约为4m,两座山丘间形成一个鞍部地形。

地貌:东西两座山丘之间的开阔地上,有一条清水河,河流方向是自南向北略偏西方向。清水河西岸有一条沿河堤坝,西南山脚下有一片大池塘,西北山脚下支堤北面有一小片池塘。清水河上原有一座小木桥,木桥西侧小路通往河堤主堤,木桥东侧有一条小路沿东面山脚向东北延伸。

地物:西南山脚下池塘边有一片村落,河堤主堤以西一支堤以南的村落周边种有一片水田;西北山脚下池塘边也有一片村落,河堤主堤以西—支堤以北的村落周边是一片旱地;清水河东岸至山脚有一大片果园。

(3)路线

图中路线约从K0+300处沿西南山脚自西南向东北延伸,在K0+445.73处发生右转,至K0+543.00处转弯结束,延伸方向改为自西向东略偏北;路线通过一座桥梁直线跨过清水河,在河东岸的K0+860.00处发生左转,至K0+938.63处转弯结束,方向改为自西南向东北延伸。

(4)桥梁所在位置、与路线的连接情况、与地形、地物的关系

桥梁位于清水河上,大约在路线K0+700.00至K0+800.00之间的直线段,桥梁中点的

桩号为 K0 +738.00,自西向东偏北延伸。桥梁的西岸越过河堤,东岸连着一片果园。

(5)其他细节(钻孔、水准点等)

桥梁设置有 3 个钻孔,2 个水准点,河床西岸的水准点 BM_1,高程为 5.10m,河床东岸的水准点 BM_2,高程为 8.25m。

2. 识读图 2-4-2 中的桥位地质断面图

识读桥位地质断面图,应将图样和资料表结合起来进行识读。

(1)比例

水平方向比例采用 1:500,竖直方向比例通过图样计算得知为 1:200。

(2)地质状况

地质状况从图样中直接读出,表层为黄色黏土,第二层为淤泥质亚黏土,第三层为暗绿色黏土。

(3)水文情况

从图样中可读出河床断面线和水位线。洪水位为 6.00m,常水位为 4.00m,最低水位为 3.00m。

(4)里程桩

图中有西台里程桩为 K0 +693.00,东台里程桩为 K0 +783.00。

(5)地质钻孔

地质钻孔有 3 个,结合资料表识读,编号为 CK_1 的钻孔孔口高程为 1.15m,钻孔深度为 15.0m;编号为 CK_2 的钻孔孔口高程为 0.20m,钻孔深度为 16.2m;编号为 CK_3 的钻孔孔口高程为 4.10m,钻孔深度为 13.1m。CK_1 与 CK_2 间距为 40m,CK_2 与 CK_3 间距为 38m。

子项目二　识读桥梁总体布置图

导入图样

识读图 2-4-10 桥梁总体布置图。

项目目标

识读图 2-4-10 桥梁总体布置图,解决以下问题:

(1)桥梁总体布置图的表达方案

立面图、平面图、侧面图分别是如何组成的?

(2)桥梁整体情况

①桥梁总长是多少?

②桥梁有几跨?

③边跨和中跨分别为多少米?

④桥梁各部分构件(墩、台、梁)都采用了哪种形式?数量各是多少?

⑤常水位、路面、梁底、墩台个重要部位高程各是多少?

⑥桥梁还有什么附属结构?尺寸各是多少?

(3)桥面

①桥面有多宽?

②人行道多宽?有无坡度?

③桥面是否有坡度?是多少?

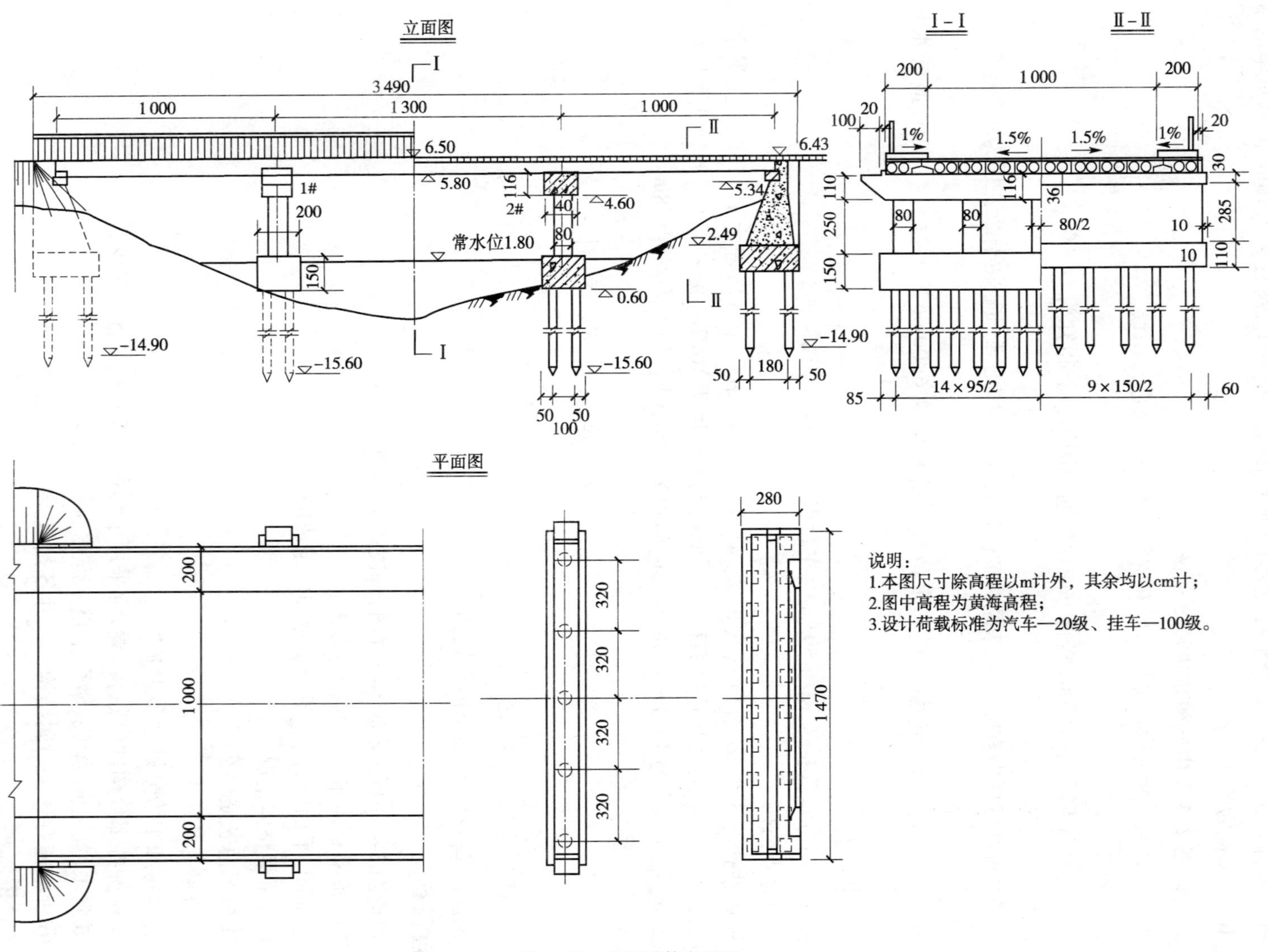

说明：
1.本图尺寸除高程以m计外，其余均以cm计；
2.图中高程为黄海高程；
3.设计荷载标准为汽车—20级、挂车—100级。

图 2-4-10 桥梁整体布置图

④桥面的高程是多少?

(4)桥墩

①桥墩分别由哪几部分组成?

②立柱有几根?

③立柱直径、间距分别是多少?

④基桩共有多少根?间距是多少?

⑤桥墩采用的是什么材料?

(5)桥台

①桥台总长、总宽分别是多少?

②桥台分别由哪几部分组成?

③桥台基桩是圆桩还是方桩?有多少根?间距是多少?

④桥台采用的是什么材料?

相关知识

桥梁总体布置图一般由立面图、平面图和剖面图组成。

1. 立面图

该立面图是由半立面和半纵剖面合成的。

左半立面图为左侧桥台、2 号桥墩、板梁、人行道栏杆等主要部分的外形视图;右半纵剖图是沿桥梁中心线纵向剖开而得到的,2 号桥墩、右侧桥台、板梁和桥面均按剖开绘制。

图中画出了河床的断面形状,在半立面图中,河床断面线以下的结构如桥台、桩等用虚线绘制,在半剖面图中地下的结构均画为实线。由于预制桩打人到地下较深的位置,采用了折断画法。按照道路工程制图习惯,桩基部分埋入土体,故画虚线表示。

图中还注出了桥梁各重要部位如桥面、梁底、桥墩、桥台、桩尖等处的高程,以及常水位(即常年平均水位)。

2. 平面图

桥梁的平面图也常采用半剖的形式。

左半平面图是从上向下投影得到的桥面俯视图,主要画出了车行道、人行道、栏杆等的位置,由于比例较小栏杆、立柱的布置尺寸未画出。

右半部采用的是剖切画法(或分层揭开画法)。假想把上部结构移去后,画出了 2 号桥墩和右侧桥台的平面形状和位置。桥墩中的虚线圆是立柱的投影,桥台中的虚线正方形是下面方桩的投影。

3. 横剖面图

桥梁的横剖面图是左半部 I-I 剖面和右半部 II-II 剖面拼成的,I-I 剖面是在中跨位置剖切的,II-II 剖面是在边跨位置剖切的,由于钢筋混凝土空心板的断面形状太小,没有画出其材料符号。在 I-I 剖面图中画出了桥墩各部分,包括墩帽、立柱、承台、桩等的投影。在 II-II 剖面图中画出了桥台各部分,包括台帽、台身、承台、桩等的投影。

任务实施

1. 看标题栏及说明

了解桥梁的名称、比例、尺寸单位、设计荷载标准。

该桥梁的名称为×××桥，比例为1:200，尺寸单位为cm，高程单位为m，设计荷载标准为汽车—20级、挂车—100级。

2. 了解桥梁的整体情况

从正面图中可以看出，该桥梁跨越一条河流，为简支板桥，共有3跨，两边跨径均为10m，中间跨径均为13m，桥梁总长为34.9m，河流常水位高程为1.80m，河床断面用一曲线表示。

从半平面图可以看出桥面净宽为10m，人行道宽两边各为2.0m。

3. 三结合正面图、平面图和横剖面图

进一步了解桥梁各部分的具体情况。

(1)上部结构

①梁跨结构

由I-I和II-II两个剖面可知，上部构造为预应力混凝土空心板梁结构，中间桥跨与两端桥跨结构相同，都是由10块预应力混凝土空心板组成，其中左右两侧有4块边板，中间有6块为中板。梁底高程为5.80m。

②桥面形状

桥面横向为中间高两侧低的形式，横向坡度为1.5%；桥面纵向也有坡度，桥面中心高程为6.50m，两端高程为6.43m；两侧设有人行道和栏杆，人行道内侧高、外侧低，横向坡度为1.0%。

(2)下部结构

下部结构由中间的1号、2号桥墩和两端的两个桥台组成。

①桥墩

河床中间的两个桥墩为柱式轻型桥墩。桥墩从上到下由墩帽盖梁、立柱、承台和基桩组成。

墩帽盖梁为钢筋混凝土结构，采用端部逐渐变薄的矩形截面，梁底高程为4.6m，盖梁长为1 000+2×(200+20+100)=1 640cm，梁中截面尺寸为40cm×116cm，梁端截面尺寸为40cm×110cm，并在盖梁两端设有防震挡块，防止主梁滑落。

立柱有5根，呈一字排列，间距为320cm，立柱直径均为80cm，立柱高为250cm。

承台为钢筋混凝土结构，其形状为长方体，底部高程为0.60m，长度为2×85+14×95=1 500cm，截面尺寸为200cm×150cm。

基桩为圆桩，有30根，分为2排，每排15根，两排的间距为100cm；一排内基桩的间距为95cm，基桩底部高程为-15.6m。

②桥台

桥两端各有一耳墙式U形重力桥台。桥台的由台帽、台身、侧墙、承台和基桩组成。另外，桥台两侧还有锥体护坡。

台帽和承台的材料为钢筋混凝土，台身和侧墙的材料为混凝土。台帽底面的高程为5.34m，承台顶部的高程为2.49m。

承台截面尺寸为280cm×110cm，长度为1470cm。

基桩为方桩，有20根，分为2排，每排10根，两排的间距为180cm，一排内基桩的间距为150cm，基桩底部高程为−14.9m。

项目任务

识读图2-4-11铁路桥的全桥布置图。

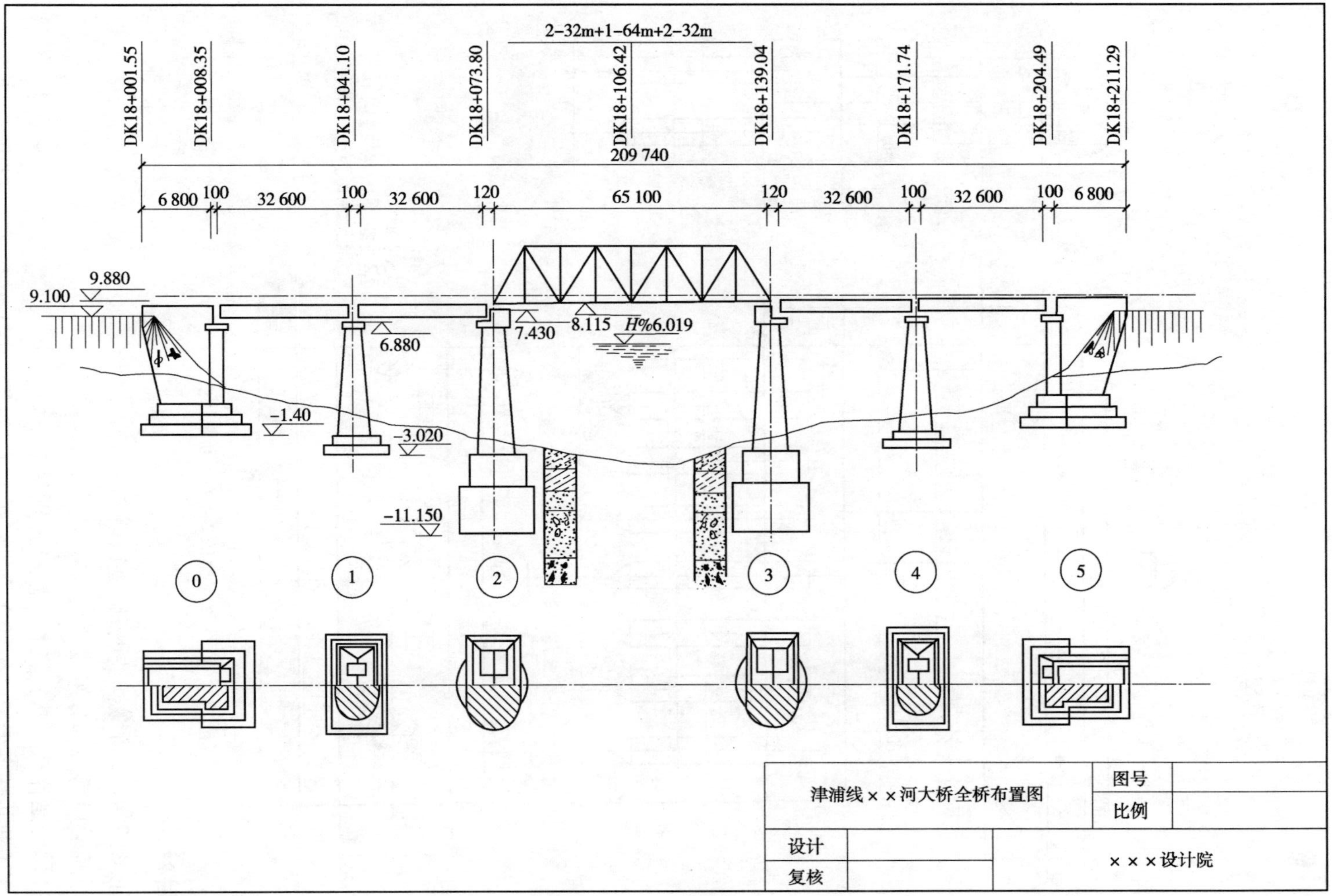

2-32m+1-64m+2-32m

DK18+001.55 DK18+008.35 DK18+041.10 DK18+073.80 DK18+106.42 DK18+139.04 DK18+171.74 DK18+204.49 DK18+211.29

209 740

6 800 100 32 600 100 32 600 120 65 100 120 32 600 100 32 600 100 6 800

9.880 9.100 6.880 7.430 8.115 H%6.019 -1.40 -3.020 -11.150

0 1 2 3 4 5

津浦线××河大桥全桥布置图		图号	
		比例	
设计		×××设计院	
复核			

图 2-4-11　铁路桥的全桥布置图

子项目三　识读桥墩构造图

导入图样

识读图 2-4-12 桥墩构造图。

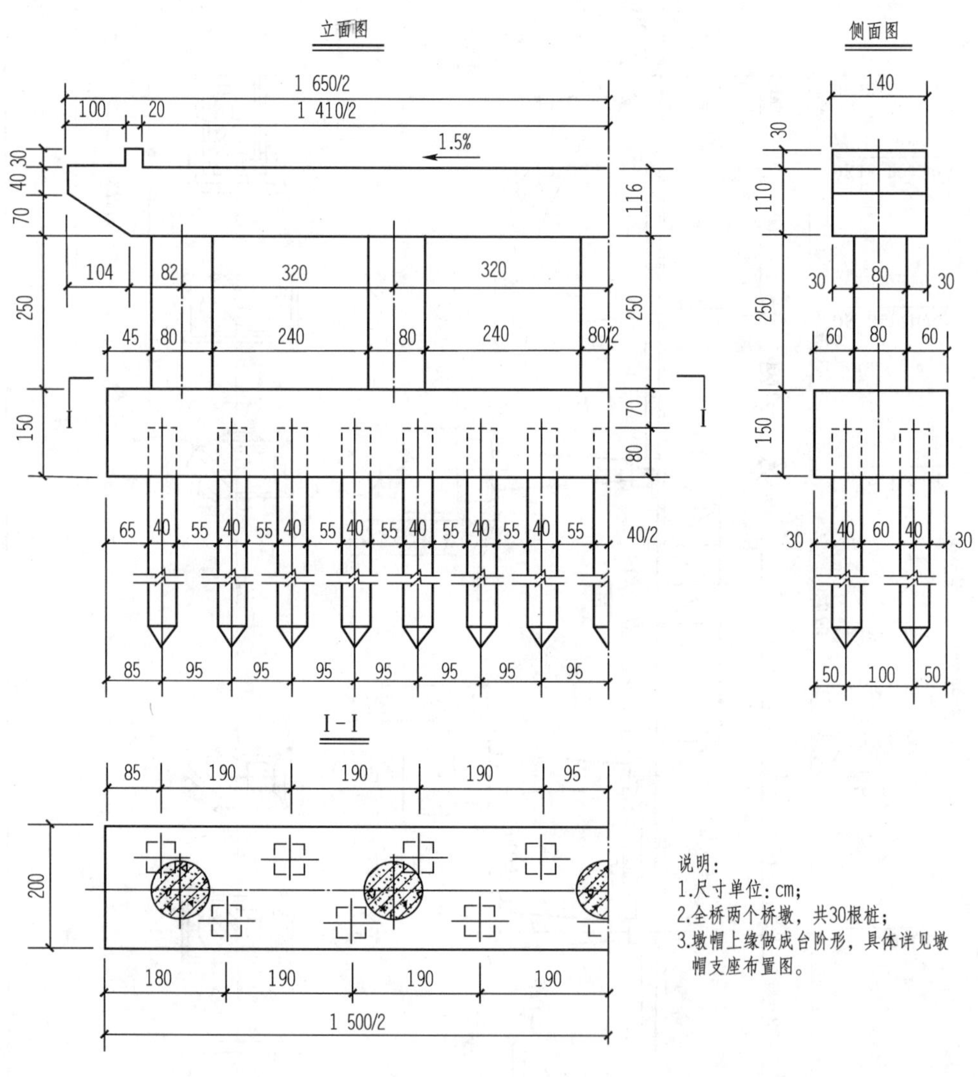

图 2-4-12　桥墩构造图

项目目标

识读图 2-4-12 桥墩构造图，解决以下问题：

（1）桥墩由哪几部分组成？

（2）承台是什么形状？其长、宽、高分别是多少？

（3）基桩共有多少根？位置在哪里？如何布置的？基桩的形状是什么？尺寸是多少？深入承台内部多少距离？哪一部分是深入承台的？

（4）立柱共有多少根？位置在哪里？形状是什么？其直径、高度、轴间分别是多少？

(5)墩帽盖梁的形状和尺寸？防震块在哪里？桥面横坡的坡度是多少？

相关知识

一、桥墩的作用、构造及分类

1. 桥墩的作用

桥墩是桥的下部结构之一，它起着中间支承的作用，将梁及梁上所受的荷载传递给地基。

2. 桥墩的分类及构造

根据河道的水文情况及设计要求，桥墩分为重力式桥墩和轻型桥墩。

1)重力式桥墩

重力式桥墩常用于荷载较大、地基较好的场合，或流冰及漂浮物较多的河流中，常用天然石材或片石混凝土砌筑而成。它的特点是充分利用圬工材料的抗压性能，借自身的较大截面尺寸和重量承受竖直方向和水平方向的外力，具有坚固耐久，施工简易，取材方便，节约钢材等优点。缺点是圬工量大，对地基要求高，外形粗大笨重，减少桥下有效孔径，增大地基负荷；当桥墩较高，地基承载力较低时尤为不利。

(1)重力式桥墩的类型一般以桥墩墩身断面的形状划分，常见的有圆形桥墩、矩形桥墩、尖端型桥墩、圆端形桥墩，如图 2-4-13 所示。

(2)重力式桥墩的构造。重力式桥墩由基础、墩身和墩帽组成，如图 2-4-13d)所示。

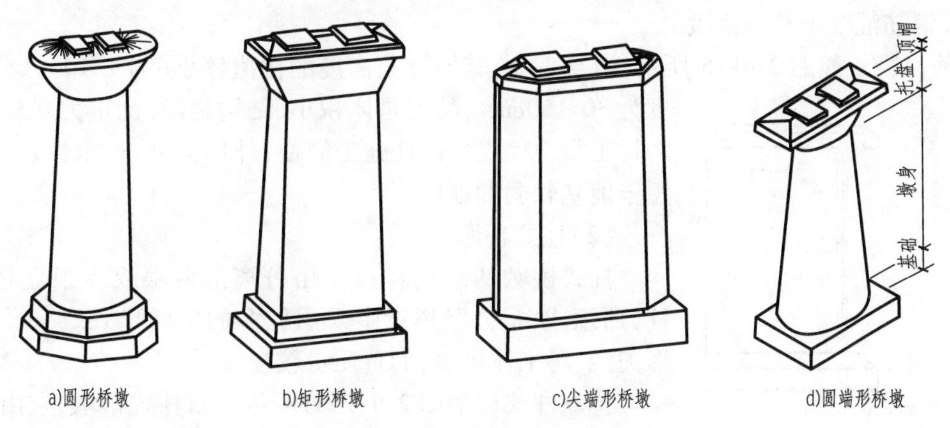

a)圆形桥墩　b)矩形桥墩　c)尖端形桥墩　d)圆端形桥墩

图 2-4-13　重力式桥墩的类型

基础在桥墩的底部，一般埋置在地面以下，其形式根据受力情况及地质情况，可采用明挖扩大基础、沉井基础及桩基础等。

墩身是桥墩的主体，其顶部小，底部大，自上而下形成一定的坡度。

墩帽在桥墩的顶部，它是由顶帽和托盘组成。顶帽的顶面为斜面，作为排水用，俗称排水坡。为了安放桥梁支座，其上设有两块支承垫石。

空心式桥墩(图 2-4-14)，是实体墩向轻型化发展的一种较好的结构形式，尤其适用于高桥墩，可充分利用材料的强度，节省材料，减轻桥墩自重，减少基础工程量。

2)轻型桥墩

当地基土质条件较差时，为了减轻地基的负担，或者为了减轻墩身重量，节约圬工材料，常采用各种形式的轻型桥墩。轻型桥墩的墩帽尺寸及构造由上部结构及其支座的尺寸等要求来确定，与重力式桥墩并无多大差异。

轻型桥墩分为钢筋混凝土薄壁桥墩、双柱式桥墩、钻孔桩柱式桥墩、柔性排架桩墩、拱桥桩柱式桥墩。

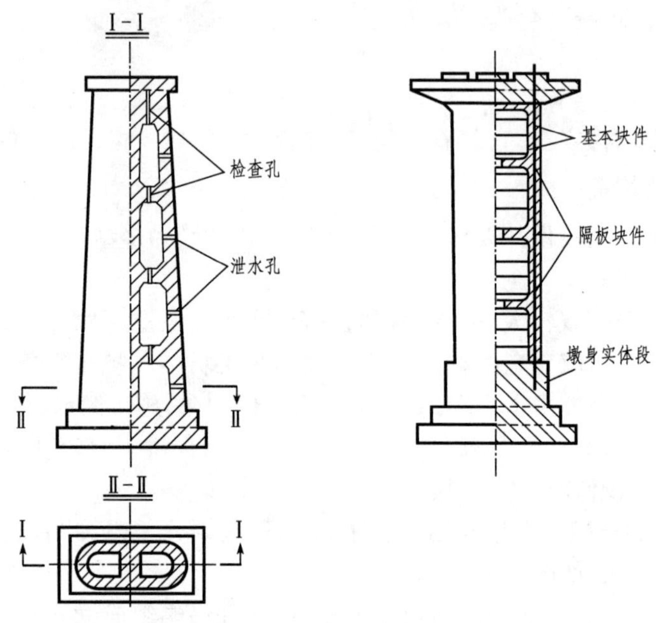

图 2-4-14　空心式桥墩

(1)钢筋混凝土薄壁桥墩

钢筋混凝土如图 2-4-15 所示，墩身直立，其厚度与高度的比值较小(为 1/10～1/15 或厚度为 30～50cm)，特点是体积小，结构轻巧，比重力式桥墩可节约圬工量 70% 左右，且施工简便，外形美观，过水性良好，故适用于地基软弱的地区。

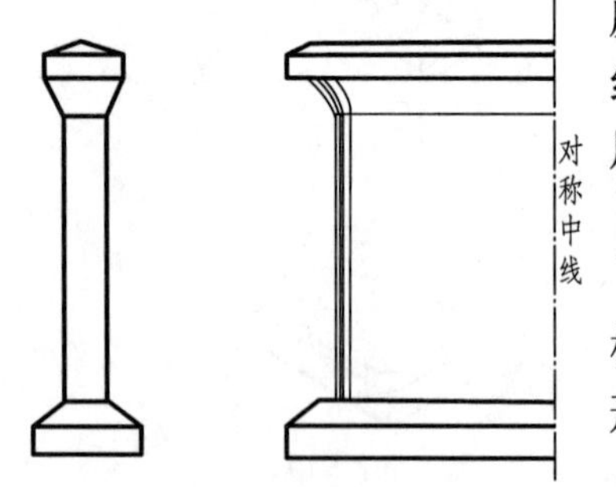

图 2-4-15　钢筋混凝土薄壁桥墩

(2)柱式桥墩

柱式桥墩的结构特点是由分离的两根或多根立柱(或桩柱)所组成，是公路桥梁中采用较多的桥墩形式之一。它的外形美观，圬工体积少，而且质量较轻。

①双柱式桥墩图 2-4-16a)所示为双柱式桥墩，它由两个腰圆形柱和设置在柱顶上的墩帽以及连系梁所组成，柱的底端被联成整体。这种桥墩的刚度较大，适用性较广，并可与桩基配合使用。缺点是柱间空间小，易于阻滞漂浮物，故一般多在水深不大的浅基础或高桩承台上采用，而避免在深、深基础及漂浮物多、有木筏的河道上采用。

②钻孔桩柱式桥墩近年来，我国较多地采用钻孔灌注桩双柱式桥墩，图 2-4-16b)所示。它由钻孔灌注桩与钢筋混凝土墩帽组成。柱与桩直接相连，柱即是地面以上的桩。当墩身桩柱的高度大于 1.5 倍的桩距时，通常就在桩柱之间布置横系梁，以增加墩身的侧向刚度。

钻孔桩柱式桥墩适合于许多场合和各种地质条件。对于宽桥可采用三柱式或多柱式，视桩的承载能力而定，也可把洪水位以下部分墩身做成实体式，以增强抵抗漂浮物的能力。通过增大桩径、桩长或多排桩加建承台等措施，也能适用于更复杂的软弱地质条件以及较大跨径和较高的桥墩。

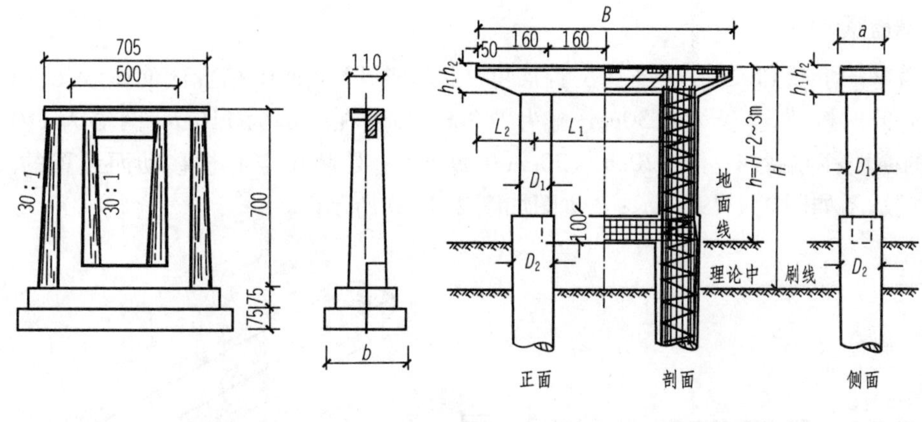

图 2-4-16 桩柱式桥墩(尺寸单位:cm)

③柔性排架桩墩。图 2-4-17 所示,是有单排或双排钢筋混凝土桩与钢筋混凝土盖梁连接而成的。其主要特点是通过一些构造措施,将上部结构传来的水平力传递到各个柔性墩台,以减少单个柔性墩所受的水平力。其优点是用料省、修建简便、施工速度快。适用于低浅宽滩河流、通航要求低和流速不大的河流。

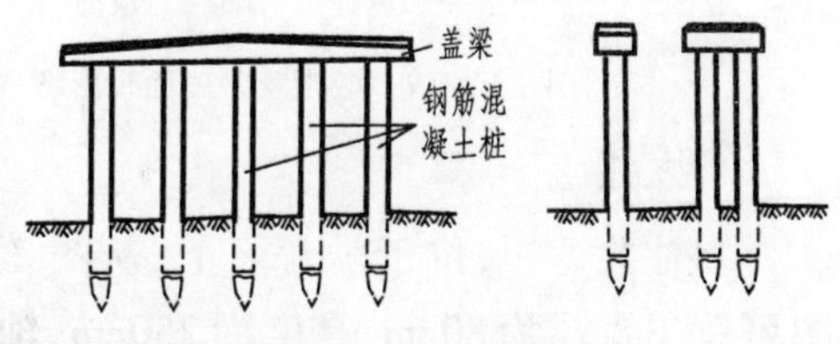

图 2-4-17 柔性排架桩墩

④拱桥轻型桥墩,如图 2-4-18 所示。一般为配合钻孔灌注桩基础的桩柱式桥墩。从外形上看,它与梁桥上的桩柱式桥墩非常相似,主要差别为:在梁桥墩帽上设置支座,而在拱桥墩顶部分别设置拱座。

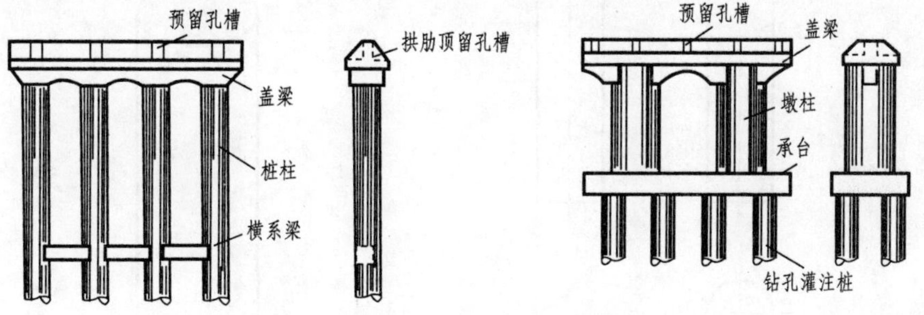

图 2-4-18 拱桥轻型桥墩

二、桥墩构造图的图示方法

桥墩构造图主要表达桥墩各部分的形状和尺寸,一般包括立面图、平面图和侧面图。由于桥墩一般是左右对称的,故立面图和平面图均只画一半。为了清晰表达立柱、承台的形状尺寸,平面图采用剖面图表示,剖切位置为立柱底部,投影方向向下,如图 2-4-12 所示。

任务实施

1. 整体结构

首先从图 2-4-12 立面图看出,该桥墩为柱式轻型桥墩,由上至下分别由墩帽、立柱、承台和基桩四部分组成。

2. 墩帽盖梁

墩帽盖梁的形状和尺寸、防震块位置均可从图 2-4-12 立面图结合侧面图读出。墩帽盖梁为一个纵卧的四棱柱，全长为 1650cm，宽为 140cm；高度在中部为 116cm，两端为 110cm；桥面有 1.5% 的横坡；两端各有一个 20cm × 30cm 的防震块，是防止空心板移动而设置的。墩帽盖梁的三面投影图如图 2-4-19 所示；立体图如图 2-4-20 所示。

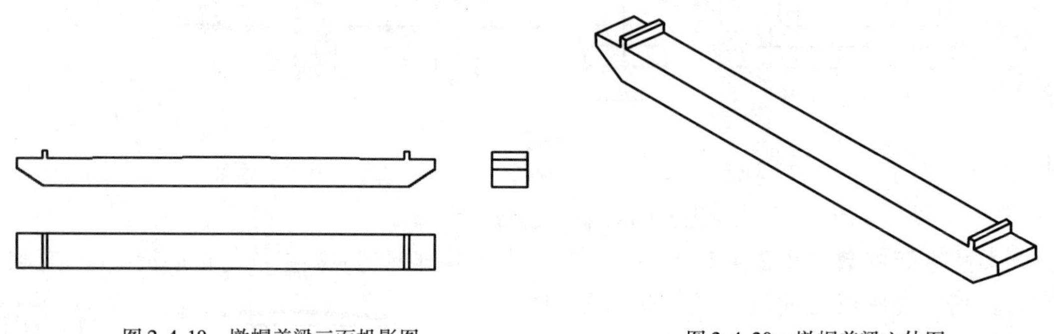

图 2-4-19　墩帽盖梁三面投影图　　图 2-4-20　墩帽盖梁立体图

3. 立柱

立柱共 5 根，位于承台之上，从图 2-4-12 平面图看出，立柱为圆形立柱；由立面图或侧面图可读出直径为 80cm、高度为 250cm，轴间距为 320cm。立柱的三面投影图和立体图分别如图 2-4-21、图 2-4-22所示。

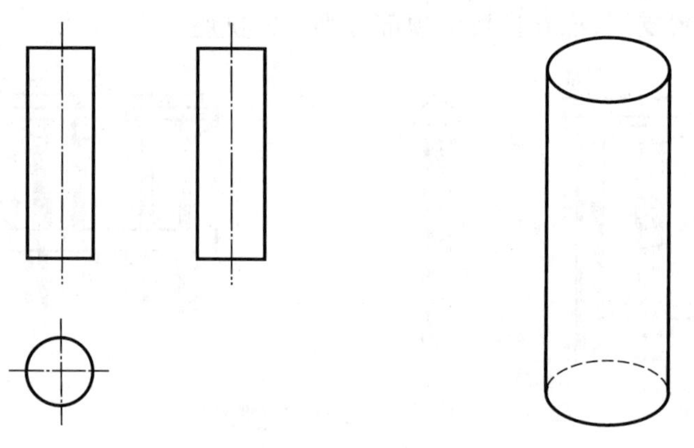

图 2-4-21　立柱三面投影图　　图 2-4-22　立柱立体图

4. 承台

从图 2-4-12 平面图看出，承台是长方体，结合三面投影可看出，其长宽高分别为 1 500cm × 200cm × 150cm。承台的三面投影图和立体图分别如图 2-4-23、图 2-4-24 所示。

5. 基桩

该桥墩的基桩均为钢筋混凝土预制桩，基桩共 15 根，位于承台之下，分两排交错布置（呈梅花形），排距为 100cm，桩距为 95cm，为 40cm × 40cm 的方桩；基桩施工时先将预制桩打入地基，下端到达设计深度后，再浇筑承台，桩的上端深入承台内部 80cm。基桩的三面投影图和立体图分别如图 2-4-25 和图 2-4-26 所示。

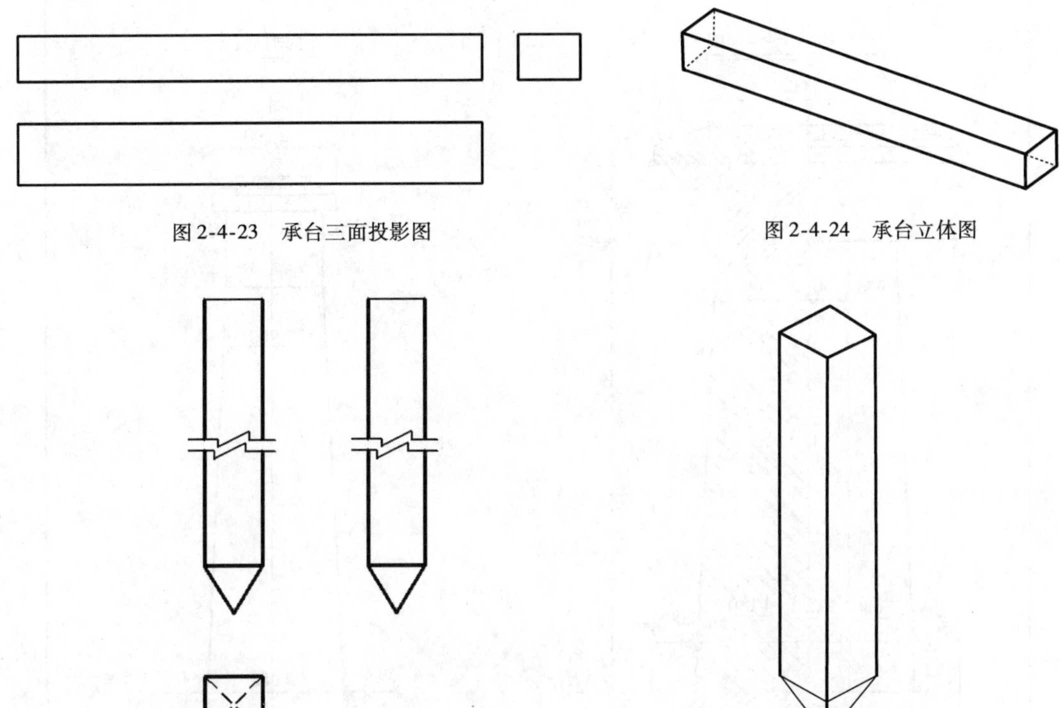

图 2-4-23　承台三面投影图

图 2-4-24　承台立体图

图 2-4-25　基桩三面投影图

图 2-4-26　基桩立体图

将墩帽盖梁、立柱、承台和基桩四部分从上至下组合起来便可得到完整的桥墩，桥墩立体图如图 2-4-27 所示。

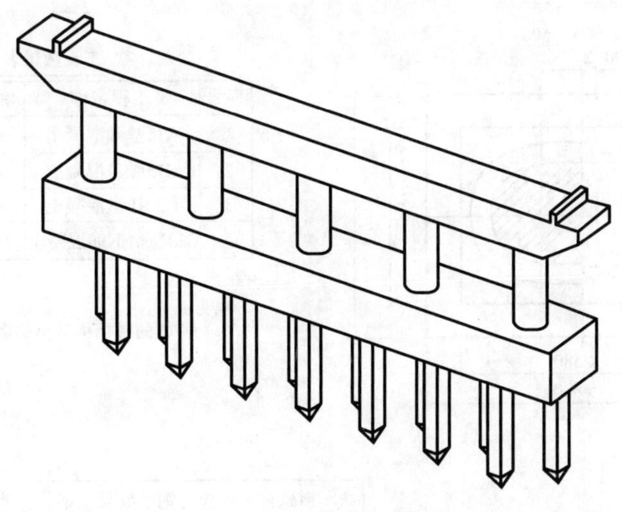

图 2-4-27　桥墩立体图

项目任务

任务

识读图 2-4-28 铁路桥圆端形桥墩总图和图 2-4-29 墩帽构造图。

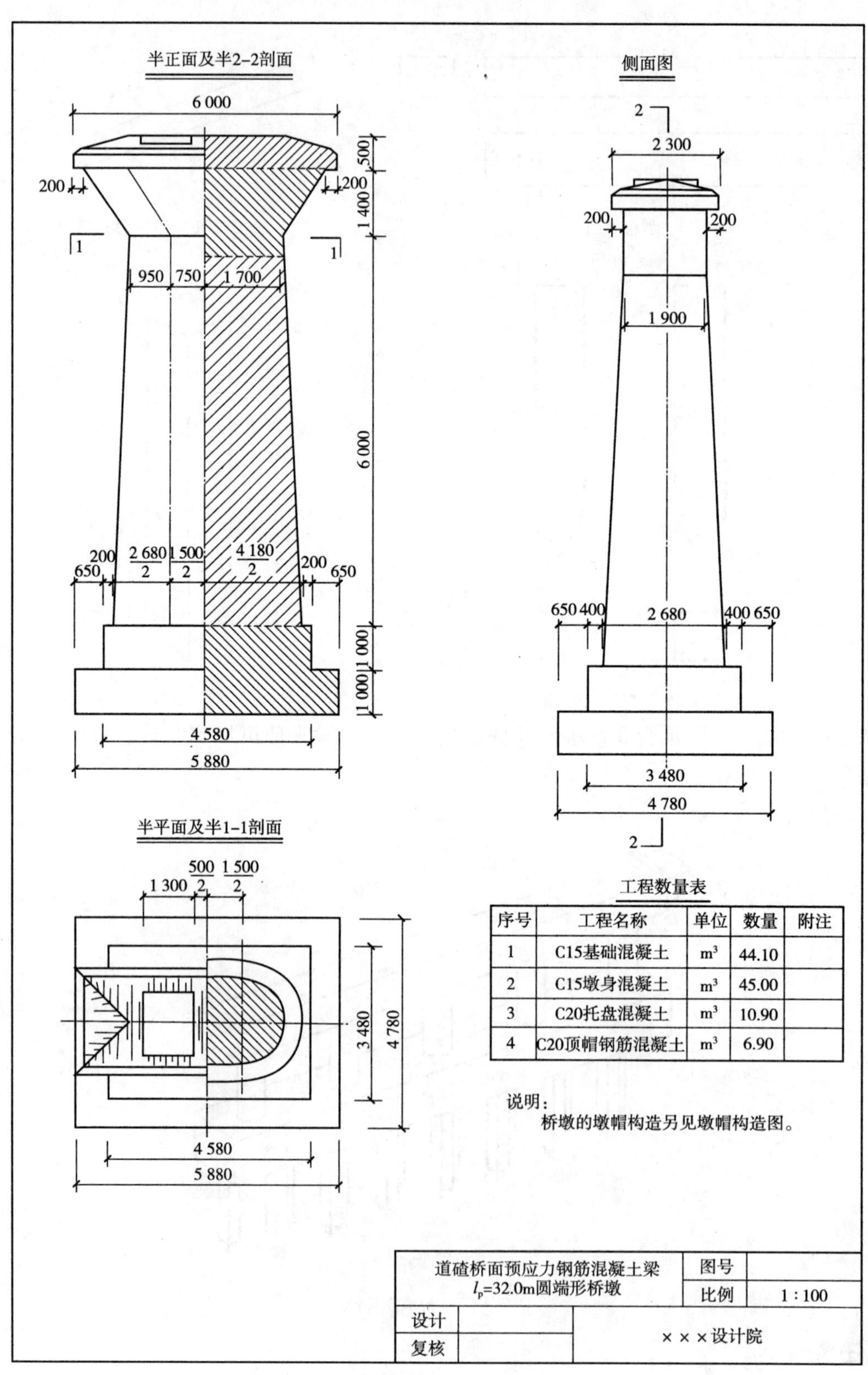

工程数量表

序号	工程名称	单位	数量	附注
1	C15基础混凝土	m^3	44.10	
2	C15墩身混凝土	m^3	45.00	
3	C20托盘混凝土	m^3	10.90	
4	C20顶帽钢筋混凝土	m^3	6.90	

图 2-4-28　圆端形桥墩总图（尺寸单位：cm）

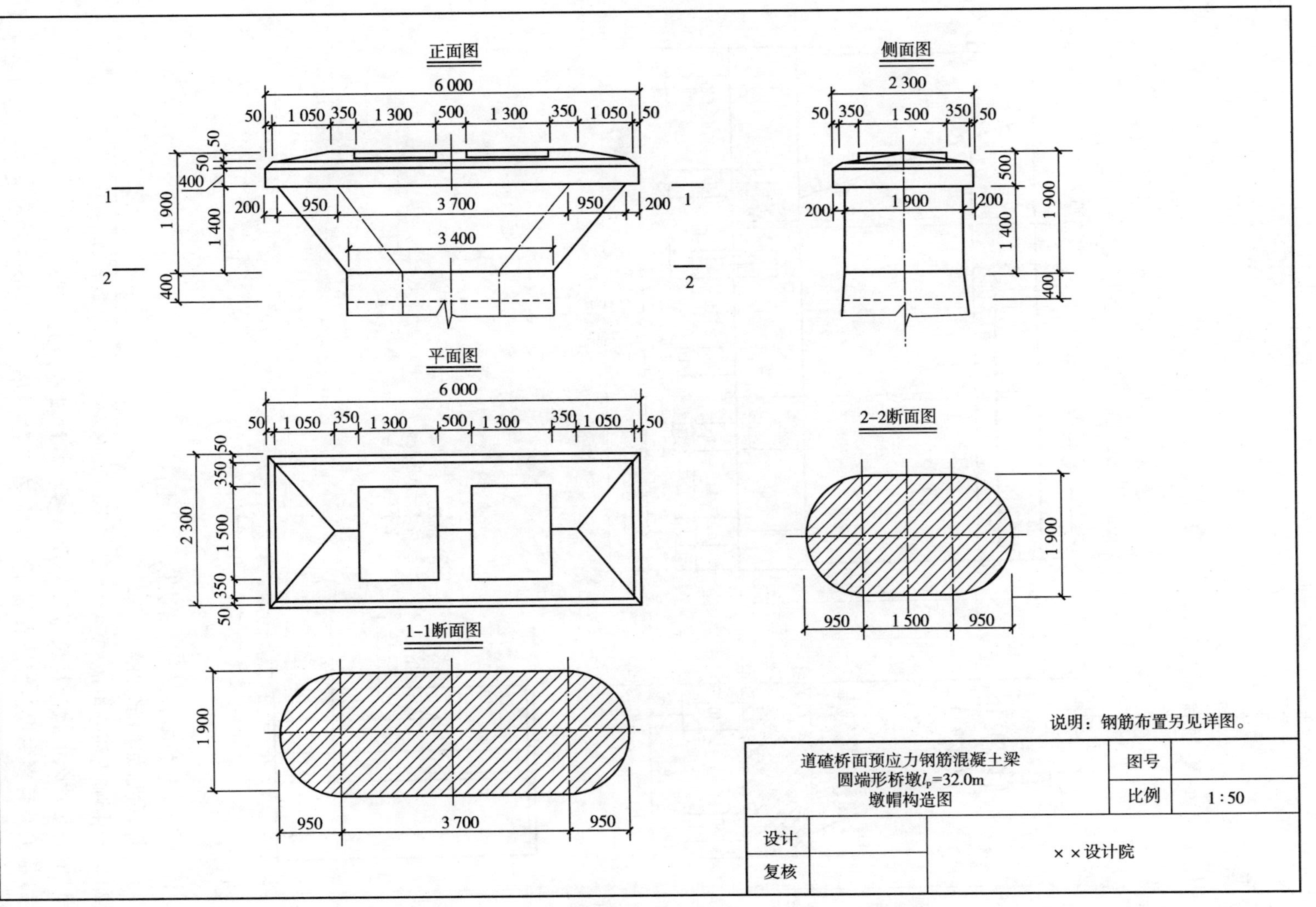

图 2-4-29　圆端形桥墩墩帽构造图(尺寸单位:cm)

子项目四　识读桥台图

导入图样

识读图 2-4-30 桥台构造图。

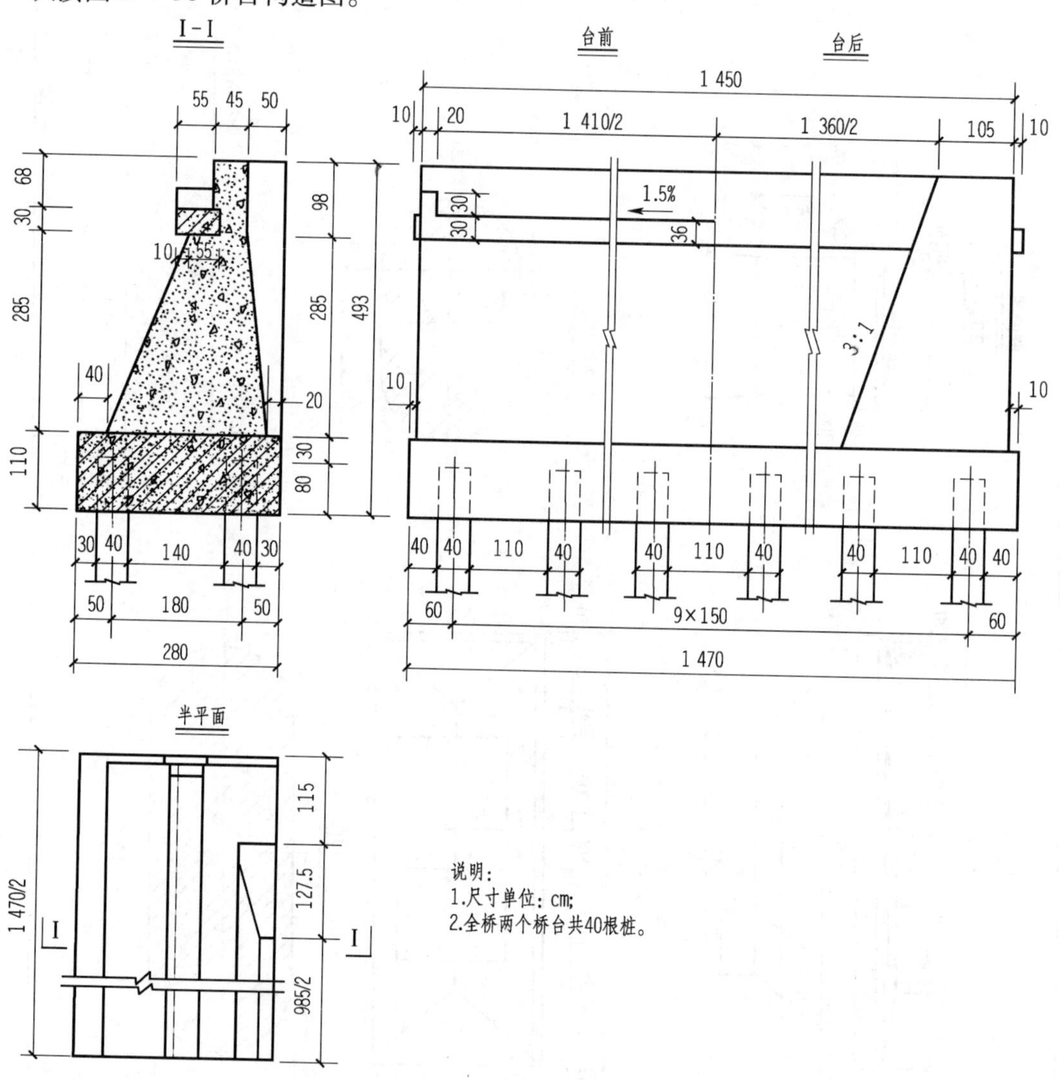

图 2-4-30　桥台构造图

项目目标

识读图 2-4-30 桥台构造图，解决以下问题：

(1)台前、台后如何定义的？

(2)桥台由哪几部分组成？

(3)承台是什么形状？其长宽高分别是多少？材料是什么？

(4)基桩共有多少根？位置在哪里？如何布置的？排距是多少？基桩的形状是什么？尺寸是多少？深入承台内部多少距离？哪一部分是深入承台的？

(5)台身是什么材料的？其形状如何？

(6)台帽的形状是什么？和尺寸是多少？防震块在哪里？桥面横坡的坡度是多少？

(7)侧面图中台后有一个3∶1的坡度是什么？

相关知识

一、桥台的作用、构造、分类

桥台属于桥梁的下部结构，主要支承上部的板梁，并承受路堤填土的水平推力。桥台迎水面为前面、背水面为后面。

我国公路桥梁桥台的形式主要有实体式桥台（又称重力式桥台）、轻型桥台、组合式桥台等。

1. 重力式桥台

重力式桥台，一般由台帽、台身（前墙、胸墙和后墙）及基础等组成，如图2-4-31所示。

台帽：支承桥跨，设有支承垫石和排水坡，一般用钢筋混凝土做成。

台身：承托着台帽，并支挡路堤填土，它一般用石材或片石混凝土做成。

桥台上部：应伸入路堤一定深度，以保证桥台和路堤的可靠连接。

锥体护坡：在路堤前端的填土应按一定坡度做成锥形，用以保持台身稳定，称锥体护坡。

重力式桥台，靠自重来平衡台后的土压力，台身多用石砌、片石混凝土或混凝土等圬工材料建造，并采用就地建造施工方法，适合于砂石料来源丰富的桥梁工点选用。

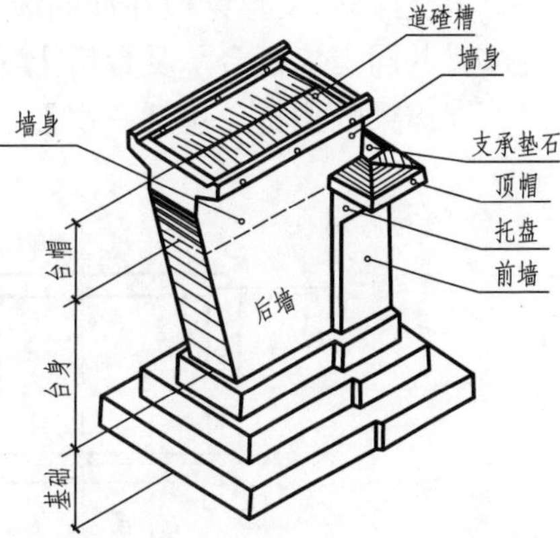

图2-4-31 桥台的构造

重力式桥台的常用类型有：T形桥台，如图2-4-31所示；矩形桥台；U形桥台，如图2-4-32a)所示；耳墙式桥台，如图2-4-32b)所示；十字形桥台，如图2-4-32c)所示等。

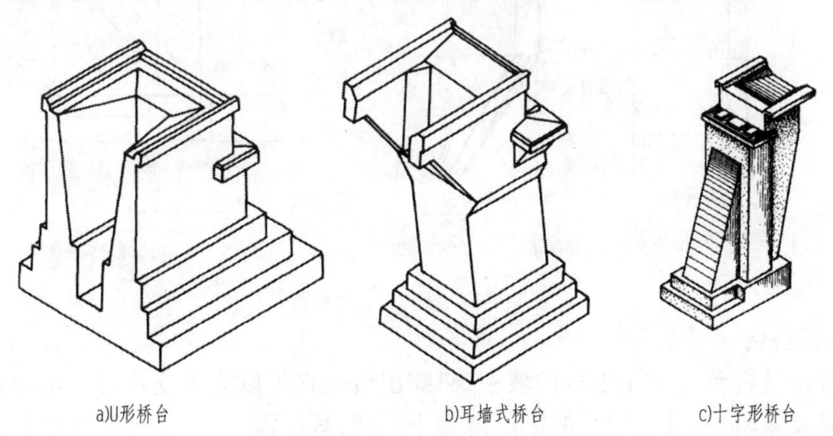

a)U形桥台　b)耳墙式桥台　c)十字形桥台

图2-4-32 重力式桥台的类型

(1)T形桥台。主要用于铁路桥，工程量较小，使用广泛，尤其适用于较大的桥跨和较高的路堤。

(2)矩形桥台。形状简单，施工方便，但工程最大，已较少采用。当填土不高，桥跨较小且桥面不宽时可考虑采用。

(3)U 形桥台。当桥面较宽或桥跨较小,填土较低时,采用 U 形桥台较为节省。为公路桥常用形式。

(4)耳墙式桥台。在台尾上部用两片钢筋混凝土耳墙代替实体台身并与路堤连接,借以节省圬工,也可设计成埋入式。

2. 轻型桥台

轻型桥台的主要特点是利用结构本身的抗弯能力来减少圬工体积而使桥台轻型化,所用材料为钢筋混凝土或有少量配筋的混凝土。

轻型桥台主要用于公路桥梁。

轻型桥台分为:支撑梁轻型桥台、埋置式桥台、钢筋混凝土薄壁桥台。

(1)支撑梁轻型桥台

支撑梁轻型桥台常用于单跨或孔跨不多的小跨径桥,在轻型桥台之间或台与墩间,设置 3 ~5根支撑梁,支撑梁设在冲刷线或河床铺砌线以下,梁与桥台设置锚固栓钉,使上部结构与支撑梁共同支撑桥台承受台后土压力,此时桥台与支撑梁及上部结构形成四铰受力框架。

支撑梁轻型桥台包括一字形、八字形和耳墙式轻型桥台,如图 2-4-33 所示。

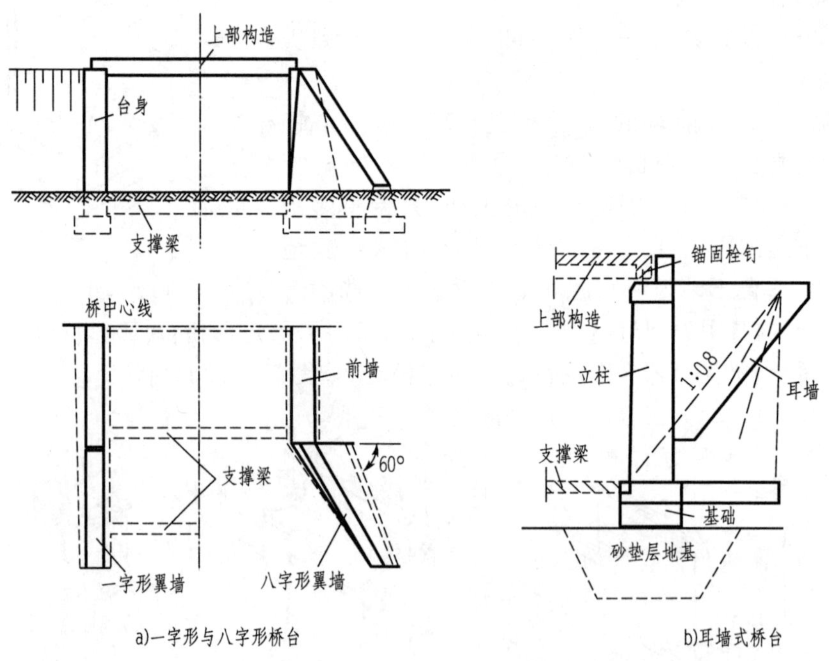

图 2-4-33　支撑梁轻型桥台

(2)埋置式桥台

埋置式桥台是将台身埋在锥体护坡中,只露出台帽在外以安装支座及上部结构。埋置式桥台不需要侧墙,只设有短小的钢筋混凝土耳墙,耳墙深入路堤,与路堤相连。

埋置式桥台按台身的结构形式分为:后倾式如图 2-4-34a)所示;桩柱式如图 2-4-34b)所示;框架式如图 2-4-34c)所示;肋形埋置式如图 2-4-35 所示。

后倾式埋置式桥台的工作原理是靠台身后倾,使重心落在基底截面的形心后,以平衡台后填土的倾覆力矩,减少恒载产生的偏心距。

为节约圬工体积,将后倾式埋置式桥台的台身挖空,即可成为肋形埋置式桥台。

桩柱式埋置式桥台对于各种土壤都适宜,根据桥宽和土壤的承载力可以采用双柱式、三柱式和多柱的形式。柱与钻孔桩相连的称为桩柱式;柱嵌固在普通扩大基础上的称为立柱式;完全由一排钢筋混凝土桩和桩顶盖梁连接而成的称为柔性桩台。

框架式桥台,比桩柱式桥台刚度和稳定性好,比肋式埋置式桥台挖空率高,更节约圬工体积。

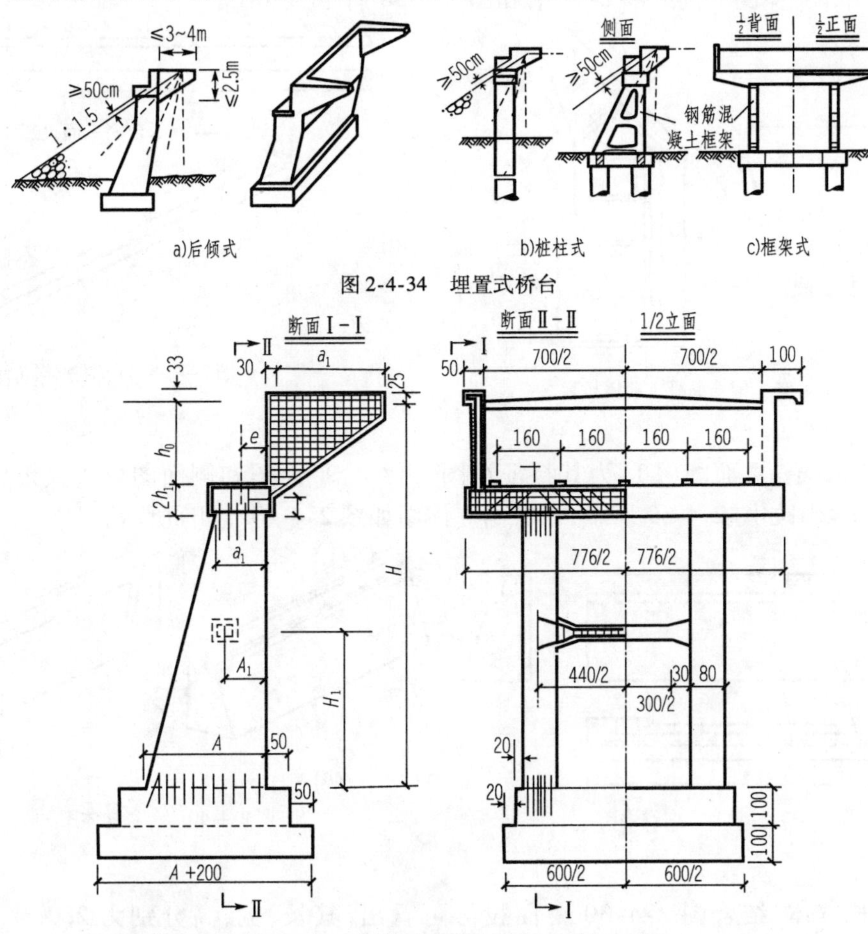

a)后倾式　　b)桩柱式　　c)框架式

图 2-4-34　埋置式桥台

图 2-4-35　肋形埋置式桥台(尺寸单位:cm)

(3)钢筋混凝土薄壁桥台

钢筋混凝土薄壁桥台是由扶壁式挡土墙和薄壁侧墙构成。两侧薄壁与前墙垂直的,称为U形薄壁桥台;两侧薄壁与前墙斜交的,称谓八字型薄壁桥台,如图2-4-36所示。

二、桥台构造图的图示特点

图2-4-30桥台构造图主要表达桥台各部分的形状和尺寸,一般包括立面图、平面图和侧面图。由于桥台一般是左右对称的,故平面图可只画一半。为了清晰表达台帽、台身、承台的形状和材料,立面图可以用剖面图表示。

任务实施

见图2-4-30,首先从立面图(Ⅰ-Ⅰ)看出,该桥台由下至上分别由基桩、承台、侧墙、台身和台帽等五部分组成。立面图(Ⅰ-Ⅰ)为全剖面图,既可表示出桥台的内部构造,又可画出材料符号。由于宽度尺寸较大且对称,所以平面图只画出了一半。侧面图由台前和台后两个方向视图各取一半拼成。为了节省图幅,平面图和侧面图都采用了断开画法。

1. 台帽

材料为钢筋混凝土，图 2-4-30 侧面图的台前部分为其特征视图，长度为 1 470cm，高度在中部为 36cm，两端为 30cm，桥面有 1.5% 的横坡，两端各有一个 20cm × 30cm 的防震块。台帽的三面投影图和立体图分别如图 2-4-37 和图 2-4-38 所示。

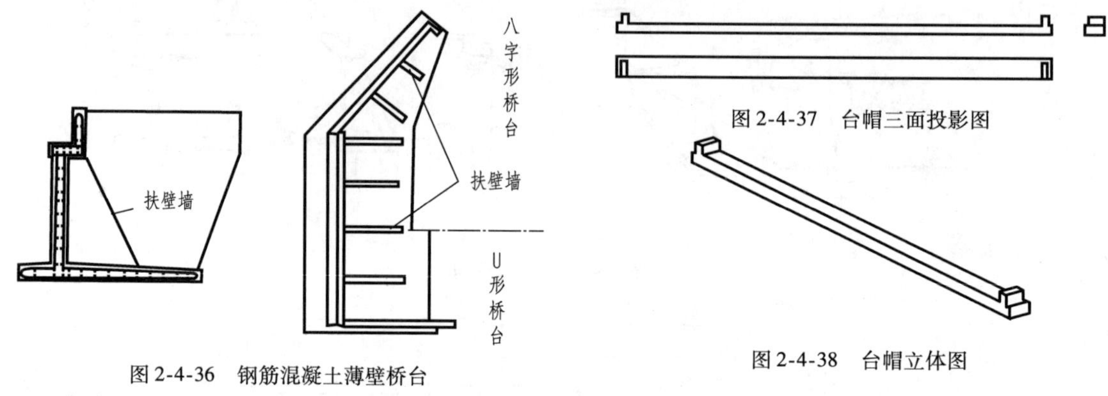

图 2-4-36　钢筋混凝土薄壁桥台

图 2-4-37　台帽三面投影图

图 2-4-38　台帽立体图

2. 台身

材料为混凝土，立面图（I-I）为其特征视图，可结合平面图和侧面图分析其形状和尺寸。台身的三面投影图如图 2-4-39 所示，台身的立体图如图 2-4-40a）、b）所示。

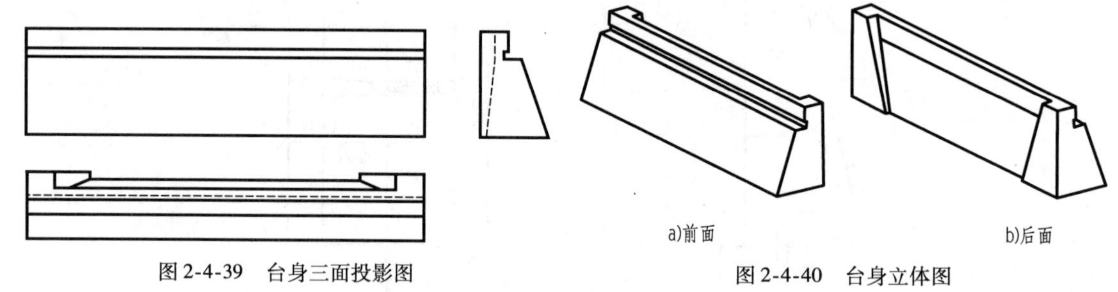

图 2-4-39　台身三面投影图

图 2-4-40　台身立体图

3. 承台

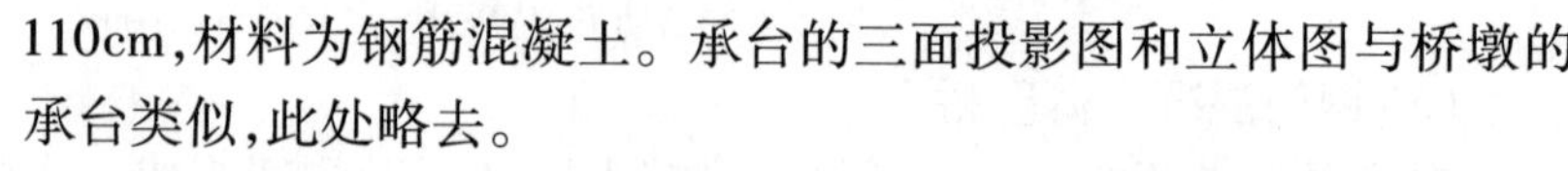

承台是长方体，结合图 2-4-30 三面投影可看出，其长、宽、高分别为 280cm、1 470cm、110cm，材料为钢筋混凝土。承台的三面投影图和立体图与桥墩的承台类似，此处略去。

4. 基桩

每个桥台基桩共 20 根，位于承台之下，分两排对齐布置，排距为 180cm，桩距为 150cm，为 40cm × 40cm 的方桩；桩的上端深入承台内部 80cm，在立面图和侧面图中用虚线绘制。基桩的三面投影图和立体图与桥墩的基桩类似，此处略去。

5. 侧墙

从图 2-4-30 侧面图的台后部分可看出，侧墙坡度为 3∶1。

图 2-4-41　桥台立体图

将台帽、台身、承台和基桩四部分自上而下组合起来便可得到完整的桥台，桥台立体图如图 2-4-41 所示。

项目任务

识读图 2-4-42 铁路桥 T 形桥台总图和图 2-4-43T 形桥台台顶构造详图。

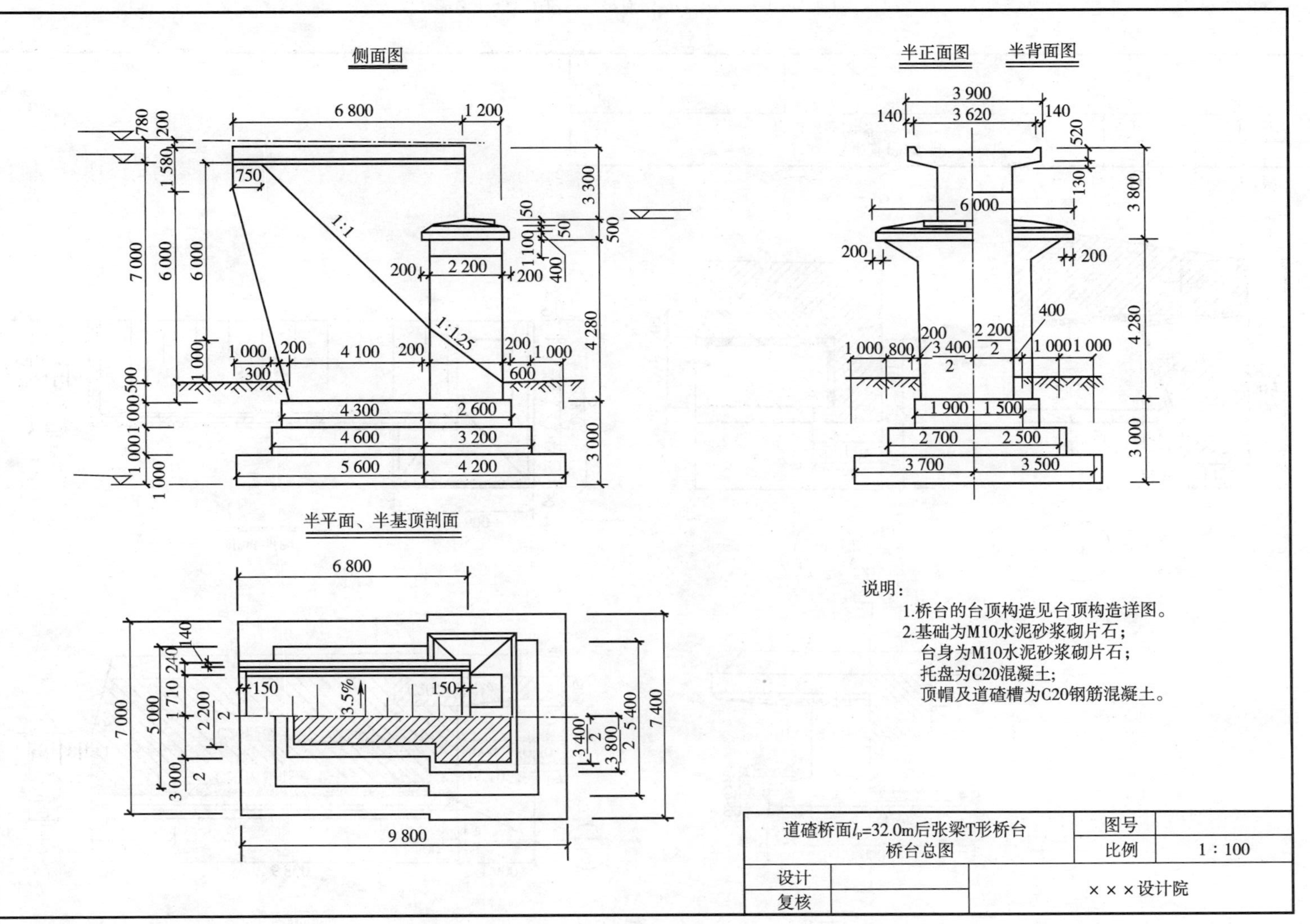

图 2-4-42　铁路桥 T 形桥台总图(尺寸单位:cm)

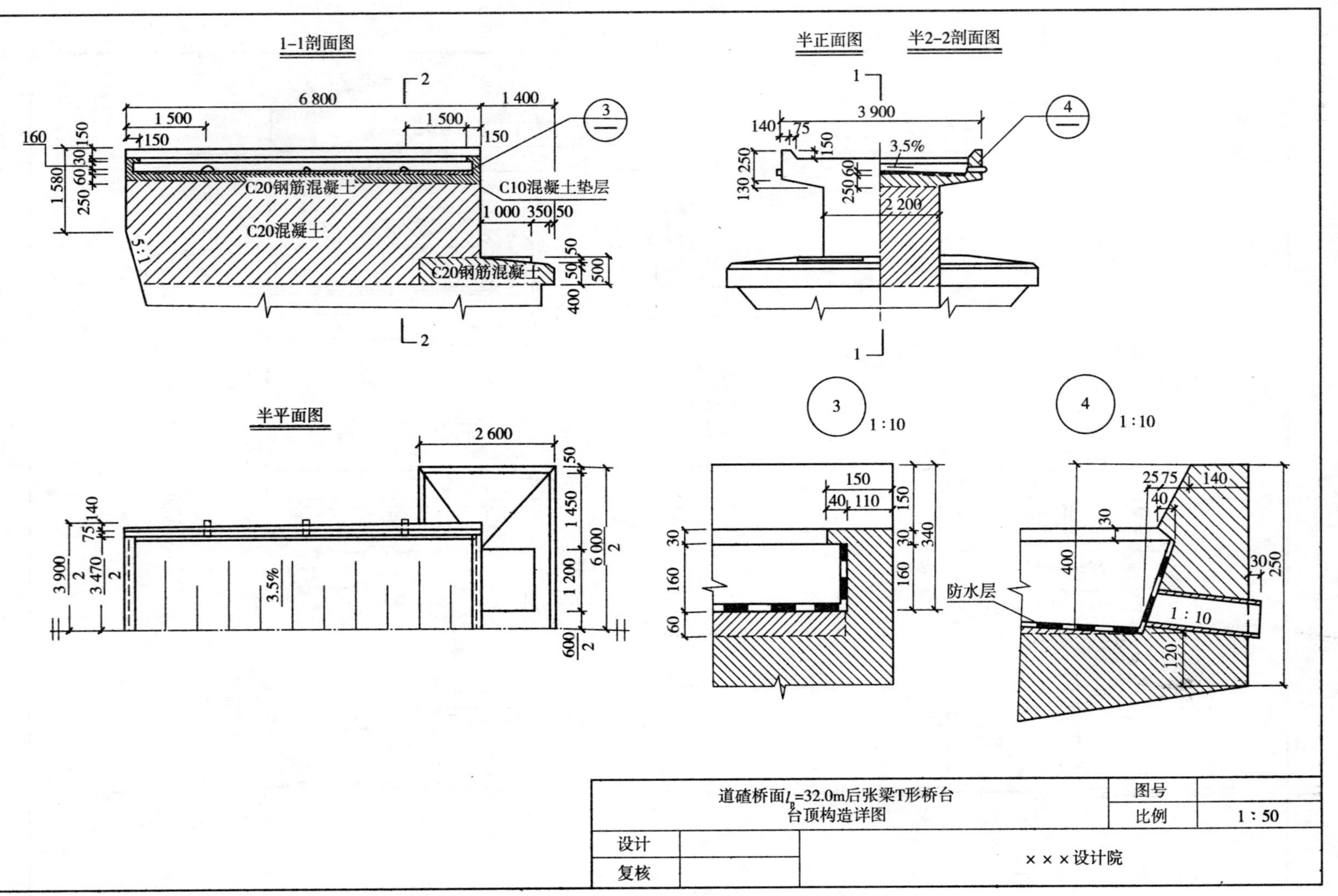

图 2-4-43 T 形桥台台顶构造详图(尺寸单位:cm)

子项目五　识读钢筋混凝土主梁结构图

导入图样

识读图 2-4-44 钢筋混凝土空心梁板构造图和图 2-4-45 梁板边板配筋图。

项目目标

识读图 2-4-44 钢筋混凝土空心梁板构造图和图 2-4-45 梁板边板配筋图，解决以下问题：

(1)钢筋符号中各数字的意义？

(2)钢筋混凝土结构图有哪几类？

(3)如何识读钢筋结构图？

①混凝土外形尺寸是多少。

②共有钢筋数量种类多少？

③各类钢筋形状是什么？直筋还是弯筋？

④各种钢筋如何放置？在构件中的那个位置？以什么形式排列？钢筋的数量是多少？

⑤净距是多少？如何计算的？

(4)钢筋数量表如何填写？

(5)如何绘制不同断面的钢筋断面图？

相关知识

一、桥钢筋混凝土主梁的分类

钢筋混凝土主梁按承载结构的截面形式可分为：板式梁、肋式梁和箱形梁。

1. 板式梁

主梁的承载结构截面为矩形的钢筋混凝土梁或预应力钢筋混凝土梁称为板式梁，如图 2-4-46a)、图 2-4-47a)所示。

2. 肋式梁

主梁的承载结构截面呈肋式结构的钢筋混凝土梁或预应力钢筋混凝土梁称为肋板式梁，也称 T 形梁，如图 2-4-46b)、图 2-4-47b)所示。

3. 箱型梁

主梁的承载结构截面呈一个或几个封闭箱形的钢筋混凝土梁或预应力钢筋混凝土梁称为箱形梁，如图 2-4-46c)、图 2-4-47c)所示。

二、钢筋混凝土结构基本知识

1. 钢筋混凝土结构

混凝土是由水泥、砂、石子和水按一定的比例拌和硬化而成的一种人造石料。由于混凝土的抗压强度较高，抗拉强度较低，而钢筋抗拉能力强，因此常在混凝土构件的受拉区内加入一定数量的钢筋，使两种材料黏结成一个整体，共同承受外力，这种配有钢筋的混凝土称为钢筋混凝土，如图 2-4-48 所示。

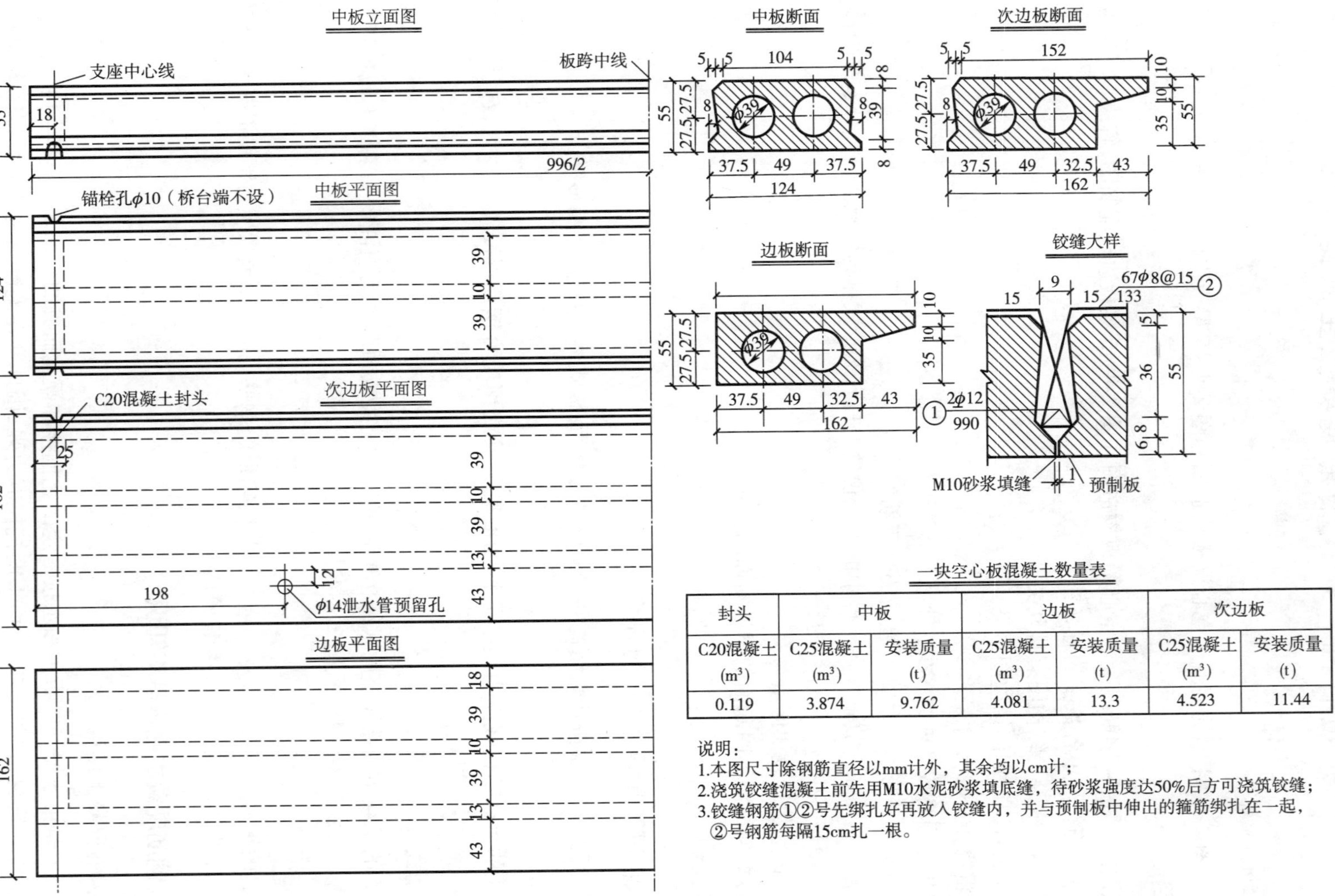

一块空心板混凝土数量表

封头	中板		边板		次边板	
C20混凝土 (m^3)	C25混凝土 (m^3)	安装质量 (t)	C25混凝土 (m^3)	安装质量 (t)	C25混凝土 (m^3)	安装质量 (t)
0.119	3.874	9.762	4.081	13.3	4.523	11.44

说明：

1.本图尺寸除钢筋直径以mm计外，其余均以cm计；

2.浇筑铰缝混凝土前先用M10水泥砂浆填底缝，待砂浆强度达50%后方可浇筑铰缝；

3.铰缝钢筋①②号先绑扎好再放入铰缝内，并与预制板中伸出的箍筋绑扎在一起，②号钢筋每隔15cm扎一根。

图 2-4-44　边跨 10m 空心梁板构造图

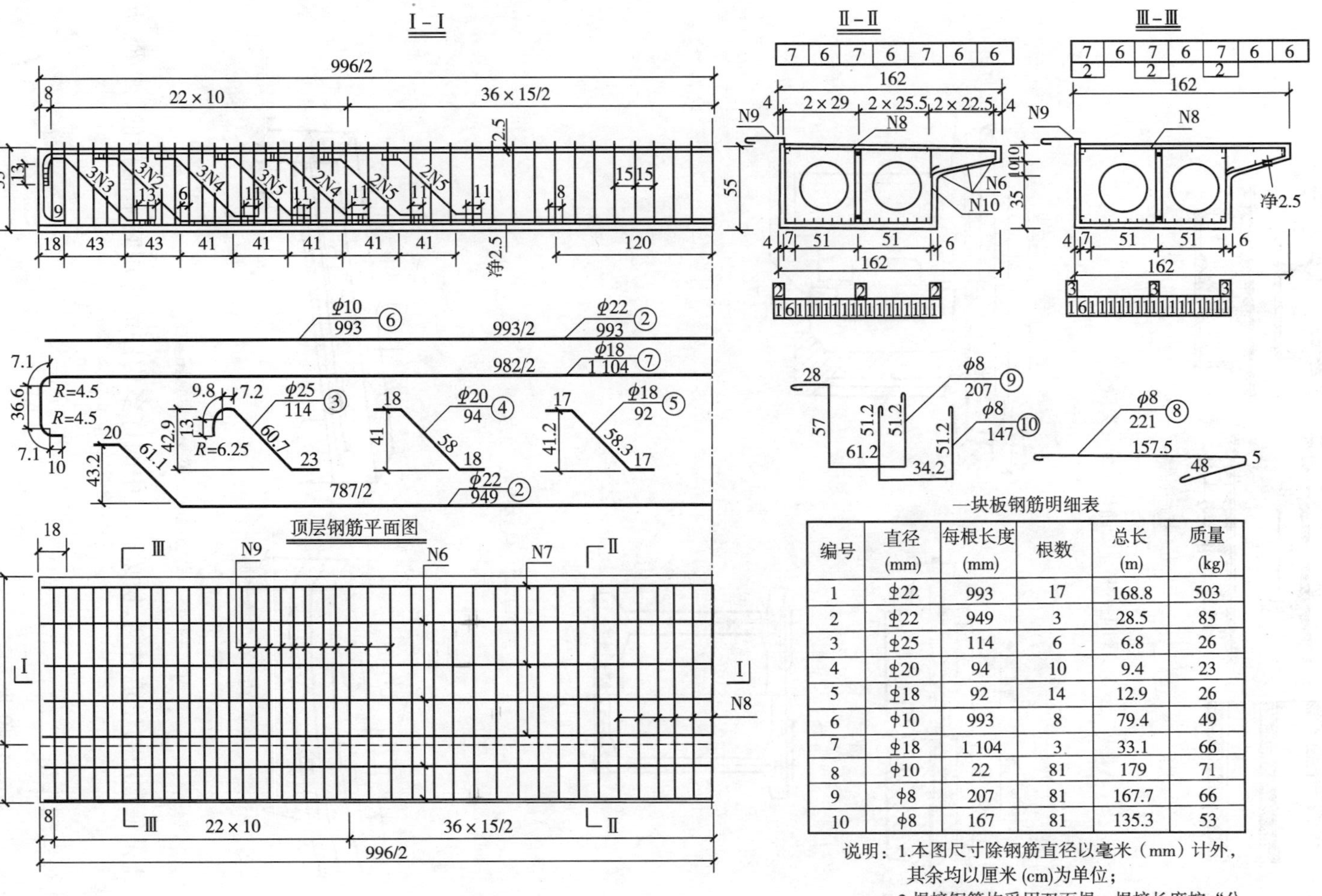

一块板钢筋明细表

编号	直径 (mm)	每根长度 (mm)	根数	总长 (m)	质量 (kg)
1	ϕ22	993	17	168.8	503
2	ϕ22	949	3	28.5	85
3	ϕ25	114	6	6.8	26
4	ϕ20	94	10	9.4	23
5	ϕ18	92	14	12.9	26
6	ϕ10	993	8	79.4	49
7	ϕ18	1 104	3	33.1	66
8	ϕ10	22	81	179	71
9	ϕ8	207	81	167.7	66
10	ϕ8	167	81	135.3	53

说明：1.本图尺寸除钢筋直径以毫米（mm）计外，其余均以厘米 (cm)为单位；

2.焊接钢筋均采用双面焊，焊接长度按“公路桥规”办理；

3.N8与N9、N10钢筋对应设置，N9钢筋弯直伸入人行道。

图 2-4-45　边跨 10m 空心梁板边板配筋图

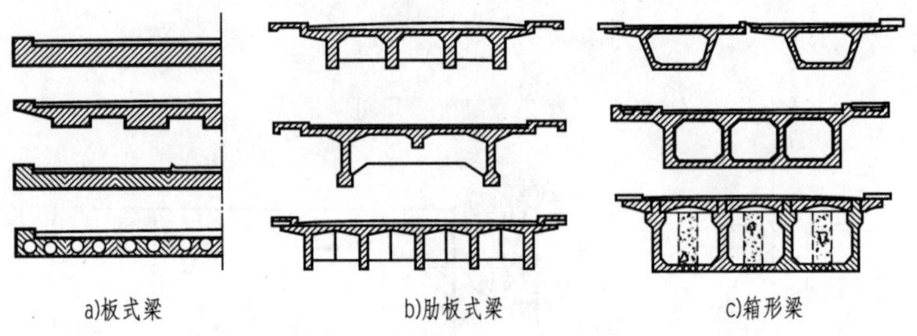

图 2-4-46 公路桥主梁的类型

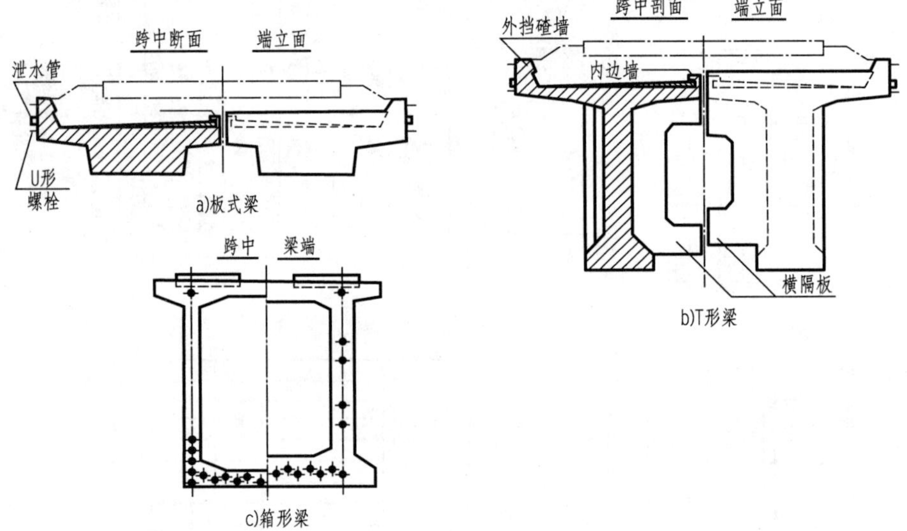

图 2-4-47 铁路桥主梁的类型

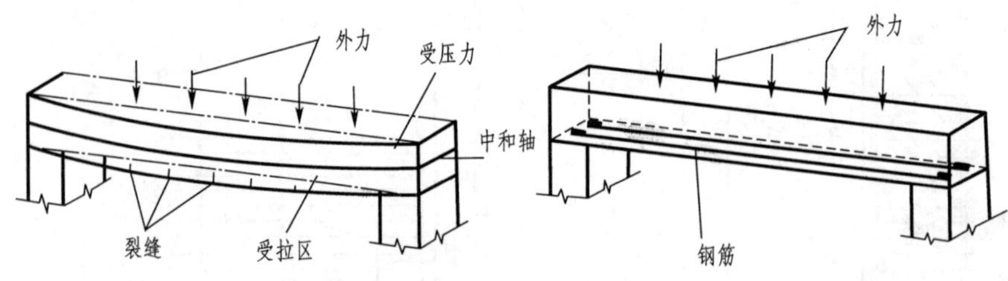

图 2-4-48 钢筋混凝土梁受力示意图

钢筋混凝土是最常用的建筑材料，桥梁工程中的许多构件都是用它来制作的，如梁、板、柱、桩、桥墩等。

2. 钢筋的分类和作用

钢筋的分类，如图 2-4-49 所示。

(1)受力钢筋(主筋)。用来承受拉力或压力的钢筋，用于梁、柱、板等钢筋混凝土构件。

(2)箍筋(钢箍)。用以固定受力钢筋位置，并承受一定的剪力或扭力。

(3)架立钢筋。在钢筋混凝土梁中，用于固定箍筋的位置，并与梁内的受力筋、箍筋一起构成钢筋骨架。

(4)分布钢筋。一般用于混凝土板或高梁结构中,用以固定受力筋的位置,使荷载分布给受力钢筋,并防止混凝土收缩和温度变化出现的裂缝。

(5)构造筋。因构件的构造要求和施工安装需要配置的钢筋,如腰筋、预埋锚固筋、吊环等。

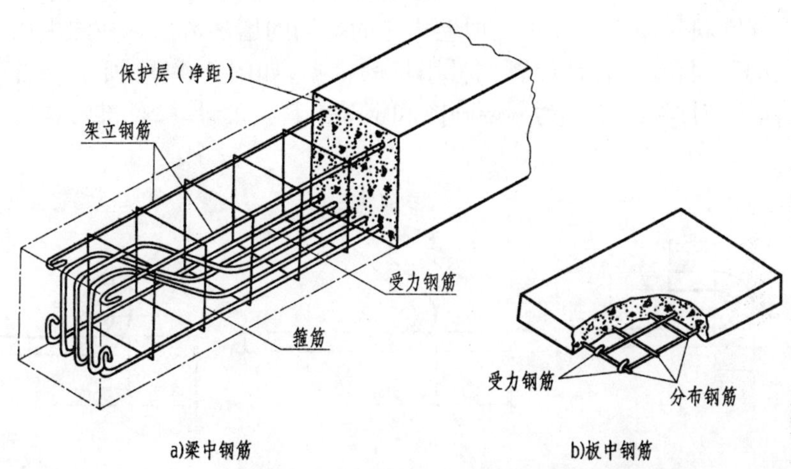

图 2-4-49 钢筋混凝土构件配筋示意图

3. 钢筋的产品规格和符号

钢筋按强度和产品规格分为五个等级,分别用不同的直径符号表示,如表 2-4-2 所示。

钢筋的规格与符号 表 2-4-2

钢筋品种	钢号及外形	符号
Ⅰ级	3 号光圆	Φ
Ⅱ级	16Mn 人字纹	Φ̲
Ⅲ级	25MnSi 人字纹	Φ̲̅
Ⅳ级	44Mn2Si 光圆或螺纹	Φ̲̅
Ⅴ级	热处理 44Mn2Si 光圆或螺纹	Φ̲̅
Ⅰ级冷拉		$Φ^{L}$
Ⅱ级冷拔		$Φ^{b}$

4. 混凝土保护层

为了防止钢筋裸露在大气中锈蚀,钢筋外表到混凝土表面必须有一定的厚度,这层混凝土就称为钢筋的保护层,我们将此距离称为净距,如图 2-4-49a)所示。

在桥涵工程中,钢筋保护层的厚度一般不小于 30mm,也不得大于 50mm,但板中的高度小于 300mm 时,钢筋的保护层的厚度可减为 20mm,箍筋的保护层厚度不得小于 15mm。

5. 钢筋的弯钩和弯起

(1)钢筋的弯钩

对于光圆外形的受力钢筋,为了增加它与混凝土的黏结力,在钢筋的端部做成弯钩,弯钩的形式有半圆、斜弯钩和直弯钩(180°、135°、90°)三种,如图2-4-50所示。根据需要,钢筋实际长度要比端点长出6.25d、4.9d或3.5d。这时钢筋的长度要计算其弯钩的增长数值。

带弯钩的钢筋断料长度为设计长度加上相应的弯钩的增加数值。在图中用双点画线表示出了弯钩弯曲前的下料长度,它是计算钢材用量的依据,如图2-4-50所示。当弯钩为标准形式时,图中不必标注其详细尺寸。为方便画图和钢筋断料长度计算,标准弯钩的增长值查看表2-4-3。

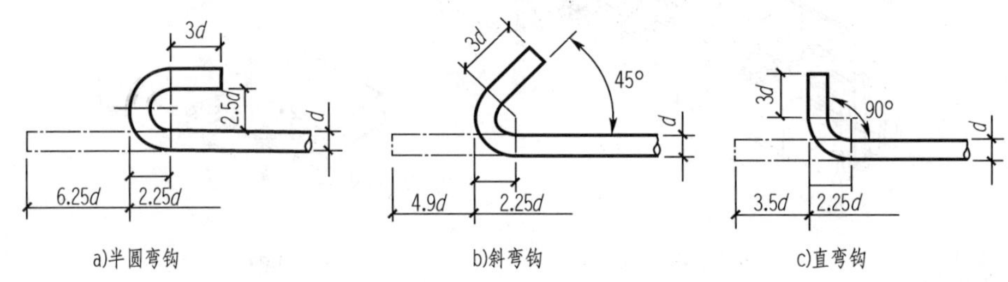

图2-4-50　钢筋弯钩示意图

(2)钢筋的弯起

根据结构受力要求,有时需要将构件下部的受力筋弯到上边去,即为钢筋的弯起,如图2-4-51所示。在弯起钢筋的终点外应留有锚固长度,其长度在受拉区不应小于20d,在受压区不应小于10d。标准弯起的弯起角为45°或90°的弯起,这时弧长比两边切线之和短些。其修正折减值如表2-4-3所列。其计算长度应减去折减数值(钢筋直径小于10mm时可忽略不计)。除标准弯起外,其他角度的弯起应在图中画出大样,并标出切线与圆弧的差值。

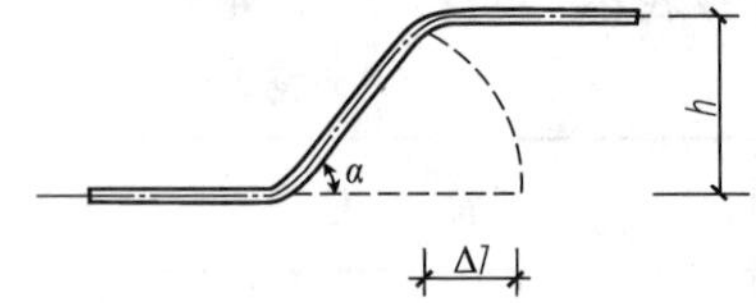

图2-4-51　弯起钢筋增长示意图

三、钢筋混凝土结构图的图示特点

钢筋混凝土结构图包括两类图样,一类是一般构造图,只表示构件的形状和大小,但不涉及内部钢筋的布置情况,如图2-4-44所示;另一类是钢筋结构图(又叫钢筋构造图、配筋图或钢筋布置图),主要表示构件内部的钢筋布置情况,如图2-4-45所示。

1. 钢筋结构图的图示特点

(1)突出钢筋的配置情况

为突出结构物中钢筋的配置情况,把混凝土假设为透明体,结构的外形轮廓用细实线画出,钢筋的形状用粗实线抽象画出(线的粗细不表示钢筋的直径大小),断面图中不画材料图例。

(2)断面图

断面图主要表达构件内钢筋的排列情况,所以断面图的剖切位置常选在钢筋排列有变化的地方。断面的数量应视钢筋情况而定,以将各种钢筋布置表示清楚为宜。

在断面图中钢筋被剖切后,钢筋的断面用小黑圆点表示。

(3)夸张画法

钢筋弯折修正值

表 2-4-3

公称直径 d(mm)	螺纹钢筋 (mm)		钢筋标准弯钩增长值(cm)							钢筋弯折长度折减值(cm)				单根面积 (cm^2)	理论质量 (kg/m)
			90°			135°			180°	45°	90°				
	外径	内径	R235	HRB335	HRB400	R235	HRB335	HRB400	R235	各钢筋	R235	各钢筋	新规范		
6	6.75	5.75	—	6.6	6.7	—	4.7	5.1	—	0.3	—	0.8	2.7	0.283	0.222
7	7.75	6.75	—	7.7	7.8	—	5.5	6.0	—	0.3	—	0.9	3.2	0.385	0.302
8	9	7.5	8.4	8.7	9.0	5.5	6.3	6.9	5.0	0.4	0.6	1.0	3.6	0.503	0.395
9	10	8.5	9.5	9.8	10.1	6.2	7.1	7.7	5.6	0.4	0.7	1.2	4.1	0.636	0.499
10	11.3	9.3	10.5	10.9	11.2	6.9	7.9	8.6	6.3	0.5	0.8	1.3	4.5	0.785	0.617
12	13	11	12.6	13.1	13.5	8.2	9.5	10.3	7.5	0.5	0.9	1.5	5.4	1.131	0.888
14	15.5	13	14.7	15.3	15.7	9.6	11.0	12.0	8.8	0.6	1.1	1.8	6.3	1.539	1.208
16	17.5	15	16.8	17.5	17.9	11.0	12.6	13.7	10.0	0.7	1.2	2.1	7.2	2.011	1.578
18	20	17	18.9	19.7	20.2	12.4	14.2	15.4	11.3	0.8	1.4	2.3	8.1	2.545	1.998
20	22	19	21.0	21.9	22.4	13.7	15.8	17.1	12.5	0.9	1.5	2.6	9.0	3.142	2.466
22	24	21	—	24.0	24.7	—	17.4	18.9	—	1.0	—	2.8	9.9	3.801	2.984
25	27	24	—	27.3	28.0	—	19.7	21.4	—	1.1	—	3.2	11.3	4.909	3.853
28	30	26.5	—	30.6	31.4	—	22.1	24.0	—	1.3	—	3.6	12.6	6.158	4.834
32	34.5	30.5	—	35.0	35.9	—	25.2	27.4	—	1.4	—	4.1	14.4	8.042	6.313
36	39.5	34.5	—	39.3	40.4	—	28.4	30.9	—	1.6	—	4.6	16.2	10.179	7.990
40	43.5	38.5	—	43.7	44.8	—	31.6	34.3	—	1.8	—	5.2	18.0	12.566	9.865
50	53.5	48.5	—	54.7	56.1	—	39.5	42.9	—	2.3	—	6.5	22.5	19.635	15.413
计算公式	标准		$10.5d$	$10.93d$	$11.21d$	$6.87d$	$7.89d$	$8.57d$	$6.25d$	$0.45d$	$0.75d$	$1.29d$	$4.5d$	$0.25\pi d^2$	$19.625\pi d^2$
备注	标准		—			做抗震结构箍筋应 $+5d$			$+7d$						
钢材容重:7 850kg/m^3			D5 冷轧带肋钢筋网:3.083kg/m^2				D8 冷轧带肋钢筋网:7.892kg/m^2					CRB559Φ^R10mm 钢筋网:12.331kg/m^2			

注:1. 光圆钢筋及螺纹钢筋均采用计算直径。

2. 表中螺纹钢筋是指 HRB335、HRB400、KL400,KL400 弯折数值同 HRB400,表中未示。

3. 新桥规(JTG D62—2004)规定,R235 钢筋直径范围 8 ~ 20,HRB335 钢筋、HRB400 直径范围 6 ~ 50,KL400 直径范围 8 ~ 40。

4. 表中所列均为标准弯折修正值,若为非标准弯折应绘制大样,示出切线与圆弧差值。

5. 本表未含环氧树脂涂层钢筋弯折修正值,若需加工应另行计算。

当钢筋密集，难以按比例画出时，允许夸张画法，当钢筋并在一起时，中间应留有一定空隙。

(4)等距离分布钢筋的表示方法

钢箍若沿梁长等距离分布，则在立面图中部画出3~4个即可，但应注明间距；钢筋与构件轮廓线应有适当距离，以表示混凝土保护层厚度。

(5)钢筋编号的表示方式

对钢筋编号时，宜先编主、次部位的主筋，后编主、次部位的构造筋。在桥梁构件中，钢筋编号及尺寸标注的一般形式如下：

①编号标注在引出线右侧的细实线圆圈内，如图2-4-52a)、b)、e)所示；

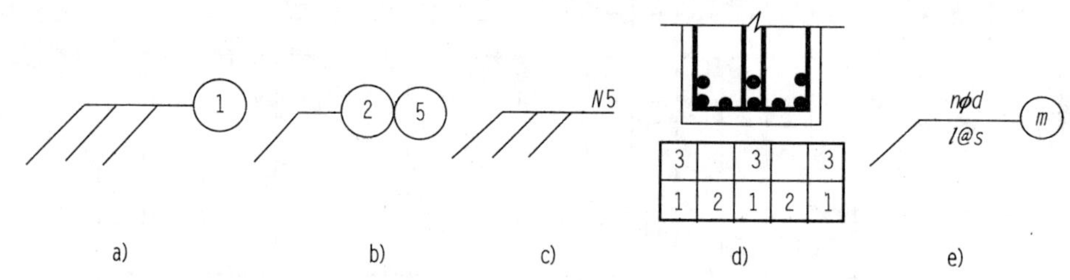

图2-4-52　钢筋的标注方法

②钢筋的编号和根数也可采用简略形式标注，根数注在 *N* 字之前，编号注在 *N* 字之后，如图2-4-52c)所示。

③在钢筋断面图中，编号可标注在对应的方格内，如图2-4-52d)所示。

④钢筋编号标注说明。

m——钢筋编号，圆圈直径为4~8mm；

n——钢筋根数；

Φ——钢筋直径符号，也表示钢筋的等级；

d——钢筋直径的数值(mm)；

l——钢筋总长度的数值(cm)；

@——钢筋中心间距符号；

s——钢筋间距的数值(cm)。

(6)尺寸标注

在路桥工程图中，钢筋直径的尺寸单位采用毫米(mm)，其余尺寸单位均采用厘米(cm)，图中无须注出单位。在建筑制图中，钢筋图中所有尺寸单位为毫米(mm)。

在钢筋立面图中应标注梁的长度、高度尺寸；在断面图中应标注梁的宽度、高度尺寸。

2. 钢筋结构图的内容

(1)构件的配筋图。

主要表明构件中各钢筋的配置情况，它是绑扎或焊接钢筋骨架的依据。为此，应根据结构的特点选用基本投影。配筋图中钢筋的画法，如表2-4-4所示。

(2)钢筋成型图。

在钢筋结构图中，为了能充分表明钢筋的形状以便于配料和施工，还必须画出每种钢筋加工成型图(钢筋详图)，在钢筋详图中尺寸可直接注写在各段钢筋旁。图上应注明钢筋符号、直径、根数、弯曲尺寸和断料长度等。有时为了节省图幅，可把钢筋成型图画成示意略图放在钢筋数量表内。

配筋图中钢筋的画法　　表 2-4-4

序号	名　称	图　例	说　明
1	钢筋横断面		
2	无弯钩的钢筋端部		左图表示长短钢筋投影重叠时，可在短钢筋的端部用45°短划线表示
3	带半圆形弯钩的钢筋端部		
4	带直钩的钢筋端部		
5	带丝扣的钢筋端部		
6	无弯钩的钢筋搭接		
7	带半圆弯钩的钢筋搭接		
8	带直钩的钢筋搭接		
9	套管接头（花篮螺丝）		

(3)钢筋数量表。

在钢筋结构图中，一般还附有钢筋数量表，内容包括钢筋的编号、直径、每根长度、根数、总长及质量等，必要时可加画示意略图。

任务实施

一、识读空心梁板结构图，了解的构件的形状和尺寸大小

分析空心梁板结构图(图 2-4-44)可知，空心梁板有三种：中板、次边板和边板，它们的形状都是广义柱体，梁板的长度为 10m，三种梁板的断面形状及尺寸大小分别如各自的断面图所示：中板厚度 55cm、宽度 124cm；次边板厚度 55cm、宽度 162cm；边板厚度 55cm、宽度 162cm。每块梁板中有两个直径为 39cm 的圆柱通孔。

边板的结构示意图如图 2-4-53 所示。

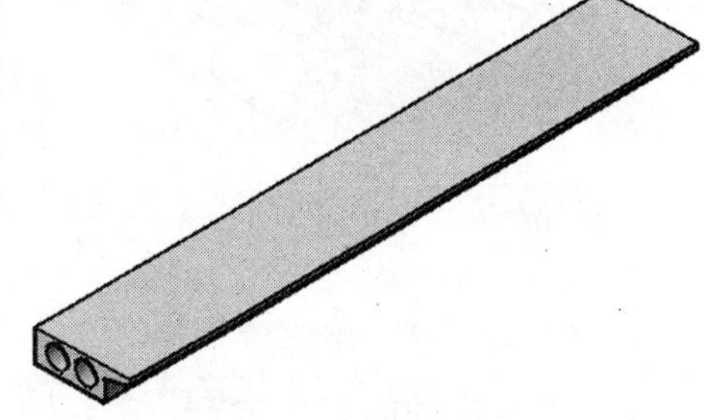

图 2-4-53　边板的结构示意图

二、识读边板配筋图

边板配筋图，见图 2-4-45。

1. 识读钢筋数量表和各种钢筋的成型图

识读钢筋数量表和各种钢筋的成型图，初步了解每种钢筋的型号、直径、弯曲形状、总体尺寸，并结合构件外形的形状大小猜想这种钢筋在构件中的作用、放置部位、放置形式。

空心梁边板中的配筋共有 10 种。

(1)1 号筋和 6 号筋

1 号筋和 6 号筋的形状都是为一根直筋,长度为 993cm,接近边板的长度 10m,由此推测这两种钢筋在边板中沿梁板长度方向放置。其中 1 号筋的直径为 22mm,6 号筋的直径为 10mm,由此推测 1 号筋为受力钢筋,2 号筋为架立筋或分布筋。

(2)2 号筋、3 号筋、4 号筋、5 号筋和 7 号筋

2 号筋、3 号筋、4 号筋、5 号筋和 7 号筋的形状为带有弯起的钢筋,从弯起的形状可以推测这些钢筋都是受力筋。其中 2 号筋、7 号筋的弯曲成型后的长度分别为 787cm、982cm,接近边板的长度 10m,由此推测这两种钢筋在边板中沿梁板长度方向放置。3 号筋、4 号筋和 5 号筋的放置形式暂时无法判断。

(3)8 号筋、9 号筋和 10 号筋

8 号筋、9 号筋和 10 号筋的弯曲形状分别为开口的矩形和开口的梯形,与梁板的横断面形状接近,与此推断这三种钢筋都是箍筋,沿梁板的横向断面放置。其中,8 号筋和 9 号筋的放置位置应在梁板的主梁部分,支撑起主梁的横断面形状;10 号筋的放置位置应在梁板的桥面板部分,支撑起桥面板的横断面形状。

2. 识读梁板的Ⅰ-Ⅰ剖面、Ⅱ-Ⅱ剖面、Ⅲ-Ⅲ剖面、顶层钢筋平面图

根据上一步中对每种钢筋的初步推测,进一步在梁板的Ⅰ-Ⅰ剖面、Ⅱ-Ⅱ剖面、Ⅲ-Ⅲ剖面、顶层钢筋平面图中找出每种钢筋在梁板中的放置位置、放置形式、排列形式和数量。

查找方法:对于某种钢筋的放置位置和放置形式,应从反映该种钢筋的成型图形状的图中去找;钢筋的排列形式和排列数量,应从截断该种钢筋的图中去找。

(1)查找沿梁板长度方向放置的钢筋

根据推测,1 号筋、2 号筋、3 号筋、4 号筋、5 号筋、6 号筋和 7 号筋沿梁板长度方向放置,其放置位置和放置形式应从Ⅰ-Ⅰ剖面和顶层钢筋平面图中去找,排列形式和数量应从Ⅱ-Ⅱ剖面、Ⅲ-Ⅲ剖面中去找:

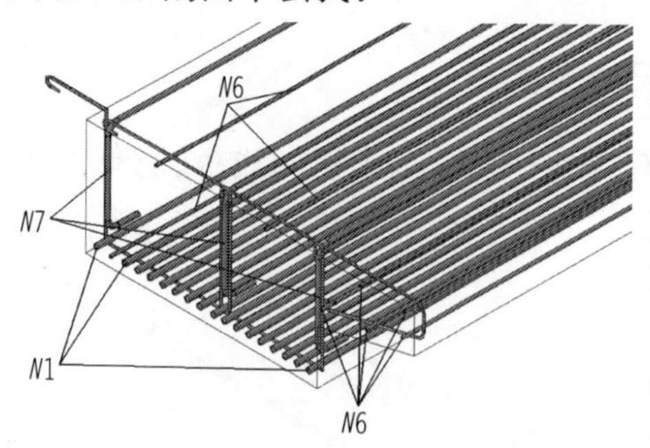

图 2-4-54　1 号筋、6 号筋和 7 号筋布置示意图

①1 号筋。1 号筋沿梁板长度方向放置,位于梁板的底部,横向排列形式如Ⅱ-Ⅱ剖面、Ⅲ-Ⅲ剖面图中所示。在梁板底部有上、下两层钢筋,下面一层共有 18 根,均匀排列,除从后往前的第 2 根为 6 号筋外,其余 17 根都是 1 号筋。布置示意,如图 2-4-54 所示。

②2 号筋。2 号筋沿梁板长度方向放置,在梁长的中部位于梁板的底部,在梁长的两端弯起到了梁板的顶部,横向排列形式如Ⅱ-Ⅱ剖面图中所示,在梁板中部的底部有上、下两层钢筋,上面一层共有 3 根钢筋,为 2 号筋。布置示意,如图 2-4-55 所示。

③6 号筋和 7 号筋。6 号筋和 7 号筋沿梁板长度方向放置,如图 2-4-54 所示。6 号筋共有 8 根,其中有 4 根位于板梁的顶面,3 跟位于桥面板的下表面,1 根位于梁板的底部;7 号筋共有 3 根,全部位于梁板的顶部,排列形式和横向定位尺寸如Ⅱ-Ⅱ剖面、Ⅲ-Ⅲ剖面图和顶层钢筋平面图中所示。顶部的 6 号筋和 7 号筋,从后往前,第 1、3、5 根为 7 号筋,第 2、4、6、7 根为 6 号筋,第 1 根 7 号筋据梁板最后面的距离为 4cm,第 1、2、3 根筋的间距为 29cm,第 3、4、5 根筋的间距为 25.5cm,第 5、6、7 根筋的间距为 22.5cm。

④3 号筋、4 号筋、5 号筋。

3 号筋、4 号筋、5 号筋沿梁板长度方向放置，位于梁板的两个端部，从梁板的底部弯起到了梁板的顶部，在梁板的每一端分 7 列放置，横向排列形式如Ⅲ-Ⅲ剖面图中所示。布置示意，如图 2-4-55 所示。

端部第 1 列有 3 根钢筋，为 3 号筋，长度方向上的定位尺寸是钢筋下面弯起的拐点距板梁左端的距离为 18cm + 43cm，横向排列在梁板的前、中、后各一根；

端部第 2 列有 3 根钢筋，为 2 号筋，长度方向上的定位尺寸：钢筋下面弯起的拐点距板梁左端的距离为 18cm + 2 × 43cm + 43cm，横向排列在梁板的前、中、后各一根；

端部第 3 列有 3 根钢筋，为 4 号筋，长度方向上的定位尺寸：钢筋下面弯起的拐点距板梁左端的距离为 18cm + 2 × 43cm + 41cm，横向排列在梁板的前、中、后各一根；

端部第 4 列有 3 根钢筋，为 5 号筋，长度方向上的定位尺寸：钢筋下面弯起的拐点距板梁左端的距离为 18cm + 2 × 43cm + 2 × 41cm，横向排列在梁板的前、中、后各一根；

端部第 5 列有 2 根钢筋，为 4 号筋，长度方向上的定位尺寸：钢筋下面弯起的拐点距板梁左端的距离为 18cm + 2 × 43cm + 3 × 41cm，横向排列在梁板的前、后各一根；

端部第 6 列有 2 根钢筋，为 5 号筋，长度方向上的定位尺寸：钢筋下面弯起的拐点距板梁左端的距离为 18cm + 2 × 43cm + 4 × 41cm，横向排列在梁板的前、后各一根；

端部第 7 列有 2 根钢筋，为 5 号筋，长度方向上的定位尺寸：钢筋下面弯起的拐点距板梁左端的距离为 18cm + 2 × 43cm + 5 × 41cm，横向排列在梁板的前、后各一根。

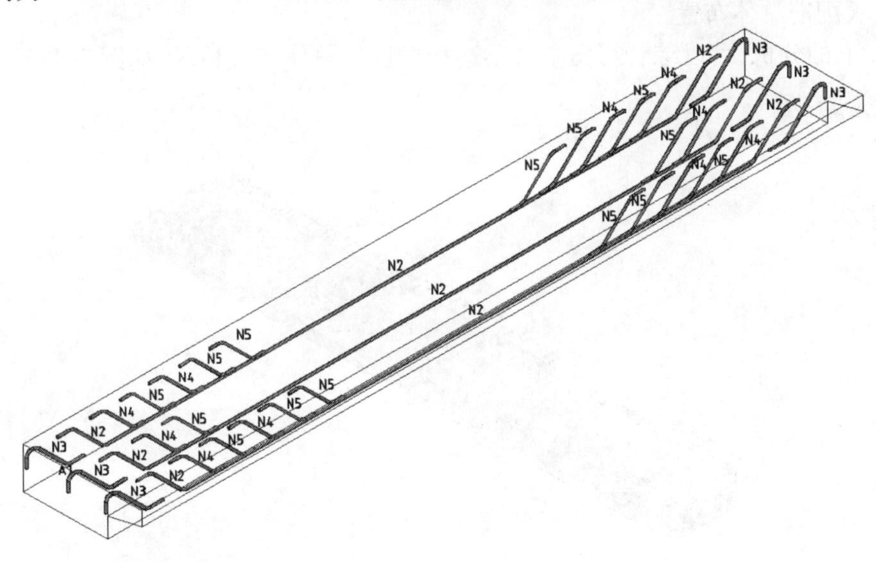

图 2-4-55　2 号筋、3 号筋、4 号筋、5 号筋布置示意图

(2)查找沿梁板宽度方向放置的箍筋

①箍筋的放置形式

沿梁板宽度方向放置的箍筋为 8 号筋、9 号筋和 10 号筋。放置形式为 9 号筋、10 号筋开口朝上，9 号筋在后，顶部弯曲向后伸入人行道，10 号筋在前，8 号筋的梯形弯曲在梁板顶部的桥面板内。在梁长方向的同一位置，由 8 号筋、9 号筋和 10 号筋各 1 根组成一环箍筋。

②箍筋的排列形式与位置尺寸

由 8 号筋、9 号筋和 10 号筋各 1 根组成若干环箍筋，沿梁长方向的排列，排列形式及沿梁长方向的定位尺寸如Ⅰ-Ⅰ剖面和顶层钢筋平面图中所示,一环箍筋积聚成一条竖直线,共有81环箍筋,定位尺寸为:最端部的第1环箍筋距梁板断面的距离为8cm,端部的第1环~第23环箍筋的间距都是10cm,中间的37环箍筋的间距都是15cm。

箍筋的布置示意,如图2-4-56所示。

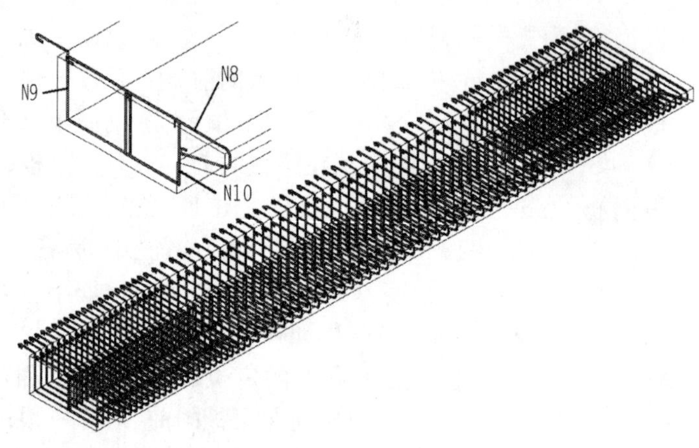

图2-4-56　箍筋的布置示意图

(3)边板配筋总体布置

通过以上的分析,可以综合得出空心梁边板配筋的总体布置情况,如图2-4-57所示。

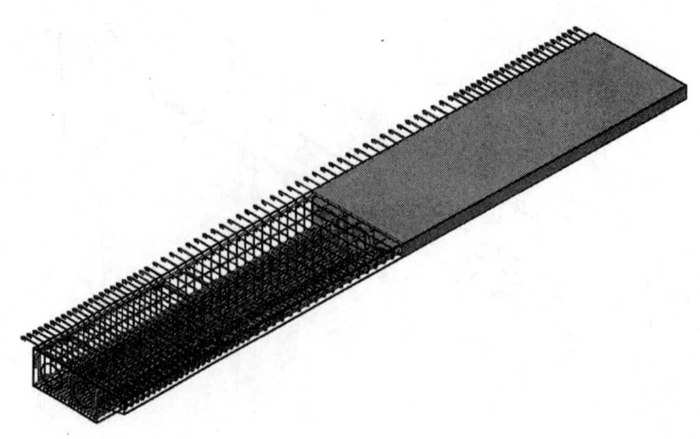

图2-4-57　梁板配筋的总体布置示意图

项目任务

任务1

识读支座布置图,见图2-4-58。

1. 支座

支座位于桥梁上部结构与下部结构的连接处,桥墩的墩帽和桥台的台帽上均设有支座,板梁搁置在支座上。上部荷载由板梁传给支座,再由支座传给桥墩或桥台,可见支座虽小但很重要。

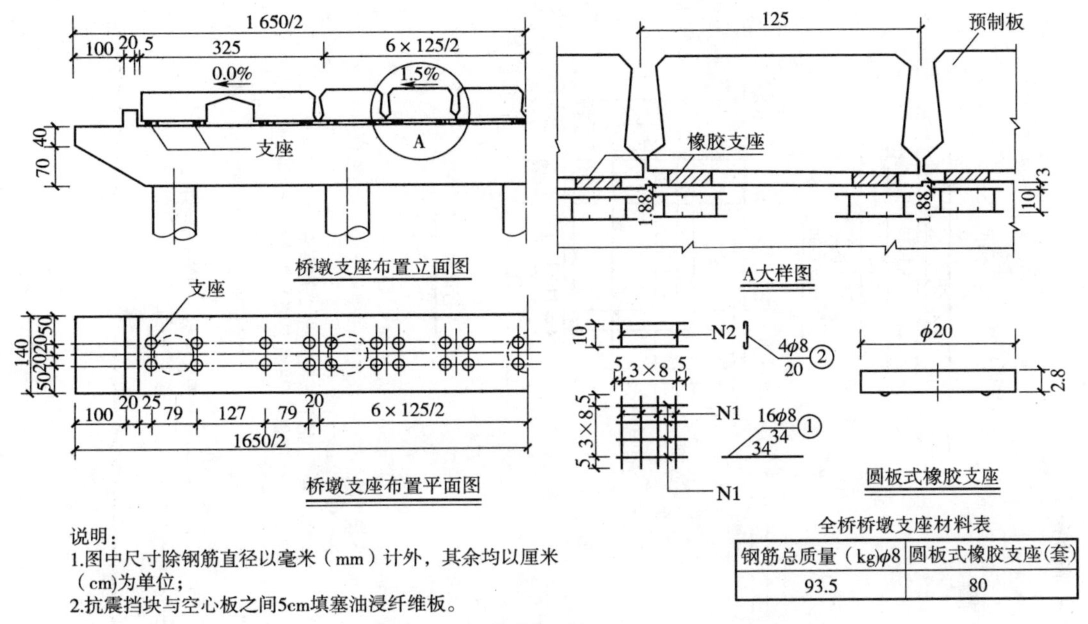

全桥桥墩支座材料表

钢筋总质量（kg)φ8	圆板式橡胶支座(套)
93.5	80

图 2-4-58　桥墩上的支座布置图

2. 识读支座布置图

图 2-4-58 为桥墩上的支座布置图，用立面图、平面图及详图表示。在立面图上详细绘制了预制板的拼接情况，为了使桥面形成 1.5% 的横坡，墩帽上缘做成台阶形，以安放支座。立面图上画得不是很清楚，故用更大比例画出了局部放大详图，即 A 大样图，图中注出台阶宽 1.88cm。

在支座下方的墩帽处受压较大，为此在支座下方的墩帽处增设有钢筋垫，由①号和②号钢筋焊接而成，以加强混凝土的局部承压能力。平面图是将上部预制板移去后画出的，可以看出支座在墩帽上是对称布置的，并注有详细的定位尺寸。安装时，预制板端部的底支座中心线应与桥墩的支座中心线对准。支座是工业制成品，本桥采用的是圆板式橡胶支座，直径为 20cm，厚度为 2.8cm。

任务 2

识读人行道及桥面铺装构造图

图 2-4-59 为人行道及桥面铺装构造图，这里绘出的人行道立面图，是沿桥的横向剖切而得到的人行道的横剖面图。

桥面铺装层主要是由纵向①号钢筋和横向②号钢筋形成的钢筋网，现浇 C25 混凝土，厚度为 10cm。车行道部分的面层为 10cm 厚沥青混凝土。人行道部分是在路缘石、撑梁、栏杆垫梁上铺设人行道板后构成架空层，面层为地砖贴面。人行道板长 74cm，宽为 49cm，厚为 8cm，用 C25 混凝土预制而成，另画有人行道板的钢筋布置图。

任务 3

识读桥墩基桩钢筋构造图

在图 2-4-60 中桥梁的桥墩和桥台的基础均为钢筋混凝土预制桩。

图 2-4-60 为预制桩的钢筋构造图。钢筋构造图主要用立面图和断面图以及钢筋详图来表达。由于桩的长度尺寸较大，为了布图的方便将桩水平放置，断面图画成中断断面或移出断面。

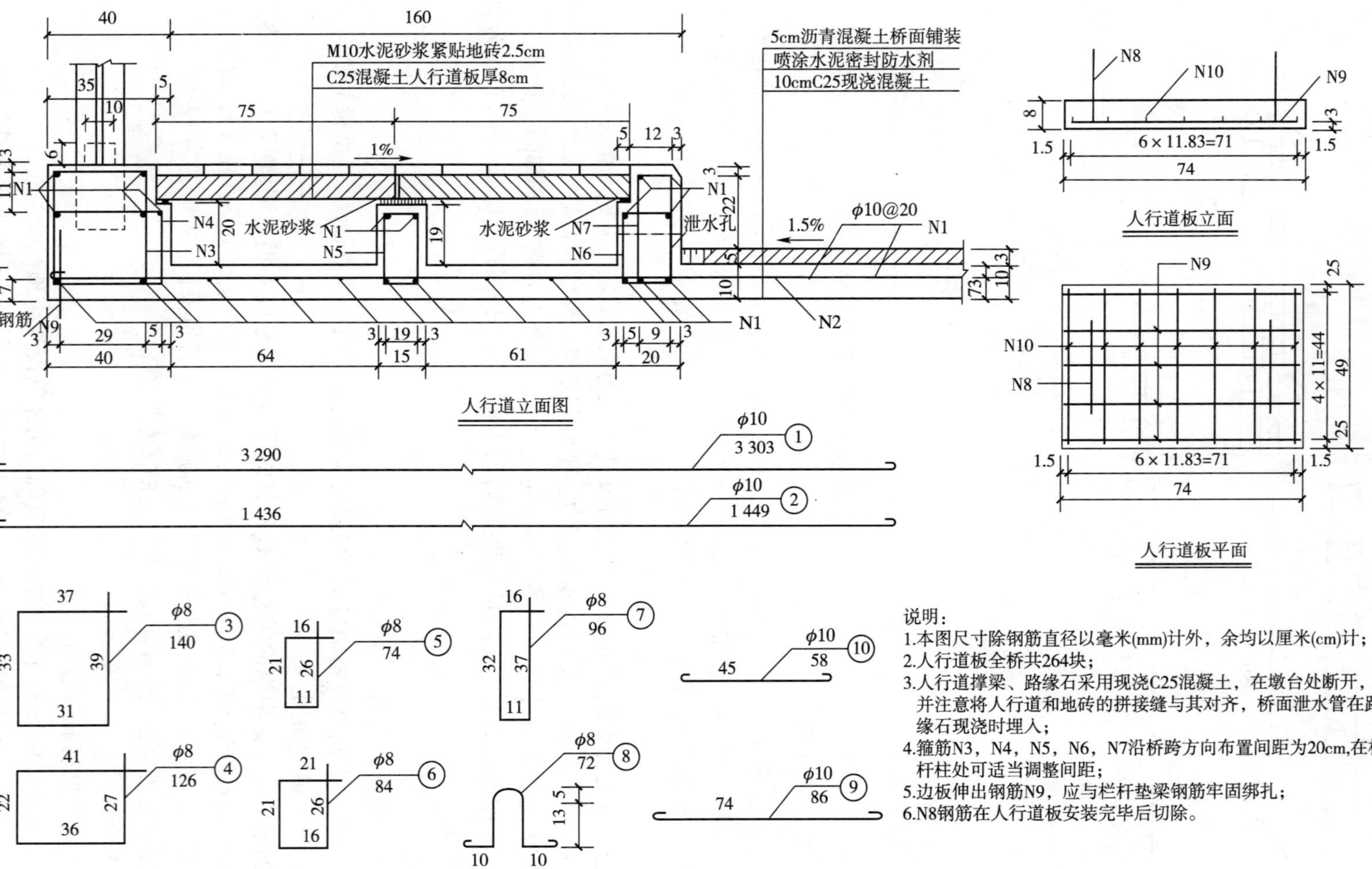

图 2-4-59　人行道及桥面铺装构造图

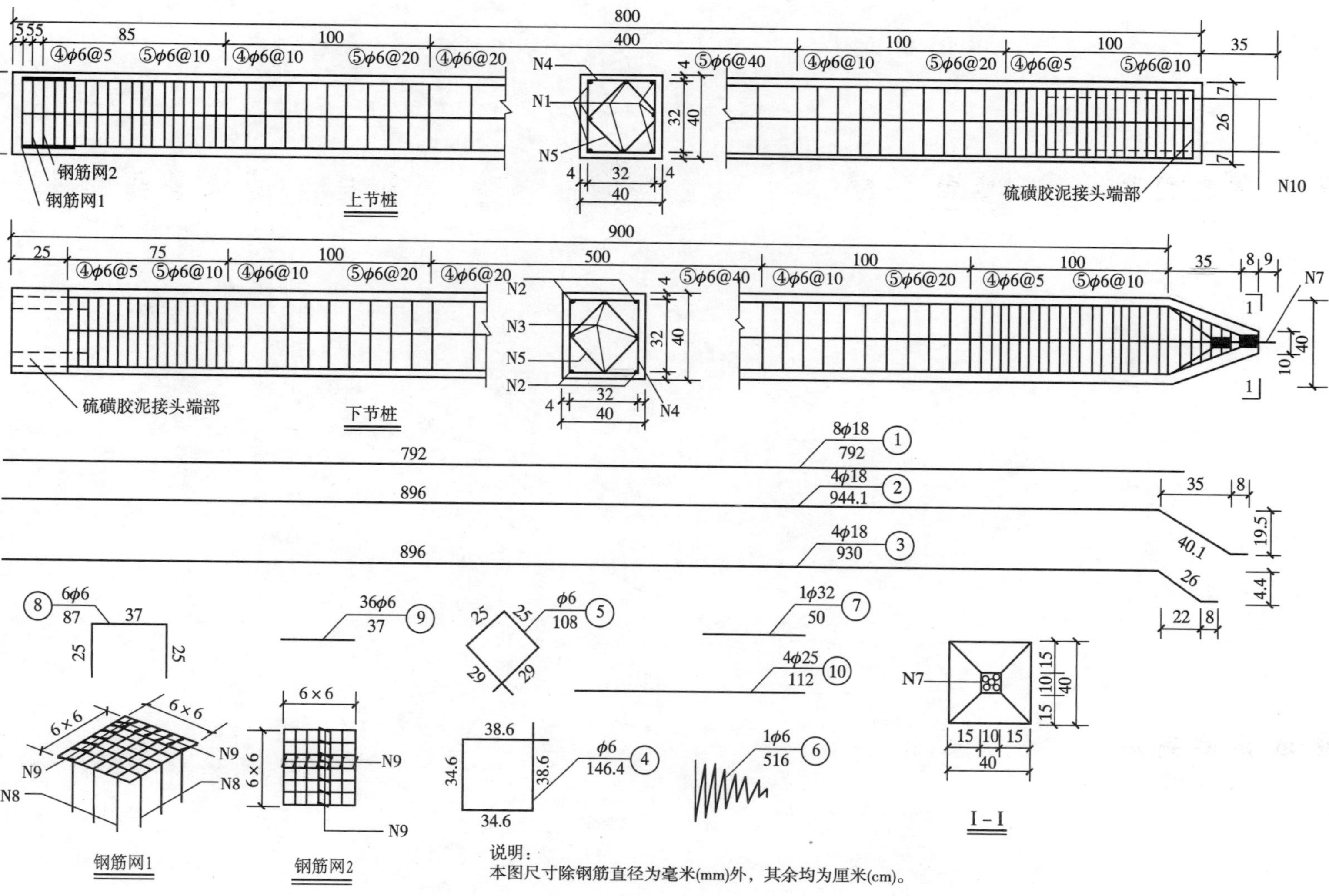

说明：
本图尺寸除钢筋直径为毫米(mm)外，其余均为厘米(cm)。

图 2-4-60　桥墩基桩的钢筋构造图

第三篇

CHAPTER 3

计算机绘图篇

项目一　用户界面及基本绘图

子项目一　初识 AutoCAD

AutoCAD 作为辅助设计软件，具有强大的图形功能，本项目安排了该软件的一些基础知识，使读者能够对 AutoCAD 有个基本的认识。

导入图样

使用 Line 命令完成图 3-1-1 所示图形的绘制，图形中[1]点坐标为(50,80)。括号中数字为点说明序号，不用画出。

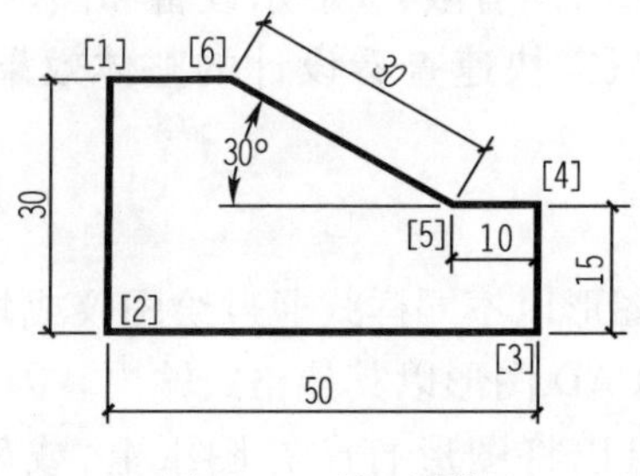

图 3-1-1　导入图样

项目目标

(1)熟悉 AutoCAD 工作界面；

(2)了解直线绘图工具；

(3)了解动态输入；

(4)初步了解正交、极轴的使用；

(5)掌握保存文件的方法。

相关知识

一、AutoCAD 的基本功能

AutoCAD 自 1982 年问世以来，已经经历了多次升级，其每一次升级，在功能上都得到了逐步增强，且日趋完善。也正因为 AutoCAD 具有强大的辅助绘图功能，因此，它已成为工程设计领域中应用最为广泛的计算机辅助绘图与设计软件之一。

1. 绘制与编辑图形

AutoCAD 的“绘图”菜单中包含有丰富的绘图命令，使用它们可以绘制直线、构造线、多段线、圆、矩形、多边形、椭圆等基本图形，也可以将绘制的图形转换为面域，对其进行填充。如果再借助于“修改”菜单中的修改命令，便可以绘制出各种各样的二维图形。

对于一些二维图形，通过拉伸、设置高程和厚度等操作就可以轻松地转换为三维图形。使用“绘图”→“建模”命令中的子命令,用户可以很方便地绘制圆柱体、球体、长方体等基本实体以及三维网格、旋转网格等曲面模型。同样再结合“修改”菜单中的相关命令,还可以绘制出各种各样的复杂三维图形。

2. 标注图形尺寸

尺寸标注是向图形中添加测量注释的过程,是整个绘图过程中不可缺少的一步。AutoCAD 的“标注”菜单中包含了一套完整的尺寸标注和编辑命令,使用它们可以在图形的各个方向上创建各种类型的标注,也可以方便、快速地以一定格式创建符合行业或项目标准的标注。标注显示了对象的测量值,对象之间的距离、角度,或者特征与指定原点的距离。在 AutoCAD 中提供了线性、半径和角度 3 种基本的标注类型,可以进行水平、垂直、对齐、旋转、坐标、基线或连续等标注。此外,还可以进行引线标注、公差标注,以及自定义粗糙度标注。标注的对象可以是二维图形或三维图形。

3. 渲染三维图形

在 AutoCAD 中,可以运用雾化、光源和材质,将模型渲染为具有真实感的图像。如果是为了演示,可以渲染全部对象;如果时间有限,或显示设备和图形设备不能提供足够的灰度等级和颜色,就不必精细渲染;如果只需快速查看设计的整体效果,则可以简单消隐或设置视觉样式。

4. 输出与打印图形

AutoCAD 不仅允许将所绘图形以不同样式通过绘图仪或打印机输出,还能够将不同格式的图形导入 AutoCAD 或将 AutoCAD 图形以其他格式输出。因此,当图形绘制完成之后可以使用多种方法将其输出。例如,可以将图形打印在图纸上,或创建成文件以供其他应用程序使用。

二、AutoCAD 2009 的经典界面组成

中文版 AutoCAD 2009 为用户提供了“AutoCAD 经典”和“三维建模”两种工作空间模式。对于习惯于 AutoCAD 传统界面用户来说,可以采用“AutoCAD 经典”工作空间。主要由菜单栏、工具栏、绘图窗口、文本窗口与命令行、状态栏等元素组成,如图 3-1-2 所示。

1. 标题栏

标题栏位于应用程序窗口的最上面,用于显示当前正在运行的程序名及文件名等信息,如果是 AutoCAD 默认的图形文件,其名称为 DrawingN. dwg(N 是数字)。单击标题栏右端的按钮,可以最小化、最大化或关闭应用程序窗口。标题栏最左边是应用程序的小图标,单击它将会弹出一个 AutoCAD 窗口控制下拉菜单,可以执行最小化或最大化窗口、恢复窗口、移动窗口、关闭 AutoCAD 等操作。

2. 菜单栏

菜单栏包括有 3 种:下拉菜单、鼠标右键快捷菜单和屏幕菜单。AutoCAD 中下拉菜单分别由“文件”、“编辑”、“视图”、“插入”、“格式”、“工具”、“绘图”、“标注”、“修改”、“窗口”和“帮助”等菜单组成,几乎包括了 AutoCAD 中全部的功能和命令。

快捷菜单又称为上下文相关菜单。在绘图区域、工具栏、状态栏、模型与布局选项卡以及一些对话框上右击时,将弹出一个快捷菜单,该菜单中的命令与 AutoCAD 当前状态相关。使

用它们可以在不启动菜单栏的情况下快速、高效地完成某些操作。

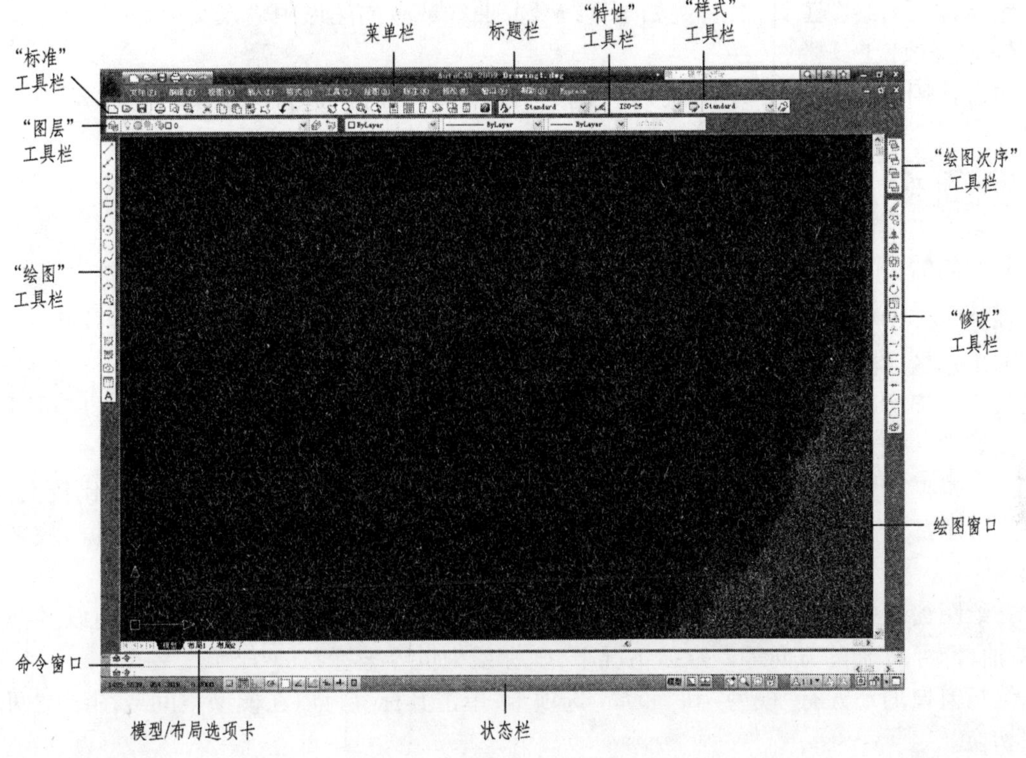

图 3-1-2 AutoCAD 2009 窗口简介

3. 工具栏

工具栏是应用程序调用命令的另一种方式，它包含许多由图标表示的命令按钮。在 AutoCAD 中，系统共提供了二十多个已命名的工具栏。默认情况下，"标准"、"图层"、"绘图"和"修改"等工具栏处于打开状态。如果要显示当前隐藏的工具栏，可在任意工具栏上右击，此时将弹出一个快捷菜单，通过选择命令可以显示或关闭相应的工具栏。

(1)"标准"工具栏

主要包括一些常用的 AutoCAD 工具按钮，有很多工具按钮与 Office 工具按钮相同，如"打开"、"保存"、"打印"等。此外，凡是右下角带有小黑三角形的工具按钮是弹出图标，弹出图标本身既可以作为工具按钮来使用，同时每个弹出图标又包含了若干个另外的工具按钮，单击这些弹出图标并按住拾取键(默认状况下为鼠标左键)，可以显示出其他的工具按钮图标。另外，对于所有的工具按钮，如果将鼠标停留于工具按钮上，则可在该工具按钮附近显示出该工具按钮所代表的命令名称，而在屏幕底部的状态栏中则显示出对该命令的解释以及与之相对应的键盘输入命令。

(2)"绘图次序"工具栏

主要用于设置或者更改选定对象的排序。

(3)"图层"工具栏

主要用于管理图层，例如创建或者修改图层，改变图层的属性或者切换图层等。

(4)"特性"工具栏

主要用于设置或者更改图形中的对象特性(例如颜色、线型、线宽等)。

(5)“绘图”工具栏

包含常用的绘图工具按钮,例如画直线、圆、曲线或者向图形中输入文字等。

(6)“修改”工具栏

包含常用的修改和编辑工具按钮,例如对图形中的对象进行删除、复制、移动、旋转、缩放等。

(7)“样式”工具栏

主要用于控制图形中的文字样式和尺寸标注样式。

4. 绘图窗口

在 AutoCAD 中,绘图窗口是用户绘图的工作区域,所有的绘图结果都反映在这个窗口中。又称为工作区,即图 1-2 中的最大的一片黑色区域(该颜色为系统所设置的默认背景色,也可以更改为用户所指定的其他颜色),主要用于显示正在编辑的图形。一般情况下,应尽可能地使该区域大一些。

可以根据需要关闭其周围和里面的各个工具栏,以增大绘图空间。如果图纸比较大,需要查看未显示部分时,可以单击窗口右边与下边滚动条上的箭头,或拖动滚动条上的滑块来移动图纸。

在绘图窗口中除了显示当前的绘图结果外,还显示了当前使用的坐标系类型以及坐标原点、X 轴、Y 轴、Z 轴的方向等。默认情况下,坐标系为世界坐标系(WCS)。

绘图窗口的下方有“模型”和“布局”选项卡,单击其标签可以在模型空间或图纸空间之间来回切换。

5. 命令窗口

命令窗口位于绘图窗口的底部,用于接收用户输入的命令,并显示 AutoCAD 提示信息。在 AutoCAD 中,常用下列三种方式来启动命令。

(1)从下拉式菜单或快捷菜单中选择菜单项;

(2)单击工具栏上的工具按钮;

(3)通过键盘从命令行直接输入命令。

不论以何种方式来启动命令,AutoCAD 都会在命令/提示窗口显示命令提示和命令记录。

6. 状态栏

应用程序状态栏可显示光标的坐标值、绘图工具、导航工具以及用于快速查看和注释缩放的工具,如图 3-1-3 所示。

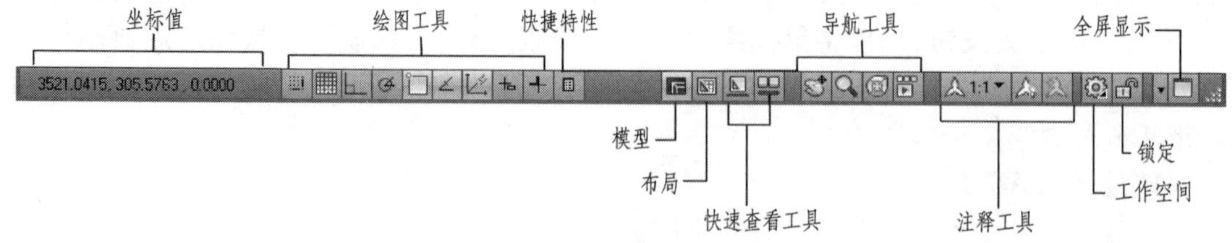

图 3-1-3 状态栏

可以以图标或文字的形式查看图形工具按钮。通过捕捉工具、极轴工具、对象捕捉工具和对象追踪工具的快捷菜单,可以轻松更改这些绘图工具的设置。

通过“快速查看”,可以预览打开的图形和图形中的布局,并在其间进行切换。可以使用导航工具在打开的图形之间进行切换和查看图形中的模型。也可以显示用于注释缩放的工具。

通过工作空间按钮,可以切换工作空间。锁定按钮可锁定工具栏和窗口的当前位置。要展开图形显示区域,请单击"全屏显示"按钮。

可以通过状态栏的快捷菜单向应用程序状态栏添加按钮或从中删除按钮。

注意应用程序状态栏关闭后,屏幕上将不显示"全屏显示"按钮。

7. 模型/布局选项卡

在模型(图形)空间和图纸(布局)空间进行切换。一般情况下,特别是在进行三维设计时,先在模型空间进行设计,然后创建布局以绘制和打印图纸空间中的图形。在本书中,由于主要介绍二维绘图,为了简单起见,仅使用模型空间,对于布局(图纸空间)则不作详细介绍。在实际工作中,仅使用模型空间就足够了。

三、基本操作

1. 坐标

坐标系统的作用是在绘图时确定对象的位置。可以用绝对坐标和相对坐标两种方法来表示。

绝对坐标的基准点就是坐标系的原点(0,0,0)。实际上,在刚开始接触 AutoCAD 时,仅用到平面的二维坐标系统,绝对坐标的输入格式:当系统提示输入点时,可以直接输入 x 坐标、逗号、y 坐标。如"10,8"。绝对极坐标的输入格式:当系统提示输入点时,可以直接输入"距离 < 角度",如"15 <60"则表示该点距坐标原点的距离为 15 个单位,与 X 轴正方向的夹角为 60°。

所谓相对直角坐标,是指用水平距离和垂直距离来表示某一点相对于另外一点的坐标。如图 3-1-4 所示,假定在平面上有两个点 A 和 B,B 点相对于 A 点的水平距离为 x,垂直距离为 y,则 B 点相对于 A 点的相对直角坐标可用@ x,y 来表示,要注意的是,在表示相对直角坐标时,一定要在前面加上@ 符号,且 x 与 y 之间要用逗号隔开,当 x 为正时,表示 B 点在 A 点的右方,当 x 为负时,表示 B 点在 A 点的左方;当 y 为正时,表示 B 点在 A 点的上方,当 y 为负时,表示 B 点在 A 点的下方。

所谓相对极坐标,是指用两点之间的距离和两点之间的连线与水平方向的夹角来表示某一点相对于另外一点的坐标。如图 3-1-5 所示,假定在平面上有两个点 A 和 B,B 点与 A 点之间的距离为 d,B 点与 A 点的连线 BA 与水平线的夹角为 α,则 B 点相对于 A 点的相对极坐标可用@ $d<\alpha$ 来表示。在表示相对极坐标时,一定要在前面加上@ 符号(这一点与相对直角坐标类似),且距离与角度之间必须用小于号" < "隔开。

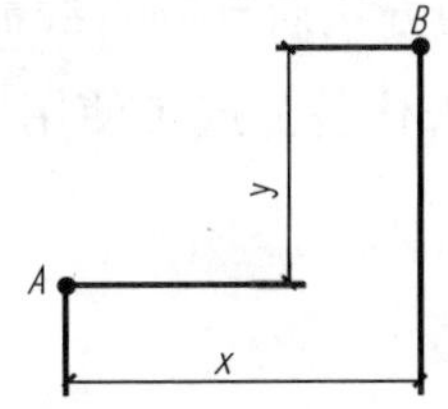

图 3-1-4　相对直角坐标的定义

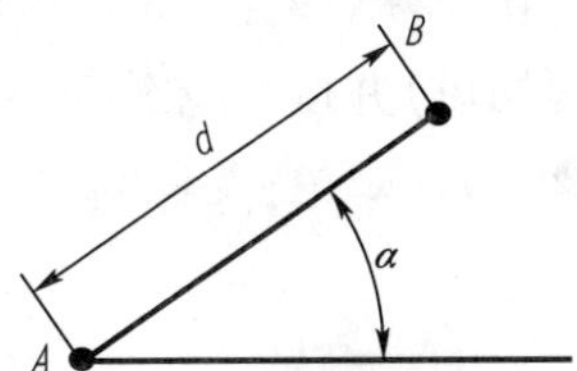

图 3-1-5　相对极坐标的定义

在默认情形下,在绘图区域的左下角,有一用户坐标系图标,该图标带有两个箭头及 X、Y 方向提示符,而在绝大多数情况下,并不希望该图标出现,此时可采用如下两种方法关闭该图标:

(1)输入 UCSICON(大小写均可)并按"空格"键或 Enter 键,然后再输入 OFF 并按"空格"

键或Enter键。

(2)使用“下拉式菜单”法,即单击下拉式菜单“视图(V)→显示(L)→UCS 图标(U)→开(O)”,使得此菜单项前为非选中状态。与①有所不同的是,此菜单的作用类似于一个开关,单击一次,则关闭用户坐标系图标,再单击一次,则打开用户坐标系图标。

2. 绘制直线

假定已经启动了 AutoCAD2009,现需要绘制一条长度为 100 的水平线段,可按如下步骤操作:

(1)单击“绘图”工具栏上的“直线”工具按钮。

(2)“命令/提示行”的提示为“指定第一点:”,单击屏幕上绘图区域内的任意一点。

(3)“命令/提示行”的提示为“指定下一点或[放弃(U)]:”,输入@ 100,0 后按“空格”键或Enter键。

(4)“命令/提示行”的提示为“指定下一点或[放弃(U)]:”,按“空格”键或Enter键结束直线绘制命令。

在完成上述的操作后,可以得到如图 3-1-6 所示的图形。

图 3-1-6 长度为 100 的水平线段

小贴士:

在上述操作步骤(3)中,如果输入@ 100 <0,同样可以得到如图 3-1-6 所示的图形。

在上述操作步骤(3)中,如果输入@ 0,50 或@ 50 <90,则可得到长度为 50 的垂直线段,如图 3-1-7 所示;如果输入@ 100 <30,则可得到长度为 100 且与水平方向成 30°角的线段,如图 3-1-8 所示。

图 3-1-7 长度为 50 的垂直线段

图 3-1-8 长度为 100 与水平方向成 30°角的线段

如果需要画一系列首尾相连的线段,只需在上述的操作步骤④中,继续输入下一条线段的端点坐标即可。

在上述的操作步骤(1)中,除了可以使用工具按钮的方法启动画直线命令外,还可以用输入 LINE(大小写均可)并按“空格”键或Enter键的方法来代替。或者使用“下拉式菜单”的方法,即打开“绘图(D)”菜单,选择“直线(L)”菜单项。

小贴士:

“line”命令,在“正交”打开的状态下,用鼠标指示方向,直接用键盘输入直线的长度,可以快速绘制水平线和垂直线。

3. 删除直线

假定按上述的方法绘制了若干条线段,现需要对其中的某些线段进行删除,则可以按如下的步骤操作:

(1)单击“修改”工具栏上的“删除”工具按钮。

(2)“命令/提示行”的提示为“选择对象:”,同时鼠标变为一个小的正方形选择框,移动鼠标使选择框位于要删除的直线上任意位置处并单击。

(3)可以看到被选取的直线呈“亮显”状态,同时“命令/提示行”的提示为“选择对象:”,按“空格”键或Enter键确认对所选取对象的删除。

在完成上述的操作后,可以看到所选取的直线已被删除。如果要对其余的直线进行删除,则可以按相同的方法进行。

在上述的操作步骤(1)中,除了可以使用工具按钮的方法启动删除命令外,还可以用输入E或ERASE(大小写均可)并按“空格”键或Enter键的方法来代替。或者使用“下拉式菜单”的方法,即打开“修改(M)”菜单,选择“删除(E)”菜单项。

4. 中止或取消一个命令

有时,在命令的执行过程中,如果想中止或取消正在执行的命令,只需简单地按键盘左上角的Esc键即可,有时需按一次,有时需按两次或多次。

四、存盘退出

利用AutoCAD所绘制出的图形在电脑中是以文件的形式保存于硬盘或软盘上,在图形的绘制和编辑过程中,应经常将图形保存至文件中,并使用一个合适的文件名来进行命名,以便于下一次调用,存盘操作与Windows下的其他应用软件完全一致。具体的操作也非常简单,只需单击“标准”工具栏上的“保存”工具按钮即可。

存盘时需要注意,如果当前图形已经用一个合适的文件名存过盘,则保存上一次存盘后所做的修改并重新显示命令提示。如果是第一次保存图形,则显示如图3-1-9所示的“图形另存为”屏幕对话框,此时需要选择合适的文件夹,并在“文件名”一栏中输入合适的文件名然后按“保存”按钮。

图3-1-9 “图形另存为”屏幕对话框

在上述的操作中,除了可以使用工具按钮的方法启动保存命令外,还可以用输入“SAVE”(大小写均可)并按“空格”键或Enter键的方法来代替。或者使用“下拉式菜单”的方法,即打开“文件(F)”菜单,选择“保存(S)”菜单项。

另外，当对一个已有的文件进行编辑时，使用“下拉式菜单”的方法，打开“文件(F)”菜单，选择“另存为...(A)”菜单项，则可将当前的文件以另一文件名存盘而不影响原来的文件，这一点与Windows下的大多数应用软件相一致。

将文件存盘后，如果不想继续编辑图形，则可以退出AutoCAD。退出的方法可以使用“下拉式菜单”的方法，即打开“文件(F)”菜单，选择“退出(X)”菜单项。也可以输入命令QUIT或直接单击AutoCAD窗口右上方的“关闭”按钮。

在退出之前，最好养成将文件及时存盘的习惯，如果在退出时文件未存盘，则AutoCAD会弹出一个警示框，提示是否要将文件保存。如果需要对文件存盘，则单击“是(Y)”按钮，如果不想存盘，则只需单击“否(N)”即可。

五、正交模式和极轴追踪

AutoCAD可以使用几种工具限制或锁定光标移动。正交模式和极轴追踪便是常用的有效手段。

1. 正交模式

正交模式可以将光标限制在水平或垂直方向上移动，以便于精确地创建和修改对象。

创建或移动对象时，使用“正交”模式将光标限制在水平或垂直轴上。移动光标时，不管水平轴或垂直轴哪个离光标最近，拖引线将沿着该轴移动。正交对齐取决于当前的捕捉角度、UCS或等轴测栅格和捕捉设置。

使用“正交”模式可更快地绘图。例如，通过在开始前打开“正交”模式，可以创建一系列垂足线。

在绘图和编辑过程中，可以随时打开或关闭“正交”。在命令行输入坐标值、使用透视图或指定对象捕捉时，将忽略“正交”模式。要临时打开或关闭“正交”，请按住临时替代键Shift。使用临时替代键时，无法使用直接距离输入方法。

2. 极轴追踪

使用极轴追踪，光标将按指定角度进行移动。使用“极轴捕捉追踪”，光标将沿极轴角度按指定增量进行移动。例如，在图3-1-10中绘制一条从点1到点2的两个单位的直线，然后绘制一条到点3的两个单位的直线，并与第一条直线成45°角。如果打开了45°极轴角增量，当光标跨过0°或45°角时，将显示对齐路径和工具栏提示。当光标从该角度移开时，对齐路径和工具栏提示消失。

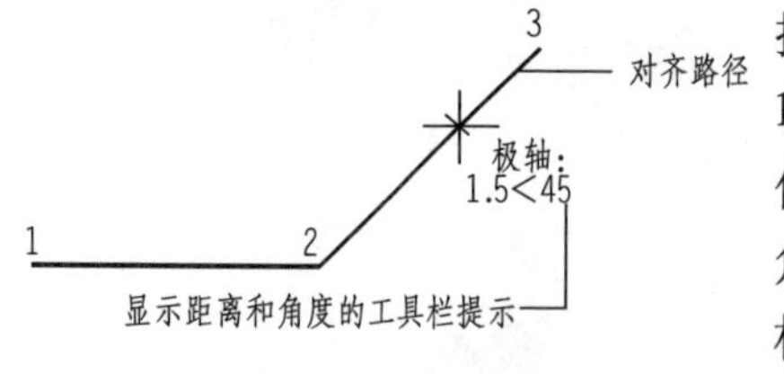

图3-1-10　极轴追踪

光标移动时，如果接近极轴角，将显示对齐路径和工具栏提示。默认角度测量值为90°。可以使用对齐路径和工具栏提示绘制对象。

小贴士：

“正交”模式和极轴追踪不能同时打开。打开极轴追踪将关闭“正交”模式。同样，极轴捕捉和栅格捕捉不能同时打开。打开极轴捕捉将关闭栅格捕捉。

任务实施

这里通过输入点坐标的方法完成图3-1-1图形绘制，从[1]点开始，按逆时针方向绘制。

方法一：

命令：_line 指定第一点：50,80　　\\输入[1]点坐标

指定下一点或[闭合(C)/放弃(U)]：@0，-30　　\\输入[2]点的相对直角坐标

指定下一点或[闭合(C)/放弃(U)]：@50,0　　\\输入[3]点的相对直角坐标

指定下一点或[闭合(C)/放弃(U)]：@0,15　　\\输入[4]点的相对直角坐标

指定下一点或[闭合(C)/放弃(U)]：@ -10,0　　\\输入[5]点的相对直角坐标

指定下一点或[闭合(C)/放弃(U)]：@30 <150　　\\输入[6]点的相对极坐标

指定下一点或[闭合(C)/放弃(U)]：c　　\\输入 c 闭合图形

小贴士：

◇ 在键入坐标时，“，”一定要用英文标点，否则 AutoCAD 不能识别。

◇ 键入 c 以第一条线段的起始点作为最后一条线段的端点，形成一个闭合的线段环。

◇ 键入 u(或 Ctrl +Z)将放弃前一步绘制的直线，多次输入 u 将按绘制次序的逆序逐个删除线段。

◇ 只有在绘制了一系列线段(两条以上)之后，才能使用“闭合”选项。

方法二：

利用 ORTHO 正交功能完成图 3-1-1 图形的绘制，左上角点坐标改为(150,80)。比较绘图过程与方法一中的区别。

命令：< 正交开 >　　\\打开正交模式

命令：_line 指定第一点：150,80　　\\输入[1]点坐标

指定下一点或[放弃(U)]：30　　\\将鼠标移到[1]点的正下方(注意体会正交模式)，输入直线长度 30

指定下一点或[放弃(U)]：50　　\\将鼠标移到[2]点的正右方，输入直线长度 50

指定下一点或[放弃(U)]：15　　\\将鼠标移到[3]点的正上方，输入直线长度 15

指定下一点或[放弃(U)]：10　　\\将鼠标移到[4]点的正左方，输入直线长度 10

指定下一点或[放弃(U)]：@30 <150　　\\输入[6]点的相对极坐标

指定下一点或[放弃(U)]：c　　\\输入 c 闭合图形

命令：< 正交 关 >　　\\关闭正交模式

小贴士：

◇ 正交模式不影响键盘输入。

◇ AutoCAD 将水平定义为平行于坐标系的 X 轴，将垂直定义为平行于 Y 轴。

此方法也可以用极轴追踪完成。

拓展任务

任务 1

1. 任务图样

请用 AutoCAD 绘制如图 3-1-11 所示的图样，不标注尺寸。将所绘图形保存在电脑的硬盘上，并取一个合适的文件名。

2. 任务知识点

直线、相对坐标、直线闭合。

3. 绘图步骤

命令:line 指定第一点: \\在绘图区合适的位置用鼠标输入 A 点
指定下一点或[放弃(U)]:@0,30 \\输入 *B* 点的相对直角坐标
指定下一点或[放弃(U)]:@ -40,20 \\输入 *C* 点的相对直角坐标
指定下一点或[闭合(C)/放弃(U)]:@0,30 \\输入 *D* 点的相对直角坐标
指定下一点或[闭合(C)/放弃(U)]:@60,0 \\输入 *E* 点的相对直角坐标
指定下一点或[闭合(C)/放弃(U)]:@0,40 \\输入 *F* 点的相对直角坐标
指定下一点或[闭合(C)/放弃(U)]:@100,0 \\输入 *G* 点的相对直角坐标
指定下一点或[闭合(C)/放弃(U)]:@0, -120 \\输入 *H* 点的相对直角坐标
指定下一点或[闭合(C)/放弃(U)]:C \\自动封闭多边形并退出画直线命令

任务 2

1. 任务图样

绘制如图 3-1-12 所示的图样,不标注尺寸。将所绘图形保存在电脑的硬盘上,并取一个合适的文件名。

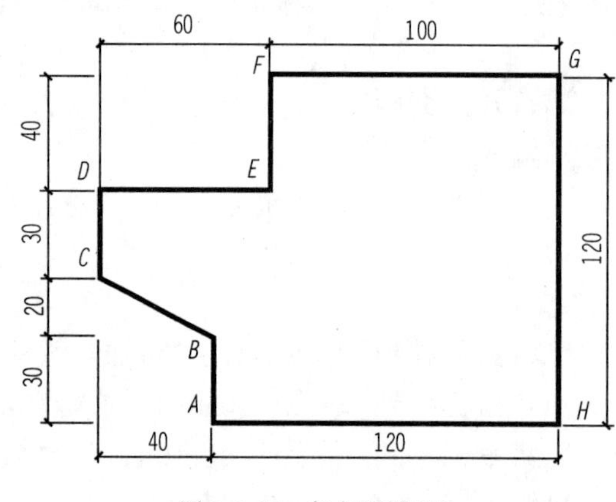

图 3-1-11 任务图样(1)

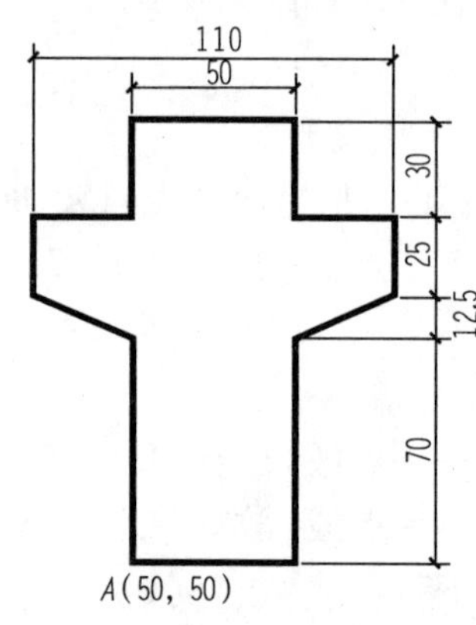

图 3-1-12 任务图样(2)

2. 任务知识点

直线、绝对坐标、极轴追踪、相对坐标、直线闭合。

3. 绘图步骤

命令:_line 指定第一点:50,50 \\输入 *A* 点的绝对直角坐标
指定下一点或[放弃(U)]:<极轴开>50 \\打开极轴追踪模式,将鼠标移到上一点的正右方,输入直线长度 50
指定下一点或[放弃(U)]:70 \\将鼠标移到上一点的正上方,输入直线长度 70
指定下一点或[闭合(C)/放弃(U)]:@30,12.5 \\输入该点的相对直角坐标
指定下一点或[闭合(C)/放弃(U)]:25 \\将鼠标移到上一点的正上方,输入直线长度 25
指定下一点或[闭合(C)/放弃(U)]:30 \\将鼠标移到上一点的正左方,输入直线

长度 30

指定下一点或[闭合(C)/放弃(U)]:30　　\\将鼠标移到上一点的正上方,输入直线长度 30

指定下一点或[闭合(C)/放弃(U)]:50　　\\将鼠标移到上一点的正左方,输入直线长度 50

指定下一点或[闭合(C)/放弃(U)]:30　　\\将鼠标移到上一点的正下方,输入直线长度 30

指定下一点或[闭合(C)/放弃(U)]:30　　\\将鼠标移到上一点的正左方,输入直线长度 30

指定下一点或[闭合(C)/放弃(U)]:25　　\\将鼠标移到上一点的正下方,输入直线长度 25

指定下一点或[闭合(C)/放弃(U)]:　　\\输入该点的相对直角坐标@30,-12.5

指定下一点或[闭合(C)/放弃(U)]:C　　\\自动封闭多边形并退出画直线命令

任务 3

绘制如图 3-1-13 的图样,不标注尺寸。

任务 4

绘制如图 3-1-14 所示小房子,不标注尺寸。

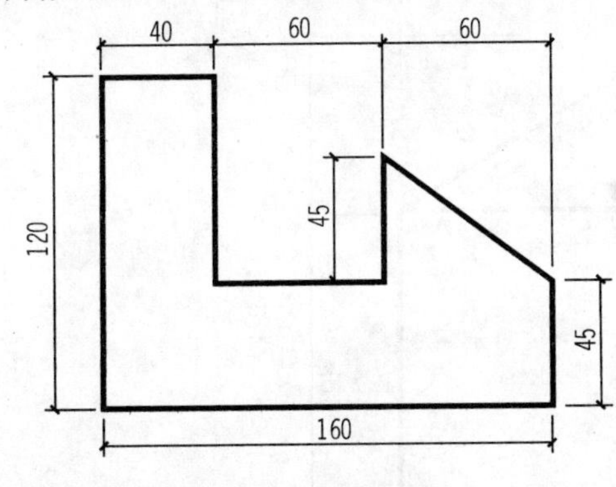

图 3-1-13　任务图样(3)

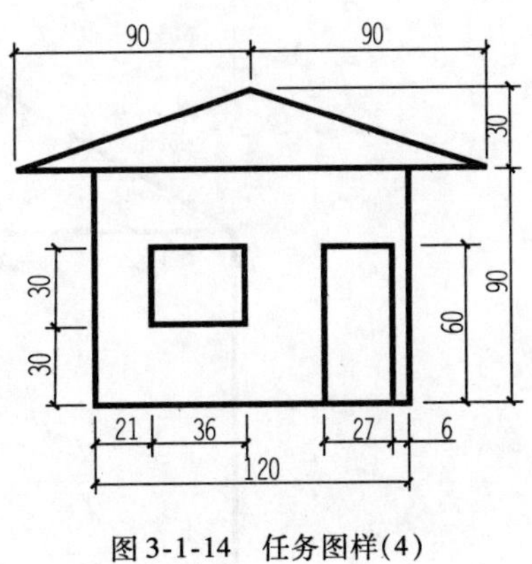

图 3-1-14　任务图样(4)

拓展知识

1. 指定极轴角度(极轴追踪)

可以使用极轴追踪沿着 90°、60°、45°、30°、22.5°、18°、15°、10°和 5°的极轴角增量进行追踪,也可以指定其他角度。图 3-1-15 显示了当极轴角增量设置为 30°,光标移动 90°时显示的对齐路径。

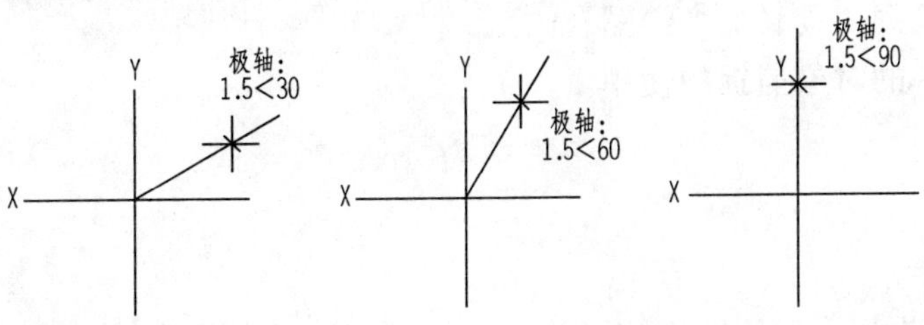

图 3-1-15　对齐路径

0°方向取决于在“绘图单位”对话框(UNITS)中设置的角度。捕捉的方向(顺时针或逆时针)取决于设置测量单位时指定的单位方向。

2. 指定极轴距离(极轴捕捉)

使用“极轴捕捉”,光标将按指定的极轴距离增量进行移动。例如,如果指定 4 个单位的长度,光标将自指定的第一点捕捉 0、4、8、12、16 长度,等等。移动光标时,工具栏提示将显示最接近的极轴捕捉增量。必须在“极轴追踪”和“捕捉”模式(设置为“极轴捕捉”)同时打开的情况下,才能将点输入限制为极轴距离。

子项目二　绘图初入门

利用坐标和直线、圆绘图是 AutoCAD 应用的基础。在实际工程图样中表示形体准确的尺寸,线型以直线、圆为主,利用坐标和直线、圆绘图可以实现这一目标。

导入图样

根据所注尺寸,绘制如图 3-1-16 所示图形,并保存在 D 盘,文件名为“直线、圆”,保存类型为. DWG。

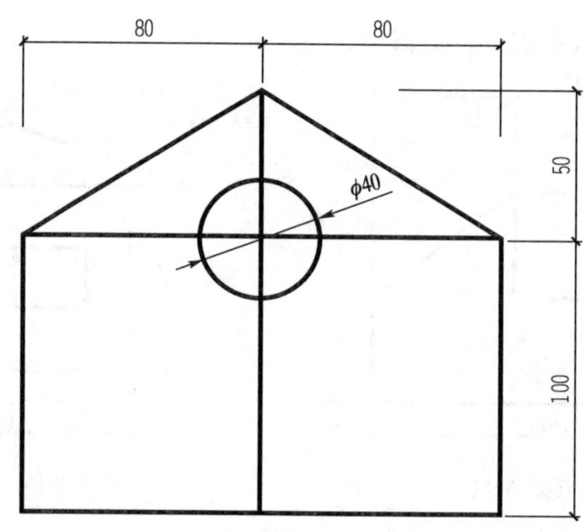

图 3-1-16　导入图样

项目目标

(1)能熟练使用正交和极轴;

(2)能应用直线绘图工具和命令绘图;

(3)能应用圆绘图工具和命令绘图;

(4)能进行简单的对象捕捉的使用。

相关知识

一、相对坐标

在 AutoCAD 中为了方便绘图规定了绝对坐标和相对坐标两种坐标形式,实际上,在刚开始接触 AutoCAD 时,仅用到平面的二维坐标系统,而且只需掌握相对直角坐标和相对极坐标两种格式即可。

AutoCAD 将水平定义为平行于坐标系的 X 轴,将垂直定义为平行于 Y 轴。

表达时系统要求在坐标数值前加"@"符号表示该坐标值为相对坐标。

相对直角坐标格式:"@ dx,dy","@"符号表示该坐标值为相对坐标。如,已知前一点坐标是"50,36",如果输入"@25,-10",相当于指定该点绝对坐标是"75,26"。实际输入时不加引号。

相对极坐标格式:@距离 < 角度,这里距离指以前一点为基准点,基准点至输入点的连线长度,角度指输入点与基准点的连线与 X 轴正向的夹角。如@90 < 45,表示相对前一点的距离为 90,两点连线相对于 X 轴夹角为 45°。

二、绘制直线

绘图工具"直线"(line)![icon],命令可简写为 L,可以在两点之间创建直线段。AutoCAD 绘制一条直线段后会继续提示输入点,用户可以绘制一组连续的线段,其中的每条线段都是一个独立的对象。

要指定精确定义每条直线端点的位置,可以使用绝对坐标或相对坐标输入端点的坐标值;也可指定相对于现有对象的对象捕捉。例如,可以将圆心指定为直线的端点;或者打开栅格捕捉并捕捉到一个位置。

在绘制一系列连续的线段后,可以键入"C"来闭合一系列线段,将第一条线段和最后一条线段连接起来。例如从 A 点开始,绘制线段 1 和线段 2 后,键入"C",则自动连接 A、B 两点绘出线段 3,如图 3-1-7 所示。

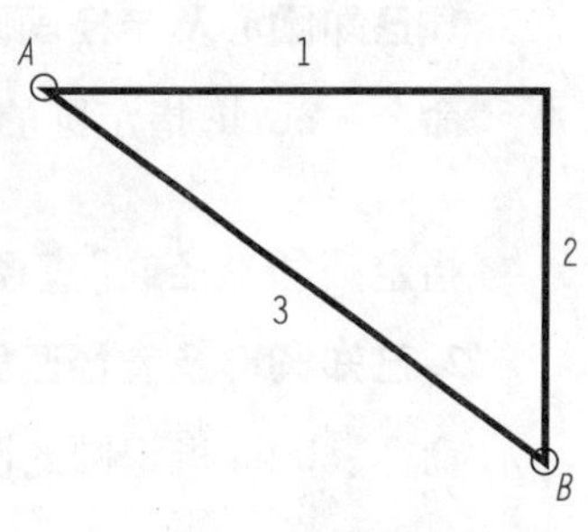

图 3-1-17　闭合线段

在 AutoCAD 中绘制直线有两种方法:

1. 指定两坐标点绘制直线

命令:_line 指定第一点:	\\输入直线的起点坐标或按 Enter 键用上一条直线段或圆弧的端点作为新直线的起点
指定下一点或[闭合(C)/放弃(U)]:	\\输入直线的终点坐标
指定下一点或[闭合(C)/放弃(U)]:	\\输入下一段直线的终点坐标或按 Enter 键结束命令
指定下一点或[闭合(C)/放弃(U)]:	\\输入下一段直线的终点坐标或按 Enter 键结束命令

2. 指定直线的起点、方向、长度绘制直线

命令:_line 指定第一点:	\\输入直线的起点坐标或按 Enter 键用上一条直线段或圆弧的端点作为新直线的起点
指定下一点或[闭合(C)/放弃(U)]:	\\将光标移到所需方向再输入直线长度
指定下一点或[闭合(C)/放弃(U)]:	\\将光标移到所需方向再输入直线长度或按 Enter 键结束命令
指定下一点或[闭合(C)/放弃(U)]:	\\将光标移到所需方向再输入直线长度或按 Enter 键结束命令

三、绘制圆

绘图工具“圆”(circle)⊙,命令可简写为C,可以使用多种方法创建圆。系统提供六种画圆方式:

(1)圆心及半径;

(2)圆心及直径;

(3)圆上三点;

(4)直径的两端点;

(5)圆的半径及两个相切对象(相切、相切、半径方式);

(6)三个相切对象(相切、相切、相切方式)。

默认方法是指定圆心和半径,半径可以屏幕指定,也可以键入数值。

本项目只介绍最简单的指定圆心及半径画圆和指定圆心及直径画圆,其他画圆方式在拓展知识和后续项目里介绍。

1. 已知圆心及半径画圆

命令:_circle 指定圆的圆心或[三点(3P)/两点(2P)/相切、相切、半径(T)]:

\\指定一点作为圆心

指定圆的半径或[直径(D)]:　　\\输入圆的半径

2. 已知圆心及直径画圆

命令:circle 指定圆的圆心或[三点(3P)/两点(2P)/相切、相切、半径(T)]:

\\指定一点作为圆心

指定圆的半径或[直径(D)]:d　　\\键入 d 选择使用直径

指定圆的直径:　　\\输入圆的直径

四、鼠标精确定位绘图点——对象捕捉

利用对象捕捉功能捕获已有图线的特殊几何点,完成绘图点的精确定位。对象捕捉是一个十分有用的功能,绘图过程中,许多图线的绘制都需要利用已有图线的特殊几何点完成绘制,如自圆心至直线的中点画线、绘制两圆的切线,在直线的中点处画圆等等。

在 AutoCAD 中对象捕捉可以有两种运行方法:单一点对象捕捉和自动对象捕捉。

1. 单一点对象捕捉

单一点对象捕捉设置针对特定一点的捕捉,单次使用的对象捕捉方式。“对象捕捉”工具栏如图 3-1-18 所示。

图 3-1-18 “对象捕捉”工具栏

表 3-1-1 列举了 AutoCAD 中常用的对象捕捉功能。

(1)绘图过程中调用单一点对象捕捉可以采用三种方法。

①单击对象捕捉工具栏中的一个按钮。

常用对象捕捉方式 表3-1-1

工具栏	命令行	捕捉类别	功　　能	捕捉标记及提示
	END	端点 Endpoint	捕捉到圆弧、椭圆弧、直线、多行、多段线线段、样条曲线、面域或射线最近的端点，或捕捉宽线、实体或三维面域的最近角点。	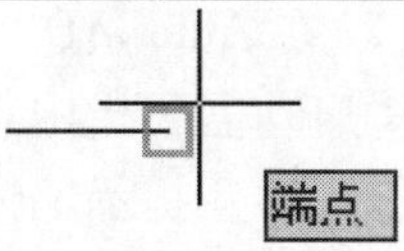 端点
	MID	中点 Midpoint	捕捉到圆弧、椭圆、椭圆弧、直线、多线、多段线线段、面域、实体、样条曲线或参照线的中点。	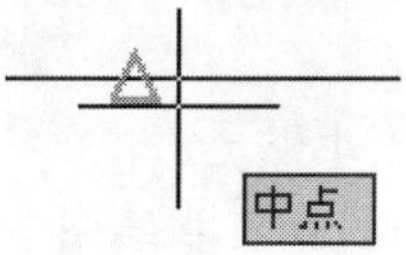 中点
	INT	交点 Intersection	捕捉到圆弧、圆、椭圆、椭圆弧、直线、多线、多段线、射线、面域、样条曲线或参照线的交点。	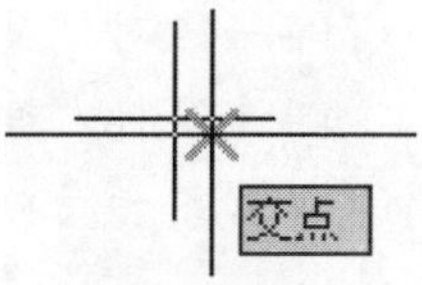 交点
	CEN	圆心 Center	捕捉到圆弧、圆、椭圆或椭圆弧的圆点。	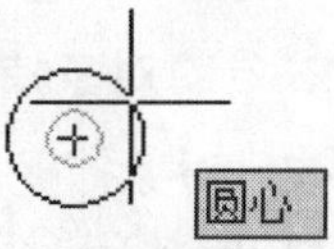 圆心
	QUA	象限点 Quadrant	捕捉圆弧、圆或椭圆上最近的象限点（0、90、180、270 度点）。	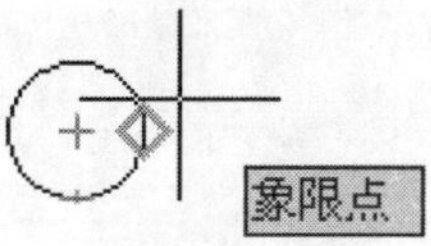 象限点
	TAN	切点 Tangent	在圆或圆弧上捕捉一点，该点与前一点形成的直线与圆或圆弧相切。	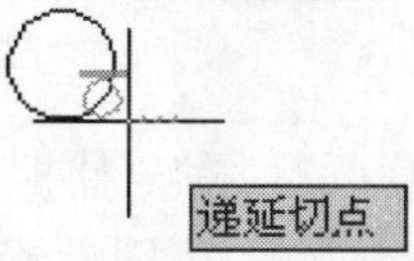 递延切点
	PER	垂足 Perpendicular	捕捉到与圆弧、圆、构造线、椭圆、直线、多段线、射线、实体或样条曲线等对象正交的点，也可以捕捉到对象延长线的垂足。	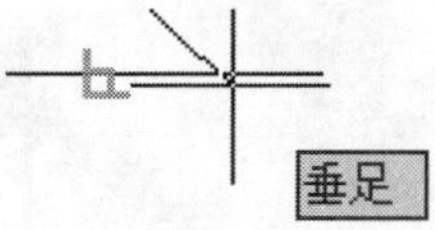 垂足
	PAR	平行 Parallel	无论何时提示用户指定矢量的第二个点时，都要绘制与另一个对象平行的矢量。	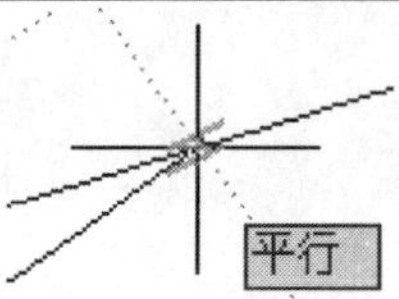 平行
	NOD	节点 Node	捕捉到点对象、标注定义点或标注文字起点。	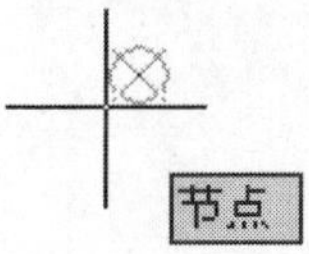 节点
	NEA	最近点 Nearest	捕捉对象与选择点距离最近的位置。	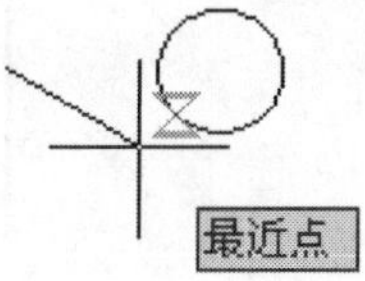 最近点
	NON	无捕捉 None	关闭选择下一点时的执行对象捕捉方式。	

注：表中所提到的最近均指与选择点的距离。

②按 SHIFT 键并在绘图区域中单击右键，然后从快捷菜单中选择一种对象捕捉。

③在命令行中输入一种对象捕捉的缩写。

(2)在 AutoCAD 中实现捕捉对象的点应按如下步骤。

①启动需要指定点的命令，如：line、circle 等。

②当命令提示输入点时，使用前述方法之一选择一种对象捕捉。

③将光标移动到捕捉位置附近，系统会自动锁定捕捉点，然后单击鼠标左键。

小贴士：

◇ 只有在绘图命令运行期间，提示输入点坐标时才可以用光标捕捉对象上的几何点。

◇ 单一点对象捕捉方式可以替代下一个点捕捉中的自动对象捕捉方式。

◇ 单击鼠标左键捕捉点后，系统结束对象捕捉状态。

◇ 使用单一点对象捕捉时，如果选择对象捕捉点以外的任意点，AutoCAD 将提示所选的点无效。

2. 自动对象捕捉

自动对象捕捉自动运行预设的对象捕捉方式，无论是否选择点均保持捕捉有效，直至关闭。

打开/关闭对象捕捉可以单击状态栏的“对象捕捉”，如图 3-1-19 所示，也可以使用快捷键 F3。

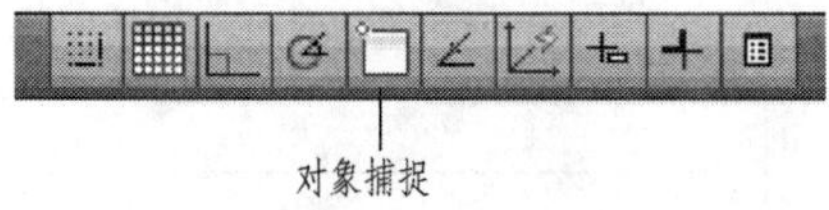

图 3-1-19　对象捕捉

要对“对象捕捉模式”进行设置，可以右键单击状态栏“对象捕捉”→“设置”，或打开菜单“工具”→“草图设置”，即弹出如下“草图设置”对话框，如图 3-1-20 所示。

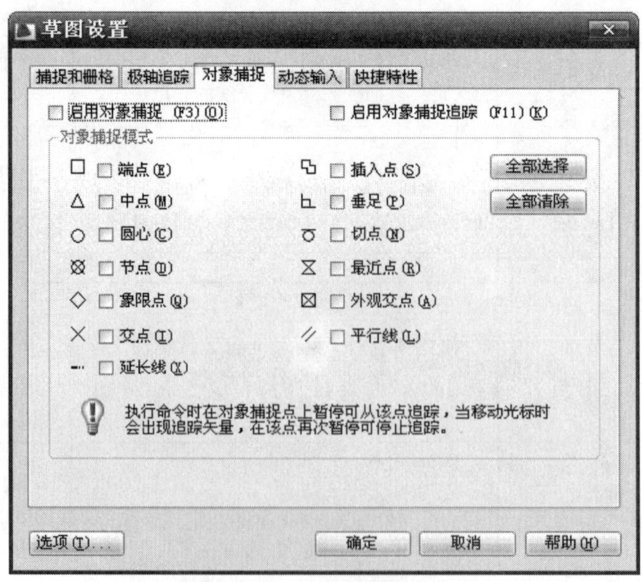

图 3-1-20　“草图设置”对话框

在此对话框中的对象捕捉选项卡中选择对象捕捉模式中的复选框预设自动对象捕捉可用的对象捕捉方式。

小贴士：

不要选择太多的捕捉方式，否则在使用过程中容易出现干扰现象。

任务实施

小贴士：

◇ 开始绘图可以选择绘图工具或键入命令，结束绘图可以键入回车、空格或者点击右键再确认。

◇ 任意命令或键入的字母、数字等均需在键入回车后生效。例如本例中需要输入直径，则需输入 *D* 后回车，再键入 40 后回车，若直接输入 *D*40 则无效。字母不区分大小写。

这里通过输入点坐标的方法完成绘制，从左下角点开始，按逆时针方向绘制。

(1)用“Line”命令、相对坐标输入法画五边形。

命令:_line 指定第一点: <正交 开>

\\打开正交模式，在绘图区合适位置用鼠标确定图形左下角点

指定下一点或[放弃(U)]:160 \\将鼠标移到左下角点的正右方，输入直线长度 160

指定下一点或[放弃(U)]:100 \\将鼠标移到上一点的正上方，输入直线长度 100

指定下一点或[闭合(C)/放弃(U)]:@ -80,50 \\输入下一点的相对坐标

指定下一点或[闭合(C)/放弃(U)]:@ -80, -50 \\输入下一点的相对坐标

指定下一点或[闭合(C)/放弃(U)]:c \\输入 c 闭合图形

(2)用“Line”命令、用交点捕捉按钮和中点捕捉按钮画十字直线段。

(3)用“circle”命令、用交点捕捉按钮画圆。

命令:_circle 指定圆的圆心: \\用交点捕捉十字直线交点作为圆心

指定圆的半径或[直径(*D*)]:*d* \\键入 *d* 选择使用直径

指定圆的直径:40 \\输入圆的直径 40

(4)保存文件。

点击菜单栏“文件”，下拉菜单中点击“保存”，在弹出的对话框中输入文件名“直线、圆”，后缀选择. DWG，点击“确定”按钮。

项目任务

任务 1

1. 任务图样

完成如图 3-1-21 所示的圆及相切的直线，不标注尺寸。

2. 任务知识点

指定直线、半径或直径画圆、对象捕捉。

3. 绘图步骤

(1)绘制三个圆心位于同一直线上的圆，如图 3-1-22 所示。

命令:_circle 指定圆的圆心或[三点(3P)/两点(2P)/相切、相切、半径(T)]:0,0 \\指定圆心为 0,0

指定圆的半径或[直径(D)] <0.0000> :d \\使用直径画圆

指定圆的直径 < 0.0000 > :40　　　　　　　　　　\\输入圆的直径 40

命令:_circle 指定圆的圆心或[三点(3P)/两点(2P)/相切、相切、半径(T)]:0,30　\\指定圆心为 0,30

指定圆的半径或[直径(D)]:10　　　　　　　　　　\\输入圆的半径 10

命令:_circle 指定圆的圆心或[三点(3P)/两点(2P)/相切、相切、半径(T)]:0, -30　\\指定圆心为 0, -30

指定圆的半径或[直径(D)] < 10.0000 > : Enter　　　　\\默认圆的半径 10

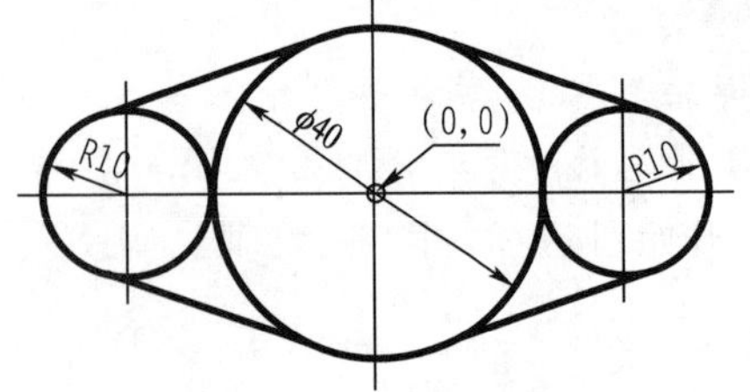

图 3-1-21　圆及相切的直线

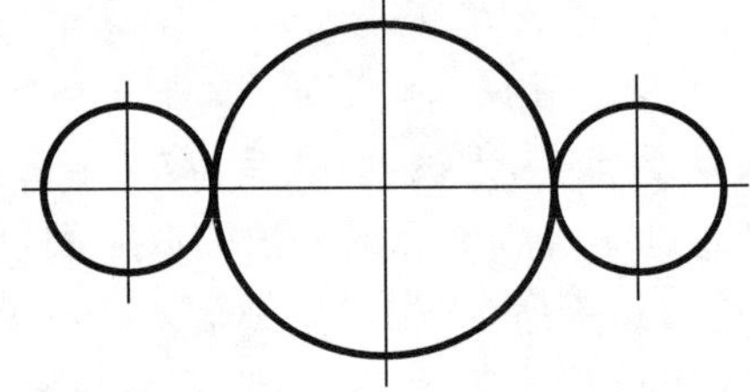

图 3-1-22　绘制三个圆心位于同一直线上的圆

(2)分别绘制 4 条与圆相切的直线。

第一步　打开对象捕捉"切点"。

第二步　绘制左上的一条相切的直线。

命令:_line 指定第一点:指定图 3-1-23 上的点[1]

\\利用切点捕捉图中左侧 R10 圆左上 1/4 圆上一点

指定下一点或[放弃(U)]:指定图 3-1-23 上的点[2]

\\利用切点捕捉图中 ϕ40 圆左上 1/4 圆上一点

指定下一点或[闭合(C)/放弃(U)]: Enter　　　　\\结束直线命令,直线完成

第三步　重复第二步,分别捕捉对应的切点绘制另外 3 条直线。

任务 2

绘制图 3-1-24,注意对象捕捉的应用。

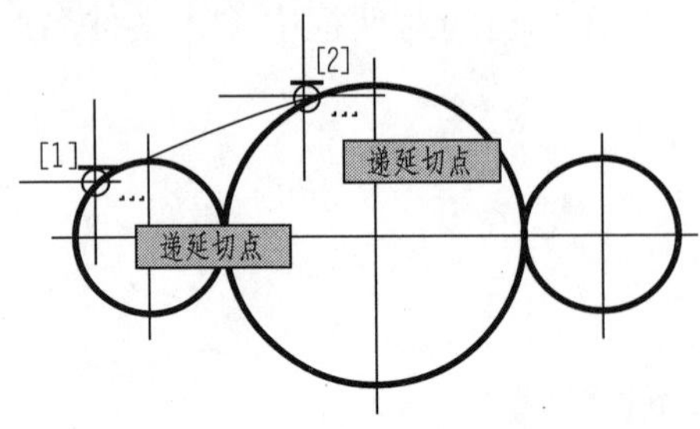

图 3-1-23　对象捕捉"切点"绘制直线

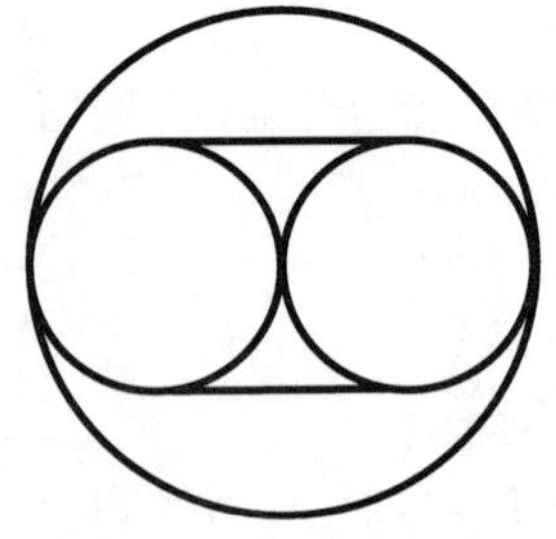

图 3-1-24　任务图样

拓展知识

1. 指定圆上三点画圆

指定圆的圆心或[三点(3P)/两点(2P)/相切、相切、半径(T)]:3P　\\键入 3P 使用圆上三点画圆

指定圆上的第一个点:　　　　\\输入圆上第一点坐标

指定圆上的第二个点:　　　　\\输入圆上第二点坐标

指定圆上的第三个点:　　　　　　\\输入圆上第二点坐标

2. 指定圆直径的两端点画圆

指定圆的圆心或[三点(3P)/两点(2P)/相切、相切、半径(T)]:2P

\\键入 2P 使用直径的两端点画圆

指定圆直径的第一个端点:　　　　\\输入圆直径上第一点坐标

指定圆直径的第二个端点:　　　　\\输入圆直径上第二点坐标

3. 指定圆半径和两个相切对象画圆

指定圆的圆心或[三点(3P)/两点(2P)/相切、相切、半径(T)]:t

\\键入 t 使用圆半径和两个相切对象画圆

指定对象与圆的第一个切点:　　　\\选择圆、圆弧或直线,作圆的第一条切线

指定对象与圆的第二个切点:　　　\\选择圆、圆弧或直线,作圆的第二条切线

指定圆的半径:　　　　　　　　　\\输入圆的半径

4. 指定三个相切对象画圆(此功能只能从菜单调用)

指定圆的圆心或[三点(3P)/两点(2P)/相切、相切、半径(T)]:3P

\\系统自动完成上面的步骤

指定圆上的第一个点:　　　　　　\\选择圆、圆弧或直线,作圆的第一条切线

指定圆上的第二个点:　　　　　　\\选择圆、圆弧或直线,作圆的第二条切线

指定圆上的第三个点:　　　　　　\\选择圆、圆弧或直线,作圆的第三条切线

项目二　基本绘图和修改工具

运用 AutoCAD 软件可以创建和修改对象，从简单的直线、圆、多边形和椭圆到多段线、样条曲线和多线等；修改现有对象可以选择对象、查看和编辑对象特性，以及执行一般的和针对特定对象的编辑操作。

本项目涉及 AutoCAD 最基本的绘图和修改工具以及正确快速选择对象的应用。绘图和修改工具包括直线、圆、多边形、矩形等四个绘图工具和删除、复制、移动、旋转等四个修改工具。

导入图样

导入图样如图 3-2-1 所示。旨在练习多边形、矩形、旋转、移动等工具，并复习直线、圆，坐标，对象捕捉。

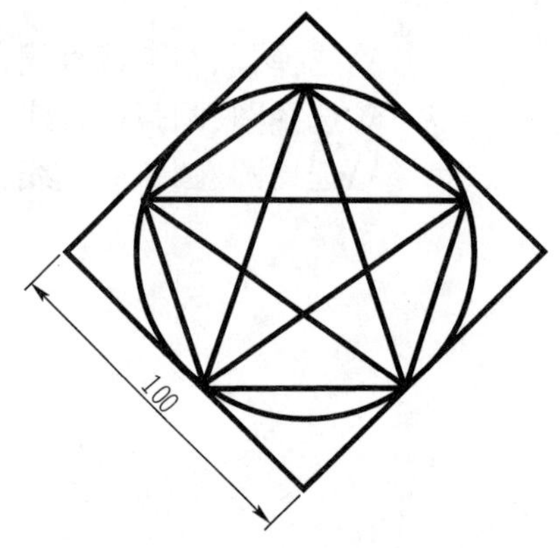

图 3-2-1　项目图样

项目目标

(1)掌握基本绘图工具和命令——矩形、正多边形；

(2)掌握基本修改工具和命令——删除、复制、移动、旋转；

(3)会正确快速选择对象——逐个地选择对象、选择多个对象、防止对象被选中；

(4)进一步熟悉对象捕捉的应用。

相关知识

一、基本绘图工具和命令

基本绘图工具是用于创建几何对象的工具，包括直线工具、曲线工具、图案填充、图块等。"绘图"工具栏中的每个工具按钮都与"绘图"菜单中的绘图命令相对应，是图形化的绘图命令，如图 3-2-2 所示。

直线和圆在项目一中已经介绍，本项目要求掌握正多边形和矩形这两个基本绘图工具，具体操作详见各图样的绘图步骤。

直线　多段线　矩形　圆　样条曲线　椭圆弧　创建块　图案填充　面域　多行文字

构造线　正多边形　圆弧　修订云线　椭圆　插入块　点　渐变色　表格

图 3-2-2　“绘图”工具栏

(1)正多边形(polygon)——命令可简写为 POL

创建多边形是绘制等边三角形、正方形、五边形、六边形等的简单方法。使用 POLYGON 可创建具有 3 至 1024 条等边长的闭合多段线。正多边形可以指定中心点或边,可以内接于圆或外切于圆,具体详见项目四。

(2)矩形(rectang)——命令可简写为 REC

使用“矩形”可创建矩形形状的闭合多段线,即矩形是一个对象而不是四条线段。创建矩形最基本的方法为指定第一个角点,再指定另一个角点。如图 3-2-3 所示。

二、基本修改工具和命令

修改工具可以执行一般的和针对特定对象的编辑操作,可以轻易修改对象的大小、形状和位置。对象修改可以用以下四种方法进行。

①先输入命令,然后选择要修改的对象。

②先选择对象,然后输入用于修改对象的命令。

③双击对象将显示“特性”选项板,或者在某些情况下,将显示一个特定于该类对象的对话框。

④选择一个对象并在其上单击鼠标右键,显示具有相关选项的快捷菜单。

“修改”工具栏如图 3-2-4 所示。

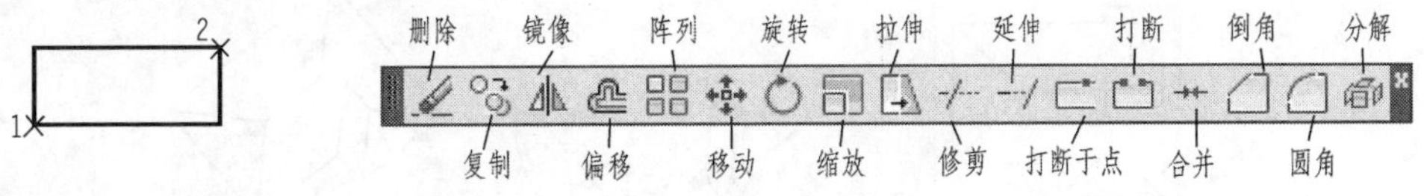

图 3-2-3　闭合多段线　　图 3-2-4　“修改”工具栏

本项目要求掌握删除、复制、移动、旋转等四个基本修改工具和命令,具体操作详见各图样的绘图步骤。

(1)删除(erase)——命令可简写为 E。

可以使用多种方法从图形中删除对象。

①使用 ERASE 命令删除对象。

②选择对象,然后使用 Ctrl + X 组合键将它们剪切到剪贴板。

③选择对象,然后按 DELETE 键。

可以使用 UNDO(快捷键为 Ctrl + Z)命令恢复意外删除的对象。

(2)复制(copy)—命令可简写为 CO。

复制可以在图形中创建对象的副本,副本与选定对象相同。

常使用两点指定距离来复制对象。如图 3-2-5,将复制表示电子部件的块。单击“复制”,选择要复制的原对象。指定移动基点 1,然后指定第二点 2。将按照点 1 到点 2 的距离和方向复制对象。

(3)移动(move)—命令可简写为 M。

移动可以将对象移到其他位置。

常使用两点指定距离的方式移动。如图 3-2-6,将移动代表窗口的块。单击“移动”,选择要移动的对象 1。指定移动基点 2,然后指定第二点 3。将按照点 2 到点 3 的距离和方向移动对象。

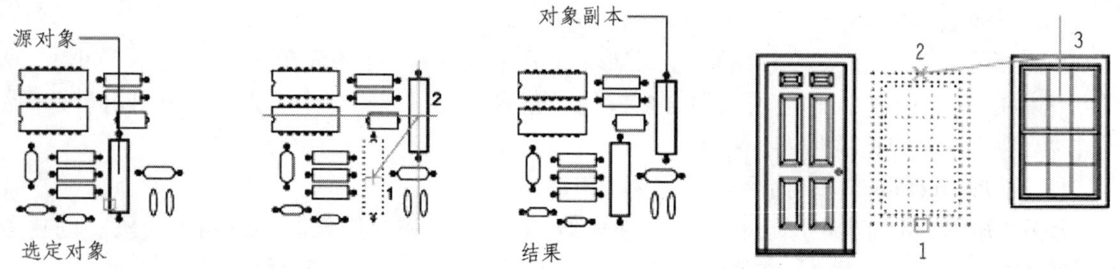

图 3-2-5　复制表示电子部件的块

图 3-2-6　移动代表窗口的块

(4)旋转(rotate)—命令可简写为 RO。

旋转可以绕指定基点旋转图形中的对象。要确定旋转的角度,可输入角度值,使用光标进行拖动,或者指定参照角度,以便与绝对角度对齐。

①按指定角度旋转对象。可以按输入旋转角度值(0° ~360°)旋转对象,默认输入正角度值为逆时针旋转对象,若要正角度值为顺时针,则于“图形单位”对话框中的“方向控制”进行设置。

②通过拖动旋转对象。绕基点拖动对象并指定第二点。如图 3-2-7,通过选择对象 1,指定基点 2 并通过拖动到另一点 3 指定旋转角度来旋转房子的平面视图。

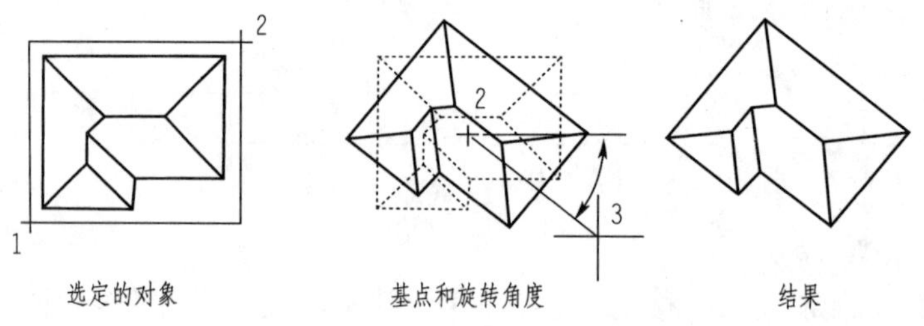

图 3-2-7　旋转对象

三、选择对象

选择对象进行编辑时,可以进行多种选择。

1. 逐个地选择对象

可以选择一个对象,也可以逐个选择多个对象。

矩形拾取框光标放在要选择对象的位置时,将亮显对象。单击以选择对象。可以在“选项”对话框“选择”选项卡中控制拾取框的大小。按住 Shift 键并再次选择对象,可以将其从当前选择集中删除。

2. 选择多个对象

可以同时选择多个对象。

指定对角点来定义矩形区域。区域背景的颜色将更改，变成透明的。从第一点向对角点拖动光标的方向将确定选择的对象。

(1)窗口选择。从左向右拖动光标，以仅选择完全位于矩形区域中的对象，如图 3-2-8 所示。

(2)交叉选择。从右向左拖动光标，以选择矩形窗口包围的或相交的对象，如图 3-2-9 所示。

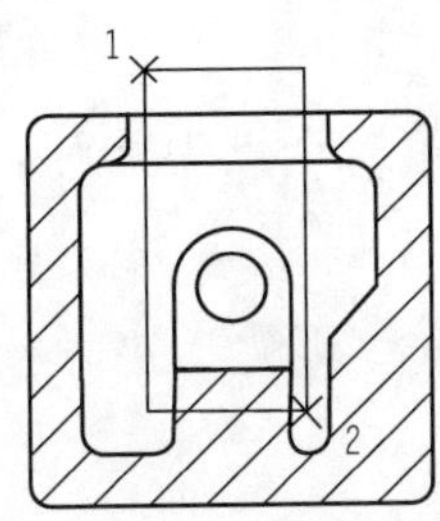

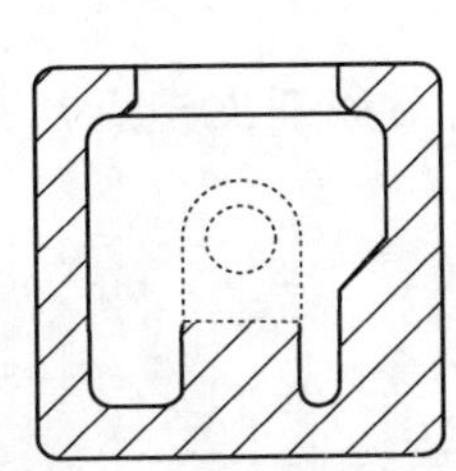

图 3-2-8　使用窗口选择框选定的对象

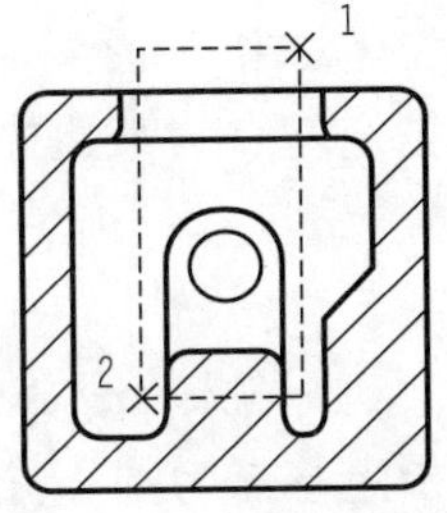

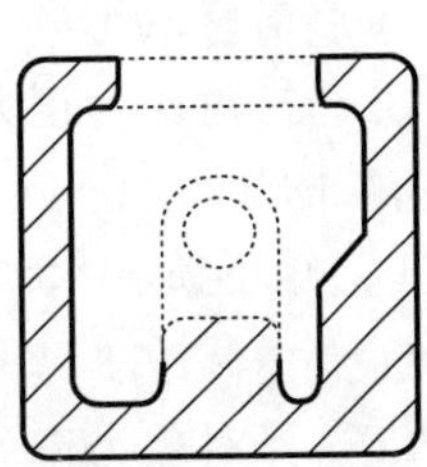

图 3-2-9　使用交叉选择的对象

可以在“选择对象”提示下输入 r(删除)并使用任意选择选项将对象从选择集中删除。如果使用“删除”选项并想重新为选择集添加对象，请输入 a(添加)。

通过按下 Shift 键并再次选择对象，或者按住 Shift 键然后单击并拖动窗口或交叉选择，也可以从当前选择集中删除对象。可以在选择集中重复添加和删除对象。

3. 防止对象被选中

可以通过锁定图层来防止指定图层上的对象被选中和修改。

通常，可以通过锁定图层防止意外地编辑特定对象。锁定图层后仍然可以进行其他操作。例如，可以使锁定图层作为当前图层，并为其添加对象。

4. 其他选择方式

AutoCAD 可以使用过滤选择集、自定义对象选择、编组对象等方式选择对象，具体可参见本项目拓展知识。

任务实施

(1)绘制直径为 100 的圆

①点击绘图工具“圆”或输入命令 circle；

②指定圆的圆心；

③指定圆的半径或直径：指定圆的半径直接输入 50，指定圆的直径输入 D 后再输入 100。

(2)绘制圆内接五边形

①点击绘图工具“正多边形”⬠或输入命令 polygon；

②输入边的数目：5

③指定正多边形的中心点为圆心(对象捕捉圆心)；

④默认内接于圆，直接按 Enter；

⑤点击圆正上方的交点为半径(对象捕捉交点，如图 3-2-10)。

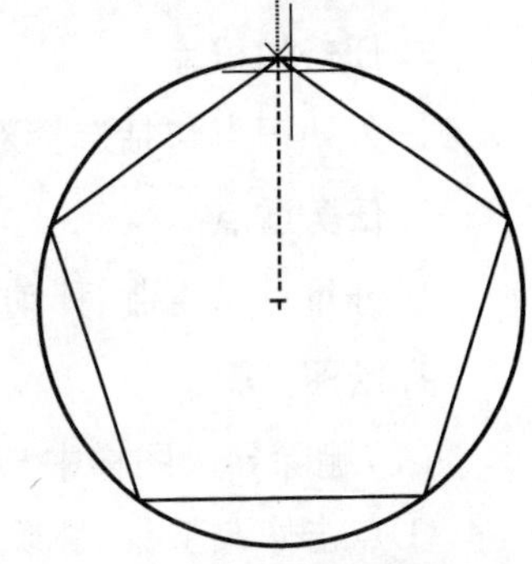

图 3-2-10　捕捉圆正上方的交点为半径

(3)绘制五角星

①点击绘图工具“直线”或输入命令 line；

②从正五边形某一顶点开始绘制，间隔点击五边形顶点(对象捕捉端点)画直线，直到五角星完成再“确认”。

(4)绘制边长为100的正方形

①点击绘图工具"矩形"或输入命令 rectang;

②指定第一个角点为屏幕上任意一点(最好是空白处);

③指定另一个角点时输入@100,100;(绘制边长为100的正方形还可以用什么方法?)。

(5)移动正方形与圆相切

①点击修改工具"移动"或输入命令 move;

②选择对象为正方形,指定基点为某边中点(对象捕捉中点),指定第二个点为圆对应象限点,如图3-2-11。

(6)矩形旋转45°

①点击修改工具"旋转"或输入命令 rotate;

②选择对象为正方形,指定基点为圆心,指定旋转45°。

小贴士:

若用"正多边形"绘制圆外切正四边形,可快速完成步骤4~6。

项目任务

任务1

1. 任务图样

要求在导入图样(图3-2-11)的基础上,删除多余对象,并补绘如图3-2-12所示的图形,不要求标注尺寸。

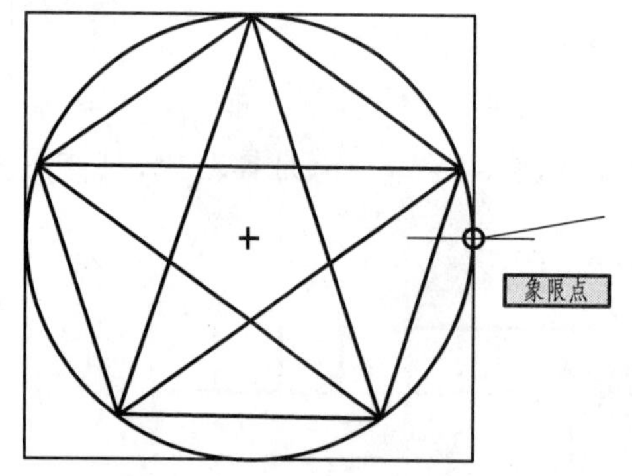

图3-2-11 指定圆对应象限点

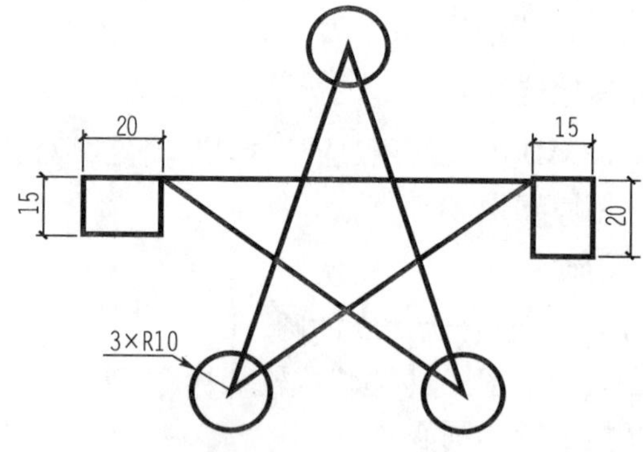

图3-2-12 任务图样(1)

2. 任务知识点

任务知识点包括选择对象、删除、圆、矩形、复制。

3. 任务重点

任务重点是复制、移动、旋转。

4. 绘图步骤

(1)删除导入图样中与本图无关的图形

①点击修改工具"删除"或输入命令 erase;

②如图3-2-13所示,自右下向左上交叉选择与本图无关的图形,则正方形、圆、五边形均被选中;

③确认,将选中对象删除。

(2)绘制一个半径为 10 的圆

(3)复制圆

①点击修改工具“复制”或输入命令 copy;

②选择对象为圆,指定基点为圆心,指定第二个点为五角星上放置圆的其他两个角点。

(4)绘制左边矩形

①选择“矩形”工具,指定第一个角点为五角星左角;

②指定另一个角点或[面积(A)/尺寸(D)/旋转(R)]:d

③指定矩形的长度 <100.0000 >:20

④指定矩形的宽度 <100.0000 >:15

⑤指定矩形方向为左下。

(5)绘制右边矩形

①选择“矩形”工具,指定第一个角点为五角星右角;

②指定另一个角点或[面积(A)/尺寸(D)/旋转(R)]:d

③指定矩形的长度 <100.0000 >:15

④指定矩形的宽度 <100.0000 >:20

⑤指定矩形方向为右下。

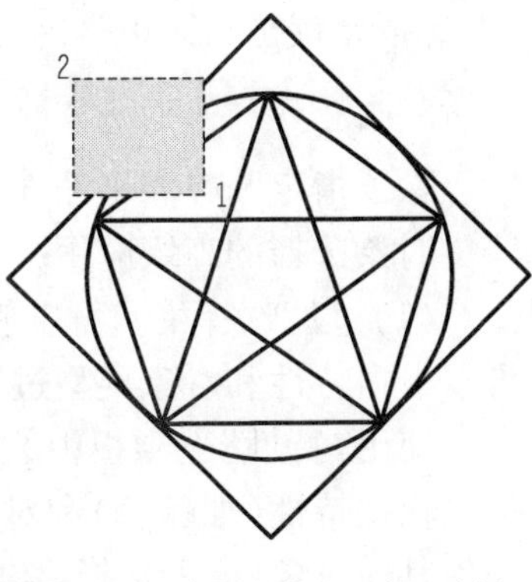

图 3-2-13　自右下向左上交叉选择

任务 2

运用矩形、直线、旋转绘制如图 3-2-14 所示的图样。

任务 3

运用复制和旋转绘制如图 3-2-15 所示的图样,不要求标注尺寸。

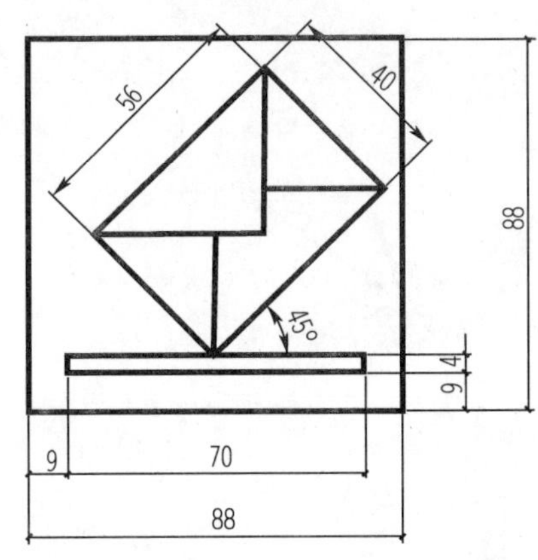

图 3-2-14　任务图样(2)

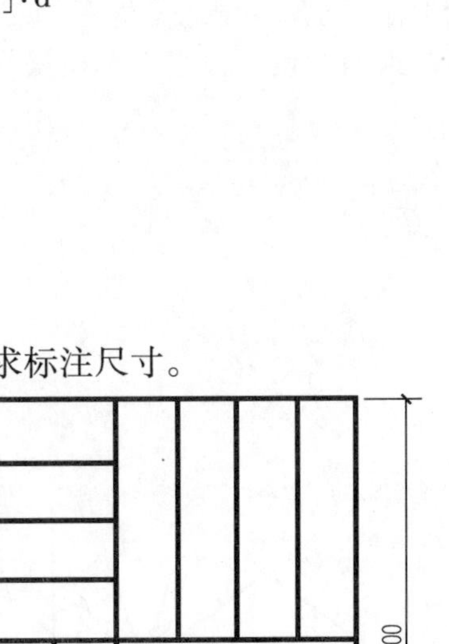

图 3-2-15　任务图样(3)

拓展知识

1. 直线

“直线”可以创建一系列连续的线段,但每条线段都是一个单独的直线对象。如果希望线段作为单个对象连接,则需使用多段线对象而不要使用直线对象。

2. 矩形

使用“矩形”可以指定长度、宽度、面积和旋转参数。还可以控制矩形上角点的类型(圆角、倒角或直角)。

3. 圆

除了指定圆心和半径外,还可以使用多种方法创建圆。

对象选择的高级应用:

(1)过滤选择集。可以使用对象特性或对象类型来将对象包含在选择集中或排除对象。可以根据特性和对象类型过滤选择集。

使用“特性”选项板中的“快速选择”(QSELECT)或“对象选择过滤器”(FILTER)对话框,可以根据特性(如颜色)和对象类型过滤选择集。例如,只选择图形中所有红色的圆而不选择任何其他对象,或者选择除红色圆以外的所有其他对象。

使用“快速选择”或“对象选择过滤器”,如果要将颜色、线型或线宽作为过滤选择集的条件,请首先确定图形中对象的这些特性是否被设置为“随层”。例如,一个对象显示为红色是因为它的颜色被设置为“随层”,并且图层的颜色是红色。

(2)自定义对象选择。可以控制选择对象的几个方面,例如是先输入命令还是先选择对象、拾取框光标的大小以及选定对象的显示方式。

(3)编组对象。编组是保存的对象集,可以根据需要同时选择和编辑这些对象,也可以分别进行。编组提供了以组为单位操作图形元素的简单方法。

项目三　创建和修改对象

创建和修改对象是 AutoCAD 应用的基础，也是我们使用 AutoCAD 软件最频繁的工作。本项目是应用 AutoCAD 进行精确绘图的基础项目，也是实际工程图样绘制不可或缺的重要基础知识。

本项目主要针对椭圆，椭圆弧，圆弧，正多边形三个绘图工具和镜像，偏移，阵列等三个修改工具以及对象的线宽和颜色进行设计。

子项目一　创建和修改简单对象

导入图样

绘制如图 3-3-1a）图所示艺术门，粗线宽为 0.3mm，菱形内花颜色为红色，细部尺寸见图 3-3-1b）。不标注尺寸。导入图样任务知识点包括线宽、颜色，椭圆、圆弧、正多边形，镜像、偏移、阵列。

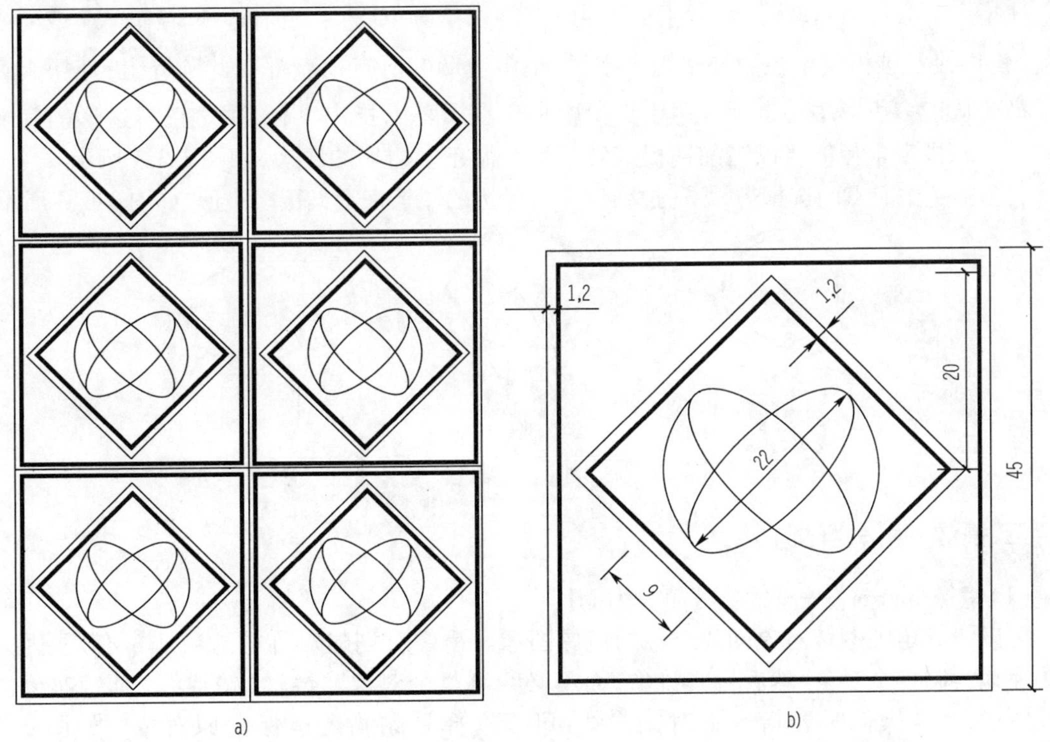

图 3-3-1　艺术门图样

项目目标

（1）会使用椭圆、椭圆弧、圆弧、正多边形等绘图工具和命令；

(2)掌握镜像、偏移、阵列等修改工具和命令;

(3)掌握对象特性设置——颜色、线宽。

相关知识

一、椭圆、圆弧、正多边形

(1)椭圆、椭圆弧(ellipse)——命令可简写为 EL

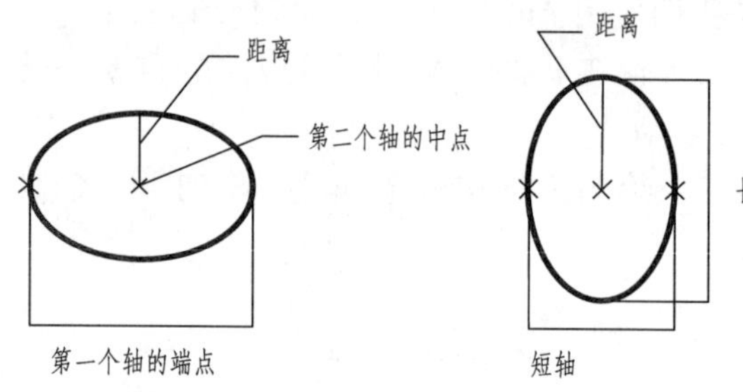

图 3-3-2 椭圆

椭圆由定义其长度和宽度的两条轴决定。较长的轴称为长轴,较短的轴称为短轴,如图 3-3-2 所示。

椭圆弧为绘制椭圆的步骤再指定起点和终点,默认方向为逆时针。

(2)圆弧(arc)——命令可简写为 A

可以使用多种方法创建圆弧:可以指定圆心、端点、起点、半径、角度、弦长和方向值的各种组合形式。除通过指定三点绘制圆弧外,其他方法都是从起点到端点逆时针绘制圆弧。

(3)正多边形

正多边形在项目二中已经接触过,这里具体讲解指定中心点的内接于圆、外切于圆以及边的画法。

在指定中心点后:输入选项[内接于圆(I)/外切于圆(C)]<当前选项>:输入 i 或 c 或按 Enter 键内接于圆指定半径为外接圆的半径,正多边形的所有顶点都在此圆周上;外切于圆指定半径为从正多边形中心点到各边中点的距离。在屏幕上指定半径,决定正多边形的旋转角度和尺寸。指定半径值将以当前捕捉旋转角度绘制正多边形的底边,如图 3-3-3 所示。

若不指定中心点而选择边,则通过指定第一条边的端点来定义正多边形,如图 3-3-3 所示。

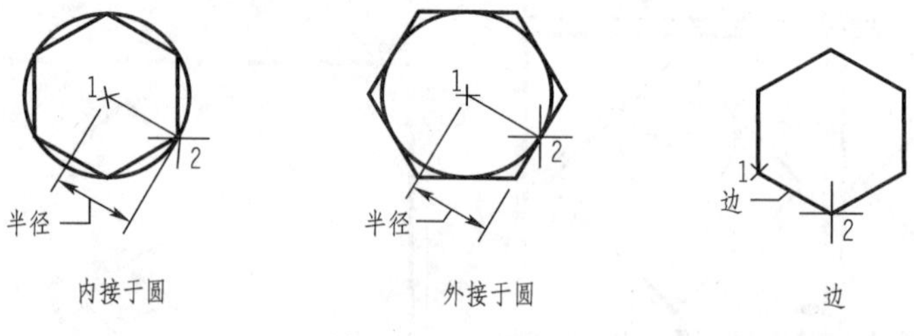

图 3-3-3 正多边形

二、镜像、偏移、阵列

(1)镜像(mirror)——命令可简写为 MI

可以绕指定轴翻转对象创建对称的镜像图像。镜像对创建对称的对象非常有用,因为可以快速地绘制半个对象,然后将其镜像,而不必绘制整个对象。绕轴(镜像线)翻转对象创建镜像图像,镜像操作时要指定临时镜像线,可以选择是删除还是保留原对象。如图 3-3-4 所示:

(2)偏移(offset)——命令可简写为 O

可以创建其造型与原始对象造型形平行的新对象。偏移圆或圆弧可以创建更大或更小的圆或圆弧,取决于向哪一侧偏移。多段线偏移可以得到类似的多段线,如图 3-3-5 所示。

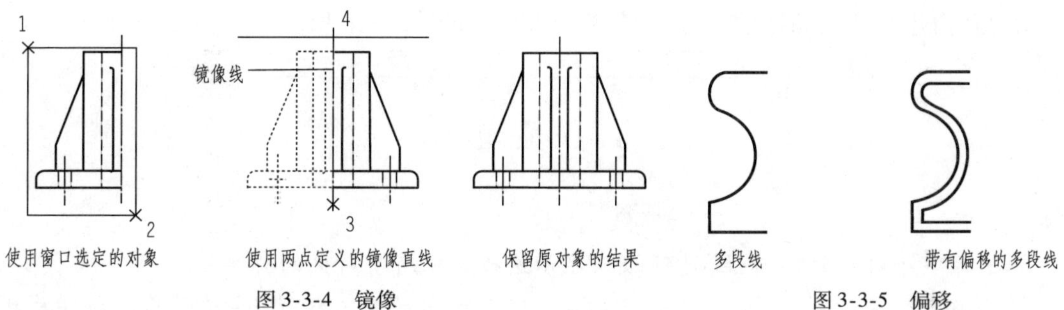

图 3-3-4　镜像　　图 3-3-5　偏移

可以将以下对象偏移：

①直线；

②圆弧；

③圆；

④椭圆和椭圆弧（形成椭圆形样条曲线）；

⑤二维多段线；

⑥构造线（参照线）和射线；

⑦样条曲线。

(3)阵列

阵列可以在矩形或环形（圆形）阵列中创建对象的副本。

对于矩形阵列，可以控制行和列的数目以及它们之间的距离。对于环形阵列，可以控制对象副本的数目并决定是否旋转副本。对于创建多个定间距的对象，阵列比复制要快。

①创建矩形阵列

设置行数、列数，行偏移、列偏移，可以沿基线创建矩形阵列，矩形阵列的行和列与图形的 X 和 Y 轴正交，如图 3-3-6 所示。

②创建环形阵列

创建环形阵列时，阵列按逆时针或顺时针方向绘制，这取决于设置填充角度时输入的是正值还是负值，如图 3-3-7 所示。

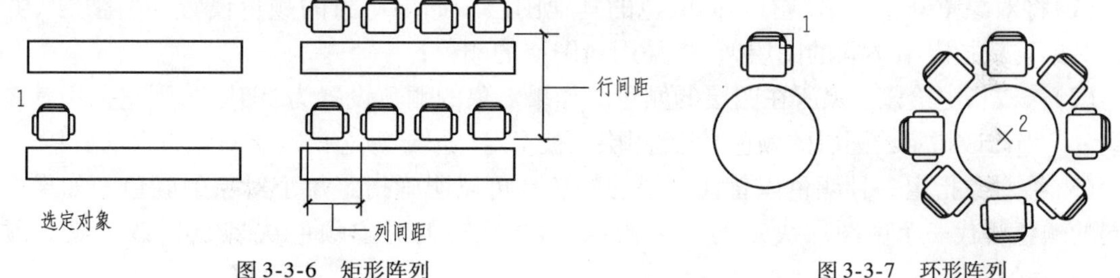

图 3-3-6　矩形阵列　　图 3-3-7　环形阵列

阵列的半径由指定中心点与参照点或与最后一个选定对象上的基点之间的距离决定。可以使用默认参照点（通常是与捕捉点重合的任意点），或指定一个要用作参照点的新基点。

三、对象特性（颜色、线宽）

绘制的每个对象都具有特性。有些特性是基本特性，适用于多数对象。例如图层、颜色、线型和打印样式。有些特性是专用于某个对象的特性。例如，圆的特性包括半径和面积，直线的特性包括长度和角度。

“对象特性”选项板用于列出选定对象或对象集的特性的当前设置。可以修改任何可以通过指定新值进行修改的特性。“对象特性”选项板如图 3-3-8 所示。

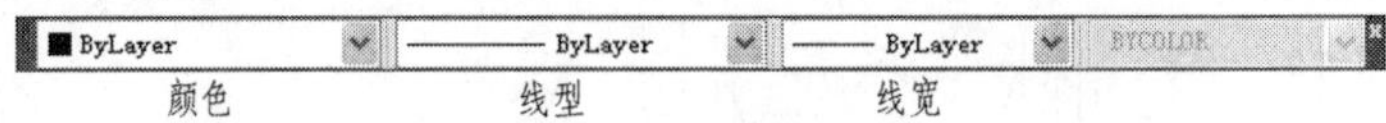

图 3-3-8 “对象特性”选项板

小贴士：

◇ 选择多个对象时，“特性”选项板只显示选择集中所有对象的公共特性。

◇ 如果未选择对象，“特性”选项板只显示当前图层的基本特性、图层附着的打印样式表的名称、查看特性以及关于 UCS 的信息。

多数基本特性可以通过图层指定给对象，也可以直接指定给对象。

如果将特性值设置为“随层”，则指定给对象的值与在其上绘制该对象的图层的值相同。

本项目要求掌握颜色、线宽两个对象特性，线型将在项目五中详述。

1. 颜色

使用颜色可以直观地标识对象，将对象编组。

可以通过图层指定对象的颜色，也可以单独指定对象的颜色。通过图层指定颜色可以在图形中轻易识别每个图层。例如，如果为在图层 0 上绘制的直线指定了颜色“随层”并将图层 0 指定为“红色”，则直线的颜色将为红色；明确地指定颜色会在同一图层的对象之间产生差别。如果将特性设置为一个特定值，则该值将替代图层中设置的值。例如，如果将图层 0 上的直线指定为“蓝色”并将图层 0 指定为“红色”，则直线的颜色为蓝色。

如果当前颜色设置为“随层”，则使用指定给当前图层的颜色创建对象。如果不希望当前颜色成为当前图层的指定颜色，可以指定其他颜色；如果当前颜色设置为“随块”，则使用 7 号颜色(白色或黑色)创建对象，直到将对象编组到块中。将块插入到图形中时，它采用当前的颜色设置。

通过将对象重新指定到其他图层、修改对象所在图层的颜色或者为对象明确指定颜色，可以修改对象的颜色。可以使用以下三个选择修改对象的颜色：

(1)将对象重新指定给具有不同颜色的其他图层。如果对象的颜色设置为“随层”，并且将该对象重新指定给不同的图层，它将采用新图层的颜色；

(2)修改指定给该对象所在图层的颜色。如果对象的颜色设置为“随层”，则它采用其图层的颜色。当修改指定给图层的颜色时，此图层上被指定“随层”颜色的所有对象将自动更新；

(3)给对象指定一种颜色以替代图层的颜色。可以明确指定每个对象的颜色。如果想用不同的颜色替代一个由图层决定的对象颜色，请将现有的对象颜色从“随层”改为特定颜色(例如红色)。

2. 线宽

使用线宽，可以用粗线和细线清楚地表现出截面的剖切方式、高程的深度、尺寸线和小标记，以及细节上的不同。例如，通过为不同图层指定不同的线宽，可以很方便地区分新建的、现有的和被破坏的结构。除非选择了状态栏上的“线宽”按钮，否则不显示线宽。

通过将对象重新指定给另一图层、修改对象所在图层的线宽或者明确为对象指定线宽，可以修改对象的线宽。

在模型空间中要查看线宽，需开启位于任务栏的“显示/隐藏线宽”+。

任务实施

1. 绘制菱形内花(设置为红色)

(1)绘制一个椭圆

①点击绘图工具"椭圆"或输入命令 ellipse;

②指定椭圆的轴端点为屏幕任意位置;

③指定轴的另一个端点:22;

④指定另一条半轴长度或[旋转(R)]:4.5。

(2)选择"旋转",以椭圆中心点为基点将椭圆旋转45°

(3)镜像出另一个椭圆

①点击修改工具"镜像"或输入命令 mirror;

②选择对象为椭圆;

③指定镜像线的第一点为椭圆中心点;

④指定镜像线的第二点为使镜像线竖直的任意一点;

⑤要删除源对象吗?[是(Y)/否(N)]<N>:直接按 Enter 。

(4)绘制圆弧

①点击绘图工具"圆弧"或输入命令 arc;

②指定圆弧的起点或[圆心(C)]:c;

③指定圆弧的圆心为椭圆中心点;

④指定圆弧的起点和端点分别为两个椭圆上的相应象限点,如图3-3-9所示;

⑤选择"镜像",类似(3)镜像出另一个圆弧;

⑥选择所绘对象,点开颜色控制,设置为红色。

2. 绘制菱形

(1)选择"正多边形",绘制内接于圆的四边形,四边形的中心点为圆心,半径为20。

(2)选择"旋转",以中心点为基点将四边形旋转45°。

(3)偏移出菱形内框。

①点击修改工具"偏移"或输入命令 offset;

②指定偏移距离为1.2;

③选择要偏移的对象为菱形;

④指定要偏移的那一侧上的点为内侧。

(4)选择菱形内框,点开线宽控制,设置为0.3mm,结果如图3-3-10所示。

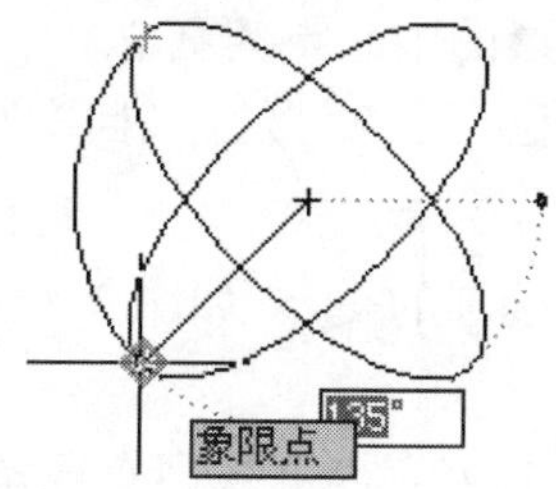

图3-3-9　指定圆弧的起点和端点

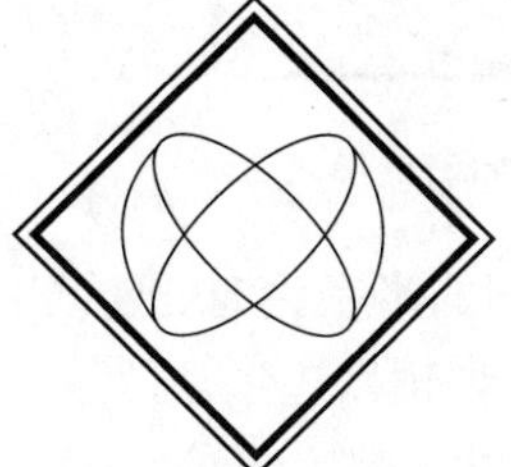

图3-3-10　绘制菱形

3. 绘制正方形外框

(1)选择"正多边形",绘制外切于圆的四边形,四边形的中心点为圆心,半径为22.5。

(2)以偏移距离为1.2向内侧偏移出正方形内框。

(3)选择四边形内框,设置为线宽0.3mm,即可得到导入图样,如图3-3-1b)所示。

4. 阵列

(1)点击修改工具"阵列"或输入命令 array;

(2)在弹出的"阵列"对话框中如图3-3-11设置,选择对象为整个图形,确定即可得到艺术门如图3-3-1a)所示。

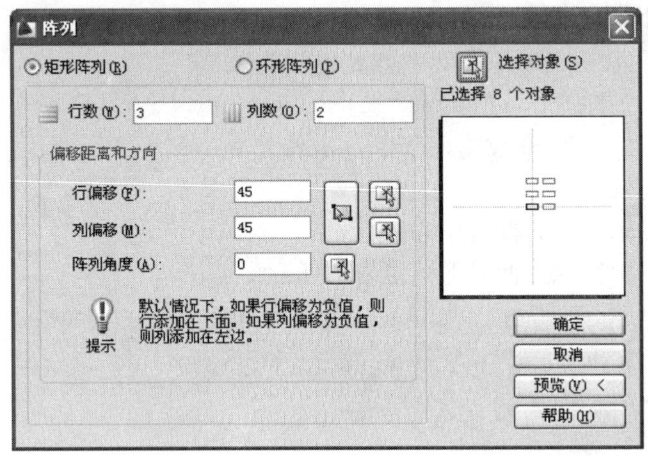

图3-3-11 "阵列"对话框的设置

项目任务

任务1

1. 任务图样

请按照标注的尺寸绘制图3-3-12,所有对象线宽为0.3mm,颜色为蓝色,不要求标注尺寸。

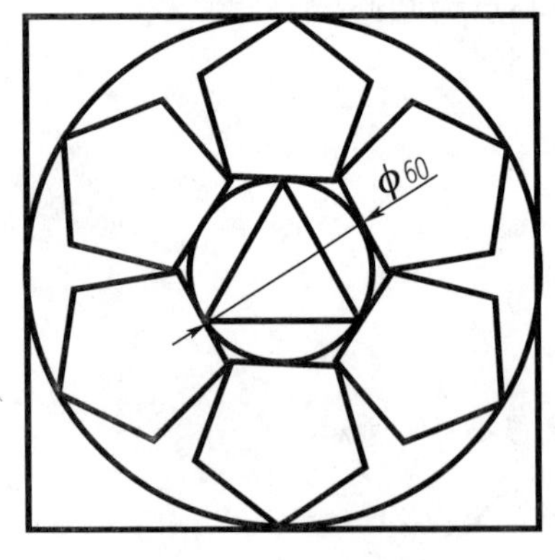

图3-3-12 任务图样(1)

2. 任务知识点

任务复习圆、矩形的应用,知识点包括多边形,线宽、颜色和阵列。

3. 绘图步骤

(1)绘制直径为60的圆。

(2)绘制圆内接正三角形。

①选择"正多边形",输入边的数目3;

②指定正三角形的中心点为圆心;

③默认内接于圆(I),直接键入回车(若默认为外切于圆(C),则输入I后回车);

④指定内接圆的半径为30或点击正上方与内接圆的交点,如图3-3-13所示。

(3)绘制圆外切正六边形。

①选择"正多边形"(由于前一命令为polygon,故可直接键入回车或空格则重复执行polygon命令);

②输入边的数目:6;

③指定正六边形的中心点为圆心;

④默认内接于圆(I),输入 c 后回车;(选择外切于圆)

⑤指定外切圆的半径为 20 或点击正上方与外切圆的交点[与步骤(2)类似]。

(4)用“边”绘制正五边形。

①直接键入回车或空格则重复执行 polygon 命令;

②输入边的数目:5;

③指定正多边形的中心点或[边(E)]:e;

④指定正六边形的上边为本五边形的边,操作如图 3-3-14 所示。

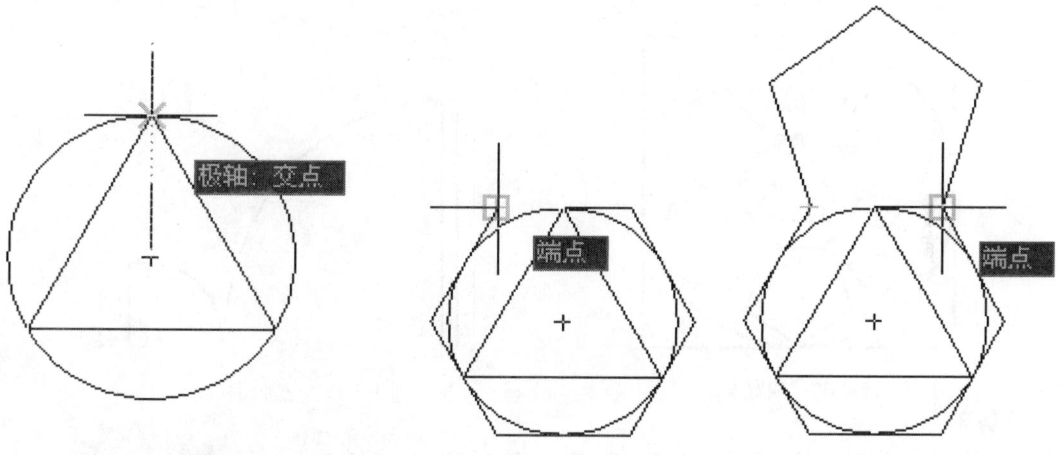

图 3-3-13　利用极轴和对象捕捉追踪找交点　　　　图 3-3-14　指定五边形的边

(5)将 1 个正五边形阵列为 6 个。

①选择“阵列”,弹出阵列对话框,设置为环形阵列,项目总数为 6,如图 3-3-15 所示;

②指定阵列中心点为圆心,选择对象为正五边形,确定后如图 3-3-16 所示。

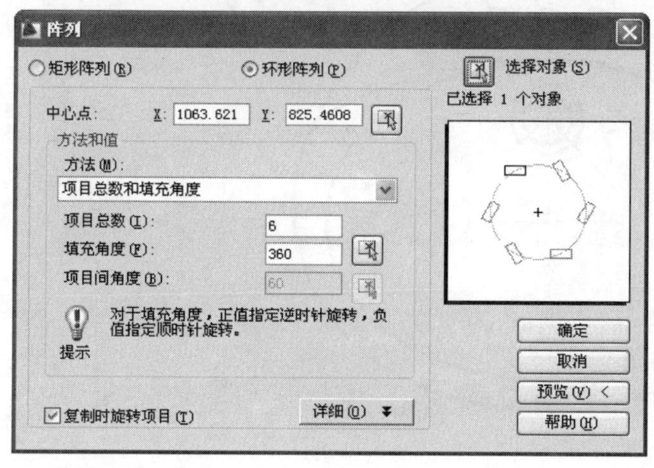

图 3-3-15　设置阵列对话框

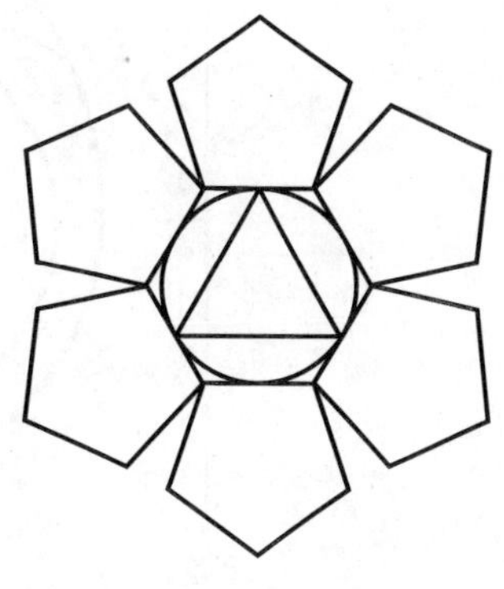

图 3-3-16　1 个正五边形阵列为 6 个

(6)绘制外圆。

(7)绘制正方形。

①选择“正多边形”,输入边的数目 4;

②指定正方形的中心点为圆心;

③默认外切于圆(C),直接回车(若默认为内接于圆(I),则输入 c 后回车);

④指定圆的半径,点击正上方与外切圆的交点。

注意:本正方形不适用矩形工具,因为矩形工具不能用指定中心点绘制。

(8)框选所有对象,将其颜色选择为蓝色,线宽设置为0.3mm,并将显示/隐藏线宽设置为显示状态。对象颜色变为蓝色,线宽变为0.3mm,如图3-3-17所示。也可先在步骤(1)将颜色蓝色和线宽0.3mm设置为当前属性。

任务2

(1)绘制如图3-3-18所示对开门,不要求标注尺寸。

(2)任务重点:矩形、圆弧。

图3-3-17 线宽设置

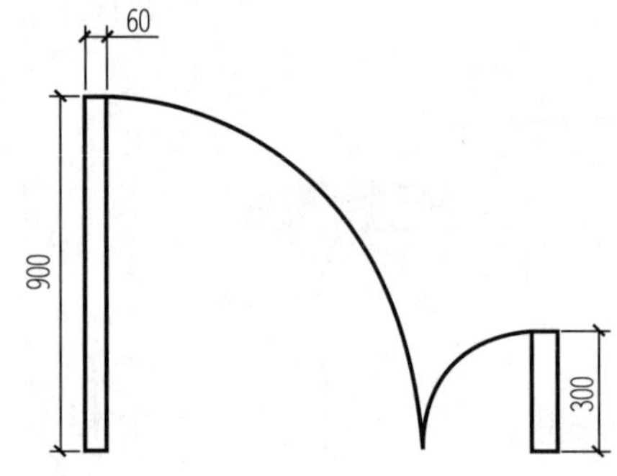

图3-3-18 任务图样(2)

任务3

(1)绘制如图3-3-19所示洗脸池,不要求设置线型和标注尺寸。

(2)任务重点:椭圆、椭圆弧、圆弧、偏移、镜像。

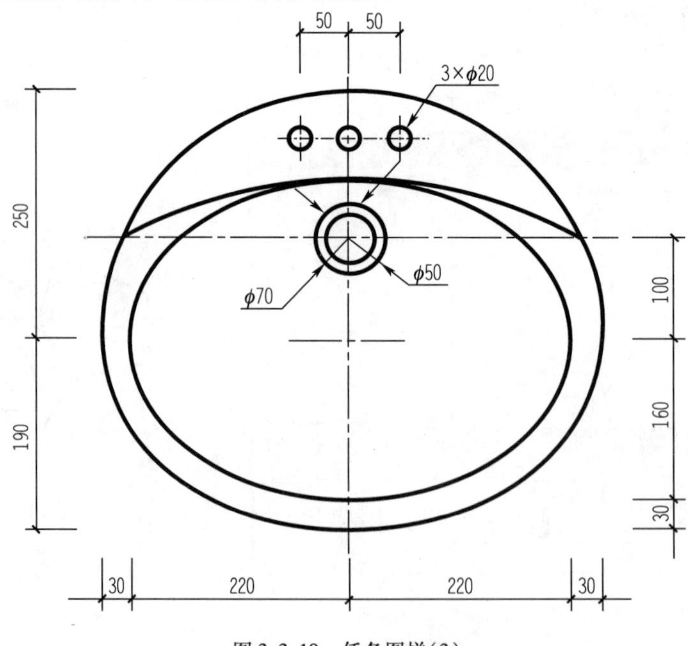

图3-3-19 任务图样(3)

任务4

(1)绘制如图3-3-20所示的坡面示意图,示坡线设置为红色、线宽为默认,其他轮廓线设置为黑色(白色)、线宽为0.3mm,不标注尺寸。

(2)任务重点:颜色、线宽,偏移、镜像、矩形阵列。

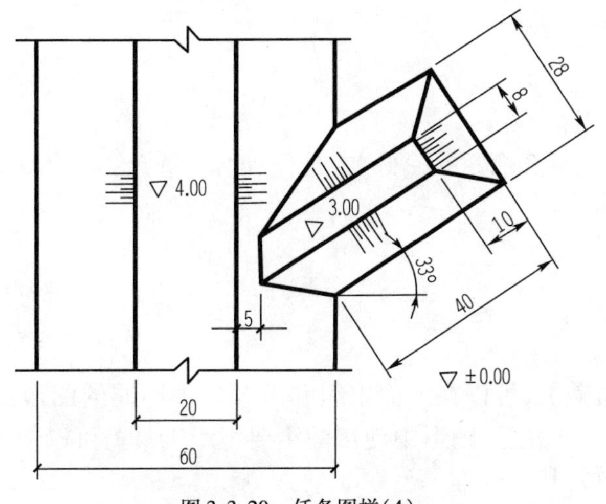

图 3-3-20　任务图样(4)

拓展知识

在模型空间中，线宽以像素显示，并且在缩放时不发生变化。因此，在模型空间中精确表示对象的宽度时不应该使用线宽。例如，如果要绘制一个实际宽度为 0.5 英寸的对象，就不能使用线宽而应该用宽度为 0.5 英寸的多段线表现对象。

子项目二　创建和修改复杂对象

创建和修改复杂对象是在创建和修改简单对象的基础上，综合应用多个工具，绘制较为复杂的图样。

本项目主要针对修剪、延伸、圆角、倒角等修改工具，图层、线型以及对象捕捉追踪进行设计，并对镜像、偏移、阵列等工具进行复习。

导入图样

分析图 3-3-21，按标注尺寸绘制，设置图层和线型，不标注尺寸。导入图样复习了偏移的使用。知识点包括图层、线型、对象捕捉追踪和倒角、圆角、延伸等修改工具。

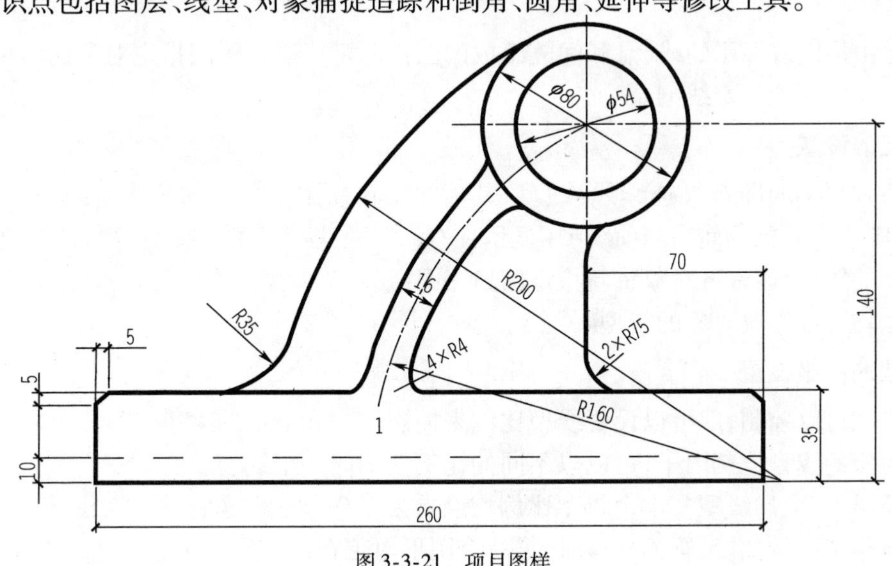

图 3-3-21　项目图样

项目目标

(1)掌握图层设置;

(2)掌握线型的应用;

(3)掌握部分修改工具和命令——修剪、延伸、倒角、圆角;

(4)掌握对象捕捉追踪。

相关知识

一、图层设置

图层就像透明的覆盖层,可以在上面组织和编组各种不同的图形信息。图层相当于纸质绘图中使用的重叠图纸。图层是图形中使用的主要组织工具。可以使用图层将信息按功能编组,以及执行线型、颜色及其他标准。

通过创建图层,可以将类型相似的对象指定给同一个图层使其相关联。例如,可以将构造线、文字、标注和标题栏置于不同的图层上。然后可以设定以下内容。

(1)图层上的对象是否在任何视口中都可见;

(2)是否打印对象以及如何打印对象;

(3)为图层上的所有对象指定何种颜色;

(4)为图层上的所有对象指定何种默认线型和线宽;

(5)图层上的对象是否可以修改;

图层具体控制方法详见项目四,“图层”选项板如图 3-3-22 所示。

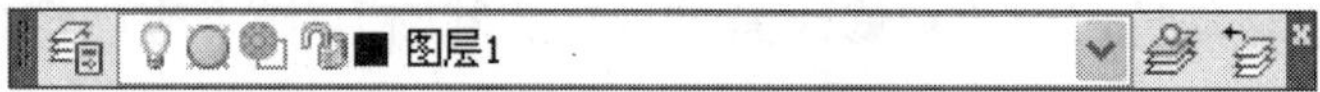

图 3-3-22 “图层”选项板

每个图形都包括名为“0”的图层,不能删除或重命名图层“0”。该图层有两个用途:

①确保每个图形至少包括一个图层。

②提供与块中的控制颜色相关的特殊图层。

二、线型

线型是由沿图线显示的线、点和间隔组成的图样。可以通过图层指定对象的线型,也可以不依赖图层而明确地指定线型。

1. 线型的设置

默认只提供 continuous(连续线)线型,其他线型在使用前需要加载所需线型。可以设置当前线型,则所有对象都使用当前线型(显示在“特性”工具栏上的“线型”控件中)创建;也可以修改对象的线型,通过将对象重新指定给另一图层、修改对象所在图层的线型或者明确为对象指定线型均可以修改对象的线型。

2. 线型的高级设置

线型比例可以控制,即可以设置线型比例来控制横线和空格的大小,通过全局修改或单个修改每个对象的线型比例因子,可以以不同的比例使用同一个线型。

默认情况下,全局线型和单个线型比例均设置为 1.0。比例越小,每个绘图单位中生成的重复图案就越多。例如,设置为 0.5 时,每一个图形单位在线型定义中显示重复两次的同一图案。不能显示完整线型图案的短线段显示为连续线。对于太短,甚至不能显示一个虚线小段的线段,可以使用更小的线型比例。线型管理器显示"全局比例因子"和"当前对象比例"。

三、修剪、延伸、圆角、倒角

前面已学习了删除、复制、镜像、偏移、阵列、移动、旋转等七个基本修改工具和命令,本项目要求掌握修剪、延伸、圆角、倒角等四个基本修改工具和命令,并进一步熟悉镜像、偏移、阵列的使用。

1. 修剪(trim)和延伸(extend)

可以通过缩短或拉长,使对象与其他对象的边相接。这意味着可以先创建对象(例如直线),然后调整该对象,使其恰好位于其他对象之间。选择的剪切边或边界边无须与修剪对象相交。可以将对象修剪或延伸至投影边或延长线交点,即对象延长后相交的地方。如果未指定边界并在"选择对象"提示下按Enter键,则所有显示的对象都将成为潜在边界。

(1)修剪对象——命令可简写为TR。

可以修剪对象,使它们精确地终止于由其他对象定义的边界。

例如,通过修剪可以平滑地清理两墙壁相交的地方,如图3-3-23所示。

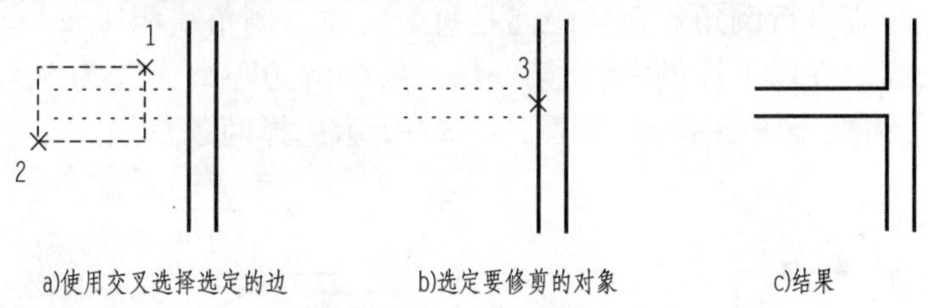

图3-3-23 修剪对象(1)

可以将对象修剪到与其他对象最近的交点处。不是选择剪切边,而是按Enter键(等于全选)。然后,选择要修剪的对象时,最新显示的对象将作为剪切边。在此例中,墙壁的相交部分修剪后十分平滑,如图3-3-24所示。

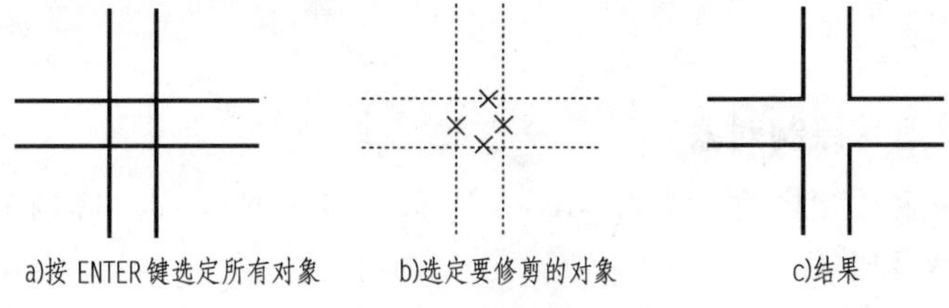

图3-3-24 修剪对象(2)

延伸对象时可以不退出"TRIM"命令。按住Shift键并选择要延伸的对象。

(2)延伸对象——命令可简写为EX。

延伸与修剪的操作方法相同。可以延伸对象,使它们精确地延伸至由其他对象定义的边界边。

无须退出"EXTEND"命令就可以修剪对象。按住Shift键并选择要修剪的对象。

2. 圆角(fillet)和倒角(chamfer)

圆角和倒角可以修改对象使其以圆角或平角相接。也可以在对象中创建或闭合间隔。

(1)圆角——命令可简写为 F。

可以修改对象使其以圆角相接,也可以在对象中闭合间隔。

圆角使用与对象相切并且具有指定半径的圆弧连接两个对象,如图 3-3-25 所示。

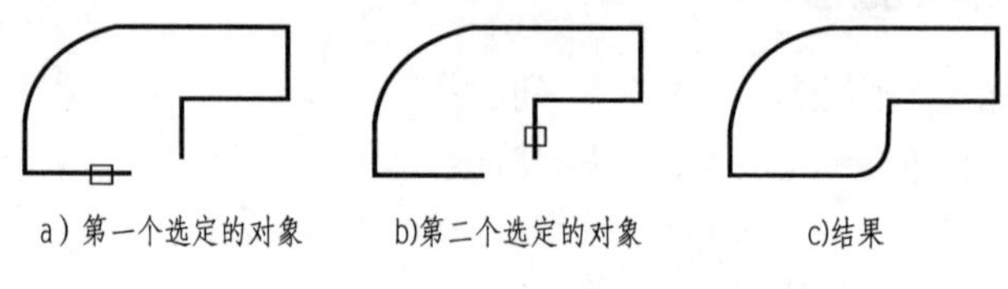

图 3-3-25 圆角

(2)倒角——命令可简写为 CHA。

倒角使用成角的直线连接两个对象,使它们以平角或倒角相接,通常用于表示角点上的倒角边。如图 3-3-26 所示。

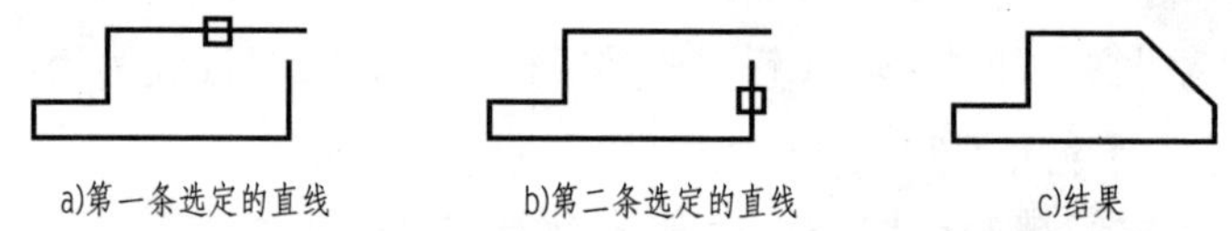

图 3-3-26 倒角(1)

通常通过指定距离进行倒角。倒角距离是每个对象与倒角线相接或与其他对象相交而进行修剪或延伸的长度。在以下样例中,将第一条直线的倒角距离设置为 5,将第二条直线的倒角距离设置为 2.5。指定倒角距离后,如图 3-3-27 所示选择两条直线。

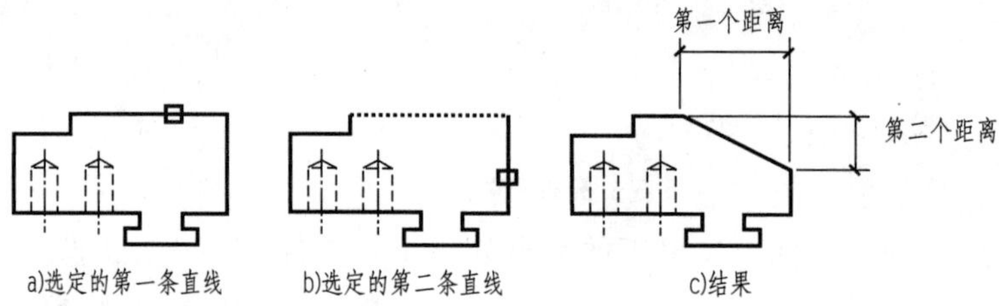

图 3-3-27 倒角(2)

四、对象捕捉追踪

1. 使用对象捕捉追踪绘制对象

打开极轴追踪并启动绘图命令,如 ARC、CIRCLE 或 LINE。也可以将极轴追踪与编辑命令结合使用,如 COPY 和 MOVE。

将光标移到指定点时,注意显示在指定的追踪角度处的极轴追踪虚线。显示极轴追踪线时指定的点将采用极轴追踪角度。

2. 设置极轴追踪角度

(1)单击“工具”菜单→“草图设置”,(也可在对象捕捉追踪上点击右键,选择“设置”)弹出草图设置对话框,如图 3-3-28 所示。

(2)在“草图设置”对话框中的“极轴追踪”选项卡上,选择“启用极轴追踪”。

(3)在“增量角”列表中,选择极轴追踪角度。

(4)要设置附加追踪角,选择“附加角”。单击“新建”。在文本框输入角度值。

(5)在“极轴角测量”下,指定极轴追踪增量是基于 UCS 还是相对于上一个创建的对象。

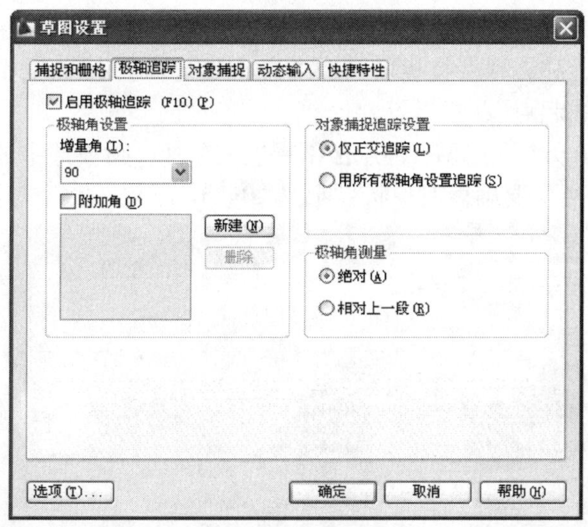

图 3-3-28 草图设置对话框

3. 打开和关闭对象捕捉追踪

按F11键,或单击状态栏上的“对象捕捉追踪”,可打开和关闭对象捕捉追踪。

任务实施

1. 设置图层

(1)点击图层特性管理器,如图 3-3-29 所示。

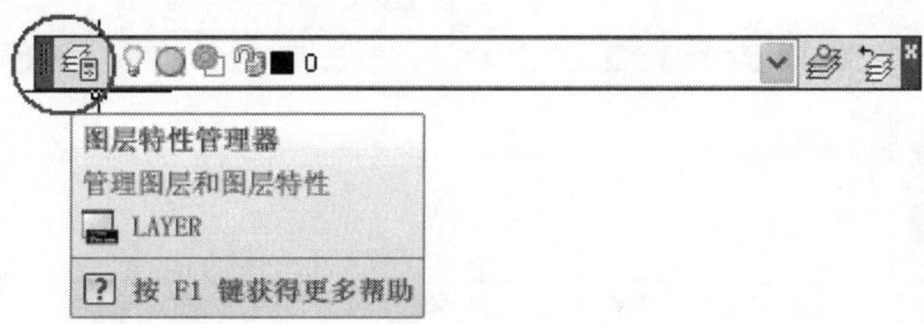

图 3-3-29 打开图层特性管理器

(2)在弹出的图层特性管理器对话框中,设置 3 个图层,分别为:

①外轮廓,线宽为 0.3mm,线型为 Continuous;

②内轮廓,线宽为 0.3mm,线型为 ACAD_IS003W100;

③对称线,线宽为默认,线型为 CENTER2。

非实线的线型需要加载:点击线型控制—其他,在弹出的线型管理器对话框上点击“加载”,在弹出的对话框中选择线型 ACAD_IS003W100 和 CENTER2,如图 3-3-30 所示。

在线型管理器中将全局比例因子设置为 0.4,将外轮廓设置为当前图层。图层设置如图 3-3-31 所示。

2. 在图层“外轮廓”上绘制基础轮廓

(1)用“直线”工具绘制基础的矩形。

(2)绘制内轮廓的虚线。

①选择直线。

②追踪图 3-3-32 所示端点正上方 10：将鼠标放在矩形左下角的端点上（不点击）待端点捕捉符号出现，然后向上移动鼠标待极轴追踪的虚线出现，输入 10，则追踪到矩形左下角的端点正上 10 的地方为直线起点。

③选择所绘直线，点开图层控制，再点击图层“内轮廓”，则被选中的直线的线型、线宽、颜色均与图层“内轮廓”一致（要确保对象特性都是“ByLayer”）。

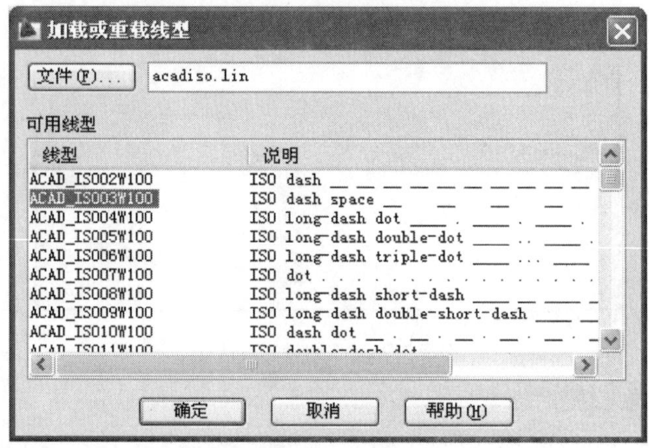

图 3-3-30　加载线型

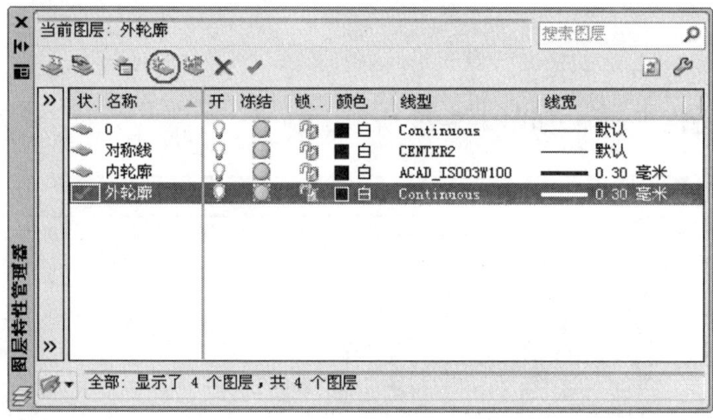

图 3-3-31　图层设置

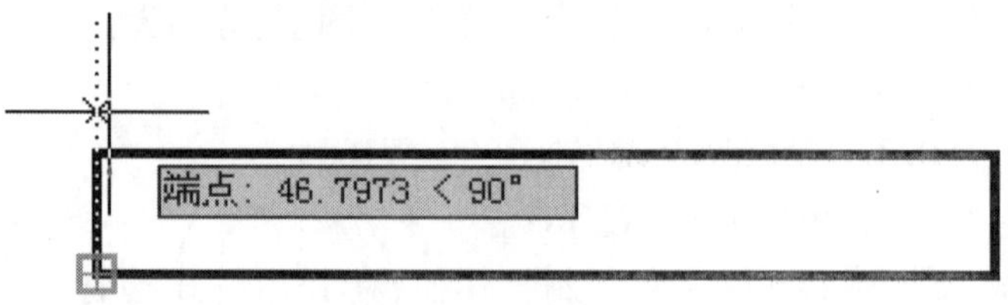

图 3-3-32　追踪端点

（3）绘制一对同心圆。

①用追踪的方法绘制圆的对称线；

②绘制内圆；

③内圆向外偏移 13 得到外圆。

（4）绘制同心圆弧 1～4。

①绘制圆弧 1，圆心在矩形端部的直线上（请思考圆心如何找）。

②用“偏移”绘制圆弧 2、3、4，如图 3-3-33 所示。

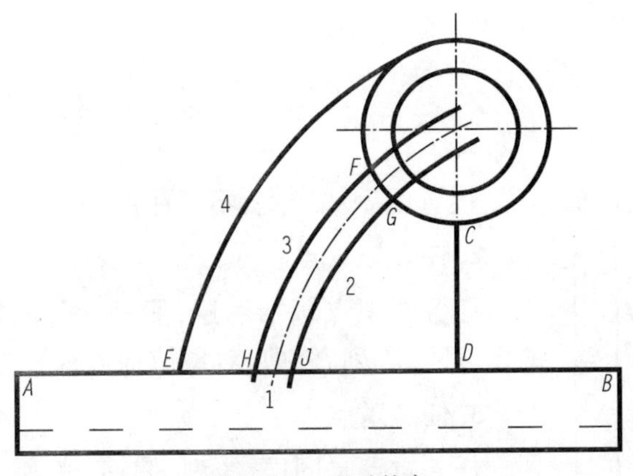

图 3-3-33 基础轮廓

3. 绘制 *A*、*B* 倒角

(1)选择修改工具“倒角”或输入命令 chamfer;

(2)输入 d 设置倒角距离;

(3)分别指定第一个倒角距离、第二个倒角距离均为 5;

(4)分别指定第一条直线、第二条直线为 *A* 的两边,*A* 倒角形成;

(5)重复“倒角”,直接分别指定第一条直线、第二条直线为 *B* 的两边,*B* 倒角形成。

4. 绘制圆角

使用圆角工具完成导入图样中所有圆弧。

(1)选择修改工具“圆角”或输入命令 fillet,设置半径为 15。

(2)分别选择 *C*、*D* 的两边为圆角对象。

(3)补全 *AD* 间的直线。

①选择修改工具“延伸”或输入命令 extend;

②选择对象为 *A* 倒角(即选定延伸到何处为止);

③选择要延伸的对象为 *DB* 间的直线(即选定将什么对象延伸)。

(4)选择“圆角”,设置半径为 35,选择 *E* 的两边为圆角对象。

(5)重复“圆角”,设置半径为 8,分别选择 *F*、*G*、*H*、*J* 的两边为圆角对象。(**注意:***H*、*J* 的直线边因 *E*、*D* 圆角后不相交,但仍可直接选择成圆角对象)

完成制图,结果如图 3-3-34 所示。

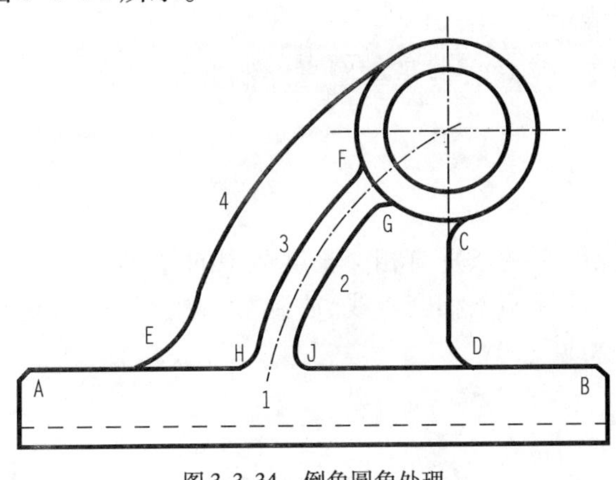

图 3-3-34 倒角圆角处理

项目任务

任务1

1. 任务图样

绘制如图3-3-35所示的图样,设置线型和线宽,不标注尺寸。

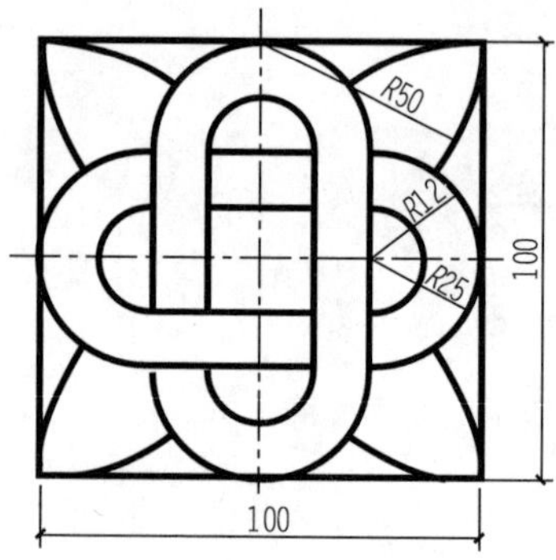

图3-3-35　任务图样(1)

2. 任务知识点

任务知识点包括图层,线型、线宽,直线、矩形、圆弧,偏移、镜像、环形阵列、修剪,对象捕捉追踪。

3. 任务重点

任务重点是图层,线型,偏移、修剪、镜像、环形阵列,对象捕捉追踪。

4. 绘图步骤

(1)设置图层。

设置两个图层,如图3-3-36所示。

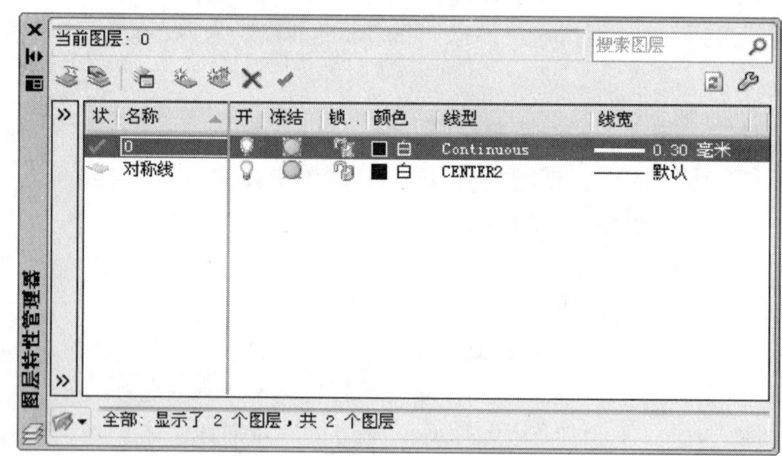

图3-3-36　在图层特性管理器中设置线宽

将0图层设置为当前图层。

(2)绘制边长为100的正方形。

注意:绘图本应先绘制对称线,但是本图先绘制此正方形再过其中点绘制对称线,速度更快。

(3)绘制对称线。

①选择“直线”;

②追踪正方形的中点绘制两条垂直相交长度适中的直线;

③自右下向左上交叉选择两条相交直线,放到“对称线”图层,则被选中的两条直线线型、线宽、颜色均与图层“对称线”一致。

**小贴士:**

要使对象位于相应的图层,可以将需要的图层设置为当前图层,直接将对象绘于当前图层

下；也可以选绘制对象，在将对象选中，放入需要的图层下。

(4)在正方形右上角绘制八分之一的图形，如图3-3-37所示。

①绘制四分之一半径为12的圆弧，图中圆弧1。

a. 选择“圆弧”，追踪对称线交点正右方25为圆弧圆心；

b. 鼠标放在X轴正方向输入12为圆弧起点；

c. Y轴正方向为圆弧端点。

②绘制直线2；

③选择“偏移”，输入T(通过)，选择偏移对象为圆弧1，指定通过点为点5；选择偏移对象为直线2，指定通过点为点3；

④绘制圆弧4。

a. 选择“圆”，指定圆的圆心为点6，指定圆的半径为点7；

b. 选择修改工具“修剪”-/--或输入命令trim，选择对象为圆弧35和正方形，选择要修剪的对象为圆弧4的反选。

(5)完成正方形右上角四分之一的图形。

①将图3-3-37镜像为图3-3-38。

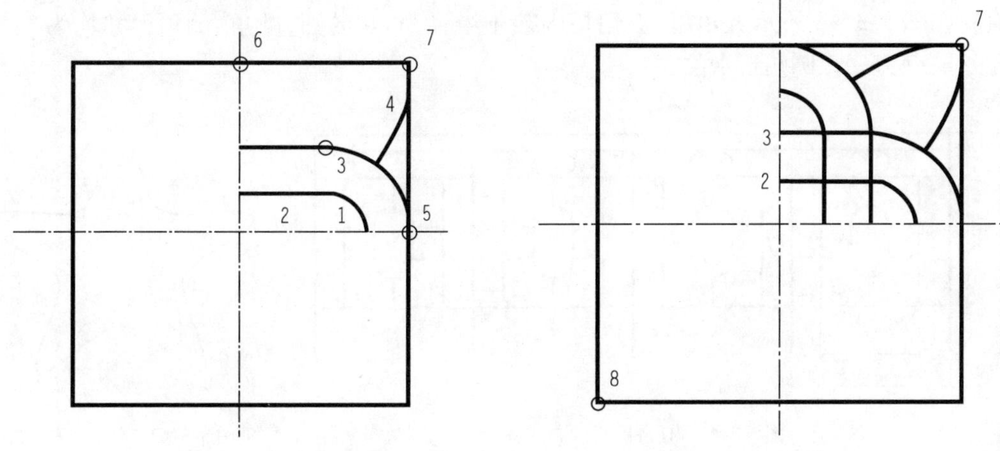

图3-3-37　右上角八分之一的图形

图3-3-38　镜像、修剪参考图

a. 选择“镜像”，选择对象自左上向右下窗口选择，如图3-3-37，则仅有四分之一的图形(不包括对称线和正方形外框)被选中。

b. 指定镜像线的第一点为点7，指定镜像线的第二点为点8。

c. 不删除原对象。

②将图3-3-38修剪完成。如图3-3-39所示。

a. 选择“修剪”。

b. 选择对象为直线2、直线3(或选择所有对象)。

c. 选择要修剪的对象为直线2、直线3之间需要修剪的直线。

(6)环形阵列。

点击“阵列”，设置为环形阵列，选择对象为图3-3-40的右上角四分之一的图形，中心点为对称线交点，项目总数为4，填充角度为360°。确定即可得到如图3-3-35所示的任务图样。

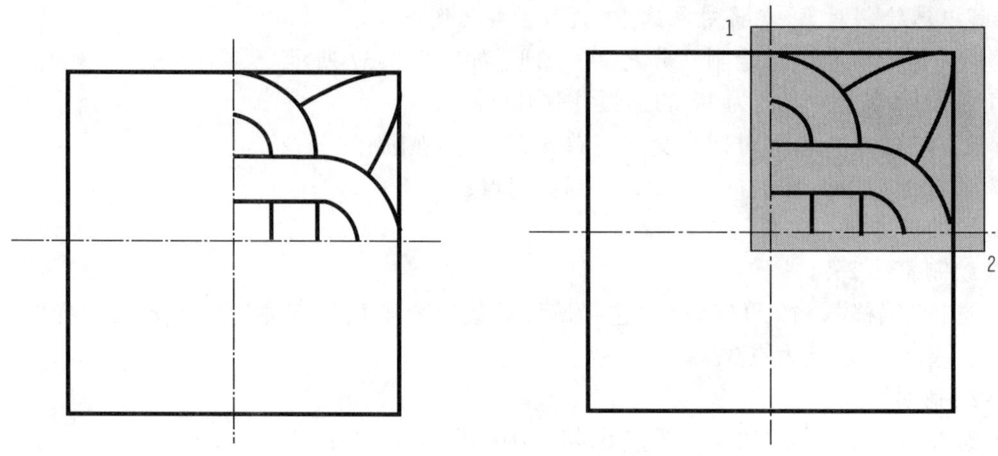

图 3-3-39　右上角四分之一的图形

图 3-3-40　自左上向右下窗口选择图形

任务 2

绘制如图 3-3-41 所示栏杆，线宽为 0.15mm，不标注尺寸。

任务重点：偏移、镜像、阵列、修剪，对象捕捉追踪。

任务 3

绘制如图 3-3-42 所示五角星，五角星内接于半径为 20 的圆，圆角、倒角尺寸均为 1。

任务重点：修剪、圆角、倒角。

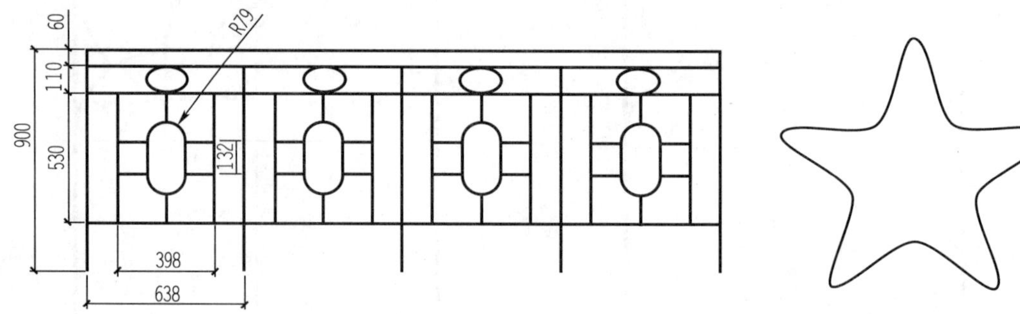

图 3-3-41　任务图样(2)

图 3-3-42　任务图样(3)

拓展知识

1. 修剪对象

对象既可以作为剪切边，也可以是被修剪的对象。例如，在灯具图中，圆是构造线的一条剪切边，同时它也正在被修剪，如图 3-3-43 所示。

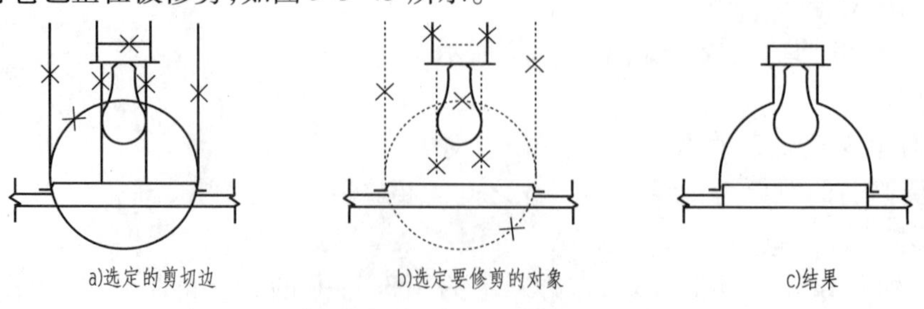

图 3-3-43　修剪(1)

修剪若干个对象时，使用不同的选择方法有助于选择当前的剪切边和修剪对象。如图

3-3-44中,剪切边是利用交叉选择选定的。

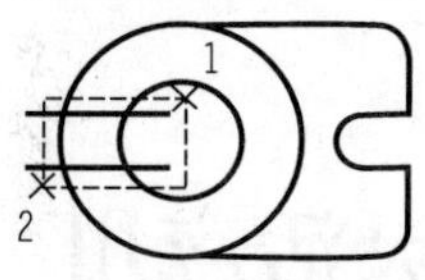

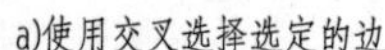

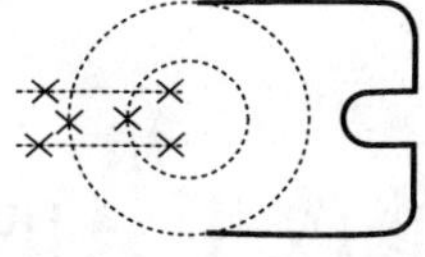
b)选定要修剪的对象

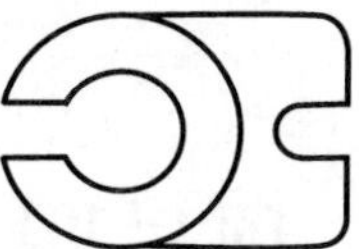
c)结果

图 3-3-44　修剪(2)

2. 改变自动追踪设置

(1)单击“工具”菜单→“选项”。

(2)在“选项”对话框中的“绘图”选项卡的“自动追踪设置”下,选择或清除以下对齐路径的显示选项:

①显示极轴追踪矢量。控制对象捕捉追踪的对齐路径显示。清除该选项将不显示极轴追踪路径。

②显示全屏追踪矢量。控制对象捕捉追踪的对齐路径显示。清除此选项将仅显示对象捕捉点到光标之间的对齐路径。

③显示自动追踪工具栏提示。控制自动追踪工具栏提示的显示。工具栏提示显示对象捕捉的类型(针对对象捕捉追踪)、对齐角度以及与前一点的距离。

(3)在“对齐点获取”下,选择一种对象捕捉追踪用以获取对象点的方法:

①自动获取对象点。如果选择此选项,按下 Shift 键将不获取对象点。

②用 Shift 键获取。光标在对象捕捉点上时,只有按 Shift 键才可获取对象点。

项目四　修改工具的灵活应用

前续项目已经介绍了各种常用的绘图和修改工具。有的图样，可以用绘图工具完成，也可以用某些修改工具更快更好的完成，本项目针对这样的图样进行设计，包含分别以偏移、拉伸、旋转、缩放为重点的四个模块。

导入图样

分析如图 3-4-1 所示窗户，窗户边棱宽均为 30。请按照标注尺寸绘制，不要求标注尺寸。任务图样涉及偏移、修剪、镜像、分解等几个重要修改工具，重点是偏移。

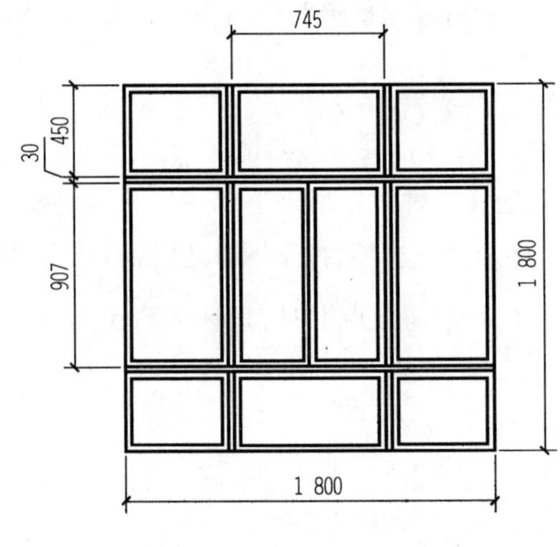

图 3-4-1　项目图样

项目目标

灵活应用偏移、拉伸、旋转、缩放绘图。

相关知识

1. 偏移

偏移（Offset，可简写为 O），可以创建其造型与原始对象造型平行的新对象。偏移距离相等时利用偏移可快速绘图。

2. 拉伸

拉伸（Stretch，可简写为 S）可以调整对象大小使其在一个方向上增大或缩小，还可以通过移动端点、顶点或控制点来拉伸某些对象。拉伸可以重定位穿过或在交叉选择窗口内的对象的端点。

（1）将拉伸交叉窗口部分包围的对象。

（2）将移动（而不是拉伸）完全包含在交叉窗口中的对象或单独选定的对象。

要拉伸对象，首先为拉伸指定一个基点，然后指定位移点，如图 3-4-2 所示。

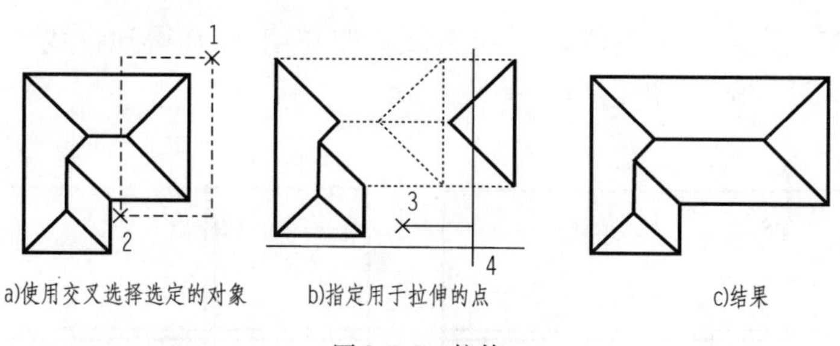

图 3-4-2　拉伸

3. 旋转

使用“参照”选项，可以旋转对象到绝对角度，使其与绝对角度对齐。

例如，要旋转插图中的部件，使对角边旋转到 90°，可以选择要旋转的对象（1、2），指定基点（3），然后输入“参照”选项。对于参照角度，请指定对角线 4、5 两个端点。对于新角度，请输入 90，如图 3-4-3 所示。

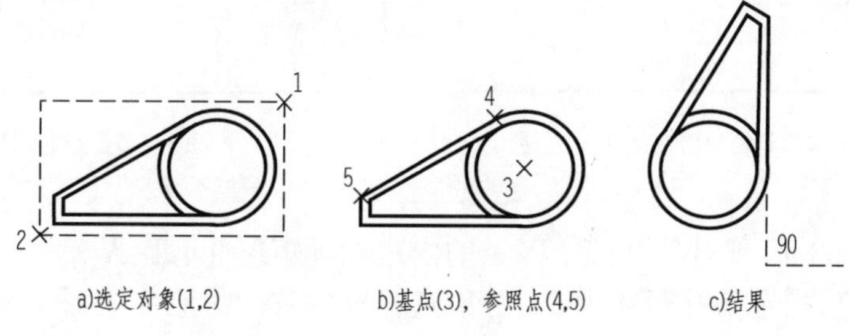

图 3-4-3　旋转

注意：输入的新角度值是绝对角度，而不是相对值。另外，如果指定点，参照角度将旋转到该点。

4. 缩放

缩放工具命令（scale，可简写为 SC）可以将对象按统一比例放大或缩小。

任务实施

（1）绘制边长为 1 800 的正方形外框，并将其分解。

①绘制边长为 1 800 的正方形外框；

②选择修改工具“分解”，选择对象为正方形。

（2）将正方形上边偏移成图 3-4-4，将窗户分为上、中、下三栏。

①选择修改工具“偏移”，指定偏移距离为 450，选择要偏移的对象为正方形上边，Enter 确认，则偏移出直线 1；

②直接 Enter（重复“偏移”命令），指定偏移距离为 30，选择要偏移的对象为直线 1，Enter 确认，则偏移出直线 2；

③ Enter，指定偏移距离为 907，选择要偏移的对象为直线 2，Enter 确认，则偏移出直线 3；

④ Enter，指定偏移距离为 30，选择要偏移的对象为直线 3，Enter 确认，则偏移出直线 4；

（3）绘制窗棱。

①绘制 745 × 450 的矩形Ⅰ，再捕捉矩形的上边中点移动至正方形外框的上边中点；

②过两直线中点 B、C 做直线；

③过矩形Ⅰ左上角点 A 做直线 2,并将直线 2 向左偏移 30 得到直线 3;

④将直线 2、3 进行修剪,得到图 3-4-5。

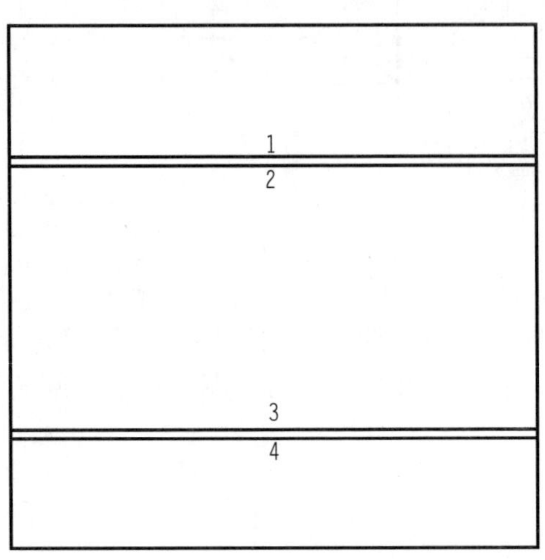

图 3-4-4　用偏移将窗户分为上中下三栏

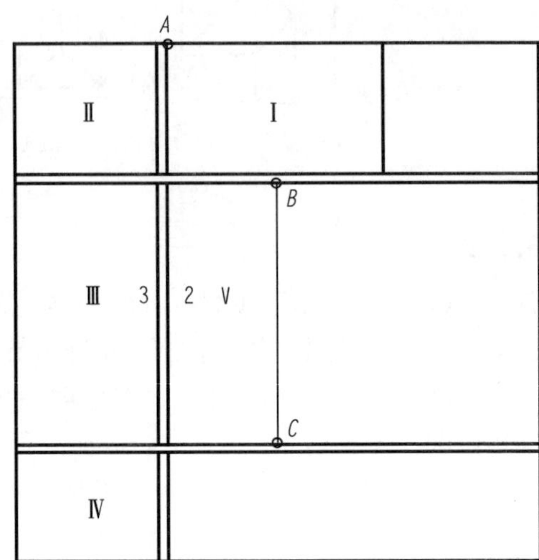

图 3-4-5　绘制窗棱

(4)绘制窗户。

①在图 3-4-5 的Ⅱ、Ⅲ、Ⅳ、Ⅴ四个区域的内边缘画矩形Ⅱ、Ⅲ、Ⅳ、Ⅴ。

②选择"偏移",指定偏移距离为 30,分别选择要偏移的对象为矩形Ⅰ、Ⅱ、Ⅲ、Ⅳ、Ⅴ,向内偏移得到矩形窗户①②③④⑤,如图 3-4-6 所示。

③删除矩形Ⅰ、Ⅱ、Ⅲ、Ⅳ、Ⅴ。(此步可省,不影响视觉效果)

④选择"镜像",自左上向右下窗口选择对象为矩形②③④⑤和直线 2、3,指定此图的对称线为镜像线,得到图 3-4-7。

⑤在图 3-4-7 区域Ⅵ的内边缘画矩形Ⅵ,并将矩形Ⅵ向内偏移 30 得到矩形窗户,成图如图 3-4-1 所示。

⑥删除矩形Ⅵ。(此步可省,不影响视觉效果)

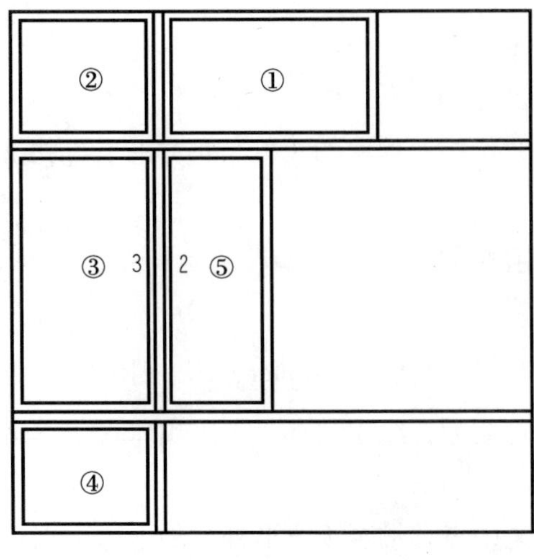

图 3-4-6　向内偏移矩形绘制左边窗户

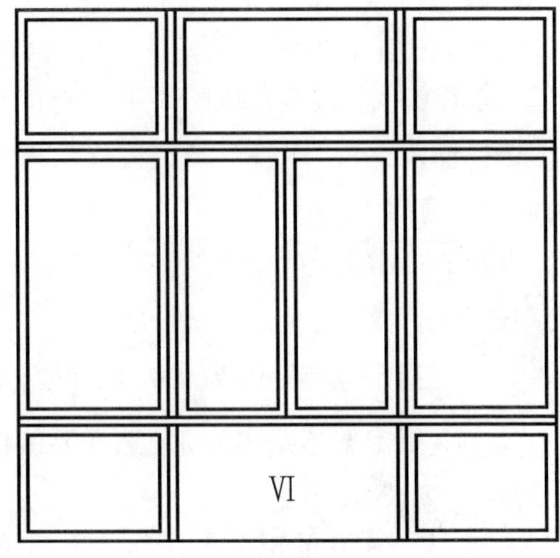

图 3-4-7　镜像

项目任务

任务 1

1. 任务图样

在图 3-3-41 的基础上完成下图 3-4-8 所示栏杆,不标注尺寸。

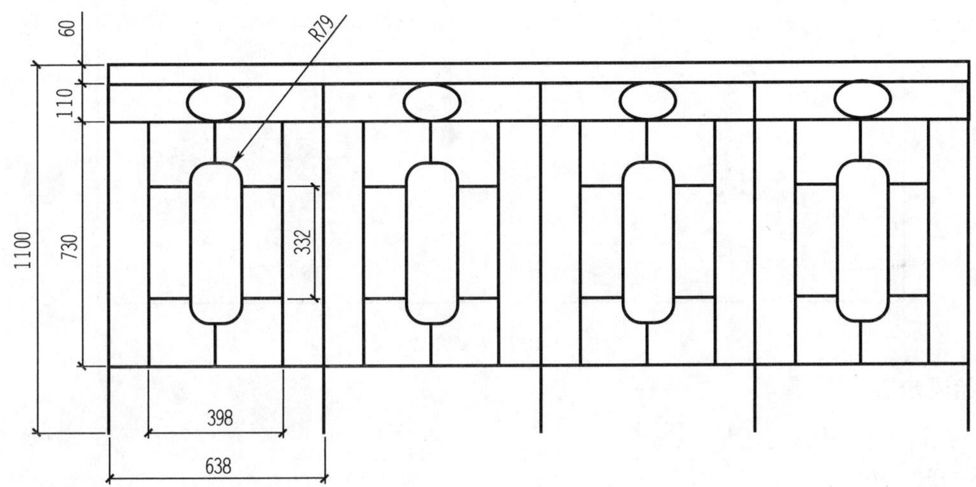

图 3-4-8　任务图样(1)

2. 任务重点

“拉伸”命令的使用

3. 绘图步骤

(1)点击修改工具“拉伸”,或输入命令 stretch。

(2)自右下向左上交叉选择图 3-3-41 的栏杆下部,如图 3-4-9 所示。

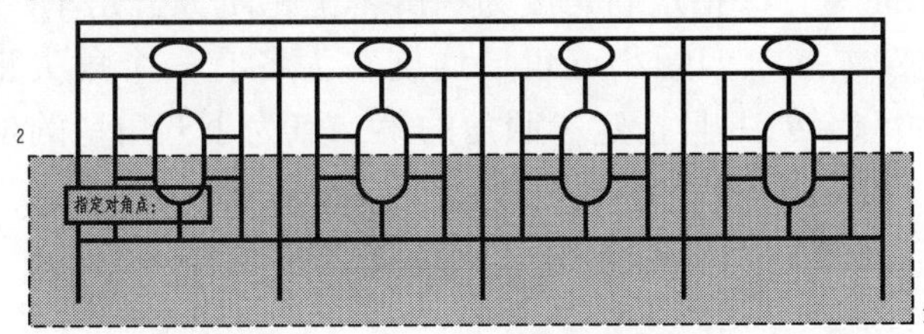

图 3-4-9 自右下向左上交叉选择

(3)右键确认,任意指定基点。

(4)追踪正下方,并输入 200(730 - 530 = 200)。

任务 2

1. 任务图样

严格按国旗法的规定,五星红旗的四颗小五角星修改为均各有一个角尖正对大五角星的中心点,如图 3-4-10 所示。

2. 任务重点

“旋转”命令的使用。

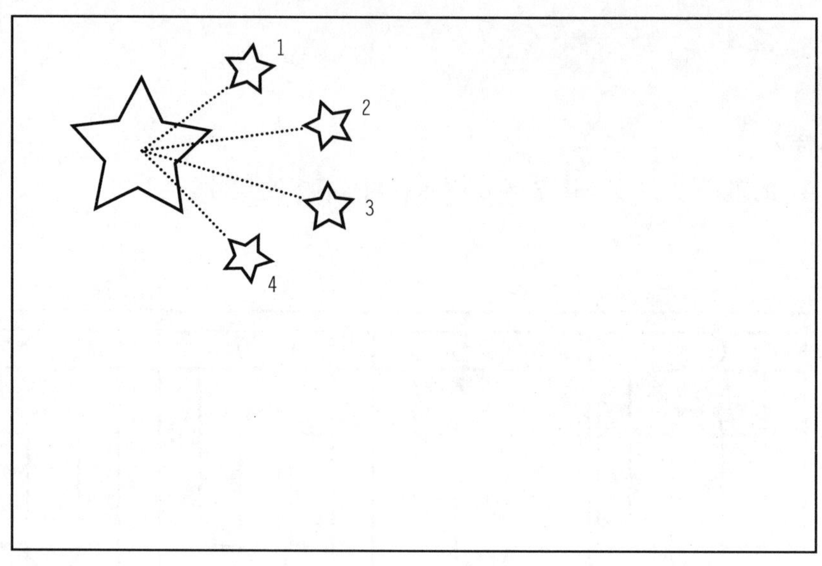

图 3-4-10 任务图样(2)

3. 绘图步骤

(1)旋转第一颗小五角星

①选择“旋转”。

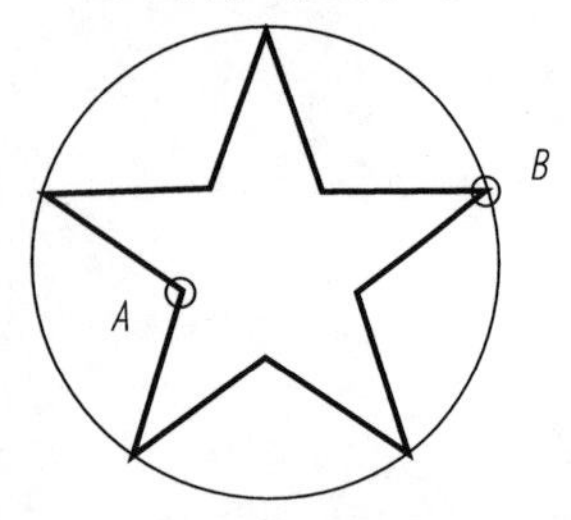

图 3-4-11　在屏幕上指定参照角

②选择对象为第一颗小五角星及其外接圆。

③指定基点为小五角星外接圆的圆心。

④指定旋转角度,或[复制(C)/参照(R)]<0>:r。

⑤参照角在屏幕上指定,如图 3-4-11 所示。

a. 指定参照角第一点为 A 点;

b. 指定第二点为 B 点;

c. 指定新角度为在屏幕上指定大五角星圆心。

(2)重复步骤①,将第二、三、四颗小五角星均旋转为各有一个角尖正对大五角星的中心点。关键在于利用“参照”旋转,并且指定参照角的第二点为小五角星的顶点。

项目五　技巧绘图

在实际工程制图中，往往遇到较多复杂的图样，需要熟练运用绘图和修改工具，用合理的方式完成制图。本项目是创建和修改对象的高级应用，是熟练进行实际工程图样绘制的重要知识和练习，旨在用最合理或较合适的方法完成绘图。本项目不仅仅要求完成图样，还要求质量与速度。对于只要求掌握基本绘图的读者可以跳过本项目。

导入图样

分析如图 3-5-1 所示楼梯图，熟练运用阵列、偏移、圆角、多段线绘制，不标注尺寸。

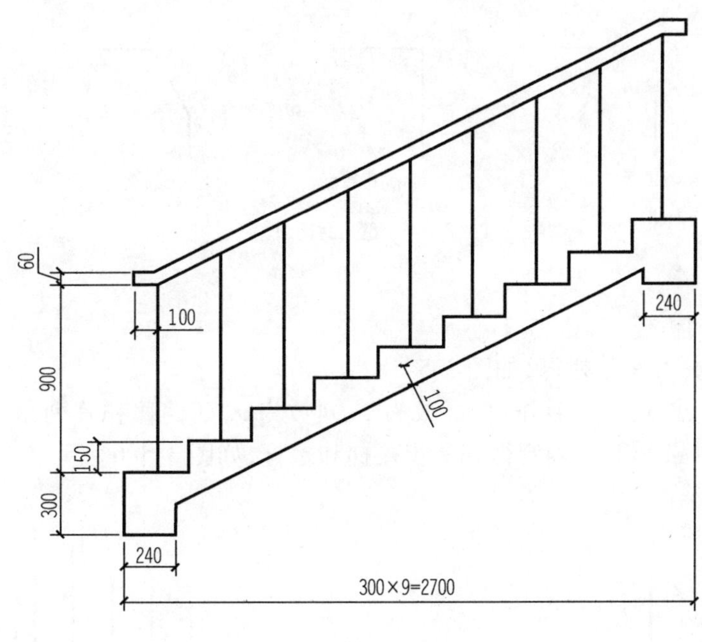

图 3-5-1　项目图样

项目目标

(1)灵活应用阵列、偏移、圆角、拉伸等修改工具；

(2)熟练应用对象捕捉追踪；

(3)灵活应用各种绘图工具绘图。

相关知识

一、阵列

这里只介绍阵列角度不为零时的矩形阵列。

若阵列角度不为零，则阵列出有一定旋转角度的图形，如图 3-5-2 所示。

二、圆角/倒角封闭对象

(1)圆角半径是连接被圆角对象的圆弧半径。修改圆角半径将影响后续的圆角操作。如果设置圆角半径为0,则被圆角的对象将被修剪或延伸直到它们相交,并不创建圆弧,如图3-5-3所示。

图3-5-2　有一定旋转角度的矩形阵列

图3-5-3　圆角封闭对象

(2)如果两个倒角距离都为0,则倒角操作将修剪或延伸这两个对象直至它们相交,但不创建倒角线。选择对象时,可以按住 Shift 键,以便使用值0替代当前倒角距离,如图3-5-4所示。

图3-5-4　倒角封闭对象

任务实施

(1)绘制楼梯和栏杆。

①绘制一步楼梯和一个栏杆,如图3-5-5。

②选择"阵列",设置为矩形阵列,行数为1、列数为9,列偏移和阵列角度均选择 *A*、*B* 两点,阵列对象选择对象1、2、3,确定得到9步楼梯和栏杆,如图3-5-6所示;阵列设置界面如图3-5-7所示。

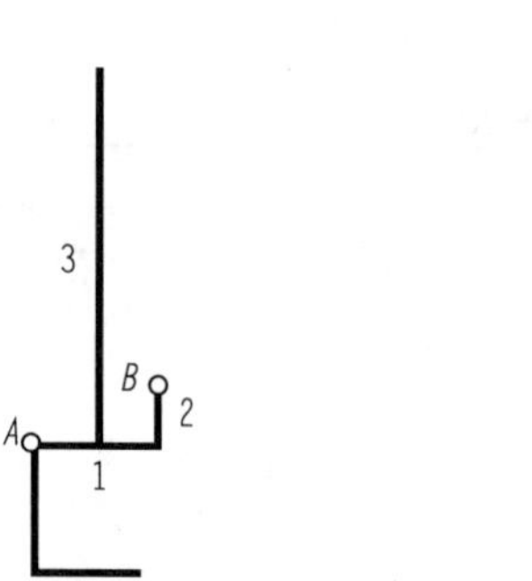

图3-5-5　一步楼梯和栏杆

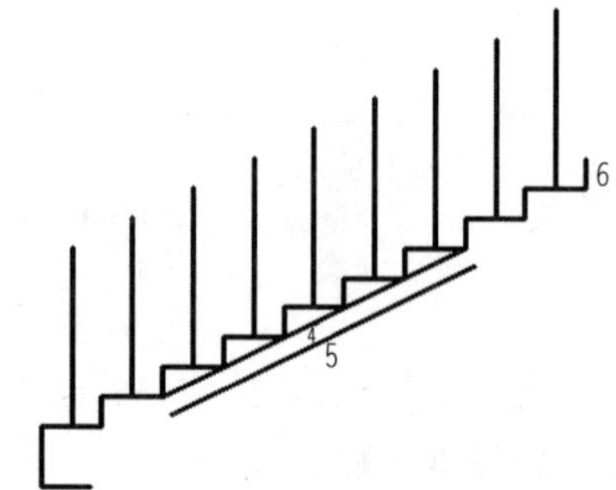

图3-5-6　应用有一定阵列角度的矩形阵列

(2)绘制楼梯底部。

①连接楼梯底部任意两点绘制直线4(与楼梯倾斜度一致),如图3-5-6所示;

②将直线4向右下方偏移100,得到直线5;

③删除辅助线直线4和多余直线6;

④绘制图3-5-8,直线7、8长度随意画;

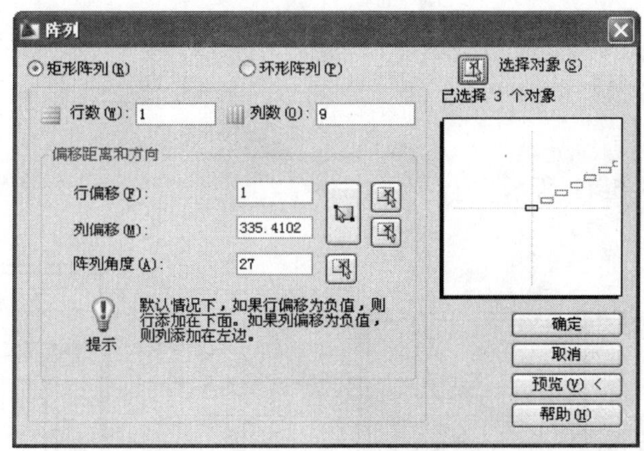

图 3-5-7　阵列设置界面

⑤选择“圆角”，用默认半径 0，分别选择对象 5、7 和对象 5、8，将楼梯底部封闭。

(3)绘制楼梯扶手。

①选择绘图工具“多段线”，追踪点 C 左方 100 处为起点，绘制楼梯扶手 9(想想为什么用多段线而不用直线?)。

②将扶手 9 向上偏移 60 得到扶手 10。

③用直线封闭扶手两端，如图 3-5-9 所示。

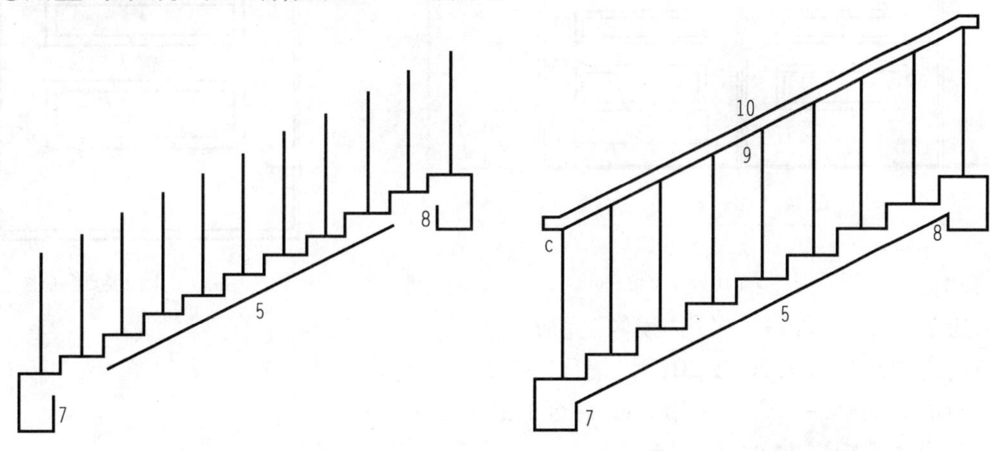

图 3-5-8　绘制楼梯底部　　　　图 3-5-9　绘制楼梯扶手

**小贴士：**

步骤 3 若采用多线绘制，则更为简单。需要设置多线两端封口，比例设为 60，对正设为“下”。同样追踪点 C 左方 100 处为起点，可一次性绘出扶手。

项目任务

任务

1. 任务图样

绘制图 3-5-10 所示大门，不标注尺寸。

2. 任务知识点

任务知识点包括偏移、修剪、多段线、from、镜像。

3. 任务重点

任务重点是偏移、多段线、from。

4. 绘图要点

下列要点参照图 3-5-11 所示。

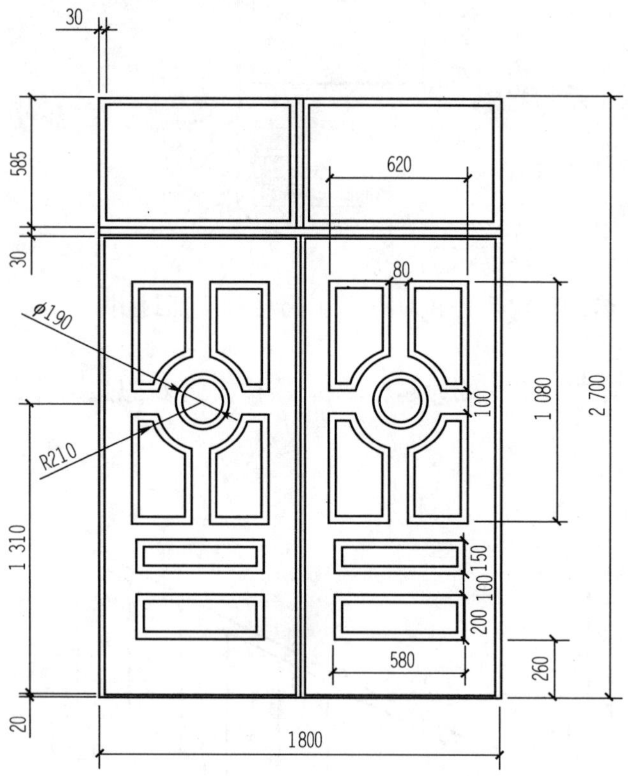

图 3-5-10 大门(尺寸单位:cm)

图 3-5-11 大门要点参照图

(1)绘制一半图形,另一半用“镜像”完成;

(2)门内边距外边为 20 或 30,用“偏移”完成;

(3)矩形 1 的第一个角点 *A* 用 from 命令追踪 *B* 点;

(4)矩形 2 由矩形 1“偏移”得到;

(5)复制矩形 1、2,并将矩形 1、2 拉伸得到矩形 3、4;

(6)圆 5 的圆心追踪点 *C* 得到,并将圆 5“偏移”得到圆 6、圆(弧)7;

(7)用多段线绘制图形 8,以 *D* 点为起点,*E* 点开始划弧;

(8)将图形 8“偏移”得到其内框;

(9)将图形 8 及其内框以圆 5 的圆心为中心点“环形阵列”得到图形 9、10、11。

项目六　图案填充和尺寸标注

在图形中添加测量注释的过程，显示对象的测量值、对象之间的距离、角度或特征等，是整个绘图过程中十分重要的步骤。添加到图形中的文字可以表达各种信息。可以是复杂的技术要求、标题栏信息、标签，甚至是图形的一部分。

在实际工程图样中，只有图形没有文字，图样没有任何实际意义，文字说明和尺寸标注是工程图样必不可少的部分，即可帮助读图，又可指导实际工作。尺寸标注和文字说明的合理，图样显得即美观又易读，否则图样会显得杂乱甚至难以读懂。

导入图样

绘制图 3-6-1 所示的图形，并进行文字和尺寸标注。

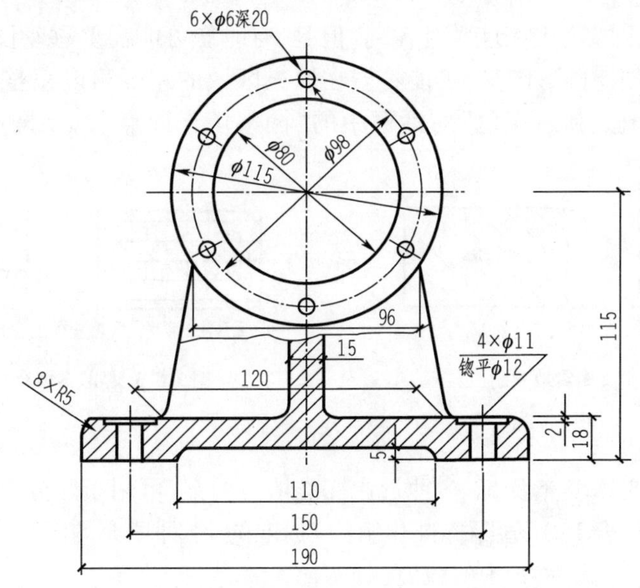

图 3-6-1　项目图样（尺寸单位：cm）

项目目标

（1）会使用图案填充工具；

（2）会设置图案填充的比例和角度；

（3）能进行渐变色填充；

（4）能进行“孤岛”检测填充。

（5）能熟练进行多行文字标注；

（6）会设置文字高度（H）/对正（J）/行距（L）/旋转（R）/样式（S）/宽度（W）；

（7）能熟练运用线性标注、对齐标注直线对象；运用半径标注、直径标注圆和圆弧；会进行角度标注和坐标标注；

(8)会应用快速标注、基线标注和连续标注;

(9)会设置标注样式。

相关知识

一、图案填充

1. 定义图案填充的边界

(1)指定图案填充边界的方法有以下三种:

①指定对象封闭的区域中的点,这种方法比较常用。

②选择封闭区域的对象,对象必须全封闭。

③将填充图案从工具选项板或设计中心拖动到封闭区域。

(2)填充图形时,将忽略不在对象边界内的整个对象或局部对象。

如果填充线与某个对象(例如文本、属性或实体填充对象)相交,并且该对象被选定为边界集的一部分,则将围绕该对象来填充,如图 3-6-2 所示的效果。

2. 控制图案填充原点

默认情况下,填充图案始终相互"对齐"。但是,有时您可能需要移动图案填充的起点(称为原点)。例如,如果创建砖形图案,可能希望在填充区域的左下角以完整的砖块开始。在这种情况下,使用"图案填充和渐变色"对话框中的"图案填充原点"选项即可实现,如图 3-6-3 所示。

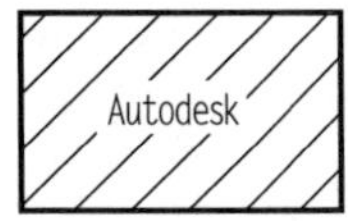

a)文字对象不属于边界集

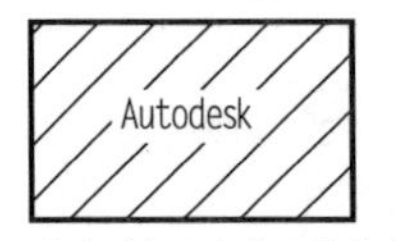

b)文字对象包含在边界集中

图 3-6-2 定义图案填充的边界

a)默认图案填充原点

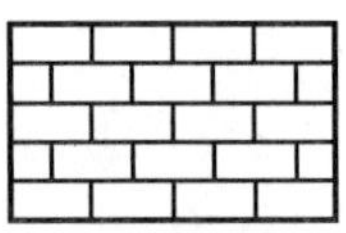

b)新的图案填充原点

图 3-6-3 "图案填充原点"选项

3. 选择填充图案

AutoCAD 提供了实体填充及 50 多种行业标准填充图案,可用于区分对象的部件或表示对象的材质。还提供了符合 ISO(国际标准化组织)标准的 14 种填充图案。当选择 ISO 图案时,可以指定笔宽。笔宽决定了图案中的线宽。

"图案填充和渐变色"对话框的"图案填充"选项卡下的"类型和图案"区域中显示了在"acad. pat"文本文件中定义的所有填充图案的名称。通过将新的填充图案的定义添加到"acad. pat"文件中,可以将新的填充图案添加到对话框中。建筑工程、道路工程、机械工程等各行业中常用的剖面符号都可以制作好填充文件,存入上面的路径中即可,使用时,在"填充图案选项板"的最后一个选项卡"自定义"中就会出现你所添加的填充图案。

4. 限制填充图案密度、更改图案填充的角度

如果创建高密度的图案填充,执行命令时可能会拒绝此图案填充,并显示一条信息指明填充比例太小或虚线太短。通过设置"比例"可以更改填充线的最大数目。您还可以通过修改"角度"来旋转填充图案到您所想要的角度。

注意: AutoCAD 的角度以逆时针为正,顺时针为负。

5. 控制孤岛中的填充

AutoCAD 提供了三种填充样式填充孤岛(图案填充边界内的封闭区域):普通、外部和忽略。可以在“图案填充和渐变色”对话框的“其他选项”区域中预览这些填充样式。

“普通”填充样式(默认)将从外部边界向内填充。如果填充过程中遇到内部边界,填充将关闭,直到遇到另一个边界为止。

如果使用“普通”填充样式进行填充,将不填充孤岛,但是在孤岛中的孤岛将被填充,如图 3-6-4 所示。

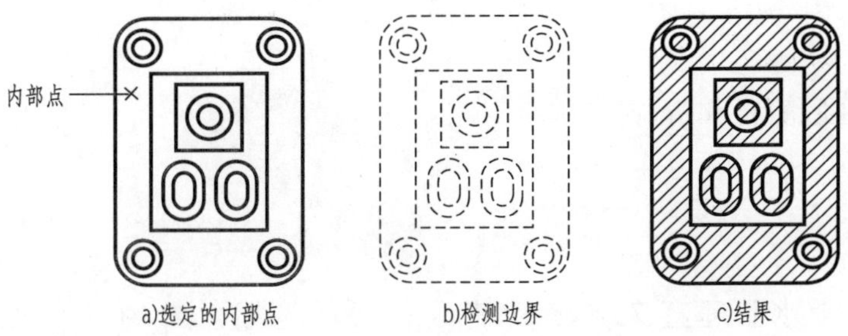

图 3-6-4 “普通”填充样式

“外部”填充样式也是从外部边界向内填充并在下一个边界处停止,如图 3-6-5b)所示。

“忽略”填充样式将忽略内部边界,填充整个闭合区域,如图 3-6-5c)所示。

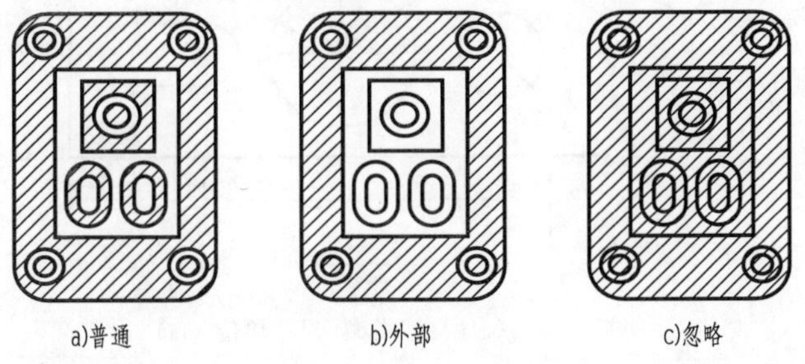

图 3-6-5 填充样式

也可以从图案填充区域中删除任何孤岛,如图 3-6-6 所示。

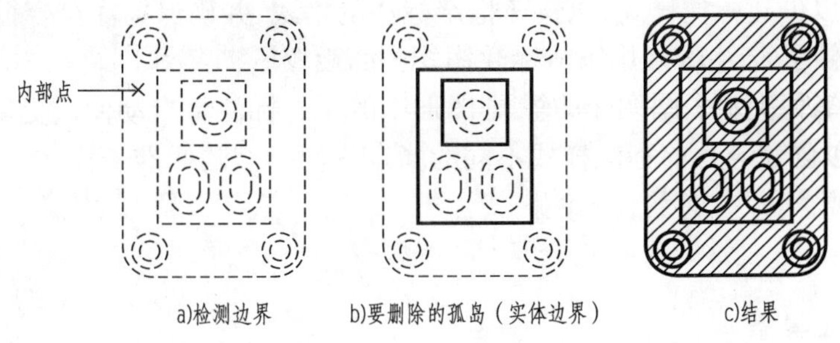

图 3-6-6 删除孤岛

二、尺寸标注

1. 尺寸标注的组成

尺寸标注的组成,如图 3-6-7 所示。

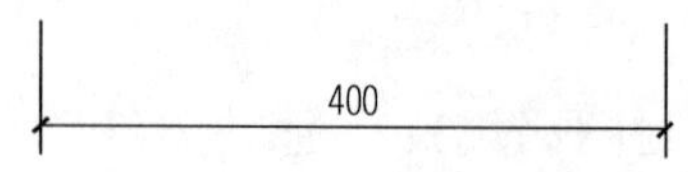

图 3-6-7　尺寸标注组成

(1)尺寸线:平行于物体边界,表示尺寸长度的线。

(2)尺寸界线:垂直于物体边界,表示尺寸标注的起止。

(3)起止符号:尺寸标注较多时,需用起止符号表示每一段尺寸标注的起点和终点。

(4)尺寸数字:应标注物体的真实大小,与比例尺的大小无关。

2. 尺寸标注类型

标注是向图形中添加测量注释的过程,可以为各种对象沿各个方向创建标注。基本的标注类型包括:

(1)线性。

(2)径向(半径、直径和折弯)。

(3)角度。

(4)坐标。

(5)弧长。

线性标注可以是水平、垂直、对齐、旋转、基线或连续(链式)。图 3-6-8 中列出了几种示例。

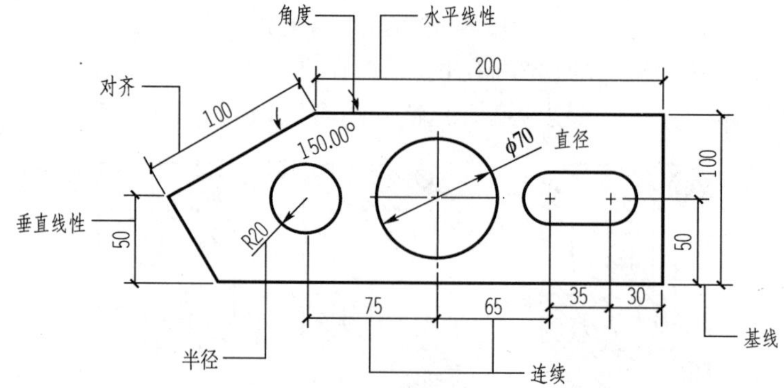

图 3-6-8　尺寸标注类型(尺寸单位:cm)

3. 标注样式

标注样式是标注设置的命名集合,可用来控制标注的外观,如箭头样式、文字位置和尺寸公差等。用户可以创建标注样式,以快速指定标注的格式,并确保标注符合行业或项目标准。

(1)创建标注时,标注将使用当前标注样式中的设置。

(2)如果要修改标注样式中的设置,则图形中的所有标注将自动使用更新后的样式。

(3)用户可以创建与当前标注样式不同的指定标注类型的标准子样式。

(4)如果需要,可以临时替代标注样式。

任务实施

1. 调出标注工具条

右键点击窗口中的任意工具栏,勾上标注,调出标注工具条,如图 3-6-9 所示。

图 3-6-9　尺寸标注工具条

2. 标注线性尺寸

点击标注工具条中的第一个按钮线性标注,打开对象捕捉,在设备基座边缘捕捉要标注的第一排尺寸 110 的起点和终点，再向下方拉出适当距离，即可标注好。

如果标注的样式与样图不一致，点击图 3-6-9 工具条最后一个工具“标注样式”，打开如图 3-6-10 所示的标注样式管理器。

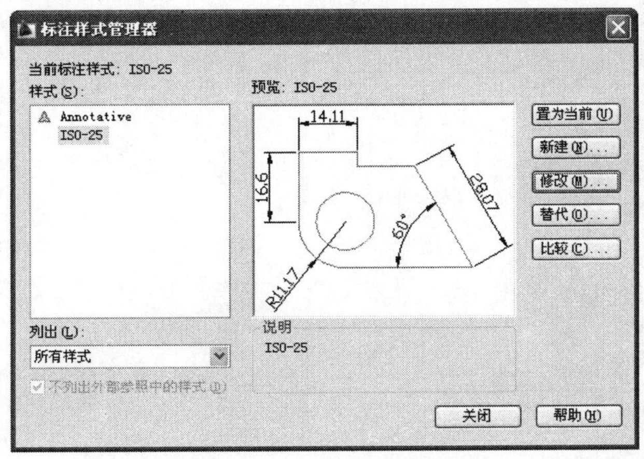

图 3-6-10　标注样式管理器

选中“修改”打开如图 3-6-11 所示的修改标样式窗口。在这个窗口中可以分别设置尺寸线、尺寸界线（即延伸线）、尺寸符号（即符号和箭头）和文字的样式。AutoCAD 提供了多种尺寸符号可以备选。感兴趣的话可以分别尝试每种样式的区别。

在本窗口中可以修改标注样式，也可以新建一个标注样式，并且在右侧预览窗口中可以看到将要标注的样式，如图 3-6-10 所示。

（1）修改标注样式——线，见图 3-6-11。

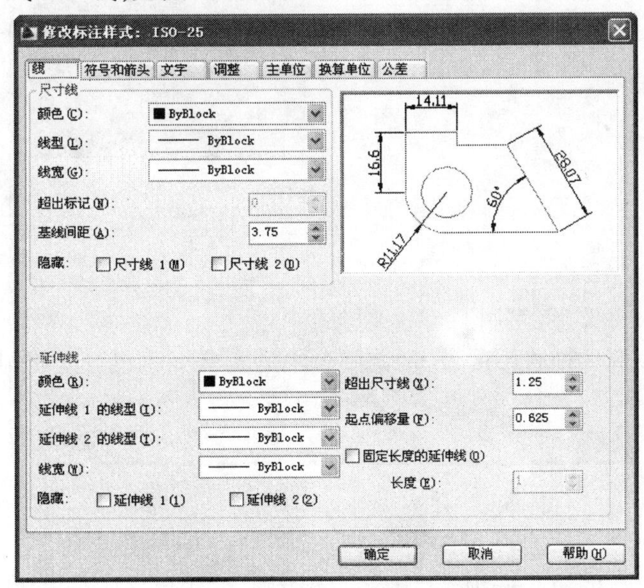

图 3-6-11　修改标注样式窗口——线

这个窗口中有很多选项卡，可以进行详细的尺寸标注样式设置，第一选项卡“线”规定了尺寸张、延伸线（即尺寸界线）的样式。

（2）修改标注样式——符号和箭头，见图 3-6-12。

修改标注样式窗口的第二选项卡“符号和箭头”，规定了尺寸符号的样式和大小。从右上至左下 45°粗实短线为建筑常用的尺寸标注的符号。下面还提供了“圆心标记”、“折断标注”、“弧长符号”、“半径折弯标注”、“线性折弯标注”等样式可供选择。

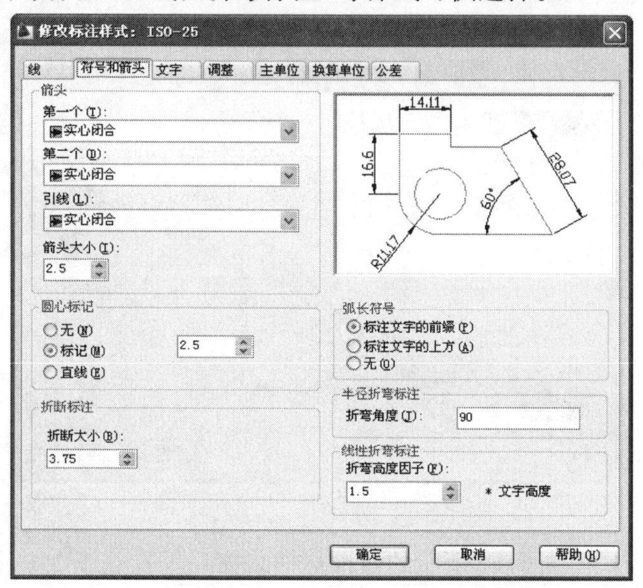

图 3-6-12　修改标注样式窗口——符号和箭头(一)

箭头“第一个,”“第二个”,“引成”均有下拉菜单,见图 3-6-13。

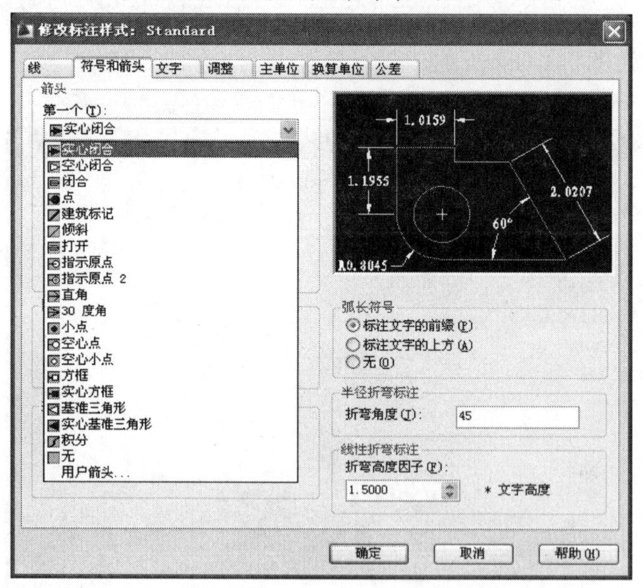

图 3-6-13　修改标注样式窗口——符号和箭头(二)

(3)修改标注样式——文字,见图 3-6-14。

修改标注样式窗口的第三选项卡“文字”,规定了尺寸数字的样式和大小。提供了“文字外观”、“文字位置”、“文字对齐”三方面特征可以修改。

点击文字样式右边的方框就会显示如图 3-6-15 所示的文字样式窗口。

①字体名:在工程制图当中常用仿宋体 GB2312 作为文字的字体。

②文字高度:这个值一旦改变,整幅图形的文字高度即将随之改变。绘图时也可以通过修改特性在一幅图中定义不同高度的字体。

③宽度因子为 1,是默认字体样式;改为小于 1 的数值,字体将变成瘦长体;改为大于 1 的数值,字体将变成矮胖体。瘦长体为工程制图中常用的字体,宽度因子为 0.8。

④倾斜角度默认为 0,改变该值,就可以实现斜体字的效果。

设置好文字所有的属性,点击“应用”,回到图 3-6-14 中。

⑤文字位置,下面提供了垂直、水平、从尺寸线偏移三个选项。修改前两项可以改变文字是水平还是垂直放置在尺寸线之上、下、左、右,如图 3-6-16 所示。

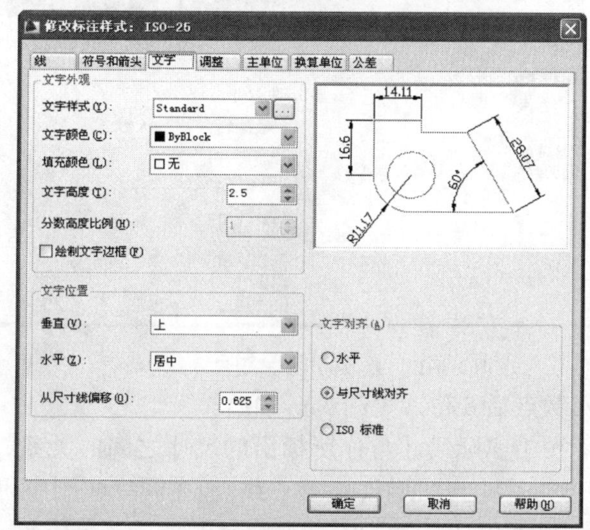

图 3-6-14　修改标注样式窗口——文字

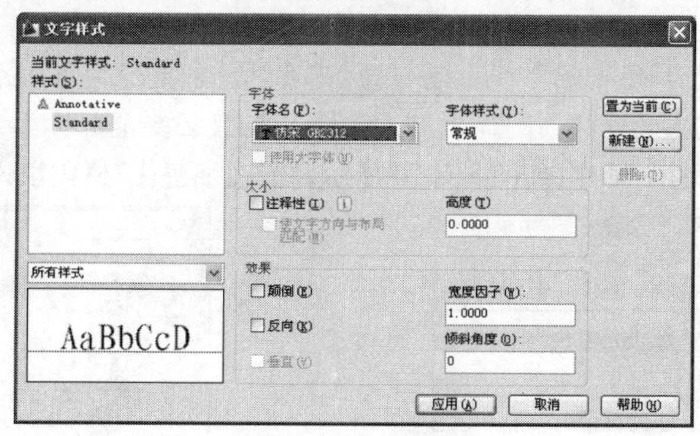

图 3-6-15　文字样式窗口

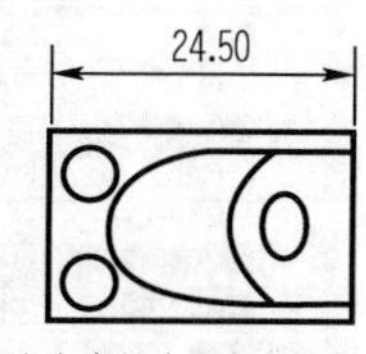

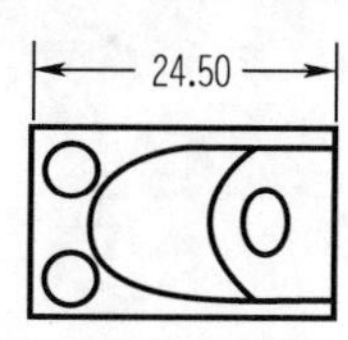

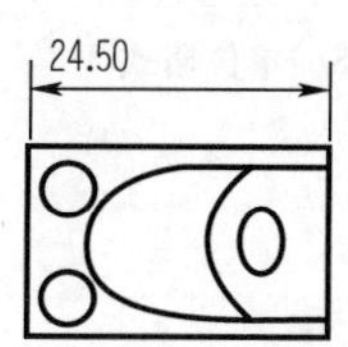

a)文字在尺寸线上方居中　b)文字水平和垂直居中　c)文字在尺寸线上方靠左对齐

图 3-6-16　文字位置的三种效果

⑥从尺寸线偏移,修改文字到尺寸线的距离,该值设置的太小,文字会靠尺寸线太近,影响标注文字的识读。

(4)修改标注样式——主单位,见图 3-6-17。

在该对话框中,线性标注,可以规定标注采用的数据格式,AutoCAD 提供了科学、小数、工程、建筑、分数、Windows 桌面几个可选项。单位格式如图 3-6-18 所示。

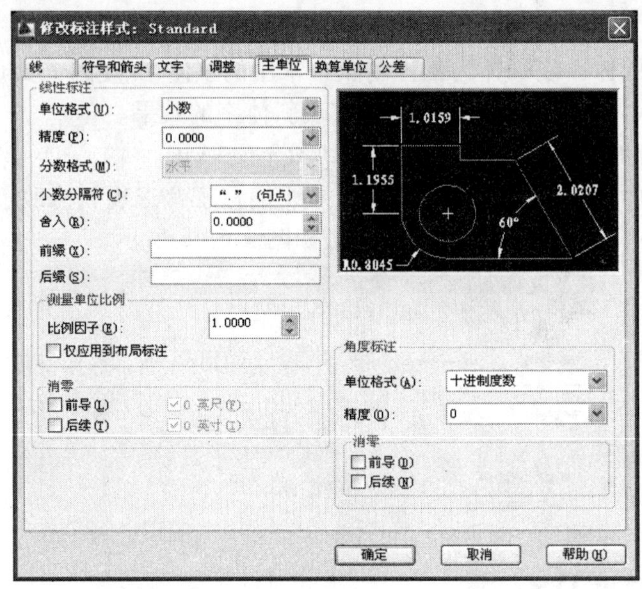

图 3-6-17　修改标注样式窗口——主单位

精度，最多提供到小数点后 8 位。见图 3-6-19。

测量单位比例，显示图中实际尺寸与你所标出的尺寸之间的关系，系统默认为 1，如果修改此值，可以实现标注出的尺寸与图形尺寸不一致，即在同一幅图中可以画出不同比例的图形，完成尺寸标注。

3. 标注直径

点击 3-6-9 图标注工具条中的直径标注，点击要标注的直径为 80 的圆，即可标注好；重复标注直径，完成所有圆形的直径标注。圆盘上的六个圆孔没有必要全部标出，只需要标注一个，双击这个标好的尺寸，打开特性对话框，如图 3-6-20 所示，把"文字替代"栏内填入"6 × ϕ6 深 20"即可。

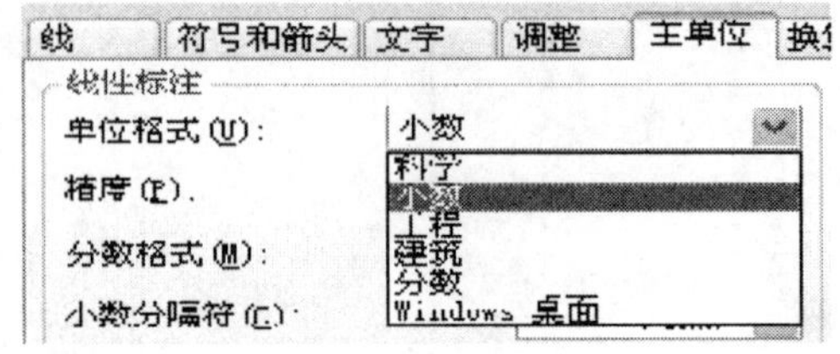

图 3-6-18　单位格式

图 3-6-19　精度

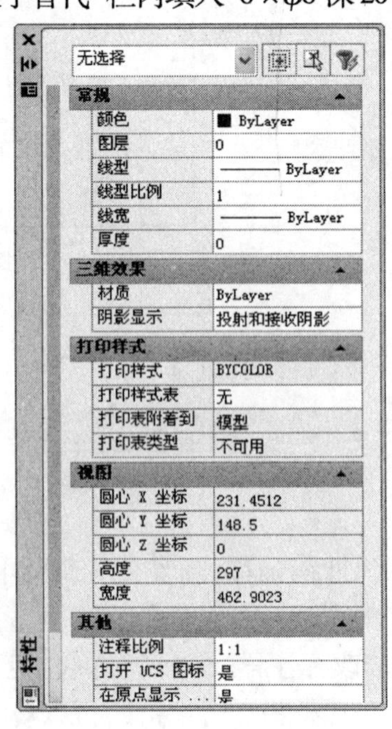

图 3-6-20　特性窗口

4. 标注半径

点击标注工具条中的半径标注，点击要标注的设备基础左侧上缘的圆导角，向外侧拉出，即可标注好，双击这个标好的尺寸，打开特性对话框，如图3-6-20所示，在“文字替代”栏内填入 8 × *R*5，即完成该半径标注。

5. 文字标注

画好引线后，点击绘图工具栏中的 A 多行文字，在图中要填写文字的地方画一方框后，即打开如图 3-6-21 所示的“文字格式”和“文字编辑”窗口。在下方文字编辑窗口内填写好“4 × Φ11”。重复刚才步骤，写好“锪平 Φ22”。调整好文字大小和位置，就把文字写好了。到此完成全部任务。

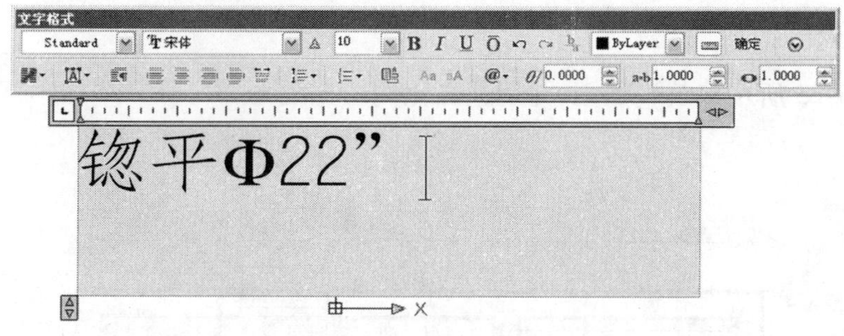

图 3-6-21　文字格式、文字编辑窗口

小贴士：

右侧纵向尺寸标注时，以设备基座底部为尺寸基准线，向上部标注尺寸；底部尺寸标注时以纵向中心线为尺寸标注基准线，向两边标注尺寸。在尺寸标注时执行工程制图中的“基准统一原则”有利于读图。

项目任务

任务 1

1. 任务图样

绘制图 3-6-22 所示半剖面图，并用适当比例填充图案钢筋混凝土。

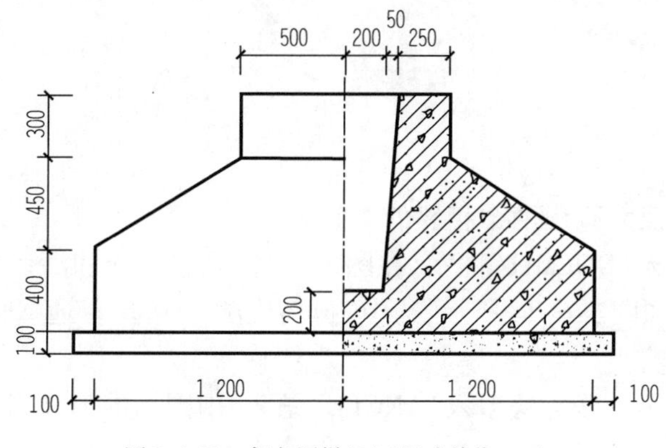

图 3-6-22　任务图样(1)(尺寸单位:cm)

2. 任务知识点

叠加两种图案填充于同一对象。

3. 作图步骤

(1)按图中所示尺寸画出钢筋混凝土基础的平面图;

(2)将杯形基础范围内填充进"AR—CONC"的砂砾石图案;

(3)将杯形基础范围内重复填充进"LIS_LC_20"的45度斜线,即形成钢筋混凝土的图例;

(4)将基础下的垫层范围内填充进"AR—CONC"的砂砾石图案;

(5)根据图形大小,适当调整图案填充的比例,直到合适,即完成图形。

任务2

1. 任务图样

绘制图3-6-23所示建筑平面图,并用适当比例填充图案。

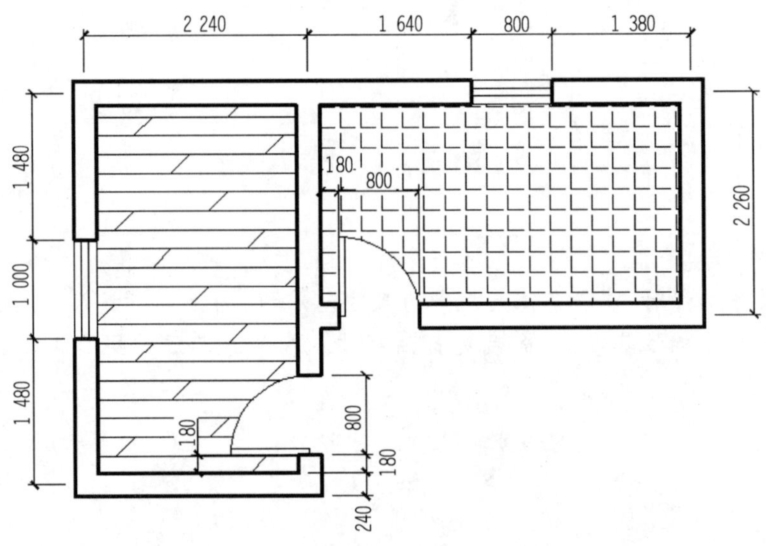

图3-6-23 任务图样(2)(尺寸单位:cm)

2. 任务知识点

孤岛中的填充。

3. 作图步骤

(1)根据图中所示尺寸画出两个相邻的房间。

(2)把左边房间填入"DOLMIT"图案,在图3-6-24"图案填充和渐变色"窗口中点击右下角的小三角,将窗口展开如图3-6-24所示,选中"孤岛检测"中的"普通"即可实现填充图案时避开尺寸标注文字的功能。

(3)把右边房间按第二步方法填入"ANGLE"图案,用同样的孤岛填充方法避开文字标注,即完成任务。

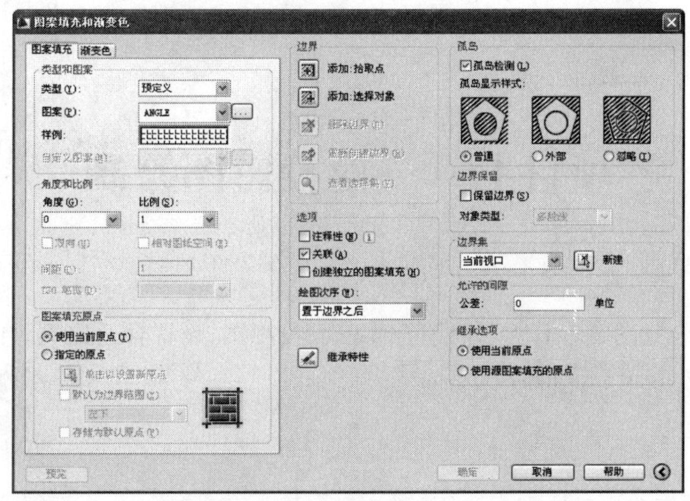

图 3-6-24　展开的图案填充和渐变色窗口

项目七　三面投影图绘制

导入图样

在 A4 图纸中绘制图 3-7-1 所示的组合体三面投影图，设置合适比例，合理设置线型、线宽和图层。合理布图，并按标准进行尺寸标注。

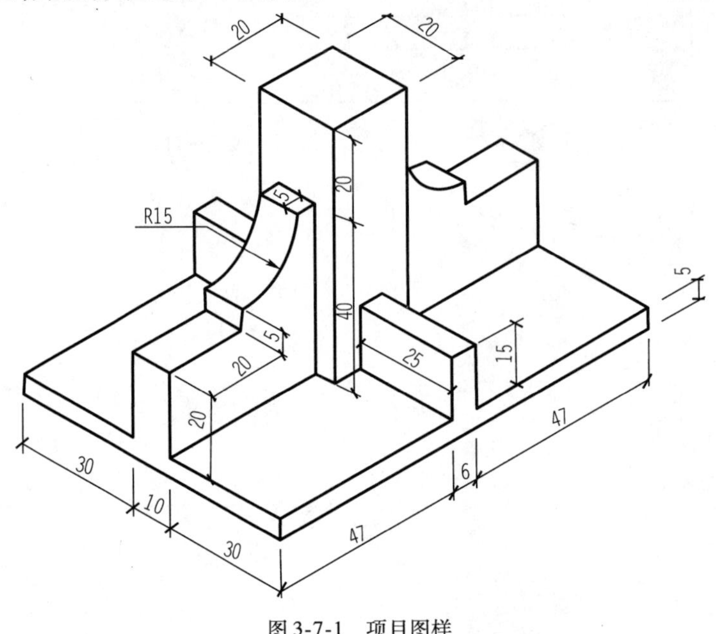

图 3-7-1　项目图样

项目目标

本项目要求综合运用“绘图”和“修改”命令绘制三面投影图，特别注意“追踪、捕捉、镜像、偏移、修剪、拉伸”等工具的综合应用。

相关知识

三面投影规律“长对正、高平齐、宽相等”。

任务实施

(1)设置图层：分别设置外轮廓、对称线、标注三个图层，各图层设置合适的线型、线宽。

(2)根据尺寸 1:1，按形体的生成过程绘图，灵活应用对象捕捉追踪保证“长对正、高平齐、宽相等”。

①绘制各投影图的对称线；

②绘制长方体底座的三面投影图；

③绘制中间立柱的三面投影图；

④绘制左右两个侧板的三面投影图；

a. 先绘制其立面图，绘制一个侧板，另一个侧板用镜像完成；

b. 面图的各尺寸注意与立面图“长对正”，绘制一个侧板，另一个侧板用镜像完成；

c. 面图注意与立面图“高平齐”，并注意与长方体底座左右相平齐处无轮廓线，用“修剪”去除。

⑤绘制前后两个侧板的三面投影图，如图 3-7-2 所示。

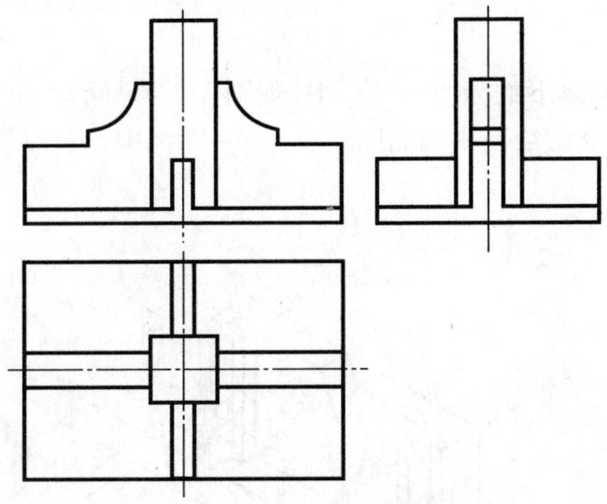

图 3-7-2　三面投影图

a. 先绘制其侧面图，绘制一个侧板，另一个侧板用镜像完成；

b. 立面图注意与侧面图“高平齐”，并注意与长方体底座前后相平齐处无轮廓线，用“修剪”去除；

c. 平面图的各尺寸注意与立面图“长对正”，绘制一个侧板，另一个侧板用镜像完成。

⑥在“标注”图层进行尺寸标注并设置标注样式。

⑦按合适比例放入 A4 图框中。

⑧修改标注样式的主单位，为 1/比例。成图如图 3-7-3 所示。

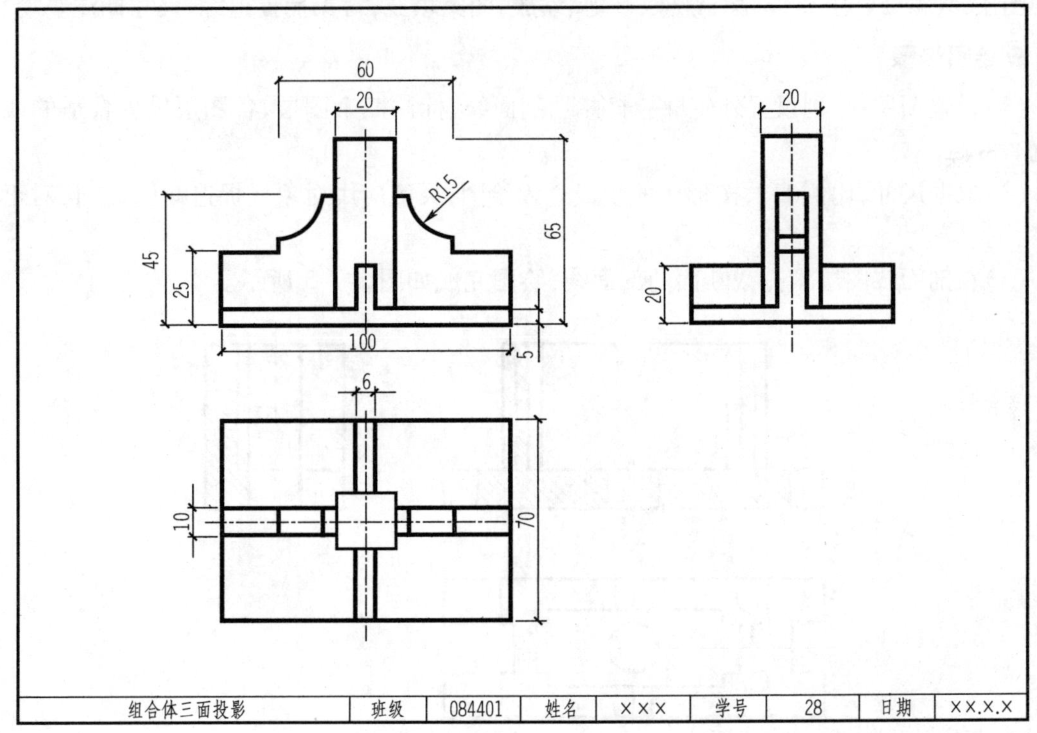

图 3-7-3　成图

项目任务

任务1

1. 任务图样

根据立体图(已剖切,剩下的为原图的一半)如图3-7-4所示。在正立面绘制全剖面图,水平面绘制完整平面图,侧立面绘制半剖面图。放入A4图纸中,进行尺寸标注。

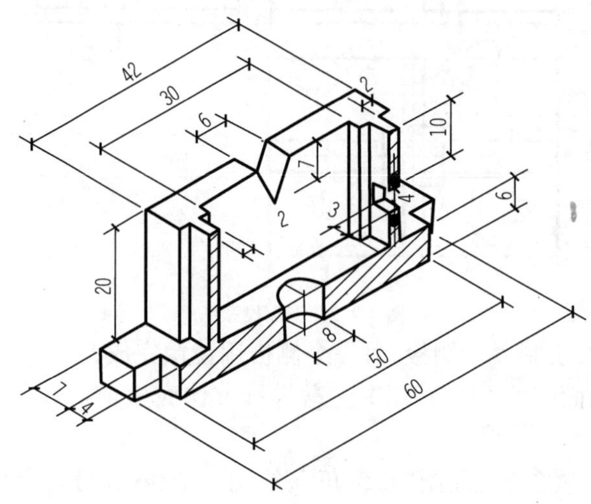

图3-7-4 任务图样(1)

2. 任务知识点

图层,线型、线宽,直线、圆,镜像、修剪、缩放,图案填充,对象捕捉追踪,尺寸标注。

3. 绘图步骤

(1)设置图层:分别设置外轮廓、对称线、剖面线、标注四个图层,各图层设置合适的线型、线宽。

(2)根据尺寸,比例1:1,按形体的生成过程绘图,灵活应用对象捕捉追踪保证"长对正、高平齐、宽相等"。

(3)在剖面线图层填充截断面的剖面线,绘图完成如图3-7-5所示。

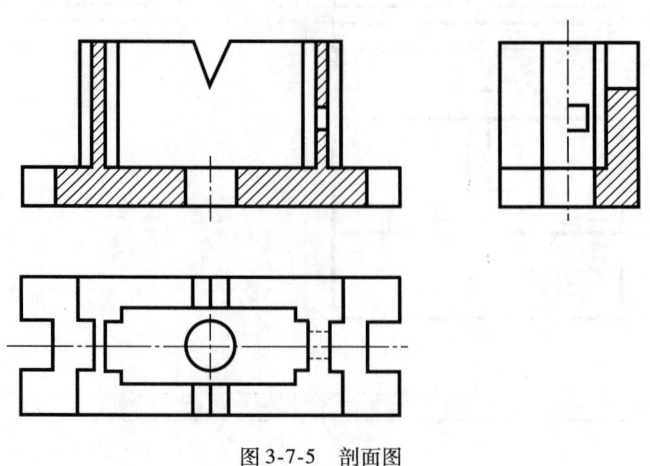

图3-7-5 剖面图

(4)在“标注”图层进行尺寸标注并设置标注样式。

(5)按合适比例放入 A4 图框中。

(6)修改标注样式的主单位。

任务 2

绘制图 3-7-6 所示的三面投影图,放入 A4 图纸中,并进行尺寸标注。

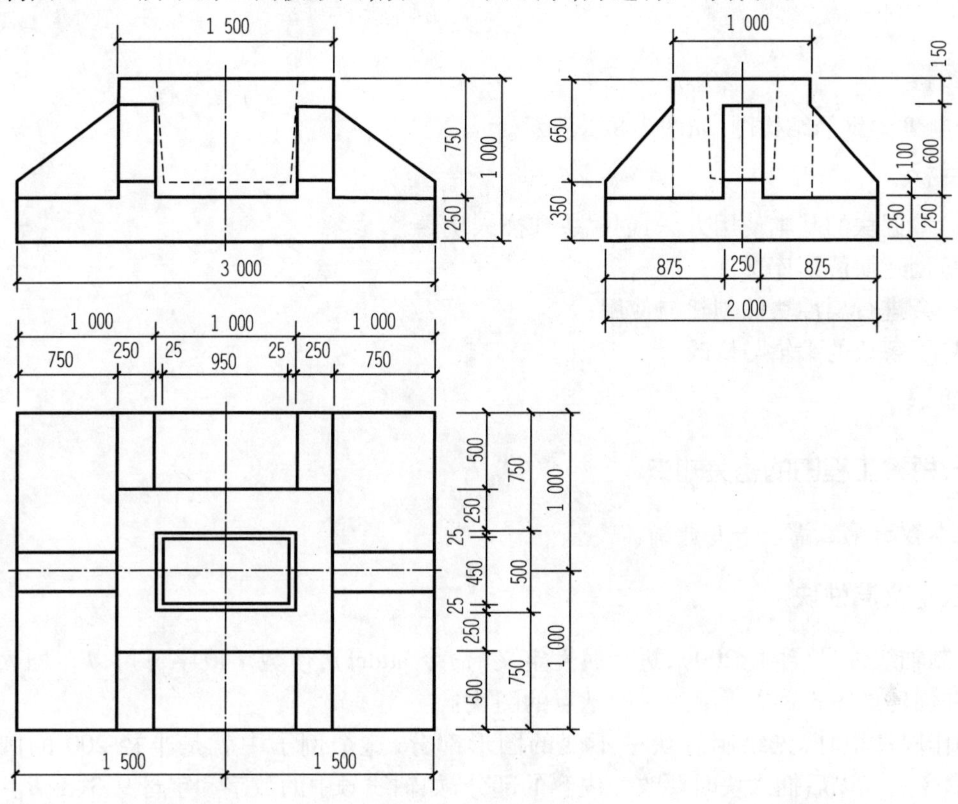

图 3-7-6　任务图样(2)

项目八　专业图绘制

导入图样

绘制T梁钢筋结构图,如图3-8-1所示。

项目目标

(1)掌握块的基本使用方法:创建块和插入块;

(2)创建块图形库文件;

(3)会进行属性块的创建与使用;

(4)了解块的编辑与修改。

相关知识

一、桥梁工程图的相关知识

见本教材第二篇——专业篇。

二、定义属性块

绘制轴线编号(半径200),进行属性定义(命令attdef),使数字或字母可以在插入图块时输入,并创建如图3-8-2所示的4种基点的图块:

制作属性块时,先绘制好块中不变的图形部分,这个例子中就是半径200的圆。再用attdef命令定义以后插入块时要改变内容的部分,如轴线号中的数字和字母9、3、A、B。

(1)绘制半径200的圆。

(2)在命令窗口中输入"attdef",打开如图3-8-3所示的属性定义窗口。在这个窗口的右侧。

①属性栏

a.标记,暂记为"9"。

b.提示,这个是以后插入属性块时,在命令窗口中所显示出的提示信息,在本例中填入"轴线号"。这个提示信息非常重要,当你定义的属性块比较多时,适当的提示信息会帮助你正确的选择到想要的属性块。

c.默认,属性块默认的轴线号,本例中为数字"9"。

②文字设置

a.对正,系统默认左对齐,最好不要修改,这个设置了你插入属性数字时的对齐方式。左对齐能够帮助你把文字正确的居中。

b.文字样式,设置属性块中数字的字体。

c.文字高度,本例中设置为400比较合适。

d.旋转,本例中按系统默认的"0"。如果调了该值,就会改变文字的方向。

(3)插入点:可以在屏幕上指定,也可以指定x,y,z绝对坐标。本例中选择在屏幕上指定比较方便。

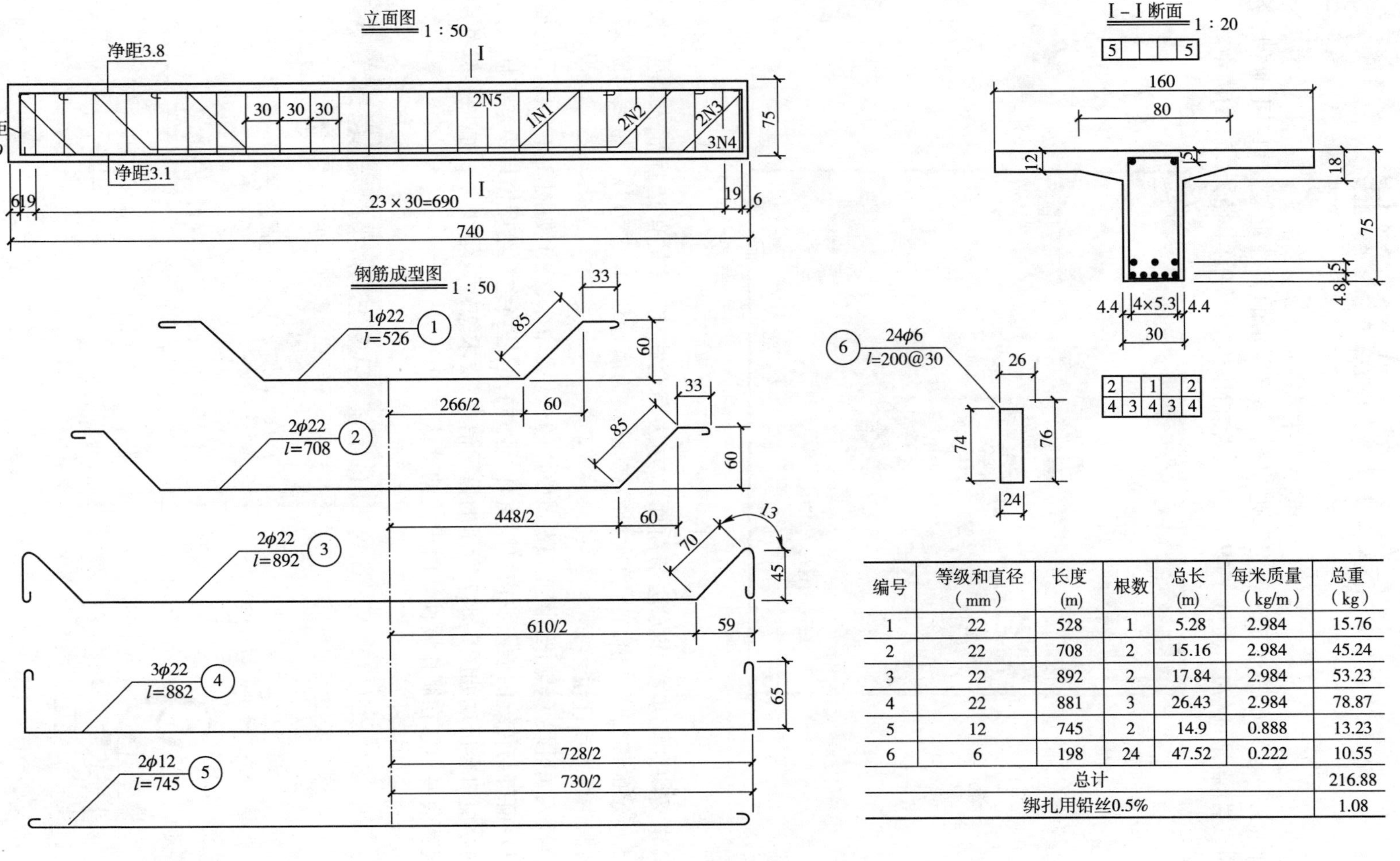

编号	等级和直径（mm）	长度（m）	根数	总长（m）	每米质量（kg/m）	总重（kg）
1	22	528	1	5.28	2.984	15.76
2	22	708	2	15.16	2.984	45.24
3	22	892	2	17.84	2.984	53.23
4	22	881	3	26.43	2.984	78.87
5	12	745	2	14.9	0.888	13.23
6	6	198	24	47.52	0.222	10.55
总计						216.88
绑扎用铅丝0.5%						1.08

图 3-8-1 T梁钢筋结构图

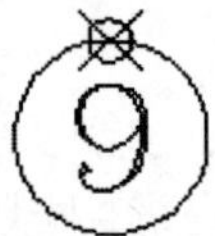

图 3-8-2　轴线编号

属性、文字定义好后，点击“确定”，退出图3-8-3所示的属性定义窗口，回到绘图界面，如图 3-8-4，选择合适的位置，将数字“9”居中放置在刚才绘制好的半径为 200 的圆中。

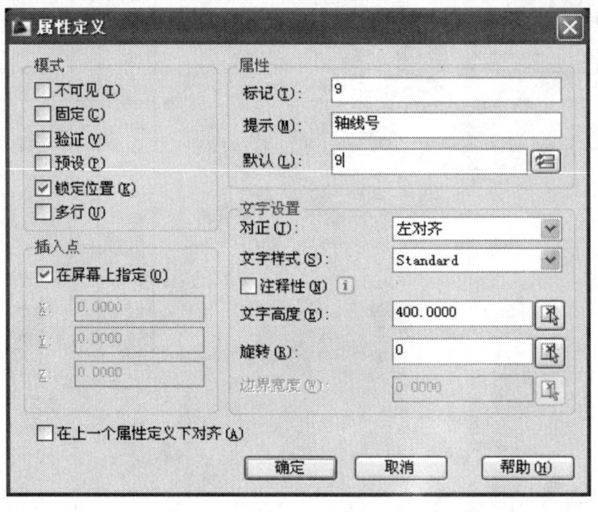

图 3-8-3　属性定义窗口

(4)定义块。此步操作方法与前面的方法完全相同，只是在选择插入基点时，会弹出图 3-8-5 所示的编辑属性窗口。再次提醒您，该块为属性块，块名为“z”，轴线号为“9”。点击确定，就制作好了属性块。

(5)插入属性块。点击绘图工具栏中的“插入块”命令，弹出如图 3-8-6 所示的插入属性块窗口，该窗口与传统的插入块窗口没有什么不同，但是当您在绘图窗口中选好插入点并点击后，在命令窗口会出现如图 3-8-7 所示的提示信息，要求您输入轴线号。如果您不输入插入的块，系统就会显示您在制作属性块时设定的默认值“9”。

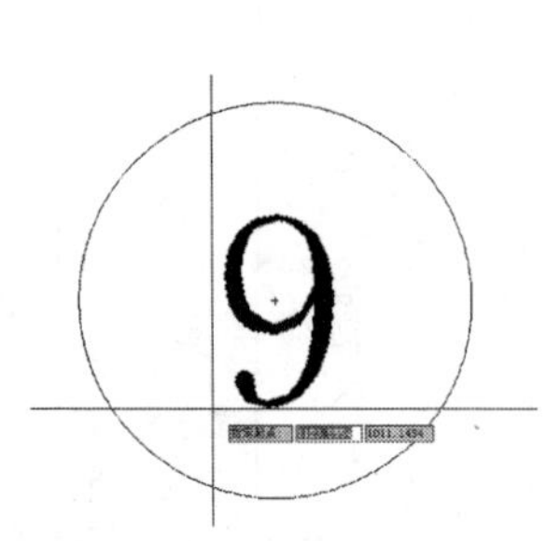

图 3-8-4　插入属性文字作为轴线号

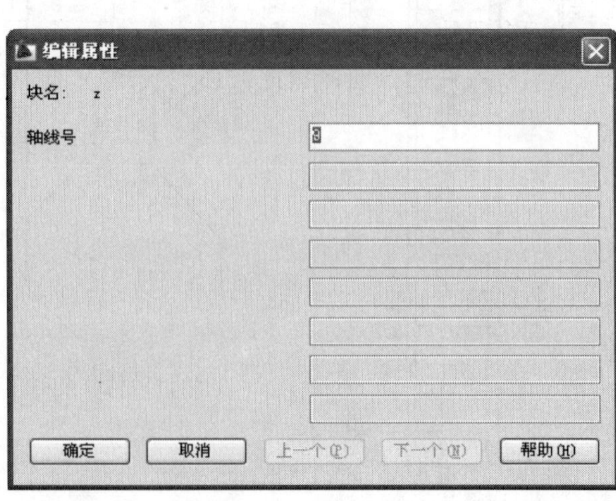

图 3-8-5　编辑属性窗口

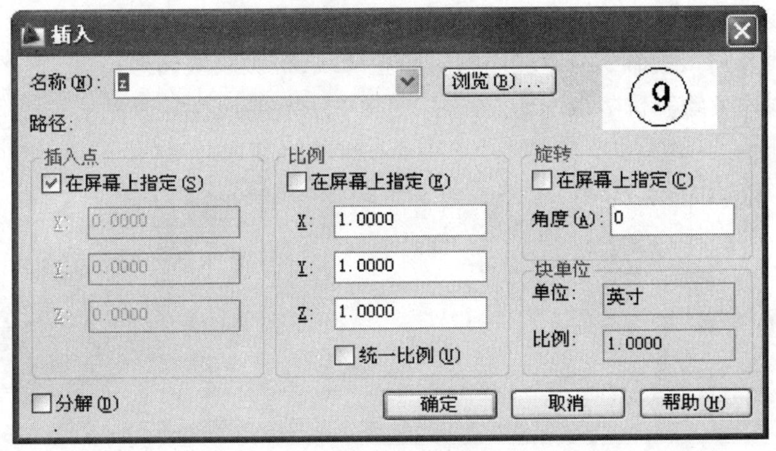

图 3-8-6　插入属性块窗口

```
命令: _insert
指定插入点或 [基点(B)/比例(S)/X/Y/Z/旋转(R)]:
输入属性值
轴线号 <9>:
```

图 3-8-7 插入属性块时的命令窗口

任务实施

(1)设置图层;

(2)使用直线命令绘制立面 T 梁轮廓线;

(3)使用直线命令绘制 I-I 断面 T 梁轮廓线;

(4)使用多段线命令绘制立面图钢筋;

(5)使用多段线命令绘制 I-I 断面钢筋;

(6)使用多段线命令绘制钢筋大样,注意钢筋大样多段线的线宽设置;

(7)尺寸标注;

(8)使用文字标注图名;

(9)插入钢筋大样块;

(10)插入表格块;

(11)修改表格数值。

项目任务

任务 1

(1)绘制桥墩构造图,如图 3-8-8 所示。

(2)绘图步骤。

①设置图层;

②使用直线命令绘制立面图中心线、I-I断面图中心线、侧面图中心线；
③使用直线及圆弧线命令绘制立面图桥墩轮廓线；
④使用直线及圆弧线命令绘制I-I断面图桥墩轮廓线；
⑤使用直线及圆弧线命令绘制侧面图桥墩轮廓线，桩做成块插入；
⑥使用直线命令绘制桥墩细部；
⑦尺寸标注；
⑧使用文字标注图名、说明。

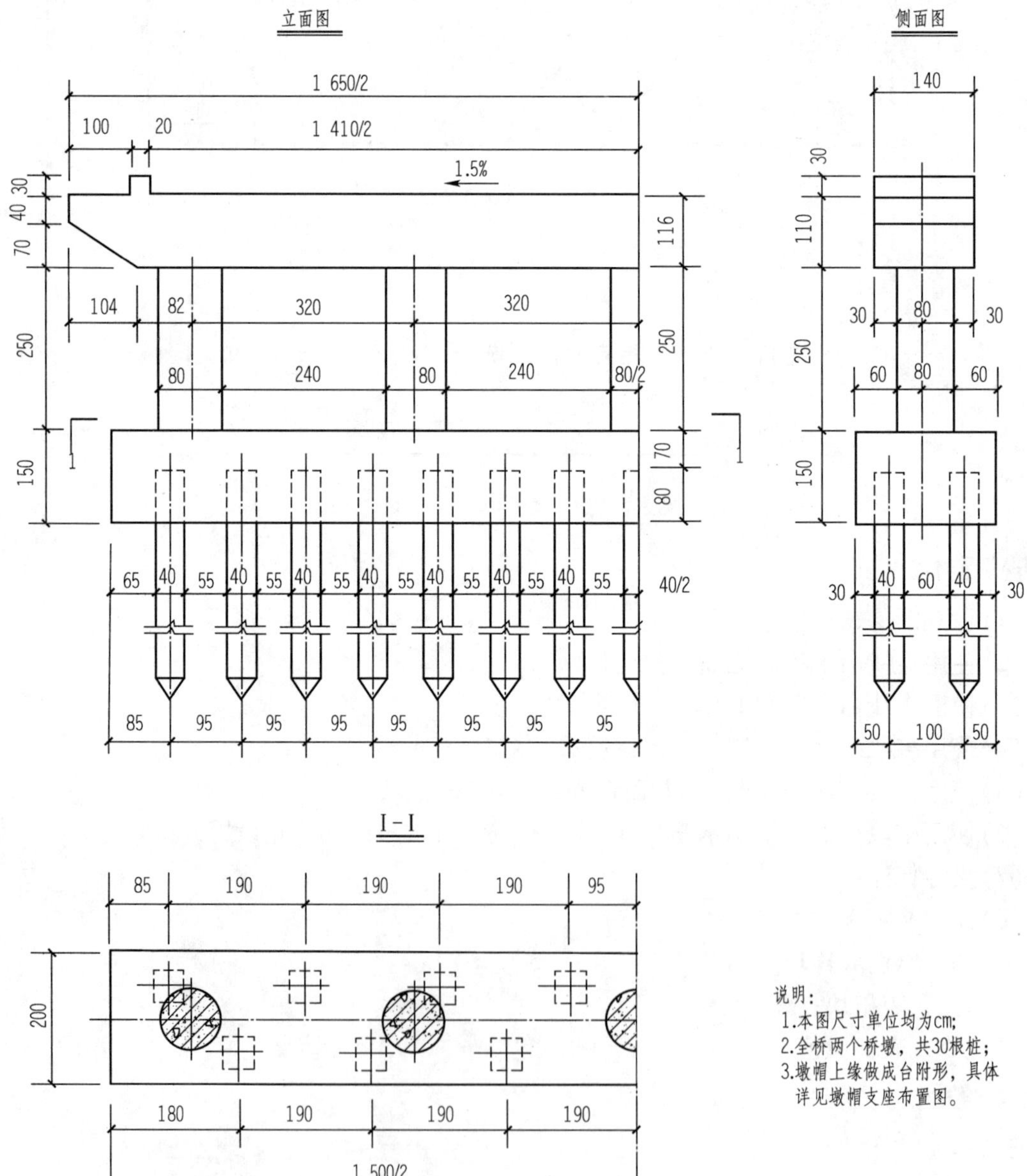

图3-8-8　桥墩构造图

任务 2

绘制桥台构造图，如图 3-8-9 所示。

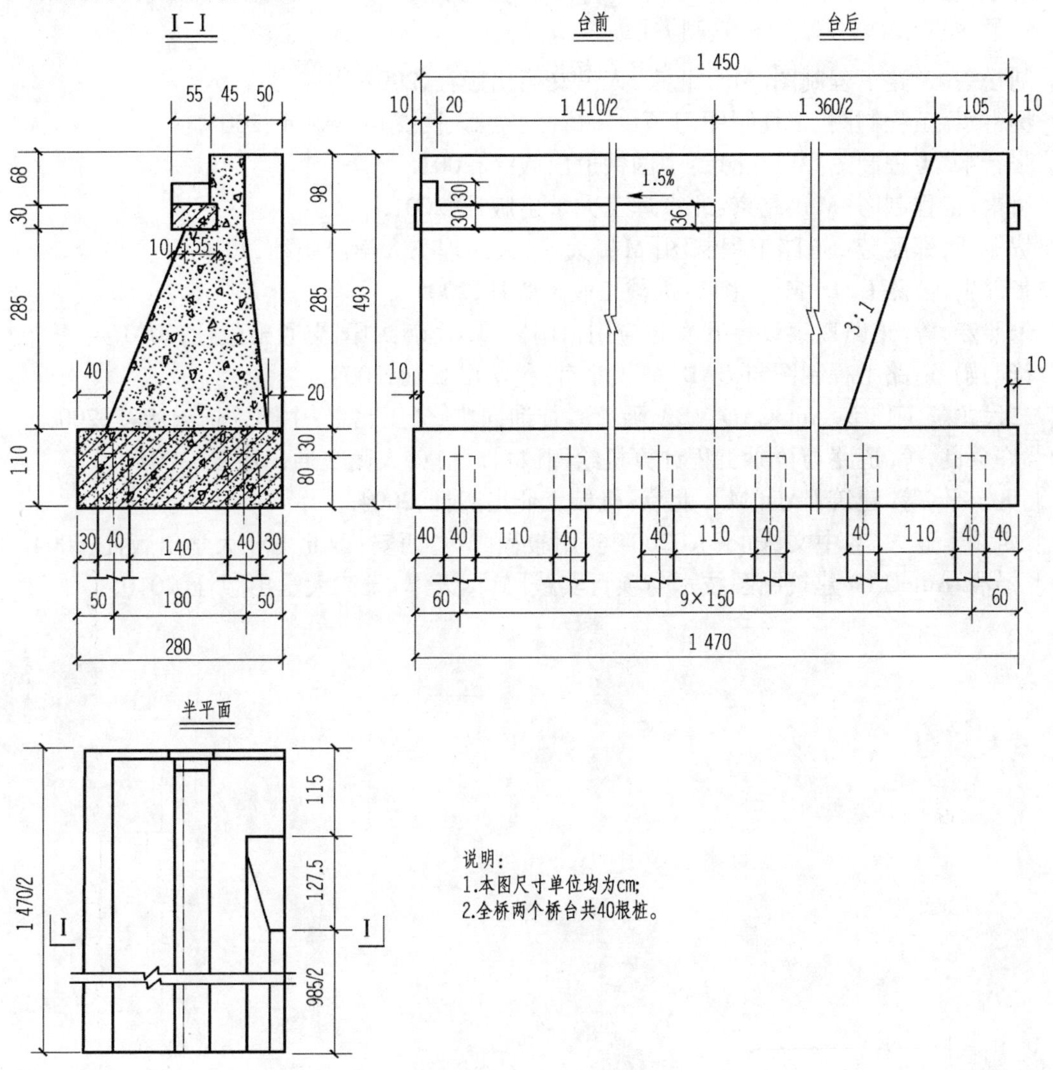

图 3-8-9　桥台构造图

参考文献

[1] 刘松雪. 道路工程制图[M]. 北京:人民交通出版社,2002.
[2] 樊琳娟. 工程制图、工程制图习题集[M]. 北京:人民交通出版社,2005.
[3] 张新来. 工程制图[M]. 北京:中国铁道出版社,2001.
[4] 唐嵬. 工程制图[M]. 北京:北京理工大学出版社,2001.
[5] 贺振通,邵丽芳. 道路工程制图[M]. 大连:大连理工大学出版社,2010.
[6] 张部生. 公路 CAD[M]. 北京:机械工业出版社,2005.
[7] 朱照宏,等. 道路勘察设计开发与应用指南[M]. 北京:中国交通出版社,2003.
[8] 符明娟. 道路工程制图与 CAD[M]. 北京:科学出版社,2004.
[9] 二代龙震工作室. AutoCAD VBA 函数库查询词典[M]. 北京:中国铁道出版社,2003.
[10] 许金良,等. 道路与桥梁工程计算机绘图[M]. 北京:人民交通出版社,2004.
[11] 巩宁平,等. 建筑 CAD[M]. 北京:机械工业出版社,2004.
[12] 西北工业大学. 中文 AutoCAD2004 实用教程[M]. 西安:西北工业大学出版社,2004.
[13] 杨洁. AutoCAD 建筑制图技术与项目实践[M]. 天津:天津大学出版社,2010.